$$\sin^2\theta+\cos^2\theta=1$$

$$\sin\theta=\sqrt{1-\cos^2\theta}$$

$$\cos\theta=\sqrt{1-\sin^2\theta}$$

$$\cos 2\theta=\cos^2\theta-\sin^2\theta$$

$$=1-2\sin^2\theta$$

$\varDelta<0.5$〔rad〕のとき

$$\sin\varDelta\fallingdotseq\varDelta$$

$$\cos\varDelta\fallingdotseq 1$$

$$\tan\varDelta\fallingdotseq\varDelta$$

三角関数の数値

| $\theta$〔°〕 | 0 | 30 | 45 | 60 | 90 |
|---|---|---|---|---|---|
| $\theta$〔rad〕 | 0 | $\frac{\pi}{6}$ | $\frac{\pi}{4}$ | $\frac{\pi}{3}$ | $\frac{\pi}{2}$ |
| $\sin\theta$ | 0 | $\frac{1}{2}$ | $\frac{1}{\sqrt{2}}$ | $\frac{\sqrt{3}}{2}$ | 1 |
| $\cos\theta$ | 1 | $\frac{\sqrt{3}}{2}$ | $\frac{1}{\sqrt{2}}$ | $\frac{1}{2}$ | 0 |
| $\tan\theta$ | 0 | $\frac{1}{\sqrt{3}}$ | 1 | $\sqrt{3}$ | $\infty$ |

$$\pi\fallingdotseq 3.1416$$

$$\frac{1}{\pi}\fallingdotseq 0.318\fallingdotseq 0.32$$

$$\frac{1}{2\pi}\fallingdotseq 0.159\fallingdotseq 0.16$$

**[9]** 面積

半径 $r$ の円の面積

$$S=\pi r^2$$

半径 $r$ の球の表面積

$$S=4\pi r^2$$

**[10]** 2項定理

$$(1+x)^n=1+nx+\frac{n(n-1)}{1\times 2}x^2+\frac{n(n-1)(n-2)}{1\times 2\times 3}x^3+\cdots$$

$$\fallingdotseq 1+nx \quad (\text{ただし，} x\ll 1)$$

**[11]** 微分

$$\frac{d}{dx}x^n=nx^{n-1}$$

$$\frac{d}{dx}1=0$$

$$\frac{d}{dx}x^2=2x$$

$$\frac{d}{dx}e^{ax}=ae^{ax}$$

$$\frac{d}{dx}\log_e x=x^{-1}=\frac{1}{x}$$

$$\frac{d}{d\theta}\sin\theta=\cos\theta$$

$$\frac{dy}{dx}=\frac{dy}{du}\cdot\frac{du}{dx}$$

$$\frac{d}{dt}\cos\omega t=-\omega\sin\omega t$$

$$\frac{d}{d\theta}\sin 2\theta=2\cos 2\theta$$

$$\frac{d}{dx}\log_e(a-x)=-\frac{1}{a-x}$$

$y=\frac{u}{v}$ において $u$，$v$ を $x$ の関数とすると

$y$ の微分 $y'$

$$y'=\frac{u'v-uv'}{v^2}$$

**[12]** 積分（積分定数は省略）

$$\int x^n dx=\frac{x^{n+1}}{n+1}$$

$$\int 1dx=x$$

$$\int x\,dx=\frac{x^2}{2}$$

$$\int x^{-1}dx=\log_e x$$

$$\int\frac{1}{a-x}dx=-\log_e(a-x)$$

$$\int e^{ax}dx=\frac{1}{a}e^{ax}$$

$$\int\sin\theta d\theta=-\cos\theta$$

$$\int\cos\theta d\theta=\sin\theta$$

$$\int\cos 2\theta d\theta=\frac{\sin 2\theta}{2}$$

$$\int_0^{\pi}\sin\theta d\theta=2$$

$$\int_0^{2\pi}\sin\theta d\theta=0$$

$$\int\sin\omega t dt=-\frac{1}{\omega}\cos\omega t$$

**[13]** 単位の接頭語

| 記号 | T | G | M | k | c | m | $\mu$ | n | p |
|---|---|---|---|---|---|---|---|---|---|
| 数値 | $10^{12}$ | $10^9$ | $10^6$ | $10^3$ | $10^{-2}$ | $10^{-3}$ | $10^{-6}$ | $10^{-9}$ | $10^{-12}$ |

# 第一級陸上無線技術士試験

やさしく学ぶ

# 無線工学B【改訂3版】

吉川忠久・著

# まえがき

無線従事者とは,「無線設備の操作またはその監督を行う者であって，総務大臣の免許を受けたもの」と電波法で定義されています.

無線従事者には，無線技術士，無線通信士，特殊無線技士，アマチュア無線技士の資格がありますが，第一級陸上無線技術士（一陸技）は，陸上に開設する放送局，航空局，固定局等の無線局の無線設備の操作またはその監督を行う無線従事者として必要な資格であり，陸上に開設したすべての無線局の無線設備の技術操作を行うことができる資格です.

また，無線通信の分野では携帯電話などの移動通信を行う無線局，あるいは放送の分野においてはデジタル化や多局化により無線局の数が著しく伸びています.これらの無線局の無線設備を国の検査に代わって保守点検を実施しているのが登録点検事業者です．登録点検事業者の点検員として無線従事者の資格が必要となり，無線従事者の免許を受けるためには国家試験に合格しなければなりません.

本書は，やさしく学習して第一級陸上無線技術士（一陸技）の国家試験に合格できることを目指しました.

一陸技の国家試験科目は,「無線工学の基礎」,「無線工学 A」,「無線工学 B」,「法規」の 4 科目があります．国家試験の出題範囲は大学卒業レベルの内容ですので，試験問題を解くには，かなりの専門的な知識が要求されます.

本書で学習する「無線工学 B」の国家試験では，アンテナ（理論・構造・機能)，給電線，電波伝搬とそれらの測定について出題されます．本書では次の分野に分類しました.

1 章　アンテナの理論
2 章　アンテナの実際
3 章　給電線と整合回路
4 章　電波伝搬
5 章　測　定

これらの科目を学習するには，一般にはたくさんの参考書を学習しなければなりませんが，これまでに出題された問題の種類はそれほど多くはありません.

そこで，本書は 1 冊で国家試験問題を解くのに必要な内容をひととおり学習することができるように，学習内容を試験に出題された問題の範囲に絞って，その範囲をやさしく学習することができるような構成としました．また，専門科目を学習したことがない方でも学習しやすいように，基礎的な内容も解説しました．

国家試験で合格点をとるための近道は，これまでに出題された問題をよく理解することです．本書は各分野の出題状況に応じて内容と練習問題を選定して構成しています．また，改訂2版が発行されてから約4年半が経過し，国家試験に新しい傾向の問題も出題されています．

改訂3版では，最新の国家試験問題の出題状況に応じて，掲載した問題を削除および追加しました．それに合わせて，本文の内容を充実させるとともに，国家試験問題の解説についても見直しを行い，わかりにくい部分や計算過程についての解説を増やしました．

また，各問題にある★印は出題頻度を表しています．★★★は数期おきに出題されている問題，★★はより長い期に出題される問題です．合格ラインを目指す方はここまでしっかり解けるようにしておきましょう．★は出題頻度が低い問題ですが，出題される可能性は十分にありますので，一通り学習することをお勧めします．

国家試験の出題では，いつも同じ問題が出題されるわけではなく，内容の一部が異なる類題が多く出題されています．類題が解けるようになるためには，解説や練習問題の解き方を学習して実力をつけてください．

特に，国家試験問題を解くときに注意することをキャラクターがコメントして，図やイラストによって視覚的にも印象づけられるようにしました．

練習問題の計算過程については，解答を導く途中の計算を詳細に記述してありますが，読むだけでは実際の試験で解答することはできません．自ら計算してください．

本書を繰り返して学習することが，合格への近道です．そのために，何度も読んでいただけるように，やさしく学べることを目指しました．

本書で楽しく学習して，一陸技の資格を取得されることを願っています．

2022年3月

筆者しるす

# 目 次

## 1章　アンテナの理論



## 2章　アンテナの実際



## 3章　給電線と整合回路

## 4章　電波伝搬



## 5章　測　定

1章

# アンテナの理論

この章から 5問 出題

【合格へのワンポイントアドバイス】

アンテナの理論の分野は，計算問題や計算式を答える問題が多く出題されています．既出の計算問題が類題として出題されるときは，数値が異なっていたり，何の量を求めるかが異なっているものもあるので注意しなければなりません．また，計算式を誘導する途中の式が穴あきになっている問題も出題されていますので，式の誘導の過程を正確に覚えてください．

# 1.1 電波（電磁波）

- 電界面が存在する平面を偏波面という
- 円偏波は電波の進行に伴って偏波面が回転する
- 楕円偏波の長軸方向の振幅と，短軸方向の振幅の比を軸比という
- 電波の状態をベクトル演算式で表した方程式がマクスウェルの式

## 1.1.1 電波の発生

**電磁波**は電界と磁界の波動が空間を伝搬します．一般に電波は導線を流れる高周波電流によって発生します．**図 1.1** に高周波電流が流れる導線と電気力線の状態を示します．電磁波は**電波**とも呼びます．

自由空間を伝搬する電磁波は，電界と磁界とが同一のエネルギー量で，かつ直交するベクトル量の関係を保ちながら空間を伝搬します．$y$ 軸方向に伝搬する電界と磁界のベクトル分布を**図 1.2** に示します．

電界または磁界が，ある瞬間に同一位相を持つ面を**波面**といい，波面が電波の進行方向に対して直角な平行平面にある場合を**平面波**と呼びます．

自由空間は，電波が伝搬するときに障害物がない理想的な空間のこと．

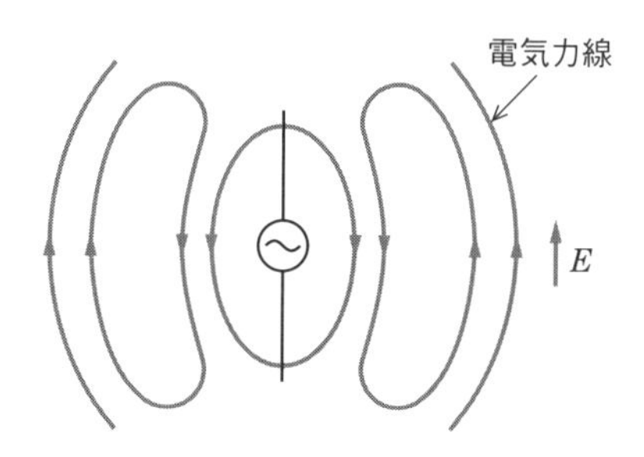


図 1.1　電気力線

電界は導線が存在する平面上にあり，磁界は導線が存在する平面に垂直なので，電界と磁界は垂直．

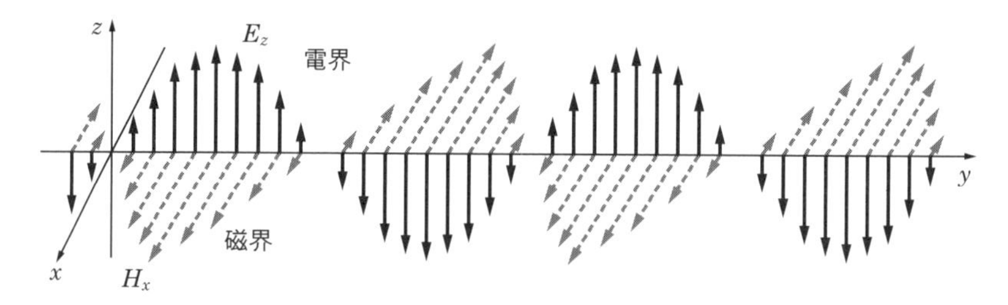


図 1.2　電界と磁界のベクトル分布

## 1.1.2 偏　波

電界と電波の進行方向が作る面を偏波面という.

大地を伝搬する電波の電界ベクトルが，大地に対して垂直な電波を**垂直偏波**，水平な電波を**水平偏波**といいます．電界ベクトルが垂直および水平の両成分を持ち，それらによって合成される場合は，両成分の位相関係によって次のように分類されます．

両成分が同相で，合成ベクトルが一つの直線上にある場合を**直線偏波**といいます．両成分に位相差がある場合に，位相差が$\pi/2$（90〔°〕）で合成電界の大きさが一定のときは，**図 1.3** のように電界ベクトルの向きが回転する**円偏波**となります．進行方向に対して右回りに回転する場合を**右旋円偏波**，左回りを**左旋円偏波**といいます．

水平成分と垂直成分の電界の振幅が異なるときは楕円偏波.

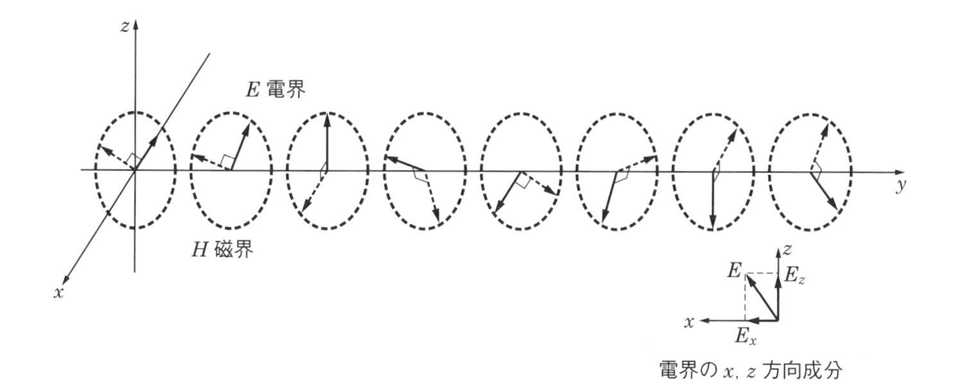


■図 1.3　円偏波

電波の進行方向に垂直な面において，互いに直交する方向の電界の振幅（最大値）のうち長軸方向の振幅を$E_1$，短軸方向の振幅を$E_2$とすると$E_1/E_2$を**軸比**といいます．軸比が 1 でない偏波を**楕円偏波**といいます．軸比が 1 に近いほど円偏波に近くなり，軸比が∞に近くなると，ほぼ長軸方向の電界$E_1$のみとなって直線偏波に近くなります．

## 1.1.3 電波の分類

電波を周波数によって分類すると，それぞれ**表 1.1** のようになります．

■表 1.1　電波の分類

| 名　称 | 周波数の範囲 | 波長の名称 |
|---|---|---|
| VLF（Very Low Frequency） | 3 ～ 30〔kHz〕 | |
| LF（Low Frequency） | 30 ～ 300〔kHz〕 | 長波 |
| MF（Medium Frequency） | 300 ～ 3 000〔kHz〕 | 中波 |
| HF（High Frequency） | 3 ～ 30〔MHz〕 | 短波 |
| VHF（Very High Frequency） | 30 ～ 300〔MHz〕 | 超短波 |
| UHF（Ultra High Frequency） | 300 ～ 3 000〔MHz〕 | 極超短波 |
| SHF（Super High Frequency） | 3 ～ 30〔GHz〕 | マイクロ波 |
| EHF（Extremely High Frequency） | 30 ～ 300〔GHz〕 | ミリ波 |

**関連知識　周波数と波長**

空間を進行する電波の 1 周期の長さを波長といい，電波の周波数を $f$〔Hz〕，電波の速度を $c \fallingdotseq 3\times10^8$〔m/s〕とすると，波長 $\lambda$〔m〕は次式で表されます．

$$\lambda = \frac{c}{f} \fallingdotseq \frac{3\times10^8}{f}\ \text{〔m〕} \qquad (1.1)$$

また，実用的な式として次式が用いられます．

$$\lambda \fallingdotseq \frac{300}{f\,\text{〔MHz〕}}\ \text{〔m〕} \qquad (1.2)$$

電波は sin や cos の三角関数で与えられる単振動．

## 1.1.4 マクスウェルの方程式

**ガウスの法則**はベクトル演算式によって，次式のように表されます．

$$\mathrm{div}\,\boldsymbol{E} = \frac{\rho}{\varepsilon} \qquad (1.3)$$

$$\mathrm{div}\,\boldsymbol{H} = 0 \qquad (1.4)$$

div はダイバージェンス．rot はローテーションと呼ぶ．

**アンペアの法則**は次式で表されます.

$$\mathrm{rot}\,\boldsymbol{H} = \boldsymbol{J} + \sigma\boldsymbol{E} + \varepsilon\frac{\partial \boldsymbol{E}}{\partial t} \tag{1.5}$$

式（1.5）において，$\boldsymbol{J}$ は印加電流，$\sigma\boldsymbol{E}$ は空間の導電率によって空間を流れる電流を表し，電束密度 $\boldsymbol{D} = \varepsilon\boldsymbol{E}$ を時間で微分した値は，空間に仮想的に流れる電流（**変位電流**）を表します.

**ファラデーの法則**は次式で表されます.

$$\mathrm{rot}\,\boldsymbol{E} = -\mu\frac{\partial \boldsymbol{H}}{\partial t} \tag{1.6}$$

電界や磁界は，$x$，$y$，$z$ 座標の 3 次元空間に方向と大きさを持つベクトル量で表されます.

$\boldsymbol{E}$：電界〔V/m〕　$\boldsymbol{H}$：磁界〔A/m〕

$\boldsymbol{J}$：印加電流〔$\mathrm{A/m^2}$〕

$\rho$：電荷密度〔$\mathrm{C/m^3}$〕　$\sigma$：導電率〔S/m〕

$\varepsilon$：誘電率〔F/m〕　$\mu$：透磁率〔H/m〕

電界 $\boldsymbol{E}$ や磁界 $\boldsymbol{H}$ の記号は，空間に大きさと方向を持つベクトル量を表し，$E$ や $H$ は大きさのみのスカラ量です.

**関連知識　電気磁気量の定義**

$\sigma\boldsymbol{E}$：導電流密度〔$\mathrm{A/m^2}$〕
$\boldsymbol{D}$：電束密度〔$\mathrm{C/m^2}$〕
$\boldsymbol{D} = \varepsilon\boldsymbol{E} = \varepsilon_S\varepsilon_0\boldsymbol{E}$（$\varepsilon_S$：比誘電率，$\varepsilon_0$：真空の誘電率〔F/m〕）
$\boldsymbol{B}$：磁束密度〔T〕
$\boldsymbol{B} = \mu\boldsymbol{H} = \mu_S\mu_0\boldsymbol{H}$（$\mu_S$：比透磁率，$\mu_0$：真空の透磁率〔H/m〕）

ナブラ演算子 ∇ は次式で表されます.

$$\nabla = \boldsymbol{i}\frac{\partial}{\partial x} + \boldsymbol{j}\frac{\partial}{\partial y} + \boldsymbol{k}\frac{\partial}{\partial z} \tag{1.7}$$

電位を $V$〔V〕とすると次式が成り立ちます.

$$\nabla V = \boldsymbol{i}\frac{\partial}{\partial x}V + \boldsymbol{j}\frac{\partial}{\partial y}V + \boldsymbol{k}\frac{\partial}{\partial z}V \tag{1.8}$$

式（1.8）は電位の勾配を表し，次式が成り立ちます.

$$\boldsymbol{E} = -\nabla V \tag{1.9}$$

電界は，電位の傾きを表す.

式（1.3），式（1.4）の div はベクトルの発散を表し，∇を用いると次式で表されます．

$$\nabla \cdot \boldsymbol{E} = \frac{\rho}{\varepsilon} \qquad (1.10)$$

$$\nabla \cdot \boldsymbol{H} = 0 \qquad (1.11)$$

・は，ドットと呼び，ベクトルの内積を表す．

式（1.5），式（1.6）の rot はベクトルの回転を表し，∇を用いると次式で表されます．

$$\nabla \times \boldsymbol{H} = \sigma \boldsymbol{E} + \varepsilon \frac{\partial \boldsymbol{E}}{\partial t} \qquad (1.12)$$

$$\nabla \times \boldsymbol{E} = -\mu \frac{\partial \boldsymbol{H}}{\partial t} \qquad (1.13)$$

×はクロスと呼び，ベクトルの外積を表す．

$\boldsymbol{H}$ の $x$，$y$，$z$ 座標成分を $H_x$，$H_y$，$H_z$ とすると次式が成り立ちます．

$$\nabla \times \boldsymbol{H} = \begin{vmatrix} \boldsymbol{i} & \boldsymbol{j} & \boldsymbol{k} \\ \dfrac{\partial}{\partial x} & \dfrac{\partial}{\partial y} & \dfrac{\partial}{\partial z} \\ H_x & H_y & H_z \end{vmatrix} \qquad (1.14)$$

$$= \boldsymbol{i}\left(\frac{\partial H_z}{\partial y} - \frac{\partial H_y}{\partial z}\right) + \boldsymbol{j}\left(\frac{\partial H_x}{\partial z} - \frac{\partial H_z}{\partial x}\right) + \boldsymbol{k}\left(\frac{\partial H_y}{\partial x} - \frac{\partial H_x}{\partial y}\right) \qquad (1.15)$$

式（1.5）は式（1.14）の行列式を用いて式（1.15）のように各座標方向の成分を求めることができます．電界が $z$ 方向成分のみで，磁界が $x$ 方向成分のみの図 1.2 のような平面波の場合，電界が角周波数 $\omega = 2\pi f$〔rad/s〕で変化するときは，式（1.12）から式（1.15）を用いて微分方程式を解くと，次式の関係を導くことができます．

ベクトルの外積は行列式を用いて計算することができる．

$$E_z = A \sin(\omega t - \beta y) \qquad (1.16)$$

$$H_x = \frac{A}{Z_0} \sin(\omega t - \beta y) \qquad (1.17)$$

ただし，$E_z$：$z$ 方向の電界〔V/m〕
$H_x$：$x$ 方向の磁界〔A/m〕
$A$：積分定数
$\beta$：位相定数（$= 2\pi/\lambda$）〔rad/m〕

$\dfrac{\partial \boldsymbol{E}}{\partial t}$ は，$j\omega \dot{\boldsymbol{E}}$
$\boldsymbol{E} = E_{\mathrm{m}}\, e^{j\omega t}$
で表される．

$Z_0$：自由空間の固有インピーダンス〔Ω〕

式（1.16），式（1.17）は，周波数 $f$〔Hz〕，波長 $\lambda$（$=2\pi/\beta=c/f$）の電磁波が $y$ 軸方向に進んでいく状態を表します．また，このとき，真空中を伝搬する速度 $c$〔m/s〕は次式で表されます．

$$c=\frac{\omega}{\beta}=\frac{1}{\sqrt{\mu_0\varepsilon_0}}=2.997\,924\,58\times10^8\,\text{〔m/s〕} \tag{1.18}$$

ただし，$\varepsilon_0$：真空の誘電率$\left(\fallingdotseq\dfrac{1}{36\pi}\times10^{-9}\,\text{〔F/m〕}\right)$

$\mu_0$：真空の透磁率（$=4\pi\times10^{-7}$〔H/m〕）

**問題 1** ★★ ➡1.1.2

次の記述は，自由空間内を伝搬する電波の偏波について述べたものである．□内に入れるべき字句の正しい組合せを下の番号から選べ．

(1) 電波の進行方向に垂直な面上で，互いに直交する方向の電界成分の位相差が［A］〔rad〕で振幅が等しい電波は，円偏波であり，このとき振幅が異なる電波は，楕円偏波である．

(2) 電波の進行方向に垂直な面上で，互いに直交する方向の電界成分の位相差が 0〔rad〕または［B］〔rad〕の電波は，直線偏波である．

(3) 楕円偏波の長軸方向の電界強度 $E_1$ と短軸方向の電界強度 $E_2$ との比（$E_1/E_2$）を軸比といい，軸比（真数）の大きさが∞に近いほど［C］偏波に近く，1 に近いほど［D］偏波に近い．

| | A | B | C | D |
|---|---|---|---|---|
| 1 | π/2 | π | 円 | 直線 |
| 2 | π/2 | π | 直線 | 円 |
| 3 | 0 | π/2 | 円 | 直線 |
| 4 | π | π/2 | 直線 | 円 |
| 5 | π | π/2 | 円 | 直線 |

**解説** 軸比（真数）が∞に近くなると，短軸方向の電界強度がなくなるので，ほぼ長軸方向の電界強度 $E_1$ のみとなって**直線**偏波に近くなります．軸比の大きさが 1 に近いほど**円**偏波に近くなります．

（直線：［C］の答え）（円：［D］の答え）

答え▶▶▶ 2

**出題傾向** 楕円偏波の旋回についての内容も出題されています．進行方向に向かって，時計回り（右回り）に偏波面が回転する偏波を右旋楕円偏波といって，反時計回りは左旋楕円偏波といいます．

### 問題 2 ★★★

➡ 1.1.4

次の記述は，電界 $\boldsymbol{E}$〔V/m〕と磁界 $\boldsymbol{H}$〔A/m〕に関するマクスウェルの方程式について述べたものである．□内に入れるべき字句の正しい組合せを下の番号から選べ．ただし，媒質は均質，等方性，線形，非分散性とし，誘電率を $\varepsilon$〔F/m〕，透磁率を $\mu$〔H/m〕，導電率を $\sigma$〔S/m〕，印加電流を $\boldsymbol{J}_0$〔A/m²〕および時間を $t$〔s〕とする．

(1) $\boldsymbol{E}$ と $\boldsymbol{H}$ に関するマクスウェルの方程式は，次式で表される．

$$\boxed{\text{A}} = \boldsymbol{J}_0 + \sigma\boldsymbol{E} + \varepsilon\frac{\partial E}{\partial t} \quad \text{【1】}$$

$$\boxed{\text{B}} = -\mu\frac{\partial H}{\partial t} \quad \text{【2】}$$

(2) 式【1】は，拡張されたアンペアの法則と呼ばれ，この右辺は，第 1 項の印加電流，第 2 項の導電流および □C□ と呼ばれている第 3 項からなる．

(3) 式【2】は，ファラデーの法則と呼ばれている．

| | A | B | C |
|---|---|---|---|
| 1 | rot $\boldsymbol{E}$ | rot $\boldsymbol{H}$ | 対流電流 |
| 2 | rot $\boldsymbol{E}$ | rot $\boldsymbol{H}$ | 変位電流 |
| 3 | div $\boldsymbol{E}$ | div $\boldsymbol{H}$ | 対流電流 |
| 4 | rot $\boldsymbol{H}$ | rot $\boldsymbol{E}$ | 対流電流 |
| 5 | rot $\boldsymbol{H}$ | rot $\boldsymbol{E}$ | 変位電流 |

**解説** rot（ローテーション）は，ベクトルの回転を表します．アンペアの法則は回転磁界と電流の関係を表す法則で，ファラデーの法則は回転電界と磁束の変化を表す法則です．$\varepsilon\boldsymbol{E}$ は電束を表し，電束を時間で微分した値を**変位電流**と呼び，仮想な電流を表します．

▲…… □C□ の答え

答え▶▶▶ 5

**出題傾向** 下線の部分を穴埋めの字句とした問題も出題されています．

**問題 3** ★★ ➡ 1.1.4

次の記述は，マクスウェルの方程式から波動方程式を導出する過程について述べたものである．[　　]内に入れるべき字句の正しい組合せを下の番号から選べ．ただし，媒質は等方性，非分散性，線形，均質として，誘電率を $\varepsilon$〔F/m〕，透磁率を $\mu$〔H/m〕および導電率を $\sigma$〔S/m〕とする．なお，同じ記号の[　　]内には，同じ字句が入るものとする．

(1) 電界 $\boldsymbol{E}$〔V/m〕と磁界 $\boldsymbol{H}$〔A/m〕が共に角周波数 $\omega$〔rad/s〕で正弦的に変化しているとき，両者の間には以下のマクスウェルの方程式が成立しているものとする．

$$\nabla\times\boldsymbol{E}=-j\omega\mu\boldsymbol{H} \quad \cdots\cdots【1】$$

$$\nabla\times\boldsymbol{H}=(\sigma+j\omega\varepsilon)\boldsymbol{E} \quad \cdots\cdots【2】$$

(2) 式【1】の両辺の[ A ]をとると，次式が得られる．

$$\boxed{\text{B}}\ \nabla\times\boldsymbol{E}=-j\omega\mu\ \boxed{\text{B}}\ \boldsymbol{H} \quad \cdots\cdots【3】$$

(3) 式【3】の左辺は，ベクトルの公式により，以下のように表される．

$$\boxed{\text{B}}\ \nabla\times\boldsymbol{E}=\nabla\nabla\cdot\boldsymbol{E}-\nabla^2\boldsymbol{E} \quad \cdots\cdots【4】$$

(4) 通常の媒質中では，電子やイオンは存在しないので，

$$\nabla\cdot\boldsymbol{E}=0 \quad \cdots\cdots【5】$$

(5) 式【2】～【5】から，$\boldsymbol{H}$ を消去して，$\boldsymbol{E}$ に関する以下の波動方程式が得られる．

$$\boxed{\text{C}}\ \boldsymbol{E}+\gamma^2\boldsymbol{E}=0$$

ここで，$\gamma^2=$ [ D ]であり，$\gamma$ は伝搬定数と呼ばれている．

(6) また，$\boldsymbol{H}$ に関する波動方程式は以下のようになる．

$$\boxed{\text{C}}\ \boldsymbol{H}+\gamma^2\boldsymbol{H}=0$$

| | A | B | C | D |
|---|---|---|---|---|
| 1 | 発散 | $\nabla\times$ | $\nabla\cdot$ | $-j\omega\mu(\sigma+j\omega\varepsilon)$ |
| 2 | 発散 | $\nabla\cdot$ | $\nabla^2$ | $j\omega\mu(\sigma+j\omega\varepsilon)$ |
| 3 | 回転 | $\nabla\cdot$ | $\nabla\cdot$ | $j\omega\mu(\sigma+j\omega\varepsilon)$ |
| 4 | 回転 | $\nabla\times$ | $\nabla\cdot$ | $-j\omega\mu(\sigma+j\omega\varepsilon)$ |
| 5 | 回転 | $\nabla\times$ | $\nabla^2$ | $-j\omega\mu(\sigma+j\omega\varepsilon)$ |

**解説** 問題の式【2】は次式となります．

$$\nabla\times\boldsymbol{H}=(\sigma+j\omega\varepsilon)\boldsymbol{E} \quad ①$$

問題の式【3】は次式となります．

$$\nabla\times\nabla\times\boldsymbol{E}=-j\omega\mu\nabla\times\boldsymbol{H} \quad ②$$

×は，クロスと呼び，ベクトルの外積を表す．
∇×は rot（ローテーション）と書かれることもある．

式①を式②に代入すると次式で表されます．

$$\nabla \times \nabla \times \boldsymbol{E} = -j\omega\mu(\sigma + j\omega\varepsilon)\boldsymbol{E} \quad ③$$

問題の式【4】，【5】より次式となります．

$$\nabla \times \nabla \times \boldsymbol{E} = -\nabla^2 \boldsymbol{E} \quad ④$$

式③，④より次式となります．

$$-\nabla^2 \boldsymbol{E} = -j\omega\mu(\sigma + j\omega\varepsilon)\boldsymbol{E}$$

よって　$\nabla^2 \boldsymbol{E} - j\omega\mu(\sigma + j\omega\varepsilon)\boldsymbol{E} = \nabla^2 \boldsymbol{E} + \gamma^2 \boldsymbol{E} = 0$

ここで　$\gamma^2 = \boldsymbol{-j\omega\mu(\sigma + j\omega\varepsilon)}$　です．

↑ D の答え

答え▶▶▶5

**出題傾向**　下線の部分を穴埋めの字句とした問題も出題されています．

**問題 4** ★★★　→1.1.4

次の記述は，自由空間内の平面波を波動方程式から導出する過程について述べたものである．[　　] 内に入れるべき字句の正しい組合せを下の番号から選べ．ただし，自由空間の誘電率を $\varepsilon_0$〔F/m〕，透磁率を $\mu_0$〔H/m〕および時間を $t$〔s〕として，電界 $\boldsymbol{E}$〔V/m〕が角周波数 $\omega$〔rad/s〕で正弦的に変化しているものとする．

(1) $\boldsymbol{E}$ については，以下の波動方程式が成立する．ここで，$k^2 = \omega^2 \mu_0 \varepsilon_0$ とする．

$$\nabla^2 \boldsymbol{E} + k^2 \boldsymbol{E} = 0 \quad \cdots\cdots【1】$$

(2) 直角座標系（$x, y, z$）で，$\boldsymbol{E}$ が $y$ だけの関数とすると，式【1】より，以下の式が得られる．

$$\boxed{\text{A}} + k^2 E_z = 0 \quad \cdots\cdots【2】$$

(3) 式【2】の解は，$M$，$N$ を境界条件によって定まる定数とすると，次式で表される．

$$E_z = Me^{-jky} + Ne^{+jky} \quad \cdots\cdots【3】$$

(4) 以下，式【3】の右辺の第1項で表される [　B　] のみを考える．$ky$ が $2\pi$ の値をとるごとに同一の変化が繰り返されるから，$ky = 2\pi$ を満たす $y$ が波長 $\lambda$ となる．すなわち，周波数を $f$〔Hz〕とすると，$\lambda =$ [　C　]〔m〕となる．

(5) 式【3】の右辺の第1項に時間項 $e^{j\omega t}$ を掛けると，$E_z$ は，次式で表される．

$$E_z = Me^{j(\omega t - ky)} \quad \cdots\cdots【4】$$

(6) 式【4】より，$E_z$ の等位相面を表す式は，定数を $K$ とおくと，次式で与えられる．

$$\omega t - ky = K \quad \cdots\cdots【5】$$

(7) 式【5】の両辺を時間 $t$ について微分すると，等位相面の進む速度，すなわち，電波の速度 $v$ は以下のように表される．

$$v = \frac{dy}{dt} = \boxed{\text{D}} = \frac{1}{\sqrt{\mu_0 \varepsilon_0}} \text{〔m/s〕}$$

| | A | B | C | D |
|---|---|---|---|---|
| 1 | $\frac{dE_z}{dy}$ | 前進波 | $\frac{1}{f\sqrt{\mu_0\varepsilon_0}}$ | $\frac{\omega}{k}$ |
| 2 | $\frac{dE_z}{dy}$ | 後退波 | $\frac{\sqrt{\mu_0\varepsilon_0}}{f}$ | $\frac{k}{\omega}$ |
| 3 | $\frac{d^2E_z}{dy^2}$ | 前進波 | $\frac{1}{f\sqrt{\mu_0\varepsilon_0}}$ | $\frac{\omega}{k}$ |
| 4 | $\frac{d^2E_z}{dy^2}$ | 後退波 | $\frac{\sqrt{\mu_0\varepsilon_0}}{f}$ | $\frac{k}{\omega}$ |
| 5 | $\frac{d^2E_z}{dy^2}$ | 前進波 | $\frac{1}{f\sqrt{\mu_0\varepsilon_0}}$ | $\frac{k}{\omega}$ |

**解説** 問題の式【1】の $\nabla^2 \boldsymbol{E}$ は次式で表されます．

$$\begin{aligned}\nabla^2 \boldsymbol{E} &= \nabla \cdot \nabla \boldsymbol{E} \\ &= \frac{\partial^2}{\partial x^2}\boldsymbol{E} + \frac{\partial^2}{\partial y^2}\boldsymbol{E} + \frac{\partial^2}{\partial z^2}\boldsymbol{E} \\ &= \boldsymbol{i}\left(\frac{\partial^2}{\partial x^2}E_x + \frac{\partial^2}{\partial y^2}E_x + \frac{\partial^2}{\partial z^2}E_x\right) + \boldsymbol{j}\left(\frac{\partial^2}{\partial x^2}E_y + \frac{\partial^2}{\partial y^2}E_y + \frac{\partial^2}{\partial z^2}E_y\right) \\ &\quad + \boldsymbol{k}\left(\frac{\partial^2}{\partial x^2}E_z + \frac{\partial^2}{\partial y^2}E_z + \frac{\partial^2}{\partial z^2}E_z\right) \qquad ①\end{aligned}$$

$x$，$y$，$z$ の座標軸方向に電界 $\boldsymbol{E}$，磁界 $\boldsymbol{H}$ の成分を持つ平面波において，電波の進行方向 $y$ だけの関数とすると，ポインティング電力 $\boldsymbol{W} = \boldsymbol{E} \times \boldsymbol{H}$ の向きとなるので，電界と磁界は $E_z$，$H_x$ 成分を持ちます．よって，問題の式【2】は式①のうち $y$ の関数の電界成分 $E_z$ より，偏微分を微分で表すと次式となります．

$$\boldsymbol{\frac{d^2 E_z}{dy^2}} + k^2 E_z = 0$$

← $\boxed{\text{A}}$ の答え

$k^2 = \omega^2 \mu_0 \varepsilon_0$ より

$$k = \omega\sqrt{\mu_0 \varepsilon_0} \qquad ②$$

の式で表されるので，$ky = 2\pi$ の $y = \lambda$ として，式②より $\lambda$ を求めると次式で表されます．

$$\lambda = \frac{2\pi}{k} = \frac{2\pi}{\omega\sqrt{\mu_0\varepsilon_0}} = \frac{2\pi}{2\pi f\sqrt{\mu_0\varepsilon_0}}$$

$$= \frac{\mathbf{1}}{\boldsymbol{f}\sqrt{\boldsymbol{\mu_0\varepsilon_0}}} \text{〔m〕}$$ ← C の答え

問題の式【5】の両辺を時間 $t$ について微分すると

$$\frac{d}{dt}\omega t - \frac{d}{dt}ky = \frac{d}{dt}K$$

$$\omega - k\frac{dy}{dt} = 0$$

定数 $K$ の微分は $\frac{d}{dt}K = 0$

よって

$$v = \frac{dy}{dt} = \frac{\boldsymbol{\omega}}{\boldsymbol{k}} = \frac{1}{\sqrt{\mu_0\varepsilon_0}}$$

となります. ← D の答え

答え▶▶▶3

出題傾向　下線の部分を穴埋めの字句とした問題も出題されています.

# 1.2 自由空間の特性

- 自由空間の固有インピーダンスは電界と磁界の比で表され，特定の値を持つ
- ポインチングベクトルは電界ベクトルと磁界ベクトルのベクトル積で表され，その大きさは電力束密度を表す

1章

## 1.2.1 自由空間の固有インピーダンス

電界と磁界の相互変化が伝搬するので，それらのエネルギーは等しい．

真空の誘電率が$\varepsilon_0$〔F/m〕，真空の透磁率が$\mu_0$〔H/m〕の真空中において，電界$E$，磁界$H$が存在するときのエネルギー密度$U_E$，$U_H$は，それぞれ次式で表されます．

$$U_E=\frac{1}{2}\varepsilon_0 E^2 \tag{1.19}$$

$$U_H=\frac{1}{2}\mu_0 H^2 \tag{1.20}$$

電界と磁界のエネルギーは等しいので，式（1.19）と式（1.20）より

$$\varepsilon_0 E^2=\mu_0 H^2 \tag{1.21}$$

となります．ここで電界と磁界の比はインピーダンスを表し，自由空間の固有インピーダンス$Z_0$〔Ω〕は次式で表されます．

$$Z_0=\frac{E}{H}=\sqrt{\frac{\mu_0}{\varepsilon_0}}\fallingdotseq 120\pi\fallingdotseq 377\ 〔\Omega〕 \tag{1.22}$$

**関連知識　$\varepsilon_0$と$\mu_0$**

$\mu_0$はアンペアの法則から電流の単位〔A〕を定めるときに定義された定数です．$\mu_0$は次式で表されます．

$$\mu_0=4\pi\times 10^{-7}\ 〔\mathrm{H/m}〕 \tag{1.23}$$

真空中の電磁波の速度$c$〔m/s〕は，長さの単位〔m〕を定めるときに定義された数値です．$c$は次式で表されます．

$$c=2.997\,924\,58\times 10^8\ 〔\mathrm{m/s}〕 \tag{1.24}$$

マクスウェルの方程式から誘導された電磁波の速度$c$は次式で表されます．

$$c=\frac{1}{\sqrt{\mu_0\varepsilon_0}}\ 〔\mathrm{m/s}〕 \tag{1.25}$$

式（1.23）～式（1.25）より，$\varepsilon_0$〔F/m〕を求めると次式で表されます．

$$\varepsilon_0=\frac{1}{c^2\mu_0}\fallingdotseq\frac{1}{(3\times 10^8)^2\times 4\pi\times 10^{-7}}=\frac{1}{36\pi}\times 10^{-9}\ 〔\mathrm{F/m}〕$$

## 1.2.2 ポインチングベクトル電力

電磁波の電界と磁界のエネルギーは，進行方向に伝搬するベクトル量として次式のように表されます．

$$\boldsymbol{W} = \boldsymbol{E} \times \boldsymbol{H} \tag{1.26}$$

式（1.26）を**ポインチングの定理**と呼び，$\boldsymbol{W}$ を**ポインチングベクトル**といいます．また，ベクトル量 $\boldsymbol{W}$ の大きさ $W$〔W/m$^2$〕を**ポインチング電力**といい，平面波の場合は次式で表されます．

$$W = EH \text{〔W/m}^2\text{〕} \tag{1.27}$$

$W$ は単位時間当たりに単位面積を通過するエネルギー量を表し，**電力束密度**と呼びます．

式（1.22）より $H = E/Z_0$ なので，式（1.27）に代入すると次式が得られます．

$$W = \frac{E^2}{Z_0}$$

$$= \frac{E^2}{120\pi} \tag{1.28}$$

$$= 120\pi H^2 \text{〔W/m}^2\text{〕} \tag{1.29}$$

## 1.2.3 散乱断面積

均質な媒質中に置かれた媒質定数の異なる物体に平面波が入射すると，その物体には導電電流または分極電流が誘起され，これらの電流が 2 次的な波源になり，電磁波が再放射されます．

自由空間中の物体へ入射する平面波の電力束密度が $p_{\mathrm{i}}$〔W/m$^2$〕で，物体から距離 $d$〔m〕の受信点における散乱波の電力束密度が $p_{\mathrm{s}}$〔W/m$^2$〕であったとき，物体の散乱断面積 $\sigma$ は，次式で定義されます．

$$\sigma = \lim_{d \to \infty} \left\{ 4\pi d^2 \left( \frac{P_{\mathrm{s}}}{P_{\mathrm{i}}} \right) \right\} \text{〔m}^2\text{〕} \tag{1.30}$$

式（1.30）は，受信点における散乱電力が，入射平面波の到来方向に垂直な断面積 $\sigma$ 内に含まれる入射電力を全方向に無指向性で散乱する仮想的な等方性散

乱体の散乱電力に等しいことを意味しています．

散乱する電磁波の方向が入射波の到来方向に一致する場合は，**後方散乱断面積**またはレーダ断面積といいます．

1章

物体から入射波方向への散乱により実効放射電力 $P_s$〔W〕の電波が放射されるとすると，物体に入射する平面波の電力束密度が $W$〔W/m$^2$〕のとき，物体の入射方向の散乱断面積 $\sigma$〔m$^2$〕は，次式で表されます．

$$\sigma = \frac{P_s}{W} \text{〔m}^2\text{〕} \tag{1.31}$$

アンテナによっても散乱は発生します．半波長ダイポールアンテナによって電波が散乱するときは，到来電波によってアンテナに電圧 $V$〔V〕が誘起され，アンテナの入力インピーダンス $R_D$〔Ω〕とアンテナに接続された受信機の入力インピーダンスが整合されているときは，アンテナから放射される電力 $P_S$〔W〕は，次式で表されます．

$$P_S = \frac{V^2}{4R_D} \text{〔W〕} \tag{1.32}$$

電界強度を $E$〔V/m〕，自由空間の固有インピーダンスを $Z_0 = 120\pi$〔Ω〕とすると，電力束密度は $W = E^2/Z_0$〔W/m$^2$〕で表されるので，半波長ダイポールアンテナの散乱断面積 $A_S$〔m$^2$〕は，次式で表されます．

$$A_S = \frac{P_S}{W} = \frac{V^2 Z_0}{4R_D E^2} \text{〔m}^2\text{〕} \tag{1.33}$$

**問題 5** ★★★ ➡1.2.3

次の記述は，散乱断面積について述べたものである．［　　］内に入れるべき字句を下の番号から選べ．

(1) 均質な媒質中に置かれた媒質定数の異なる物体に平面波が入射すると，その物体が導体の場合には導電電流が生じ，また，誘電体の場合には［ ア ］が生じ，これらの電流が2次的な波源になり，電磁波が再放射される．

(2) **図1.4**に示すように，自由空間中の物体へ入射する平面波の電力束密度が $p_{\mathrm{i}}$〔W/m²〕で，物体から距離 $d$〔m〕の受信点Rにおける散乱波の電力束密度が $p_{\mathrm{s}}$〔W/m²〕であったとき，物体の散乱断面積 $\sigma$ は，次式で定義される．

$$\sigma = \lim_{d \to \infty} \{4\pi d^2 (\boxed{\text{イ}})\} \text{〔m}^2\text{〕}$$

上式は，受信点における散乱電力が，入射平面波の到来方向に垂直な断面積 $\sigma$ 内に含まれる入射電力を［ ウ ］で散乱する仮想的な等方性散乱体の散乱電力に等しいことを意味している．

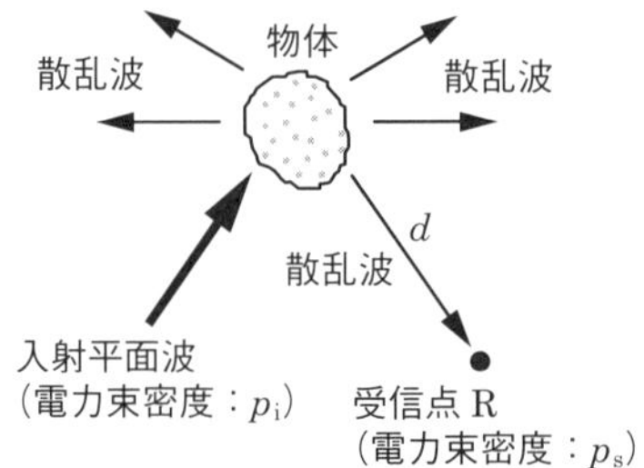


■図1.4

(3) 散乱方向が入射波の方向と一致するときの $\sigma$ をレーダ断面積または［ エ ］散乱断面積という．金属球のレーダ断面積 $\sigma$ は，球の半径 $r$ が波長に比べて十分大きい場合，［ オ ］にほぼ等しい．

1 分極　2 $p_{\mathrm{i}}/p_{\mathrm{s}}$　3 受信点方向に対して単一指向性　4 後方　5 $4\pi r^2$
6 磁化　7 $p_{\mathrm{s}}/p_{\mathrm{i}}$　8 全方向に無指向性　9 前方　10 $\pi r^2$

**解説** 散乱方向が入射波の方向と一致する方向の場合の反射断面積をレーダ断面積または**後方**散乱断面積といいます．レーダ電波の伝搬では有効反射面積として表されます．

（［エ］の答え：後方）（［オ］の答え：$\pi r^2$）

金属球のレーダ断面積は，球の半径 $r$ が波長に比べて十分に大きい場合，$\boldsymbol{\pi r^2}$ にほぼ等しくなります．$\pi r^2$ は半径 $r$ の円の面積を表します．

答え▶▶▶ア－1，イ－7，ウ－8，エ－4，オ－10

**出題傾向** 下線の部分を穴埋めの字句とした問題も出題されています．

# 1.3 基本アンテナ

- 等方性アンテナは全方向に等しい放射特性を持つ仮想的なアンテナ
- 微小ダイポールの放射電界と誘導電界と静電界の比，それらが等しくなる距離
- 半波長ダイポールアンテナは 1/2 波長で同調する
- 各基本アンテナの電界強度を求めるときの定数が異なる
- 電界強度は，電流に比例，電力の√に比例，距離に反比例

## 1.3.1 等方性アンテナ（等方向性アンテナ）

全方向に電波を一定の強度で送受信することができる仮想的なアンテナを**等方性アンテナ**（Isotropic Antenna）といいます．

一般のアンテナは，素子の長さ成分が方向によって変化するので，放射強度が方向により変化する．

**図 1.5** のように，アンテナを球の中心に設置した空間を考えると，電力の放射強度は全方向で同じなので，アンテナから $d$〔m〕離れた点の球の表面積を $S$〔m$^2$〕，放射電力を $P$〔W〕とすると，球の単位面積を通過する放射電力の電力束密度 $p_{\mathrm{n}}$〔W/m$^2$〕は次式で表されます．

$$p_{\mathrm{n}} = \frac{P}{S} = \frac{P}{4\pi d^2} \text{〔W/m}^2\text{〕} \tag{1.34}$$

球の表面の電界強度を $E$〔V/m〕とすると，自由空間の固有インピーダンス $Z_0 = 120\pi$〔Ω〕より，ポインチング電力 $W$〔W/m$^2$〕は次式で表されます．

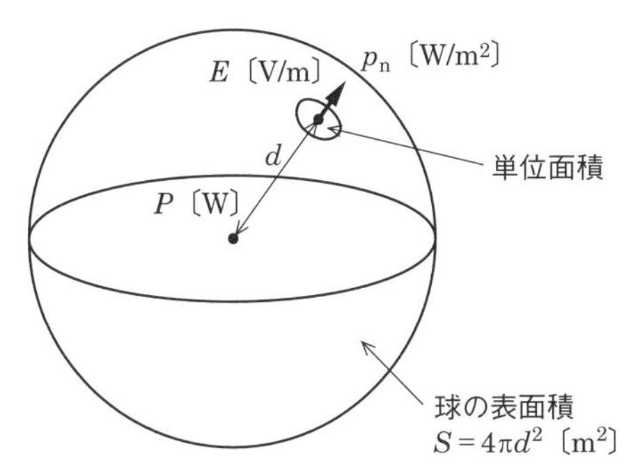


■図 1.5　アンテナを球の中心に設置した空間

$$W = \frac{E^2}{Z_0} = \frac{E^2}{120\pi} \text{〔W/m}^2\text{〕} \tag{1.35}$$

ポインチング電力は電力束密度と等しいので，式 (1.34) と式 (1.35) より

$$\frac{E^2}{120\pi} = \frac{P}{4\pi d^2} \tag{1.36}$$

となります．式 (1.36) より，電界強度 $E$〔V/m〕を求めると

$$E = \frac{\sqrt{30P}}{d} \text{〔V/m〕} \tag{1.37}$$

となります．

## 1.3.2 微小ダイポール

**図 1.6** のように，導線に電流を流すと空間に電波が放射されます．波長 $\lambda$〔m〕に対して短い導線 $l$〔m〕にアンテナ上の電流分布が一定な高周波電流が流れるアンテナを**微小ダイポール**といいます．

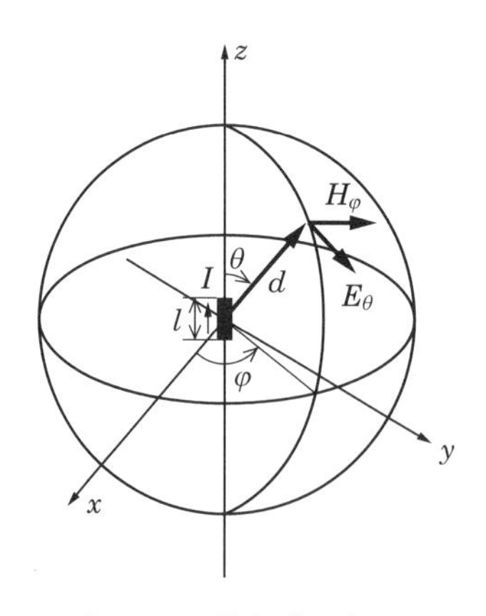


■図 1.6　微小ダイポール

電界の生じる向きはアンテナ軸を含む平面に平行．
磁界の生じる向きはアンテナ軸を含む平面に垂直．

図 1.6 において，角周波数 $\omega$〔rad/s〕の正弦波電流 $Ie^{j\omega t}$〔A〕が流れるアンテナの軸から $\theta$〔rad〕の方向に距離 $d$〔m〕離れた点において，$\theta$ 方向の電界強度 $E_\theta$〔V/m〕および $\varphi$〔rad〕方向の磁界強度 $H_\varphi$〔A/m〕は次式で表されます．

$$E_\theta = j\frac{60\pi l}{\lambda} Ie^{j(\omega t-\beta d)}\left\{\frac{1}{d}+\frac{1}{j\beta d^2}+\frac{1}{(j\beta)^2 d^3}\right\}\sin\theta \text{〔V/m〕} \quad (1.38)$$

$$H_\varphi = j\frac{l}{2\lambda} Ie^{j(\omega t-\beta d)}\left\{\frac{1}{d}+\frac{1}{j\beta d^2}\right\}\sin\theta \text{〔A/m〕} \quad (1.39)$$

式（1.38）の距離 $d$ に反比例する項が放射電界，距離の 2 乗に反比例する項が誘導電界，距離の 3 乗に反比例する項が静電界を表します．式（1.39）の距離 $d$ に反比例する項が放射磁界，距離の 2 乗に反比例する項が誘導磁界を表します．

一つの電荷によって生じる静電界は距離の 2 乗に反比例するが，アンテナはプラスとマイナスの電荷が接近して置かれた状態なので，距離の 3 乗に反比例する．

式（1.38）より，放射電界，誘導電界，静電界の値が等しくなる距離 $d$ は次式で表されます．

$$d = \frac{1}{\beta} = \frac{\lambda}{2\pi} \fallingdotseq 0.16\lambda \text{〔m〕} \quad (1.40)$$

$d$ が遠方の点では放射電磁界のみと考えることができます．このとき，電流の実効値を $I$〔A〕とすると，電界強度 $E$〔V/m〕および磁界強度 $H$〔A/m〕は次式で表されます．

$$E = \frac{60\pi Il}{\lambda d}\sin\theta \text{〔V/m〕} \quad (1.41)$$

$$H = \frac{E}{120\pi} = \frac{Il}{2\lambda d}\sin\theta \text{〔A/m〕} \quad (1.42)$$

微小ダイポールは，線状アンテナの電流分布から電界強度を求めるときの基本素子として用いられます．最大放射方向の電界強度 $E$〔V/m〕は次式で表されます．

$$E = \frac{60\pi Il}{\lambda d} \text{〔V/m〕} \quad (1.43)$$

また，放射電力 $P$〔W〕の微小ダイポールから距離 $d$〔m〕離れた点の最大放射方向の電界強度 $E$〔V/m〕は次式で表されます．

$$E = \frac{\sqrt{45P}}{d} \text{〔V/m〕} \quad (1.44)$$

## 1.3.3 半波長ダイポールアンテナ

**図 1.7** のように，素子の長さが 1/4 波長の 2 本の直線状導体で構成されたアンテナを**半波長ダイポールアンテナ**といいます．半波長ダイポールアンテナは左右の素子を流れる電流が大地に対して平衡しているので**平衡形アンテナ**と呼びます．

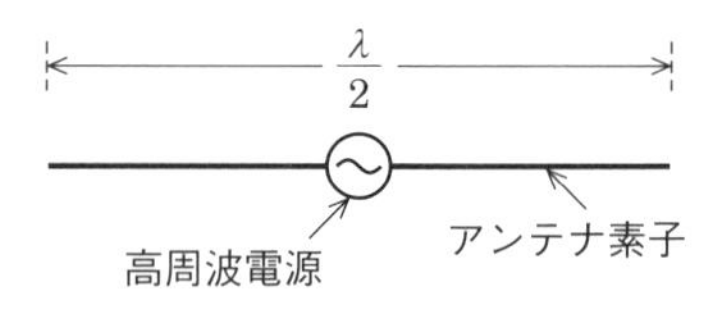


■図 1.7　半波長ダイポールアンテナ

放射電力 $P$〔W〕の半波長ダイポールアンテナから最大放射方向に距離 $d$〔m〕離れた点の電界強度 $E$〔V/m〕は次式で表されます．

$$E = \frac{\sqrt{49P}}{d} = \frac{7\sqrt{P}}{d} \text{〔V/m〕} \tag{1.45}$$

## 1.3.4 接地アンテナ

**図 1.8** のように，大地に 1/4 波長の素子を置き，素子と大地に給電するアンテナを **1/4 波長垂直接地アンテナ**といいます．大地の影像効果により，半波長ダイポールアンテナと同じ動作をするアンテナとして取り扱うことができます．

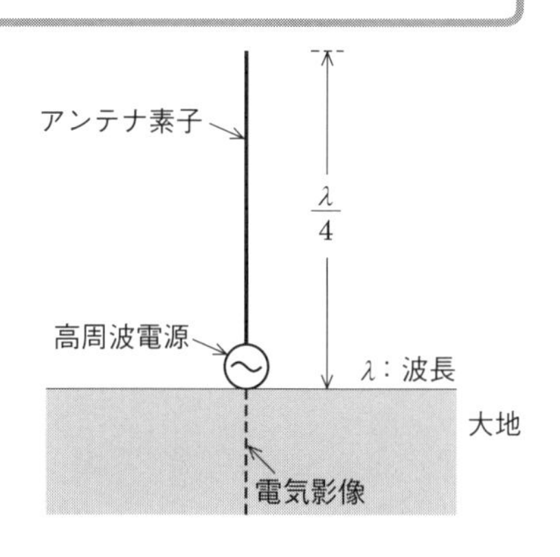


■図 1.8　1/4 波長垂直接地アンテナ

放射電力 $P$〔W〕の 1/4 波長垂直接地アンテナから最大放射方向に距離 $d$〔m〕離れた点の電界強度 $E$〔V/m〕は次式で表されます．

$$E = \frac{\sqrt{98P}}{d} \text{〔V/m〕} \tag{1.46}$$

**問題 6** ★★★ ➡1.3.2

次の記述は，自由空間に置かれた微小ダイポールを正弦波電流で励振した場合に発生する電界について述べたものである．［　　］内に入れるべき字句の正しい組合せを下の番号から選べ．

(1) 微小ダイポールの長さを $l$〔m〕，微小ダイポールを流れる電流を $I$〔A〕，角周波数を $\omega$〔rad/s〕，波長を $\lambda$〔m〕，微小ダイポールの電流が流れる方向と微小ダイポールの中心から距離 $r$〔m〕の任意の点 P を見た方向とがなす角度を $\theta$〔rad〕とすると，放射電界，誘導電界および静電界の 3 つの成分からなる点 P における微小ダイポールによる電界強度 $E_\theta$ は，次式で表される．

$$E_\theta = \frac{j60\pi Il \sin\theta}{\lambda}\left(\frac{1}{r} - \frac{j\lambda}{2\pi r^2} - \frac{\lambda^2}{4\pi^2 r^3}\right)e^{j(\omega t - 2\pi r/\lambda)} \text{〔V/m〕} \cdots\cdots\cdots\cdots \text{【1】}$$

(2) $E_\theta$ の放射電界の大きさを $|E_1|$〔V/m〕, $E_\theta$ の誘導電界の大きさを $|E_2|$〔V/m〕, $E_\theta$ の静電界の大きさを $|E_3|$〔V/m〕とすると，$|E_1|$，$|E_2|$，$|E_3|$は，式【1】より微小ダイポールの中心からの距離 $r$ が［ A ］〔m〕のとき等しくなる．

(3) 微小ダイポールの中心からの距離 $r=\lambda$〔m〕のとき，$|E_1|$，$|E_2|$，$|E_3|$の比は，式【1】より $|E_1|:|E_2|:|E_3| \fallingdotseq$［ B ］となる．

| | A | B |
|---|---|---|
| 1 | $\lambda/\pi$ | 0.0039：0.063：1 |
| 2 | $\lambda/\pi$ | 1：0.032：0.001 |
| 3 | $\lambda/(2\pi)$ | 1：0.159：0.025 |
| 4 | $\lambda/(2\pi)$ | 0.0039：0.063：1 |
| 5 | $\lambda/(2\pi)$ | 1：0.032：0.001 |

**解説** 問題の式【1】の（　）内の各項がそれぞれ放射電界，誘導電界，静電界を表すので，$|E_1|=|E_2|=|E_3|$として，それらが等しくなる距離 $r$ を求めると次式となります．

$$\frac{1}{r} = \frac{\lambda}{2\pi r^2} = \frac{\lambda^2}{4\pi^2 r^3} \qquad ①$$

式①の各辺に $r^2$ を掛けると次式となります．

$$r = \frac{\lambda}{2\pi} = \left(\frac{\lambda}{2\pi}\right)^2 \times \frac{1}{r} \quad \text{よって} \quad r = \boldsymbol{\frac{\lambda}{2\pi}} \text{となります．}$$

↑ ……［ A ］の答え

問題の式【1】において（　）内の各項に $r=\lambda$ を代入して $|E_1|:|E_2|:|E_3|$ を求めると，次式で表されます．

$$|E_1|:|E_2|:|E_3| = \frac{1}{\lambda} : \frac{\lambda}{2\pi\lambda^2} : \frac{\lambda^2}{4\pi^2\lambda^3}$$

$$= 1 : \frac{1}{2\pi} : \frac{1}{4\pi^2}$$

ここで，$1/\pi \fallingdotseq 0.318$，$\pi^2 \fallingdotseq 10$ として計算すれば，**1：0.159：0.025** となります．

B の答え

答え▶▶▶3

**問題 7** ★★★ ➡1.3.3

自由空間において，放射電力が等しい半波長ダイポールアンテナと微小ダイポールによって最大放射方向の同じ距離の点に生ずるそれぞれの電界強度 $E_1$ および $E_2$〔V/m〕の比 $E_1/E_2$ の値として，最も近いものを下の番号から選べ．ただし，$\sqrt{5}$ = 2.24 とする．

1 0.84　　2 0.96　　3 1.04　　4 1.36　　5 1.48

**解説** 放射電力を $P$〔W〕とすると，最大放射方向に距離 $d$〔m〕離れた点に生じる半波長ダイポールアンテナおよび微小ダイポールの電界強度 $E_1$，$E_2$〔V/m〕は次式で表されます．

$$E_1 = \frac{7\sqrt{P}}{d} \text{〔V/m〕} \quad ①$$

$$E_2 = \frac{\sqrt{45P}}{d} \text{〔V/m〕} \quad ②$$

式①÷式②より，$E_1/E_2$ を求めると次式のようになります．

$$\frac{E_1}{E_2} = \frac{7}{\sqrt{45}} = \frac{7}{3\sqrt{5}} = \frac{7}{6.72} \fallingdotseq \mathbf{1.04}$$

答えは1より大きい値となる．

答え▶▶▶3

微小ダイポールと半波長ダイポールアンテナの電界強度の比を求める問題も出題されています．$\sqrt{45}/7 \fallingdotseq 0.96$ となります．

# 1.4 アンテナの特性

- 指向性は空間に放射される電界強度の方向特性
- 指向性係数で表される指向性が距離によって変化するのはフレネル領域，変化しないのはフラウンホーファ領域
- 利得は指向性によって発生し，指向性利得という
- 放射抵抗は電力放射に関係する等価的な抵抗値

## 1.4.1 指向性

アンテナから放射される電波は方向によって変化します．**図 1.9** のように角度 $\theta$ と電界強度で表した特性を**指向性**または**指向特性**といいます．指向性は，一般に水平面または垂直面に分けた平面図が用いられ，それらを**水平面内指向性**および**垂直面内指向性**といいます．等方性アンテナのように全方向の角度によって電界強度が変化しない特性を**無指向性**と呼び，図 1.9 (c) のように垂直面あるいは水平面において指向性が変化しない特性を**全方向性**といいます．図 1.9 は微小ダイポールおよび半波長ダイポールアンテナを水平に置いたときの水平面および垂直面内の指向性を示します．

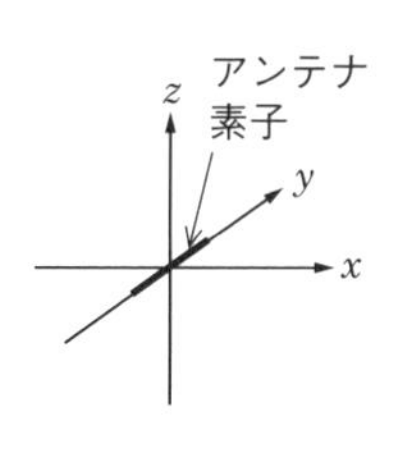


（a）アンテナ素子の配置

半波長ダイポール
y
θ
1 x
微小ダイポール

（b）水平面内指向性

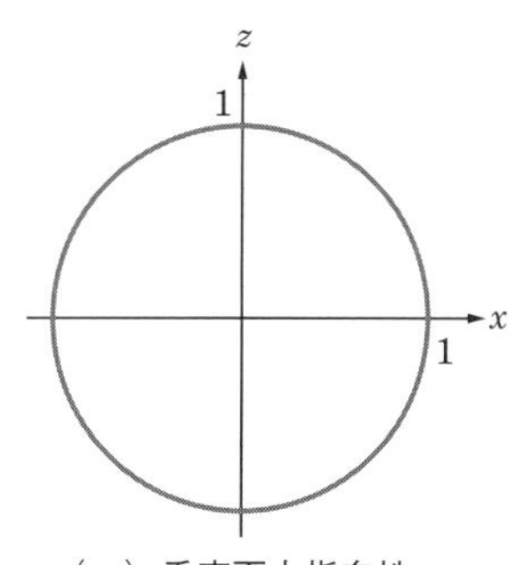


（c）垂直面内指向性

**図 1.9 アンテナの指向性**

アンテナから放射される電波の電界ベクトルを含む面の指向性を **E 面指向性**あるいは電界面指向性と呼び，磁界ベクトルを含む面の指向性を **H 面指向性**あるいは磁界面指向性といいます．図 1.9 (a) のアンテナ素子の配置より電界面は $xy$ 平面で，磁界面は $xz$ 平面となるので，図 1.9 (b) の水平面内指向性は E

面指向性と呼び，図 1.9（c）の垂直面内指向性は H 面といいます．

最大放射方向と任意の方向との同一距離における電界強度をそれぞれ $E_0$，$E$ とすると

$$D = \frac{E}{E_0} \tag{1.47}$$

の式で表される $D$ を**指向性係数**または**指向性関数**といいます．

$\theta$ をアンテナ軸からの角度とすると，微小ダイポールおよび半波長ダイポールアンテナの指向性係数，$D_{\mathrm{H}}$，$D_{\mathrm{D}}$ は次式で表されます．

$$D_{\mathrm{H}} = \sin\theta \tag{1.48}$$

$$D_{\mathrm{D}} = \frac{\cos\left(\frac{\pi}{2}\cos\theta\right)}{\sin\theta} \tag{1.49}$$

指向性係数は指向係数ともいう．

**図 1.10** に示す単一方向指向性を持つアンテナの主放射を**主ビーム**または**主ローブ**，それ以外の副放射を**副ビーム**または**副ローブ**といいます．電界強度が最大放射方向の値の $1/\sqrt{2}$ になる角度（あるいは，放射電力が 1/2 になる角度）の幅を**半値角**といいます．また，主ローブの値と最大放射方向から 180°± 60°の範囲にある最大の副ローブの値との比を**前後比**（FB 比）といいます．

特定の方向のみに指向性を持つ特性を単一方向指向性という．

半値角はビーム幅ともいう．デシベルで表すと −3〔dB〕．

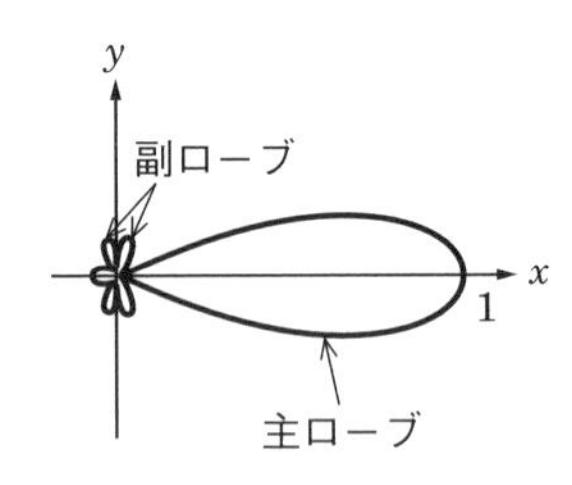


■図 1.10　単一方向指向性のアンテナ

**関連知識　開口面アンテナの電磁界分布**

受信点が送信アンテナから近距離にある場合は，アンテナ素子の形状や放射電界の性質によって，遠距離における電界の指向特性を表す指向性パターンと異なります．近距離では，指向性パターンが距離に対して変化する領域が存在します．

フレネル領域（近傍領域）は，アンテナの極近傍の静電界や誘導電磁界が優勢な距離から離れて遠方領域までの間の領域です．距離が変化すると放射角度に対する電界強度が振動的に変化します．

フラウンホーファ領域（遠方領域）は，アンテナから十分遠方の領域で，アンテナからの放射角度に対する電界パターンが距離によってほとんど変化しない領域です．

これらの領域の境界 $R$〔m〕は，パラボラアンテナなどの開口面アンテナの直径を $D$〔m〕とすると，$D \geqq \lambda$ の条件の場合は次式で表されます．

$$R = \frac{2D^2}{\lambda} \text{〔m〕} \tag{1.50}$$

一般に，アンテナの指向性はフラウンホーファ領域において定義される値です．指向性の測定は，アンテナから十分離れたフラウンホーファ領域で測定します．

## 1.4.2 利　得

**図 1.11** のように，基準アンテナの放射電力が $P_0$，試験アンテナの放射電力が $P$ のとき，二つのアンテナから最大放射方向の同一距離の点において，それらのアンテナからの電界強度が等しくなったとすると，試験アンテナの利得 $G$ は次式で与えられます．

$$G = \frac{P_0}{P} \tag{1.51}$$

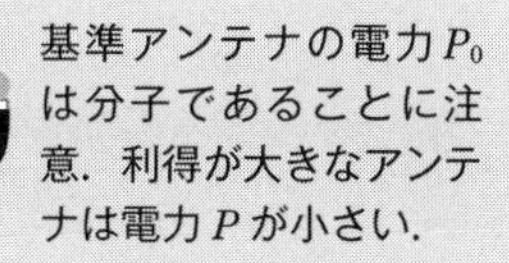

基準アンテナの電力 $P_0$ は分子であることに注意．利得が大きなアンテナは電力 $P$ が小さい．

基準アンテナとして半波長ダイポールアンテナを用いたときの値を**相対利得**，等方性アンテナを基準アンテナとしたときの値を**絶対利得**といいます．

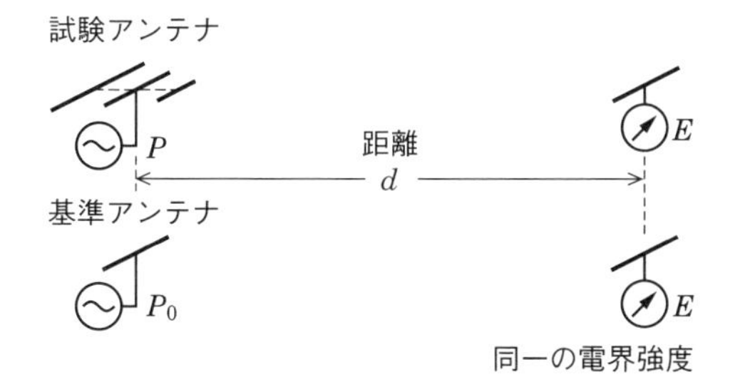


**図 1.11**　アンテナの利得

基準アンテナおよび試験アンテナから等しい電力を放射したとき，最大方向の同一距離の点に生じる電界強度をそれぞれ $E_0$，$E$ とすると，試験アンテナの利得 $G$ は次式で求めることもできます．

$$G = \left(\frac{E}{E_0}\right)^2 \qquad (1.52)$$

利得が大きいアンテナは電界強度 $E$ が大きい．

## 1.4.3 指向性利得

特定の方向への電力束密度と，全放射電力を全方向について平均した値との比を**指向性利得**といいます．アンテナからの距離を $r$，水平方向の角度を $d\theta$，垂直方向の角度を $d\varphi$ とすると，立体角 $d\omega$ は

$$d\omega = \frac{dS}{r^2} = d\theta\, d\varphi \qquad (1.53)$$

となります．最大放射方向に対する指向性利得 $G_{\mathrm{d}}$ は，全立体角の区間で指向性係数 $D^2$ を積分することによって求めることができるので，次式で表されます．

指向性係数は電界の指向性から求めるので，電力を求める場合は2乗する．

$$G_{\mathrm{d}} = \frac{4\pi}{\int_{\omega} D^2\, d\omega} \qquad (1.54)$$

**図1.12** のような指向性の鋭い指向性アンテナの半値幅が $\theta_1$ と $\varphi_1$ で表されるとき，$\theta_1$ と $\varphi_1$ が小さくて $D \fallingdotseq 1$ とすると，指向性利得は次式で表されます．

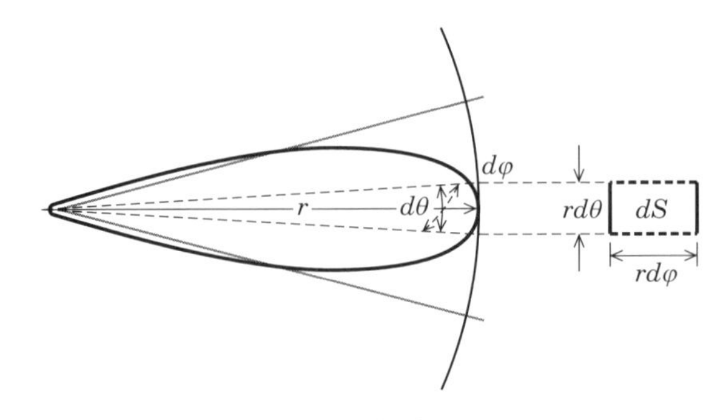


■図1.12　指向性の鋭いアンテナ

$$G_{\mathrm{d}} = \frac{4\pi}{\int_0^{\theta_1}\int_0^{\varphi_1} d\varphi\, d\theta} \fallingdotseq \frac{4\pi}{\theta_1 \varphi_1} \tag{1.55}$$

アンテナの利得は，指向性があることによって生じます．指向性利得は電力指向性の放射特性を表す図形から求めることができます．アンテナの絶対利得を $G_{\mathrm{I}}$，指向性利得を $G_{\mathrm{d}}$，放射効率を $\eta$ とすると，次式の関係があります．

$$G_{\mathrm{I}} = \eta G_{\mathrm{d}} \tag{1.56}$$

一般に効率 $\eta < 1$

また，アンテナと給電線の整合状態を含めた動作状態における利得が動作利得です．一般に

動作利得＜指向性利得

となります．

## 1.4.4 放射抵抗

アンテナを流れる電流 $I$〔A〕によって電力放射が行われます．このとき電力を消費する等価的な抵抗値に置き換えた値を**放射抵抗**といいます．次に，微小ダイポールの放射抵抗を求めます．アンテナから距離 $d$〔m〕離れた点の電界強度 $E$〔V/m〕は次式で表されます．

$$E = \frac{60\pi I l}{\lambda d} \sin\theta \text{〔V/m〕} \tag{1.57}$$

電界強度 $E$ とポインチング電力 $W$〔W/m$^2$〕は次式の関係があります．

$$W = \frac{E^2}{120\pi} \text{〔W/m}^2\text{〕} \tag{1.58}$$

**図 1.13** のように，微小ダイポールから $r$〔m〕離れた点において，球面 S を考えると微小ダイポールの放射電力 $P_{\mathrm{R}}$〔W〕は球面上の電力束密度の面積分として表すことができます．球面上の微小面積 $ds$〔m$^2$〕は $ds = 2\pi r \sin\theta \times r d\theta$ と表すことができるので，式（1.57）と式（1.58）から放射電力 $P_{\mathrm{R}}$ を求めると

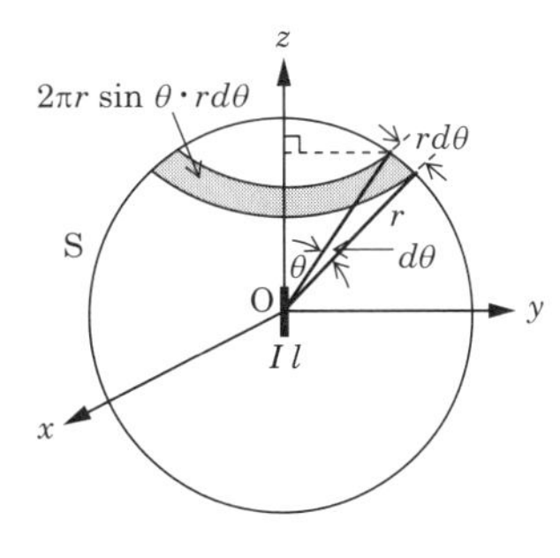


図 1.13

$$P_R = 2 \times \int_0^{\pi/2} \frac{|E_\theta|^2}{120\pi} ds$$

$$= 2 \times \frac{1}{120\pi} \times \frac{60^2 \pi^2 |I|^2 l^2}{\lambda^2 r^2} \times 2\pi r \times r \times \int_0^{\pi/2} \sin^3\theta\, d\theta$$

$$= \frac{120\pi^2 |I|^2 l^2}{\lambda^2} \times \int_0^{\pi/2} \sin^3\theta\, d\theta \text{〔W〕} \quad (1.59)$$

式（1.59）を置換積分して解を求めると

$$P_R = \frac{120\pi^2 |I|^2 l^2}{\lambda^2} \times \frac{2}{3}$$

$$= \frac{80\pi^2 |I|^2 l^2}{\lambda^2} \text{〔W〕} \quad (1.60)$$

が得られます．放射抵抗 $R_R$〔Ω〕を求めると，次式となります．

$$R_R = \frac{P_R}{|I|^2} = \frac{80\pi^2 l^2}{\lambda^2} \text{〔Ω〕} \quad (1.61)$$

半波長ダイポールアンテナの放射抵抗 $R_D$〔Ω〕は，次式で表されます．

$$R_D \fallingdotseq 73.13 \text{〔Ω〕} \quad (1.62)$$

1/4 波長垂直接地アンテナの放射抵抗 $R_V$〔Ω〕は，次式で表されます．

$$R_V = \frac{R_D}{2} \fallingdotseq 36.57 \text{〔Ω〕} \quad (1.63)$$

**数学の公式**

**置換積分の計算**

$$\int_0^{\pi/2} \sin^3\theta\, d\theta = \int_0^{\pi/2} (1-\cos^2\theta)\sin\theta\, d\theta$$

$\cos\theta = t$，$\sin\theta\, d\theta = -dt$，$\theta = 0$ のとき $t = 1$，$\theta = \pi/2$ のとき $t = 0$ とすると

$$\int_0^{\pi/2} (1-\cos^2\theta)\sin\theta\, d\theta = -\int_1^0 (1-t^2)\, dt$$

$$= [t]_0^1 - \left[\frac{t^3}{3}\right]_0^1 = 1 - \frac{1}{3} = \frac{2}{3}$$

**問題 8** ★★★ ➡ 1.4.1

次の記述は**図 1.14** に示すような線状アンテナの指向性について述べたものである．[　　] 内に入れるべき字句の正しい組合せを下の番号から選べ．ただし，電界強度の指向性関数を $D(\theta)$ とする．

(1) 十分遠方における電界強度の指向性は，$D(\theta)$ に比例し，距離に [ A ]．

(2) 微小ダイポールの $D(\theta)$ は，[ B ] と表され，半波長ダイポールアンテナの $D(\theta)$ は，近似的に [ C ] と表される．

| | A | B | C |
|---|---|---|---|
| 1 | 関係しない | $\sin^2\theta$ | $\dfrac{\cos\left(\dfrac{\pi}{2}\sin\theta\right)}{\sin\theta}$ |
| 2 | 関係しない | $\sin\theta$ | $\dfrac{\cos\left(\dfrac{\pi}{2}\cos\theta\right)}{\sin\theta}$ |
| 3 | 反比例する | $\sin\theta$ | $\dfrac{\cos\left(\dfrac{\pi}{2}\sin\theta\right)}{\sin\theta}$ |
| 4 | 反比例する | $\cos^2\theta$ | $\dfrac{\cos\left(\dfrac{\pi}{2}\cos\theta\right)}{\sin\theta}$ |
| 5 | 反比例する | $\sin^2\theta$ | $\dfrac{\cos\left(\dfrac{\pi}{2}\sin\theta\right)}{\sin\theta}$ |

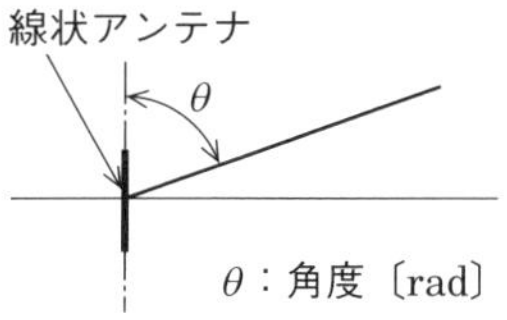

線状アンテナ

$\theta$

$\theta$：角度〔rad〕

■図 1.14

**解説** 最大放射方向の指向性係数は $D=1$ となります．微小ダイポールと半波長ダイポールアンテナの最大放射方向はどちらも $\theta=\pi/2$ のときなので，B と C の選択肢の式に代入したとき，どちらの値も 1 となるのは 2 の選択肢です．

$\sin(\pi/2)=1$
$\sin^2(\pi/2)=1$
$\cos 0=1$
$\cos(\pi/2)=0$
$\cos^2(\pi/2)=0$

答え▶▶▶ 2

**問題 9** ★★ ➡1.4.1

次の記述は，開口面アンテナによる放射電磁界の空間的分布とその性質について述べたものである．[　　]内に入れるべき字句の正しい組合せを下の番号から選べ．ただし，開口面の直径は波長に比べて十分大きいものとする．なお，同じ記号の[　　]内には，同じ字句が入るものとする．

(1) アンテナからの放射角度に対する電界分布のパターンは，[ A ]領域では距離によって変化し，[ B ]領域では距離によってほとんど変化しない．

(2) アンテナから[ A ]領域と[ B ]領域の境界までの距離は，開口面の実効的な最大寸法を $D$〔m〕および波長を $\lambda$〔m〕とすると，ほぼ[ C ]〔m〕で与えられる．

| | A | B | C |
|---|---|---|---|
| 1 | フラウンホーファ | フレネル | $2D^2/\lambda$ |
| 2 | フラウンホーファ | フレネル | $3D^2/\lambda$ |
| 3 | フレネル | フラウンホーファ | $D^2/\lambda$ |
| 4 | フレネル | フラウンホーファ | $2D^2/\lambda$ |
| 5 | フレネル | フラウンホーファ | $3D^2/\lambda$ |

**解説** アンテナの極近傍では放射電界に比較して静電界や誘導電界が優勢です．静電界，誘導電界，放射電界が等しくなる距離は $\lambda/2\pi$〔m〕で表されます．フレネル領域（近傍領域）は，アンテナの極近傍の距離から離れてフラウンホーファ領域（遠方領域）までの間の領域です．この距離は開口面アンテナの開口面の実効的な最大寸法を $D$〔m〕とすると，$\boldsymbol{2D^2/\lambda}$〔m〕で表されます．

↑ [ C ]の答え

**フレネル**領域では，アンテナからの距離によって電界分布のパターン（電界指向性）が

↑ [ A ]の答え

変化します．遠方領域の**フラウンホーファ**領域は距離によってほとんど変化しません．

↑ [ B ]の答え

答え▶▶▶ 4

**出題傾向** 下線の部分を穴埋めの字句とした問題も出題されています．

**問題 10** ★★★ ➡1.4.3

電界面内の電力半値幅が 2.5〔°〕，磁界面内の電力半値幅が 2.5〔°〕のビームを持つアンテナの指向性利得 $G_d$〔dB〕の値として，最も近いものを下の番号から選べ．ただし，アンテナからの全電力は，電界面内および磁界面内の電力半値幅 $\theta_E$〔rad〕および $\theta_H$〔rad〕内に一様に放射されているものとし，指向性利得 $G_d$（真数）は，次式で与えられるものとする．ただし，$\log_{10} 2 = 0.3$ とする．

$$G_d \fallingdotseq \frac{4\pi}{\theta_E \theta_H}$$

1　48〔dB〕　2　45〔dB〕　3　42〔dB〕　4　38〔dB〕　5　34〔dB〕

**解説**　$\theta_E$，$\theta_H$ の単位を〔rad〕に変換すると，指向性利得 $G_d$ は次式で表されます．

$$G_d \fallingdotseq \frac{4\pi}{\theta_E \theta_H} = \frac{4\pi}{2.5 \times \dfrac{\pi}{180} \times 2.5 \times \dfrac{\pi}{180}}$$

$$= \frac{4 \times 180^2}{\dfrac{10}{4} \times \dfrac{10}{4} \times 3.14} = \frac{0.64 \times 32\,400}{3.14} \fallingdotseq 64 \times 10^2$$

$\dfrac{32\,400}{3.14} \fallingdotseq 10^4$
真数の掛け算は log の足し算．
真数の累乗は log の掛け算．

よって，$G_{ddB}$〔dB〕は次式となります．

$$G_{ddB} = 10 \log_{10} G_d$$
$$= 10 \log_{10} (64 \times 10^2)$$
$$= 10 \log_{10} 2^6 + 10 \log_{10} 10^2$$
$$\fallingdotseq 6 \times 3 + 20 = \mathbf{38〔dB〕}$$

答え▶▶▶ 4

**問題 11** ★★★ ➡1.4.4

次の記述は，微小ダイポールの放射抵抗について述べたものである．[　　] 内に入れるべき字句の正しい組合せを下の番号から選べ．

(1) アンテナから電波が放射される現象は，給電点に電流 $I$〔A〕が流れ，アンテナからの放射によって電力 $P_R$〔W〕が消費されることである．これは，アンテナの代わりに負荷として抵抗 $R_R$ を接続したことと等価である．したがって，次式が成り立つ．

$R_R =$ [ A ]〔Ω〕

上式で表される仮想の抵抗 $R_R$〔Ω〕を放射抵抗と呼び，$P_R$〔W〕を放射電力と呼ぶ．

(2) **図 1.15** に示すように，微小ダイポールから数波長以上離れた半径 $r$〔m〕の球面 S を考えたとき，$P_R$〔W〕は球面上の電力束密度の面積分として次式で求められる．ただし，微小ダイポールの長さを $l$〔m〕，波長を $\lambda$〔m〕，微小ダイポールの中心 O から任意の方向と微小ダイポールの軸とのなす角を $\theta$〔rad〕とし，$\theta$ 方向における電界強度を $E_\theta$〔V/m〕とする．

$$P_R = 2\int_0^{\pi/2} \frac{|E_\theta|^2}{120\pi} \cdot 2\pi r \sin\theta \cdot r d\theta = \boxed{\text{B}} \text{〔W〕}$$

(3) (1) および (2) から，微小ダイポールの放射抵抗 $R_R$ は $\boxed{\text{C}}$〔Ω〕となる．

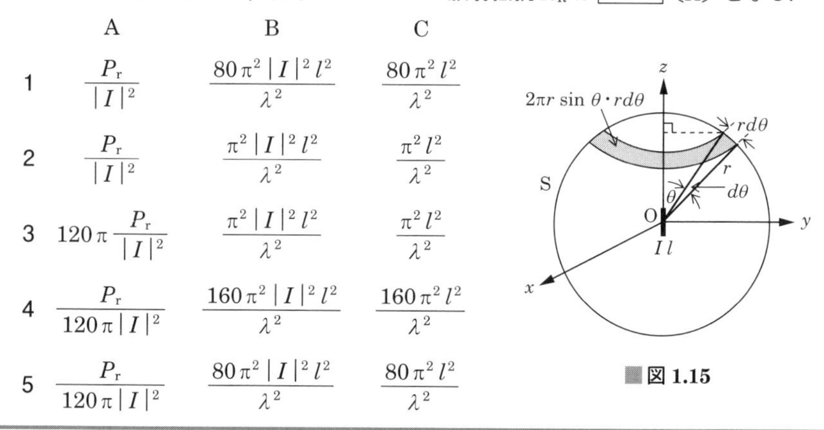


| | A | B | C |
|---|---|---|---|
| 1 | $\dfrac{P_r}{\|I\|^2}$ | $\dfrac{80\pi^2\|I\|^2 l^2}{\lambda^2}$ | $\dfrac{80\pi^2 l^2}{\lambda^2}$ |
| 2 | $\dfrac{P_r}{\|I\|^2}$ | $\dfrac{\pi^2\|I\|^2 l^2}{\lambda^2}$ | $\dfrac{\pi^2 l^2}{\lambda^2}$ |
| 3 | $120\pi\dfrac{P_r}{\|I\|^2}$ | $\dfrac{\pi^2\|I\|^2 l^2}{\lambda^2}$ | $\dfrac{\pi^2 l^2}{\lambda^2}$ |
| 4 | $\dfrac{P_r}{120\pi\|I\|^2}$ | $\dfrac{160\pi^2\|I\|^2 l^2}{\lambda^2}$ | $\dfrac{160\pi^2 l^2}{\lambda^2}$ |
| 5 | $\dfrac{P_r}{120\pi\|I\|^2}$ | $\dfrac{80\pi^2\|I\|^2 l^2}{\lambda^2}$ | $\dfrac{80\pi^2 l^2}{\lambda^2}$ |

■図 1.15

**解説** 微小ダイポールから $\theta$ 方向の電界強度 $E_\theta$〔V/m〕は

$$E_\theta = \frac{60\pi|I|\,l}{\lambda r}\sin\theta \text{〔V/m〕} \quad ①$$

の式で表されます．$d_s = 2\pi r\sin\theta \times r d\theta$ と式①を放射電力 $P_R$ の式に代入すると

$$P_R = 2\times\int_0^{\pi/2}\frac{|E_\theta|^2}{120\pi}ds$$

$$= 2\times\frac{1}{120\pi}\times\frac{60^2\pi^2|I|^2 l^2}{\lambda^2 r^2}\times 2\pi r\times r\times\int_0^{\pi/2}\sin^3\theta\, d\theta$$

$$= \frac{120\pi^2|I|^2 l^2}{\lambda^2}\times\int_0^{\pi/2}\sin^3\theta\, d\theta \text{〔W〕} \quad ②$$

式②を置換積分して解を求めると

$$P_R = \frac{120\pi^2 |I|^2 l^2}{\lambda^2} \times \frac{2}{3}$$

B の答え

$$= \frac{80\pi^2 |I|^2 l^2}{\lambda^2} \text{〔W〕} \quad ③$$

が得られます．放射抵抗 $R_R$〔Ω〕を求めると，次式となります．

$$R_R = \frac{P_R}{|I|^2} = \frac{80\pi^2 l^2}{\lambda^2} \text{〔Ω〕}$$

C の答え

答え ▶▶▶ 1

**問題 12** ★★★ ➡ 1.4.4

実効長 1〔m〕の直線状アンテナを周波数 20〔MHz〕で用いたとき，このアンテナの放射抵抗の値として，最も近いものを下の番号から選べ．ただし，微小ダイポールの放射電力 $P$ は，ダイポールの長さを $l$〔m〕，波長を $\lambda$〔m〕および流れる電流を $I$〔A〕とすれば，次式で表されるものとする．

$$P = 80\left(\frac{\pi I l}{\lambda}\right)^2 \text{〔W〕}$$

1　36.5〔Ω〕　2　21.5〔Ω〕　3　16.0〔Ω〕　4　8.0〔Ω〕　5　3.5〔Ω〕

**解説** 周波数 $f = 20$〔MHz〕の電波の波長 $\lambda$〔m〕は

$$\lambda \fallingdotseq \frac{300}{f\text{〔MHz〕}} = \frac{300}{20} = 15 \text{〔m〕}$$

となります．放射抵抗を $R_R$〔Ω〕とすると，放射電力 $P$〔W〕は

$$P = I^2 R_R \text{〔W〕}$$

で表されるので，問題で与えられた $P$ の式より放射抵抗 $R_R$〔Ω〕は次式で表されます．

$$R_R = \frac{P}{I^2} = 80\pi^2\left(\frac{l}{\lambda}\right)^2 \fallingdotseq 80 \times 10 \times \left(\frac{1}{15}\right)^2 = \frac{800}{225}$$

$$\fallingdotseq \mathbf{3.5} \text{〔Ω〕}$$

答え ▶▶▶ 5

微小ダイポールの放射抵抗は，問題に与えられていないこともあるので覚えておきましょう．80 の数値が覚えにくいですが，半波長ダイポールアンテナの放射抵抗 73.13〔Ω〕に近い値と考えると覚えやすいです．微小ダイポールの放射抵抗を求める式に半波長ダイポールアンテナの実効長 $l_e = \lambda/\pi$ を代入すると 80〔Ω〕となります．

# 1.5 アンテナの電流分布

- 線状アンテナの電流分布は先端から sin の関数で表される
- 電流分布が均一であるとしたアンテナの長さが実効長
- 半波長ダイポールアンテナは，素子を数%短縮させることによってリアクタンスが 0 になる
- アンテナの固有波長に同調させるため，短縮コンデンサまたは延長コイルを用いる

## 1.5.1 実効長（実効高）

半波長ダイポールアンテナを流れる電流の大きさは，**図 1.16**（a）のようにアンテナの位置によって変化します．ここで，図 1.16（b）のように電流が給電点の電流 $I_0$ と同じ大きさで，一様な電流分布を持つアンテナに等価させたときの長さ $l_e$〔m〕を**実効長**といいます．また，垂直接地アンテナでは**実効高**と呼びます．

電流分布はアンテナの先端の状態から考える．アンテナの先端では素子を流れる電流は常に 0.

先端から給電点に向かって考えていくと，アンテナの先端に向かう電流と先端から反射した電流によりアンテナ素子上に電流の最大値の異なる状態が生じる．

図 1.16（a）の半波長ダイポールアンテナの電流分布 $I_x$ が次式で表されるとすると

$$I_x = I_0 \cos \beta x \qquad (1.64)$$

となり，図 1.16（a），（b）の各アンテナの電流と長さの積が等しいとすると

$$\int_{-\frac{\lambda}{4}}^{\frac{\lambda}{4}} I_x dx = l_e I_0 \qquad (1.65)$$

となります．ここで式（1.64）と式（1.65）より，実効長 $l_e$ は次式で表されます．

アンテナの電流は cos 関数なので，積分によって電流分布の作る面積を求める．

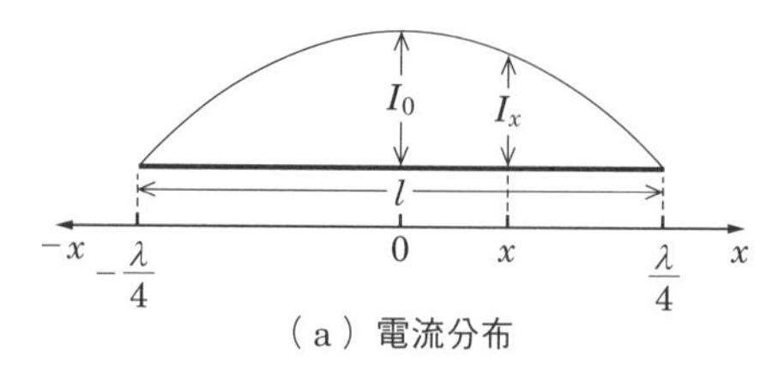


（a）電流分布

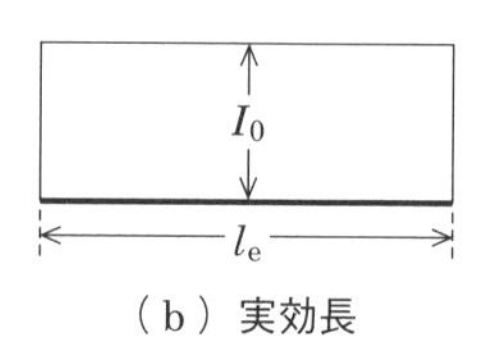


（b）実効長

**図 1.16** 半波長ダイポールアンテナの電流分布

$$l_e = \int_{-\frac{\lambda}{4}}^{\frac{\lambda}{4}} \cos\beta x dx = \frac{1}{\beta} \left| \sin\beta x \right|_{-\frac{\lambda}{4}}^{\frac{\lambda}{4}}$$

$$= \frac{\lambda}{2\pi}\left(\sin\frac{\pi}{2} + \sin\frac{\pi}{2}\right)$$

$$= \frac{\lambda}{\pi} \text{〔m〕} \qquad (1.66)$$

## 1.5.2 放射インピーダンス

アンテナの給電点インピーダンスは，放射抵抗 $R_R$ とリアクタンス $X_R$ を持ちます．半波長ダイポールアンテナの放射インピーダンス $\dot{Z}_R$〔Ω〕は次式で表されます．

アンテナ素子がコイルやコンデンサと同じ作用を持つ.

$$\dot{Z}_R = 73.13 + j42.55 \text{〔Ω〕} \qquad (1.67)$$

**図 1.17** に半波長ダイポールアンテナの素子の長さ $l$ を変化させたときのインピーダンス特性を示します．$l$ を変化させると $X_R$ は大きく変化します．

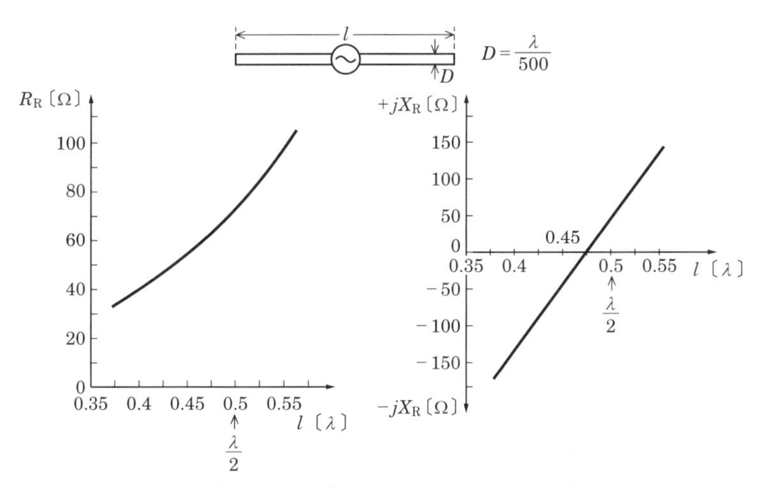


■図 1.17　半波長ダイポールアンテナのインピーダンス特性

また，素子の直径が大きくなるほどアンテナの長さに対するインピーダンスの変化が小さくなるので，周波数を変化させたときにインピーダンスの変化が小さくなり，広帯域性を持ちます．

## 1.5.3 短縮率

半波長ダイポールアンテナに電力を供給するとき，式（1.67）で表されるようなリアクタンス成分があると，給電回路の整合が複雑になります．ここで図 1.17 のリアクタンスの変化を見ると，素子の長さを少し短縮したところに放射リアクタンスが 0 となる点があります．そこで，アンテナ素子を少し短くすると，アンテナの入力インピーダンスは放射抵抗のみとなり，給電点の整合が容易になります．このとき，アンテナ素子を短くする割合のことを**短縮率**といいます．

**図 1.18** のアンテナの給電点には，長さ $l$〔m〕の受端開放単線式線路が 2 本接続されているとすると，単線の特性インピーダンスを $Z_0$〔Ω〕とすれば，入力リアクタンス $jX$ は次式で表されます．

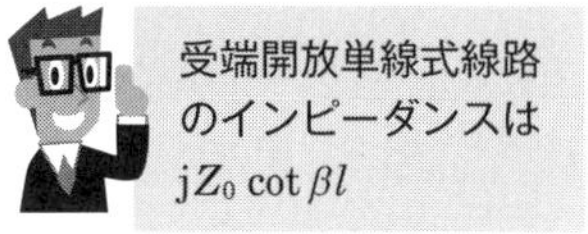

受端開放単線式線路のインピーダンスは $jZ_0 \cot \beta l$

$$jX = -j2\,Z_0 \cot \beta l \text{〔Ω〕} \qquad (1.68)$$

ここで，$l$ を $\lambda/4$ よりわずかに短縮して

$$l = \frac{\lambda}{4}(1-\delta)$$

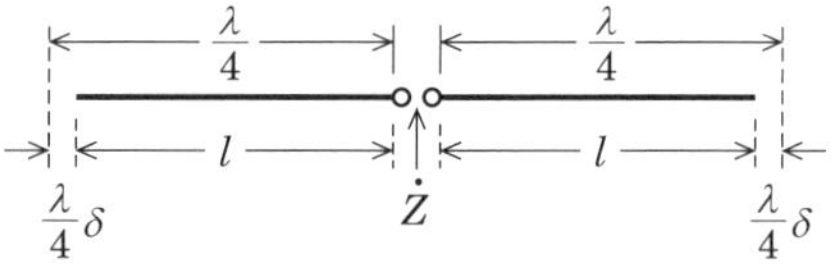

$\frac{\lambda}{4}$　$\frac{\lambda}{4}$　$l$　$l$　$\dot{Z}$　$\frac{\lambda}{4}\delta$　$\frac{\lambda}{4}\delta$

■図 1.18　2 本の受端開放単線式線路

とすると，$\dfrac{\pi\delta}{2} < 0.5$ の条件では

$$X = -2Z_0 \cot\left\{\frac{\pi}{2}(1-\delta)\right\} = -2Z_0 \frac{\cos\left(\dfrac{\pi}{2} - \dfrac{\pi\delta}{2}\right)}{\sin\left(\dfrac{\pi}{2} - \dfrac{\pi\delta}{2}\right)}$$

$$= -2Z_0 \frac{\cos\dfrac{\pi}{2}\cos\dfrac{\pi\delta}{2} + \sin\dfrac{\pi}{2}\sin\dfrac{\pi\delta}{2}}{\sin\dfrac{\pi}{2}\cos\dfrac{\pi\delta}{2} - \cos\dfrac{\pi}{2}\sin\dfrac{\pi\delta}{2}}$$

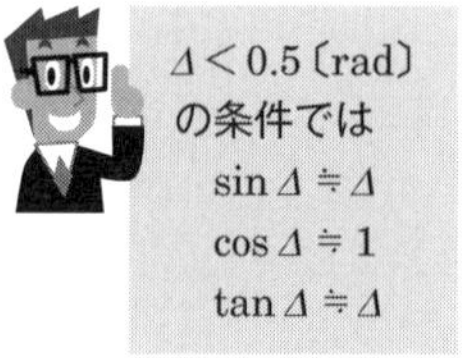

$$= -2Z_0 \tan\frac{\pi\delta}{2} \fallingdotseq -Z_0\pi\delta \text{〔Ω〕}$$

$\Delta < 0.5$〔rad〕の条件では
$\sin\Delta \fallingdotseq \Delta$
$\cos\Delta \fallingdotseq 1$
$\tan\Delta \fallingdotseq \Delta$

半波長ダイポールアンテナの入力インピーダンス $\dot{Z}$〔Ω〕は次式で表されます．

$$\dot{Z} = 73.13 + j(42.55 + X) \text{〔Ω〕} \qquad (1.69)$$

式（1.69）の虚数部を 0 とするには，式（1.68）および式（1.69）より

$$42.55 - Z_0\pi\delta = 0$$

となります．したがって，短縮率 $\delta$〔%〕は次式で与えられます．

$$\delta = \frac{42.55}{\pi Z_0} \times 100 \text{〔\%〕} \tag{1.70}$$

短縮率は一般に数%程度の値を持ち，素子の長さと直径の比によって変化します．直径が大きくなると短縮率は大きくなります．

**関連知識　単線式線路の特性インピーダンス**

単線式線路の特性インピーダンス $Z_0$〔Ω〕は，導線の直径を $d$〔m〕，長さを $l$〔m〕とすると，次式で与えられます．

$$Z_0 = 138 \log_{10} \frac{2l}{d} \text{〔Ω〕} \tag{1.71}$$

## 1.5.4 短縮コンデンサ・延長コイル

アンテナに供給する電波の周波数を変化させると，ある周波数で放射インピーダンスが最小となります．周波数が最低のときに共振状態になった周波数および波長を**固有周波数**，**固有波長**といいます．全長 $l$〔m〕の半波長ダイポールアンテナでは固有波長 $\lambda_0 = 2l$〔m〕となります．

アンテナの固有波長が電波の波長より短いときは，放射リアクタンスは容量性となり，このとき，アンテナにコイルを挿入すればアンテナを共振状態とすることができます．このような目的で用いられるコイルを**延長コイル**といいます．逆にアンテナの固有波長が電波の波長より長いときは，アンテナに**短縮コンデンサ**を挿入します．

ある周波数において，**図 1.19**（a）のアンテナは図 1.19（b）のような等価回路で表すことができます．図の $R_e$〔Ω〕，$L_e$〔H〕，$C_e$〔F〕を**実効定数**といい，それぞれ**実効抵抗**，**実効インダクタンス**，**実効静電容量**といいます．

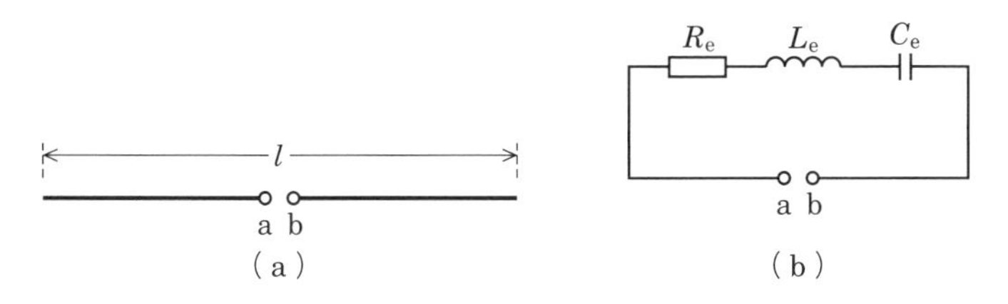


**図 1.19**　アンテナの等価回路

**問題 13** ★★★ ➡ 1.5.3

**図 1.20** に示す半波長ダイポールアンテナを周波数 20〔MHz〕で使用するとき，アンテナの入力インピーダンスを純抵抗とするためのアンテナ素子の長さ $l$〔m〕の値として，最も近いものを下の番号から選べ．ただし，アンテナ素子の直径を 7.5〔mm〕とし，碍子等による浮遊容量は無視するものとする．

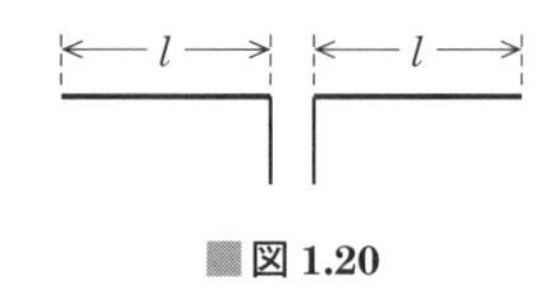


■図 1.20

1　2.42〔m〕　2　3.53〔m〕　3　3.63〔m〕　4　3.72〔m〕　5　4.84〔m〕

**解説** 周波数 $f = 20$〔MHz〕の電波の波長 $\lambda$〔m〕は

$$\lambda \fallingdotseq \frac{300}{f\,〔\mathrm{MHz}〕} = \frac{300}{20} = 15\ 〔\mathrm{m}〕$$

となります．短縮率を考慮しないアンテナ素子の長さ $l_0$〔m〕は $\lambda/4$ なので $l_0 = 3.75$〔m〕となります．直径を $d = 7.5$〔mm〕$= 7.5 \times 10^{-3}$〔m〕とすると，アンテナ素子の特性インピーダンス $Z_0$〔Ω〕は次式で表されます．

$$Z_0 = 138 \log_{10} \frac{2l_0}{d} = 138 \log_{10} \frac{2 \times 3.75}{7.5 \times 10^{-3}}$$

$$= 138 \log_{10} 10^3 = 138 \times 3 = 414\ 〔\Omega〕$$

特性インピーダンスが与えられている問題もある．

短縮率 $\delta$（真数）は次式で表されます．

$$\delta = \frac{42.55}{\pi Z_0} = \frac{42.55}{3.14 \times 414} \fallingdotseq \frac{42.55}{1\,300} \fallingdotseq 0.033$$

短縮率を考慮したアンテナ素子の長さ $l$〔m〕は次式で表されます．

$$l = \frac{\lambda}{4}(1 - \delta) \fallingdotseq 3.75 \times (1 - 0.033)$$

$$= 3.75 - 3.75 \times 0.033 \fallingdotseq 3.75 - 0.12 = \mathbf{3.63}\ \mathbf{〔m〕}$$

答え ▶▶▶ 3

アンテナ線が波長と比較して細い場合は $\delta$〔%〕は数%の値になる．

**問題 14** ★★ ➡1.5.3 ➡1.5.4

アンテナ導線（素子）の特性インピーダンスが 471〔Ω〕で，長さ 25〔m〕の垂直接地アンテナを周波数 1.5〔MHz〕に共振させて用いるとき，アンテナの基部に挿入すべき延長コイルのインダクタンスの値として，最も近いものを下の番号から選べ．ただし，大地は完全導体とする．

1 50〔μH〕　2 73〔μH〕　3 93〔μH〕　4 105〔μH〕　5 120〔μH〕

**解説** 周波数 $f$ = 1.5〔MHz〕の電波の波長 $\lambda$〔m〕は

$$\lambda \fallingdotseq \frac{300}{f\,〔\text{MHz}〕} = \frac{300}{1.5} = 200\ 〔\text{m}〕$$

となります．アンテナ素子を終端が開放された線路とすると，線路の特性インピーダンスが $Z_0$〔Ω〕，長さが $l$〔m〕のアンテナ素子のインピーダンス $\dot{Z}$〔Ω〕は次式で表されます．

$$\dot{Z} = -jZ_0 \cot \beta l = -jZ_0 \cot \frac{2\pi l}{\lambda}$$

$$= -j471 \cot \frac{2\pi \times 25}{200} = -j471 \cot \frac{\pi}{4}$$

$$= -j471\ 〔\Omega〕 \quad ①$$

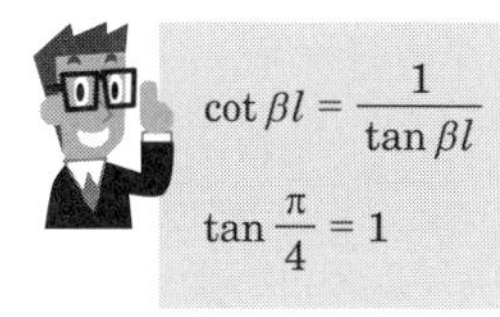


式①のリアクタンスと逆符号で同じ値のリアクタンスを直列に挿入すると整合がとれるので，延長コイルのインダクタンスを $L$〔H〕とすると，$\omega L = 2\pi f L = |\dot{Z}|$ より

$$L = \frac{|\dot{Z}|}{2\pi f} \fallingdotseq \frac{471}{2 \times 3.14 \times 1.5 \times 10^6} = \frac{471}{9.42} \times 10^{-6}$$

$$= 50 \times 10^{-6}\ 〔\text{H}〕 = \mathbf{50\ 〔\mu H〕}$$

答え▶▶▶ 1

# 1.6 電波放射

- 基本アンテナの電界強度を求める式から利得を求めることができる
- 絶対利得は等方性アンテナ比，相対利得は半波長ダイポールアンテナ比
- アンテナの損失によって放射効率が低下する

## 1.6.1 電界強度

### (1) 半波長ダイポールアンテナの電界強度

実効長 $l_e$〔m〕のアンテナに電流 $I$〔A〕を流したとき，最大放射方向に距離 $d$〔m〕離れた点の電界強度 $E$〔V/m〕は次式で表されます．

$$E = \frac{60\pi I l_e}{\lambda d}\ \text{〔V/m〕} \tag{1.72}$$

半波長ダイポールアンテナの電界強度 $E_D$〔V/m〕は次式で表されます．

$$E_D = \frac{60I}{d}\ \text{〔V/m〕} \tag{1.73}$$

半波長ダイポールアンテナに電力 $P$〔W〕を供給したときの給電点電流を $I$〔A〕とすると，アンテナの放射抵抗 $R_R$ は 73.13〔Ω〕なので，式（1.73）に代入すると

$$E_D = \frac{60I}{d} = \frac{60\sqrt{\dfrac{P}{73.13}}}{d}$$

$$\fallingdotseq \frac{\sqrt{49.2P}}{d} \fallingdotseq \frac{7\sqrt{P}}{d}\ \text{〔V/m〕} \tag{1.74}$$

電力 $P$〔W〕，抵抗 $R$〔Ω〕より，電圧 $V$〔V〕は $V = \sqrt{RP}$ と同じ関係．

となり，相対利得 $G_D$ のアンテナの電界強度 $E$〔V/m〕は

$$E \fallingdotseq \frac{7\sqrt{G_D P}}{d}\ \text{〔V/m〕} \tag{1.75}$$

となります．

### (2) 基本アンテナの電界強度

アンテナの放射電力が $P$〔W〕のとき，最大放射方向に距離 $d$〔m〕離れた点の電界強度 $E$〔V/m〕は次式で表されます．

等方性アンテナ

$$E_{\mathrm{I}} = \frac{\sqrt{30P}}{d} \text{〔V/m〕} \qquad (1.76)$$

絶対利得 $G_{\mathrm{I}}$ のアンテナ

$$E = \frac{\sqrt{30G_{\mathrm{I}}P}}{d} \text{〔V/m〕} \qquad (1.77)$$

微小ダイポール

$$E_{\mathrm{H}} = \frac{\sqrt{45P}}{d} \text{〔V/m〕} \qquad (1.78)$$

半波長ダイポールアンテナ

$$E_{\mathrm{D}} \fallingdotseq \frac{7\sqrt{P}}{d} \text{〔V/m〕} \qquad (1.79)$$

1/4 波長垂直接地アンテナ

$$E_{\mathrm{V}} \fallingdotseq \frac{\sqrt{98P}}{d} \text{〔V/m〕} \qquad (1.80)$$

## 1.6.2 基本アンテナの利得

等方性アンテナの電界強度 $E_{\mathrm{I}}$〔V/m〕，微小ダイポールの電界強度 $E_{\mathrm{H}}$〔V/m〕，半波長ダイポールアンテナの電界強度 $E_{\mathrm{D}}$〔V/m〕は次式で表されます．

$$E_{\mathrm{I}} = \frac{\sqrt{30P_{\mathrm{I}}}}{d} \text{〔V/m〕} \qquad (1.81)$$

$$E_{\mathrm{H}} = \frac{\sqrt{45P_{\mathrm{H}}}}{d} \text{〔V/m〕} \qquad (1.82)$$

$$E_{\mathrm{D}} = \frac{\sqrt{49.2P_{\mathrm{D}}}}{d} \text{〔V/m〕} \qquad (1.83)$$

等方性アンテナおよび微小ダイポールの放射電力がそれぞれ $P_{\mathrm{I}}$，$P_{\mathrm{H}}$ のとき，両者の電界強度が等しいとおいて，微小ダイポールの絶対利得 $G_{\mathrm{H}}$ を求めると，式 (1.81) の 2 乗＝式 (1.82) の 2 乗より

$$G_{\mathrm{H}} = \frac{P_{\mathrm{I}}}{P_{\mathrm{H}}} = \frac{45}{30} = 1.5 \qquad (1.84)$$

となり，デシベルで表すと

$$10 \log_{10} 1.5 \fallingdotseq 1.76 \text{〔dB〕} \qquad (1.85)$$

利得は，電界強度を求める式の定数から誘導することができる．

となります．ここで，式 (1.81)＝式 (1.83) より，半波長ダイポールアンテナの絶対利得 $G_{\mathrm{D}}$ は

$$G_{\mathrm{D}} = \frac{P_{\mathrm{I}}}{P_{\mathrm{D}}} = \frac{49.2}{30} = 1.64 \qquad (1.86)$$

となり，デシベルで表すと

$$10\log_{10}1.64 \fallingdotseq 2.15\ \text{〔dB〕} \tag{1.87}$$

となります．また，相対利得 $G_D$〔dB〕のアンテナの絶対利得は，$G_D + 2.15$〔dB〕です．

**関連知識** デシベル（dB）

基準アンテナの放射電力を $P_0$〔W〕，比較するアンテナの放射電力を $P_x$〔W〕とすれば，アンテナの利得 $G_P$〔dB〕は次式で表されます．

$$G_P = 10\log_{10}\frac{P_0}{P_x}\ \text{〔dB〕} \tag{1.88}$$

基準アンテナの電界強度を $E_0$〔V/m〕，比較するアンテナの電界強度を $E_x$〔V/m〕とすれば，アンテナの利得 $G_V$〔dB〕は次式で表されます．

$$G_V = 20\log_{10}\frac{E_x}{E_0}\ \text{〔dB〕} \tag{1.89}$$

利得は一般に大きな数値になるので，デシベルを用いる．

**数学の公式**

指数関数 $x = 10^y$ の逆関数を常用対数といい，次式で表されます．

$$y = \log_{10} x$$

公式

$$\log_{10}(ab) = \log_{10} a + \log_{10} b$$

$$\log_{10}\frac{a}{b} = \log_{10} a - \log_{10} b$$

$$\log_{10} a^b = b\log_{10} a$$

国家試験の問題でよく用いられる値

$\log_{10} 2 \fallingdotseq 0.301$（ふたり でみかん を ひとつ）

$\log_{10} 3 \fallingdotseq 0.4771$（ロボットーさん は 死 な な い）

$\log_{10} 4 = \log_{10}(2\times 2) = \log_{10} 2 + \log_{10} 2 \fallingdotseq 0.6$

$\log_{10} 10 = \log_{10} 10^1 = 1$

$\log_{10} 1\,000 = \log_{10} 10^3 = 3$

## 1.6.3 放射効率

**図 1.21** のように，アンテナの放射抵抗を $R_R$〔Ω〕，全損失抵抗を $R_L$〔Ω〕，放射電力を $P_R$〔W〕，アンテナの入力電力を $P_A$〔W〕とすると，アンテナ効率または放射効率 $\eta$ は次式で表されます．

$$\eta = \frac{P_R}{P_A} = \frac{R_R}{R_R + R_L} \qquad (1.90)$$

アンテナではアンテナ素子の導体に生じる抵抗損失やアンテナの支持物などの近接する物体の影響を受ける損失が生じます．これらの損失には，接地抵抗，誘電体損，漏えい損，コロナ損などがあり等価的に損失抵抗 $R_L$ で表されます．一般に周波数が低いほど効率が低く，特に LF（長波）以下ではアンテナ効率が低下します．

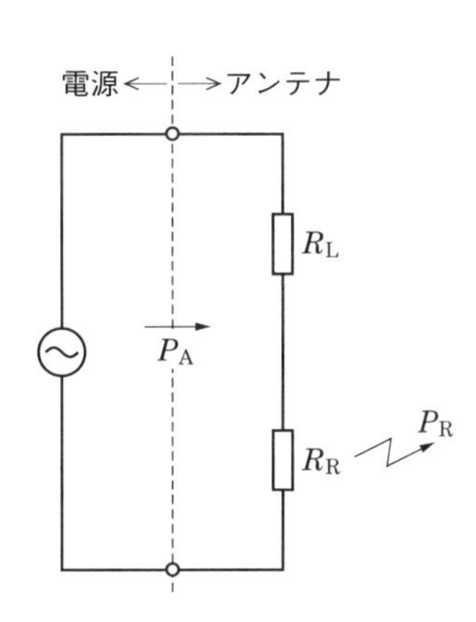


図 1.21　アンテナの等価回路

**問題 15** ★　→1.6.2

次の記述はアンテナの利得について述べたものである．このうち誤っているものを下の番号から選べ．

1　相対利得の値は絶対利得の値より約 2.15〔dB〕低い．
2　等方性アンテナの相対利得は約 0.6（真数）である．
3　微小ダイポールの相対利得の値は完全半波長ダイポールアンテナの相対利得の値より約 0.39〔dB〕低い．
4　放射効率が 1 のアンテナの絶対利得は指向性利得に等しい．
5　アンテナが給電回路と整合しているときのアンテナの利得を $G$（真数），不整合のときの反射損を $M$（真数）とすれば，アンテナの動作利得は，$G/M$ と表される．ただし，$\Gamma$ を反射係数とすれば，$M = 1 - |\Gamma|^2$ である．

**解説**　1　半波長ダイポールアンテナの絶対利得は約 2.15〔dB〕なので，アンテナの相対利得の値は絶対利得の値より約 2.15〔dB〕低いです．

2　半波長ダイポールアンテナの絶対利得が約 1.64（真数）なので，等方性アンテナの相対利得 $G_I$ は次式で表されます．

半波長ダイポールアンテナの相対利得は 0〔dB〕

$$G_I = \frac{1}{1.64} \fallingdotseq 0.61$$

3　微小ダイポールの絶対利得が 1.76〔dB〕，半波長ダイポールアンテナの絶対利得は約 2.15〔dB〕なので，微小ダイポールの相対利得 $G_{\mathrm{HdB}}$ は次式で表されます．

$$G_{\mathrm{HdB}} = 1.76 - 2.15 = -0.39 \text{〔dB〕}$$

5　反射損 $M$ は次式で表されます．

$$M = \frac{1}{1-|\Gamma|^2}$$

反射損は給電線の範囲で学習する．$|\Gamma| \leqq 1$，$M \geqq 1$ であることがわかれば間違いに気がつく．

よって，5 の選択肢が誤っています．

答え▶▶▶5

**問題 16** ★★★　➡1.6.2

次の記述は，アンテナの利得と指向性および受信電力について述べたものである．このうち誤っているものを下の番号から選べ．

1　受信アンテナの利得や指向性は，可逆の定理により，送信アンテナとして用いた場合と同じである．

2　自由空間中で送信アンテナに受信アンテナを対向させて電波を受信するときの受信電力は，フリスの伝達公式により求めることができる．

3　微小ダイポールの絶対利得は，等方性アンテナの約 1.5 倍であり，約 1.76〔dB〕である．

4　半波長ダイポールアンテナの絶対利得は，等方性アンテナの約 2.15 倍であり，約 3.32〔dB〕である．

5　一般に同じアンテナを複数個並べたアンテナの指向性は，アンテナ単体の指向性に配列指向係数を掛けたものに等しい．

**解説**　誤っている選択肢は次のようになります．

4　半波長ダイポールアンテナの絶対利得は，等方性アンテナの約 **1.64** 倍であり，約 **2.15**〔dB〕である．

答え▶▶▶4

**出題傾向**

基本アンテナの利得に関しては次の値が出題されています．
相対利得（半波長ダイポールアンテナ比）は絶対利得（等方性アンテナ比）より約 2.15〔dB〕低い．微小ダイポールの絶対利得は約 1.5 倍，約 1.76〔dB〕．微小ダイポールの相対利得は約 −0.39〔dB〕．半波長ダイポールアンテナの絶対利得は約 1.64 倍，約 2.15〔dB〕．等方性アンテナの相対利得は約 0.61 倍，約 −2.15〔dB〕．

# 1.7 受信アンテナの諸定数

- 実効面積は電力束密度の存在する空間から有効電力を取り出せる面積のこと
- 実効面積から利得を求めることができる

1章

## 1.7.1 ループアンテナ

**図 1.22** に示すような**受信用ループ（枠形）アンテナ**は，HF 以下の電界強度測定用または方向探知用アンテナとして用いられます．

ループの大きさが波長に比べて十分に小さいので微小ループアンテナともいう．

図 1.22 のように，電波の電界強度が $E$〔V/m〕の点にループの面積 $A$〔m²〕，巻数 $N$ のループアンテナを電波の到来方向から角度 $\theta$ 傾けて置くと，電波の波長が $\lambda$〔m〕のときアンテナに誘起される誘起電圧 $V$〔V〕は次式で表されます．

$$V = \frac{2\pi NA}{\lambda} E \cos\theta \text{〔V〕} \quad (1.91)$$

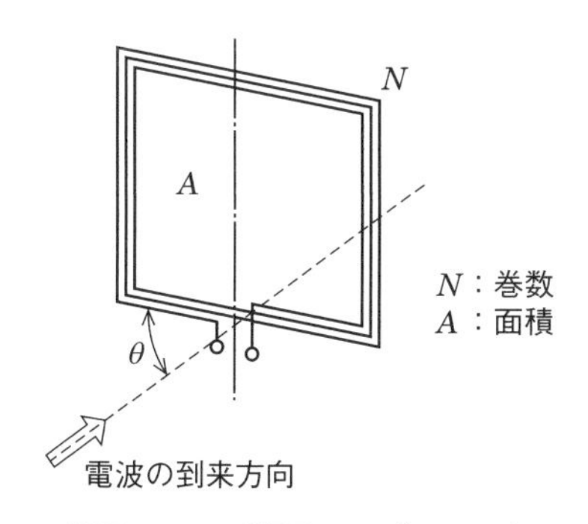


図 1.22　受信用ループアンテナ

## 1.7.2 有効電力

電波の電界強度が $E$〔V/m〕の点に実効長 $l_e$〔m〕のアンテナを置いたとき，アンテナに最大電圧が発生する方向に向けて受信したときの誘起電圧 $V$〔V〕は次式で表されます．

$$V = El_e \text{〔V〕} \quad (1.92)$$

送受信アンテナの可逆性により，送信アンテナのインピーダンスと受信アンテナのインピーダンスは同じ値．

**図 1.23** のように，インピーダンス $\dot{Z}_R = R_R + jX_R$ の受信アンテナに入力インピーダンス $\dot{Z}_L = R_L + jX_L$ の受信機を接続すると，$R_R = R_L$，$X_R = -X_L$ の整合状態のときの受信機の端子電圧 $V_L$〔V〕は

$$V_L = \frac{V}{2} = \frac{El_e}{2} \text{〔V〕} \tag{1.93}$$

となります．このときの受信機入力電力は最大値 $P_m$〔W〕となり，次式で表されます．

受信機に供給される電力以外の電力はアンテナから再放射される．

$$P_m = \frac{{V_L}^2}{R_L} = \frac{{V_L}^2}{R_R} = \frac{(El_e)^2}{4R_R} \text{〔W〕} \tag{1.94}$$

受信機入力電力の最大値 $P_m$ を**有効電力**または**有能電力**といいます．

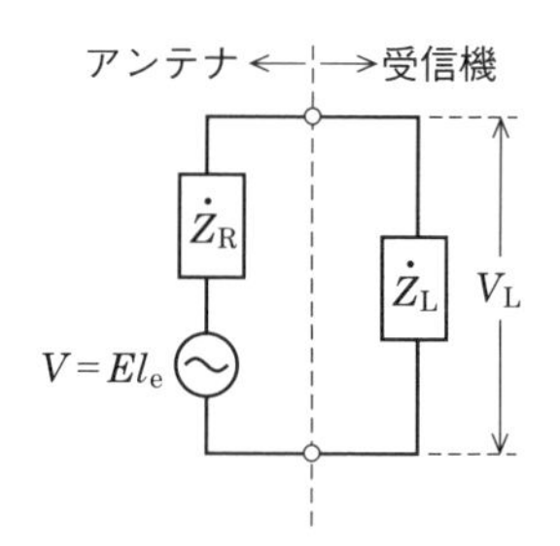


■図 1.23　受信機を接続したアンテナの等価回路

## 1.7.3 実効面積

### (1) 開口面アンテナの実効面積

実効面積は主にパラボラアンテナなどの開口面を持つ立体構造のアンテナの動作を考える場合に用いられますが，線状アンテナにおいても適用することができます．電力束密度 $W$〔$W/m^2$〕の空間に受信アンテナを置き，この受信アンテナから $P$〔W〕の電力を取り出すことができるとすると次式が成り立ちます．

$$P = A_e W \text{〔W〕} \tag{1.95}$$

式 (1.95) の $A_e$〔$m^2$〕は面積の単位を持つアンテナの定数なので，**実効面積**

といいます．

微小ダイポールを受信アンテナとして用いた場合，最大電力供給条件のときの受信電力は，p.28 の式（1.61）の放射抵抗を式（1.94）に代入すると

$$P = \frac{(El)^2}{4R_R} = \frac{(El)^2\lambda^2}{4\times 80\pi^2 l^2} = \frac{E^2\lambda^2}{320\pi^2} \text{〔W〕} \quad (1.96)$$

E と W の関係は $W = \dfrac{E^2}{120\pi}$

となり，式（1.95）と式（1.96）から $A_e$ を求めると

$$A_e = \frac{P}{W} = \frac{E^2\lambda^2}{320\pi^2} \times \frac{120\pi}{E^2} = \frac{3\lambda^2}{8\pi} \doteqdot \frac{\lambda^2}{8.4} \text{〔m}^2\text{〕} \quad (1.97)$$

となります．また，利得 $G$ と実効面積 $A$ は比例するので，二つのアンテナ（$G_1$，$A_1$），（$G_2$，$A_2$）の間には次式の関係があります．

$$\frac{G_1}{G_2} = \frac{A_1}{A_2} \quad (1.98)$$

開口面アンテナにおいて，実効面積 $A_e$〔m$^2$〕と幾何学的な開口面積 $A$〔m$^2$〕との比を**開口効率**といいます．開口効率 $\eta$ およびアンテナの絶対利得 $G_I$ は次式で表されます．

$$\eta = \frac{A_e}{A} \quad (1.99)$$

$$G_I = \frac{4\pi}{\lambda^2}\eta A \quad (1.100)$$

パラボラアンテナの開口面の直径を $D$〔m〕とすると，開口面積 $A$〔m$^2$〕は次式で表されます．

$$A = \pi\left(\frac{D}{2}\right)^2 \text{〔m}^2\text{〕} \quad (1.101)$$

パラボラアンテナの開口面は円形．

式（1.100）に式（1.101）を代入すると

$$G_I = \eta\left(\frac{\pi D}{\lambda}\right)^2 \quad (1.102)$$

### (2) 基本アンテナの実効面積

等方性アンテナおよび微小ダイポールの絶対利得，実効面積をそれぞれ $G_I = 1$，$A_I$ および $G_H = 1.5$，$A_H$ とすると，式（1.91）より等方性アンテナの実効面積 $A_I$〔m$^2$〕は

$$A_I = \frac{G_I}{G_H} A_H = \frac{1}{1.5} \times \frac{3\lambda^2}{8\pi} = \frac{\lambda^2}{4\pi} \text{〔m}^2\text{〕} \tag{1.103}$$

となり，絶対利得 $G_I$ の任意のアンテナの実効面積 $A_e$〔m$^2$〕は

$$A_e = \frac{\lambda^2}{4\pi} G_I \fallingdotseq 0.08\lambda^2 G_I \text{〔m}^2\text{〕} \tag{1.104}$$

となります．式（1.96），式（1.97）と半波長ダイポールアンテナの実効長 $l_e = \lambda/\pi$〔m〕より実効面積 $A_D$〔m$^2$〕は

$$A_D = \frac{P}{W} = \frac{(El_e)^2}{4R_R} \times \frac{120\pi}{E^2} = \frac{l_e{}^2 \times 120\pi}{4R_R} = \frac{30\lambda^2}{\pi R_R} \fallingdotseq \frac{30\lambda^2}{\pi \times 73.13}$$
$$\fallingdotseq 0.13\lambda^2 \text{〔m}^2\text{〕} \tag{1.105}$$

となります．

**問題 17** ★★ ➡ 1.7.2

周波数が 60〔MHz〕の電波を素子の太さが等しい 2 線式折返し半波長ダイポールアンテナで受信したとき，**図 1.24** に示す等価回路のようにアンテナに接続された受信機の入力端子 ab 間における電圧が 6〔mV〕であった．このときの受信電界強度の値として，最も近いものを下の番号から選べ．ただし，アンテナと受信機の入力回路は整合がとれ，かつアンテナおよび給電線の損失はないものとする．また，アンテナの最大感度の方向は到来電波の方向と一致しているものとする．

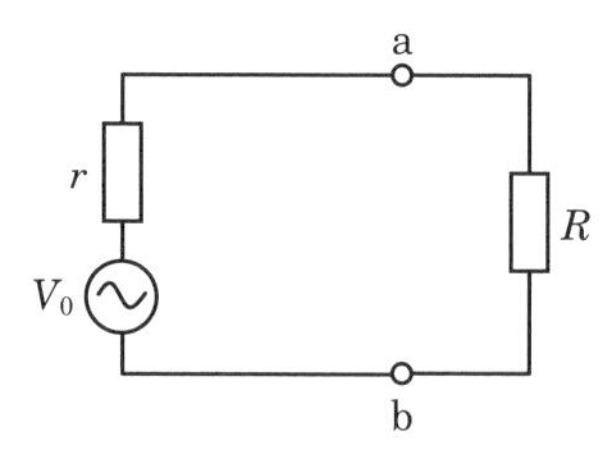


$r$ ：アンテナの入力抵抗
$V_0$：アンテナの誘起電圧
$R$ ：受信機の入力抵抗

**図 1.24**

1　9.2〔mV/m〕　2　7.0〔mV/m〕　3　5.9〔mV/m〕
4　4.5〔mV/m〕　5　3.8〔mV/m〕

**解説**　2 線式折返し半波長ダイポールアンテナの実効長 $l_e$〔m〕は，半波長ダイポールアンテナの 2 倍となるので次式で表されます．

$$l_e = \frac{2\lambda}{\pi} \text{〔m〕} \quad ①$$

電界強度が $E$〔V/m〕のとき実効長 $l_e$ のアンテナに誘起する電圧 $V_0$〔V〕は次式で表されます．

$$V_0 = El_e \text{〔V〕} \quad ②$$

アンテナ回路のインピーダンスと受信機の入力インピーダンスが整合しているとき，端子 ab 間における最大受信機入力電圧 $V_R$〔V〕は式②の電圧の 1/2 となるので，次式で表されます．

$$V_R = \frac{V_0}{2} = \frac{El_e}{2} = \frac{E\lambda}{\pi} \text{〔V〕} \quad ③$$

周波数 $f = 60$〔MHz〕の電波の波長 $\lambda$〔m〕は次式で表されます．

$$\lambda \fallingdotseq \frac{300}{f\text{〔MHz〕}} = \frac{300}{60} = 5 \text{〔m〕}$$

式③より，電界強度 $E$ を求めると次式となります．

$$E = \frac{V_R \pi}{\lambda} = \frac{6 \times 10^{-3} \times 3.14}{5} = 3.77 \times 10^{-3} \text{〔V/m〕} \fallingdotseq \mathbf{3.8} \textbf{〔mV/m〕}$$

答え▶▶▶ 5

出題傾向　最大受信機入力電圧を求める問題も出題されています．

**問題 18** ★★　➡1.7.3

次の記述は，絶対利得が $G$（真数）のアンテナの実効面積を表す式を求める過程について述べたものである．[　　] 内に入れるべき字句の正しい組合せを下の番号から選べ．

(1) 微小ダイポールの実効面積 $S_s$ は，波長を $\lambda$〔m〕とすると，次式で表される．

$S_s =$ [ A ]〔m²〕

(2) 一方，実効面積が $S$〔m²〕のアンテナの絶対利得 $G$（真数）は，等方性アンテナの実効面積を $S_i$〔m²〕とすると，次式で定義されている．

$G = S/S_i$

(3) また，微小ダイポールの絶対利得 $G_s$（真数）は，次式で与えられる．

$G_s =$ [ B ]

(4) したがって，絶対利得が $G$（真数）のアンテナの実効面積 $S$ は，次式で与えられる．

$S =$ [ C ]〔m²〕

| | A | B | C |
|---|---|---|---|
| 1 | $3\lambda^2/(4\pi)$ | 3/2 | $G\lambda^2/(2\pi)$ |
| 2 | $3\lambda^2/(4\pi)$ | 1/2 | $G\lambda^2/(4\pi)$ |
| 3 | $3\lambda^2/(8\pi)$ | 3/2 | $G\lambda^2/(2\pi)$ |
| 4 | $3\lambda^2/(8\pi)$ | 3/2 | $G\lambda^2/(4\pi)$ |
| 5 | $3\lambda^2/(8\pi)$ | 1/2 | $G\lambda^2/(2\pi)$ |

**解説** 電界強度$E$〔V/m〕，電力束密度$W$〔W/m$^2$〕の空間に，実効面積$S_s$〔m$^2$〕の微小ダイポールを置き，受信アンテナから$P$〔W〕の電力を取り出すことができるとすると，ポインチングの定理より次式が成り立ちます．

$$P = WS_s = \frac{E^2}{120\pi} S_s \text{〔W〕} \quad ①$$

長さ$l$〔m〕の微小ダイポールを受信アンテナとして用いた場合，最大電力供給条件のときの受信電力$P$〔W〕は次式で表されます．

$$P = \frac{(El)^2}{4R_R} \text{〔W〕} \quad ②$$

放射抵抗$R_R$〔Ω〕は次式で表されます．

$$R_R = 80\left(\frac{\pi l}{\lambda}\right)^2 \text{〔Ω〕} \quad ③$$

A の答え

式①，②，③から$S_s$を求めると

$$S_s = \frac{P}{W} = \frac{(El)^2\lambda^2}{4\times 80\times(\pi l)^2} \times \frac{120\pi}{E^2} = \boldsymbol{\frac{3\lambda^2}{8\pi}} \text{〔m}^2\text{〕} \quad ④$$

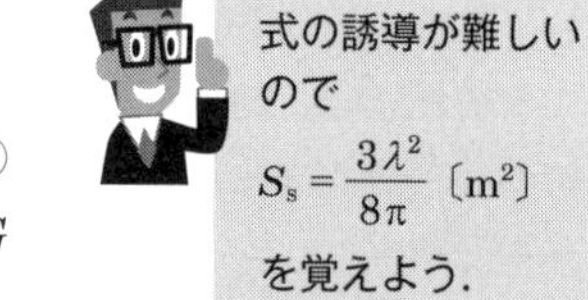


となります．実効面積$S$〔m$^2$〕のアンテナの絶対利得$G$は

$$G = \frac{S}{S_i}$$

B の答え

となります．微小ダイポールの絶対利得$G_s$ = **3/2** なので，$S_i = S_s \times (2/3)$ となります．よって，絶対利得$G$のアンテナの実効面積$S$〔m$^2$〕は次式で表されます．

$\frac{\lambda^2}{4\pi}$〔m$^2$〕は等方性アンテナの実効面積．

$$S = GS_i = \frac{2GS_s}{3} = \frac{2\times G\times 3\lambda^2}{3\times 8\pi} = \boldsymbol{\frac{G\lambda^2}{4\pi}} \text{〔m}^2\text{〕}$$

C の答え

答え▶▶▶4

**出題傾向** 下線の部分を穴埋めの字句とした問題も出題されています.

**問題 19** ★ ➡ 1.7.3

次の記述は半波長ダイポールアンテナの実効面積を求める過程について述べたものである. □内に入れるべき字句の正しい組合せを下の番号から選べ. ただし, 波長を $\lambda$〔m〕とする.

(1) 電界強度が $E$〔V/m〕の地点での電力束密度 $p$ は次式で与えられる.

$p =$ [A]〔W/m$^2$〕……【1】

(2) 電界強度が $E$〔V/m〕の地点にある半波長ダイポールアンテナの放射抵抗を $R$〔Ω〕とすると, 最大電力（受信有能電力）$P_R$ は次式で表される.

$P_R =$ [B]〔W〕……【2】

(3) 半波長ダイポールアンテナの実効面積 $A_e$ は次式で定義されている.

$A_e = P_R/p$〔m$^2$〕

したがって, 式【1】および【2】から $A_e$ は次式で求められる.

$A_e =$ [C]〔m$^2$〕

| | A | B | C |
|---|---|---|---|
| 1 | $\dfrac{E^2}{30\pi}$ | $\dfrac{\lambda E^2}{\pi R}$ | $\dfrac{30\lambda}{R}$ |
| 2 | $\dfrac{E^2}{60\pi}$ | $\dfrac{\lambda E^2}{\pi R}$ | $\dfrac{60\lambda}{R}$ |
| 3 | $\dfrac{E^2}{60\pi}$ | $\dfrac{1}{4R}\left(\dfrac{\lambda}{\pi}E\right)^2$ | $\dfrac{15\lambda^2}{\pi R}$ |
| 4 | $\dfrac{E^2}{120\pi}$ | $\dfrac{1}{4R}\left(\dfrac{\lambda}{\pi}E\right)^2$ | $\dfrac{30\lambda^2}{\pi R}$ |
| 5 | $\dfrac{E^2}{120\pi}$ | $\dfrac{\lambda E^2}{\pi R}$ | $\dfrac{120\lambda}{R}$ |

**解説** 自由空間の固有インピーダンスを $Z_0$ とすると, 電界強度 $E$〔V/m〕の地点の電力束密度 $p$〔W/m$^2$〕は, ポインチングの定理より次式で表されます.

$$p = \frac{E^2}{Z_0} = \frac{\boldsymbol{E^2}}{\boldsymbol{120\pi}} \text{〔W/m}^2\text{〕} \quad ①$$

↑……[A] の答え

電圧 $V$〔V〕, 抵抗 $R$〔Ω〕より, 電力 $P$〔W〕は

$$P = \frac{V^2}{R}$$

と同じ関係.

半波長ダイポールアンテナの実効長を $l_e = \lambda/\pi$〔m〕とすると，アンテナに誘起する電圧 $V$〔V〕は，$V = El_e$ で表されます．また，負荷に最大電力が供給される条件は放射抵抗と負荷抵抗が等しくなったときなので，そのときの負荷に加わる電圧を $V/2$ とすると，最大電力 $P_R$〔W〕は次式で表されます．

$$P_R = \frac{1}{R}\left(\frac{V}{2}\right)^2 = \frac{\mathbf{1}}{\mathbf{4}\boldsymbol{R}}\left(\frac{\boldsymbol{\lambda}}{\boldsymbol{\pi}}\boldsymbol{E}\right)^2 \quad ②$$

B の答え

半波長ダイポールアンテナの実効面積 $A_e$〔m²〕は，式①，式②より次式で表されます．

C の答え

$$A_e = \frac{P_R}{p} = \frac{\lambda^2 E^2}{4R\pi^2} \times \frac{120\pi}{E^2} = \frac{\mathbf{30}\boldsymbol{\lambda}^2}{\boldsymbol{\pi R}} \text{〔m}^2\text{〕}$$

答えの単位が〔m²〕だから $\lambda^2$ を選ぶ．

答え▶▶▶4

**問題 20** ★★★ ➡1.2.3 ➡1.7.3

次の記述は，半波長ダイポールアンテナを用いた受信アンテナの散乱断面積を求める過程について述べたものである．□内に入れるべき字句を下の番号から選べ．ただし，アンテナおよび給電線の損失はないものとし，アンテナの入力インピーダンスは純抵抗とする．

(1) 到来電波によりアンテナに誘導された起電力 $V$〔V〕によって，アンテナの放射抵抗 $R_R$〔Ω〕を流れる電流を $I$〔A〕とすれば，散乱電力 $P_A$ は，次式で表される．

$P_A =$ ア 〔W〕 ……………………【1】

(2) $P_A$ およびその点の電力束密度 $p$ により散乱断面積 $A_s$ は，次式で表される．

$A_s = \dfrac{P_A}{p}$〔m²〕 ……………………【2】

(3) 受信電界強度を $E$〔V/m〕，自由空間の固有インピーダンスを $Z_0$〔Ω〕とすると，$p$ は，次式で表される．

$p =$ イ 〔W/m²〕 ……………………【3】

(4) 受信アンテナの入力インピーダンスと受信機の入力インピーダンスが整合しているとき，受信電力は最大値となり，また，同じ大きさの電力を受信アンテナが散乱していると考えられるので，式【1】の $P_A$ は，次式となる．

$P_A =$ ウ 〔W〕 ……………………【4】

(5) 式【2】へ式【3】および【4】を代入すると，$A_s$ は，次式で求められる．

$A_s =$ エ 〔m²〕

(6) 受信アンテナの入力インピーダンスと受信機の入力インピーダンスが整合しているとき，受信アンテナの散乱断面積は，受信アンテナの実効面積［オ］なる．

1 $\dfrac{|I|^2}{4R_R}$　2 $\dfrac{V^2}{2R_R}$　3 $\dfrac{V^2Z_0}{4R_RE^2}$　4 $|I|^2R_R$　5 $\dfrac{V^2}{4R_R}$

6 $\dfrac{E^2}{Z_0}$　7 と等しく　8 $\dfrac{V^2Z_0}{2R_RE^2}$　9 の 1/2 と　10 $\dfrac{E^2}{2Z_0}$

**解説** 受信アンテナは起電力 $V$〔V〕，内部抵抗 $R_R$〔Ω〕の電源とみなすことができるため，$R_R$ に等しい値の負荷を接続したとき，最大供給電力 $P_A$〔W〕を供給することができ，$P_A$ は次式で表されます．

$$P_A=\left(\frac{V}{2}\right)^2\times\frac{1}{R_R}=\boldsymbol{\frac{V^2}{4R_R}}\ \text{〔W〕}$$

［ウ］の答え

負荷に加わる電圧は $V/2$ となる．

答え▶▶▶ア－4，イ－6，ウ－5，エ－3，オ－7

出題傾向　下線の部分を穴埋めの字句とした問題も出題されています．

**問題 21** ★★　➡1.7.3

自由空間において，周波数 800〔MHz〕で半波長ダイポールアンテナに対する相対利得 20〔dB〕のアンテナを用いるとき，このアンテナの実効面積の値として，最も近いものを下の番号から選べ．

1 1.8〔m²〕　2 2.6〔m²〕　3 3.6〔m²〕　4 5.2〔m²〕　5 6.9〔m²〕

**解説** 周波数 $f=800$〔MHz〕の電波の波長 $\lambda$〔m〕は，次式で表されます．

$$\lambda \fallingdotseq \frac{300}{f\text{〔MHz〕}}=\frac{300}{800}=\frac{3}{8}\ \text{〔m〕}$$

相対利得（真数）を $G_D$，その dB 値を $G_{DdB}$ とすると，次式となります．

$$10\log_{10}G_D=G_{DdB}=20\ \text{〔dB〕}$$

よって　$G_D=10^2$ となります．

相対利得 $G_D$ のアンテナの実効面積 $A_e$〔$m^2$〕は，次式で表されます．

$$A_e\fallingdotseq 0.13\lambda^2G_D=0.13\times\frac{3^2}{8^2}\times10^2\fallingdotseq\mathbf{1.8\ 〔m^2〕}$$

答え▶▶▶1

**問題 22** ★★ ➡1.7.3

次の記述は，微小ダイポールの実効面積について述べたものである．［　　］内に入れるべき字句の正しい組合せを下の番号から選べ．

(1) 受信アンテナから取り出すことのできる最大電力が，到来電波に垂直な断面積 $A_e$〔m$^2$〕内に入射する電波の電力に等しいとき，$A_e$ をアンテナの実効面積といい，波長を $\lambda$〔m〕，受信アンテナの絶対利得を $G_a$（真数）とすれば，次式で表される．

$A_e \fallingdotseq$ ［ A ］〔m$^2$〕

(2) したがって，微小ダイポールの絶対利得 $G_s$（真数）は［ B ］であるので，微小ダイポールの実効面積 $A_s$ は，次式で表される．

$A_s \fallingdotseq$ ［ C ］〔m$^2$〕

| | A | B | C |
|---|---|---|---|
| 1 | $0.06\lambda^2 G_a$ | 1.50 | $0.09\lambda^2$ |
| 2 | $0.08\lambda^2 G_a$ | 1.50 | $0.12\lambda^2$ |
| 3 | $0.08\lambda^2 G_a$ | 1.76 | $0.14\lambda^2$ |
| 4 | $0.13\lambda^2 G_a$ | 1.76 | $0.23\lambda^2$ |
| 5 | $0.13\lambda^2 G_a$ | 1.64 | $0.21\lambda^2$ |

**解説** 絶対利得 $G_a$（真数）の任意のアンテナの実効面積 $A_e$〔m$^2$〕は

$$A_e = \frac{\lambda^2}{4\pi} G_a \fallingdotseq \mathbf{0.08\lambda^2 G_a} \text{〔m}^2\text{〕}$$ ◀…… ［A］の答え

となります．微小ダイポールの絶対利得 $G_a$ = **1.5** なので，微小ダイポールの実効面積 $A_s$〔m$^2$〕は次式で表されます．（［B］の答え）

$$A_s \fallingdotseq 0.08\lambda^2 G_a = 0.08\lambda^2 \times 1.5 = \mathbf{0.12\lambda^2} \text{〔m}^2\text{〕}$$

（［C］の答え）

**答え▶▶▶2**

**出題傾向** 下線の部分を穴埋めの字句とした問題も出題されています．

**問題 23** ★★★ ➡1.7.3

自由空間に置かれた直径 2〔m〕のパラボラアンテナの最大放射方向の距離 18〔km〕の地点の電界強度の値として，最も近いものを下の番号から選べ．ただし，周波数を 3〔GHz〕，送信電力を 10〔W〕，アンテナの開口効率を 0.6 とし，$\sqrt{7.2} = 2.7$ とする．

1 120〔mV/m〕　2 81〔mV/m〕　3 71〔mV/m〕
4 47〔mV/m〕　5 20〔mV/m〕

**解説** 周波数 $f = 3$〔GHz〕$= 3 \times 10^9$〔Hz〕の電波の波長 $\lambda$〔m〕は

$$\lambda \fallingdotseq \frac{3 \times 10^8}{f} = \frac{3 \times 10^8}{3 \times 10^9} = 10^{-1}\ \text{〔m〕}$$

となります．パラボラアンテナの開口能率を $\eta$，開口面の直径を $D$〔m〕とすると，絶対利得 $G_I$（真数）は次式で表されます．

$$G_I = \eta \left(\frac{\pi D}{\lambda}\right)^2 = 0.6 \times \frac{\pi^2 \times 2^2}{(10^{-1})^2} = 240 \times \pi^2$$

次の式で$\sqrt{\ }$をとるので$\pi^2$のままにする．

放射電力を $P$〔W〕，距離を $d$〔m〕とすると電界強度 $E$〔V/m〕は

$$E = \frac{\sqrt{30 G_I P}}{d} = \frac{\sqrt{30 \times 240 \times \pi^2 \times 10}}{18 \times 10^3}$$

$$= \frac{\sqrt{7.2 \times \pi^2 \times 10^4}}{1.8} \times 10^{-4}$$

$$= \frac{2.7}{1.8} \times 3.14 \times 10^{-2} = 15 \times 3.14 \times 10^{-3}$$

$$\fallingdotseq 47 \times 10^{-3}\ \text{〔V/m〕} = \mathbf{47\ 〔mV/m〕}$$

絶対利得 $G_I$ のアンテナの電界強度は

$$E = \frac{\sqrt{30 G_I P}}{d}$$

相対利得 $G_D$ のアンテナの電界強度は

$$E = \frac{7\sqrt{G_D P}}{d}$$

答え ▶▶▶ 4

# 1.8 アンテナの配列

- 配列アンテナの指向性は単体の指向性係数と配列指向性係数の積で求める
- 配列アンテナのインピーダンスは相互結合インピーダンスから求める
- 可逆定理により送信アンテナと受信アンテナの電流分布以外の特性は一致する

## 1.8.1 配列アンテナの指向性

半波長ダイポールアンテナなどのアンテナ素子を数本配列して，多素子アンテナを構成し，それらの素子に給電する電流の位相と素子の間隔を適当に選ぶことによって，素子の配列面に対して同一方向あるいは垂直方向に指向性を持たせることができます．あるいは，単一方向指向性とすることもできます．

**図 1.25** のように，2 本の半波長ダイポールアンテナ $A_1$ と $A_2$ を距離 $d$〔m〕離して配列します．$A_1$ のアンテナに電流 $I_1$ を流し，$A_2$ のアンテナは $I_1$ に対する位相差 $\theta$ を持たせた電流 $I_2$ を流すと，原点 O から十分に離れた点の配列指向性係数 $D$ はそれぞれのアンテナからの電界のベクトル和として求められ，次式で表されます．

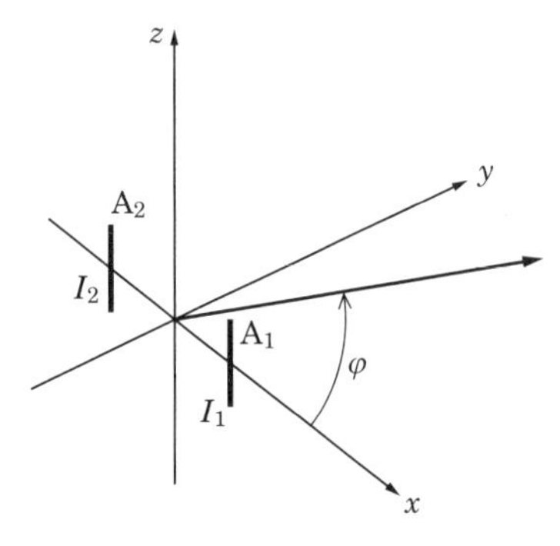

アンテナ単体の $xy$ 平面上の指向性は全方向性．

■図 1.25　配列アンテナ

$$D = 2\cos\left\{\frac{1}{2}(\theta - \beta d \cos\varphi)\right\} \quad (1.106)$$

電波伝搬の分野で直接波と反射波の合成波を求めるときと同じ.

$\theta = 0$, $d = \lambda/2$, $\beta d = (2\pi/\lambda) \times (\lambda/2) = \pi$ のときの配列指向性係数は

$$D = 2\cos\left(\frac{\pi}{2}\cos\varphi\right) \quad (1.107)$$

で表され，**図 1.26** (a) のように配列面に対して垂直な $y$ 軸方向に双方向の指向性を持ちます.

また，$\theta = \pi/2$, $d = \lambda/4$, $\beta d = (2\pi/\lambda) \times (\lambda/4) = \pi/2$ ときの配列指向性係数は

$$D = 2\cos\left\{\frac{\pi}{4}(1 - \cos\varphi)\right\} \quad (1.108)$$

で表され，図 1.26 (b) のように配列面と同一の $x$ 軸方向に単一指向性を持ちます.

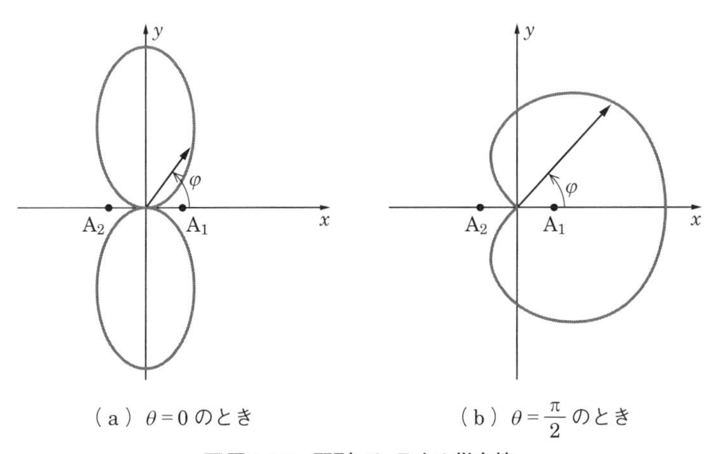


**図 1.26　配列アンテナの指向性**

**関連知識　指向性係数の積**

$xy$ 平面上において，半波長ダイポールアンテナ単体の指向性は全方向性なので，指向性係数は $D = 1$ で表され，図 1.26 (a) や図 1.26 (b) の指向性となります.

$xz$ 平面では

$$D = \frac{\cos\left(\frac{\pi}{2}\cos\varphi\right)}{\sin\varphi} \quad (1.109)$$

なので，配列指向性係数と単体の指向性係数の積で表されます.

## 1.8.2 配列アンテナのインピーダンス

**図 1.27** (a) のように 2 本の半波長アンテナが接近して平行に配置され，それらのアンテナが電磁的に結合しているとき，アンテナ素子 $A_1$ に加える電圧を $\dot{V}_{11}$，このとき $A_1$ に流れる電流を $\dot{I}_1$ とします．するとアンテナ素子 $A_1$ によって，$A_2$ に $\dot{V}_{21}$ の電圧が発生します．次に，図 1.27 (b) のように $A_2$ に $\dot{V}_{22}$ の電圧を加えた際に $A_2$ に流れる電流を $\dot{I}_2$，$A_1$ に発生する電圧を $\dot{V}_{12}$ とすると

$$\frac{\dot{V}_{21}}{\dot{I}_1}=\frac{\dot{V}_{12}}{\dot{I}_2} \tag{1.110}$$

の関係が成り立ちます．これを**可逆定理**といいます．

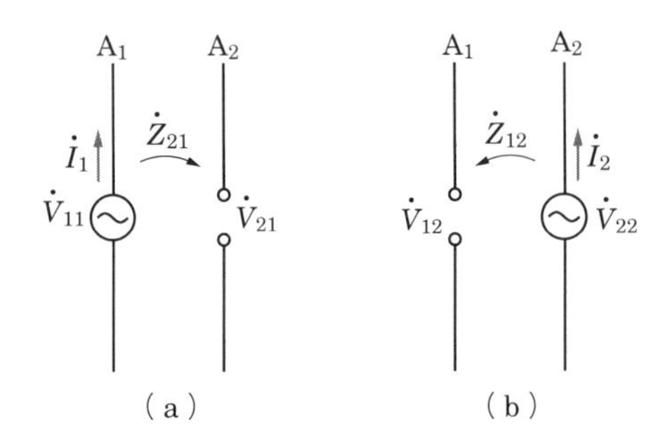


**図 1.27　平行な 2 本のアンテナ間の相互インピーダンス**

これらのアンテナの関係は相互インダクタンスで結合された回路と同様に考えることができるので，アンテナ $A_1$ と $A_2$ との間の相互インピーダンスを考えると，$A_1$ から $A_2$ の結合では

$$\frac{\dot{V}_{21}}{\dot{I}_1}=\dot{Z}_{21}=R_{21}+jX_{21} \tag{1.111}$$

となり，$A_2$ から $A_1$ の結合では

$$\frac{\dot{V}_{12}}{\dot{I}_2}=\dot{Z}_{12}=R_{12}+jX_{12} \tag{1.112}$$

の式で表すことができます．また，可逆定理より

$$\dot{Z}_{12}=\dot{Z}_{21}\quad ,\quad R_{12}=R_{21}\quad ,\quad X_{12}=X_{21}$$

となります．ここで，相互に結合があるときのアンテナ $A_1$ と $A_2$ の電圧をそれぞれ $\dot{V}_1$，$\dot{V}_2$ とすると

$$\dot{V}_1 = \dot{V}_{11} + \dot{V}_{12} = \dot{Z}_{11}\dot{I}_1 + \dot{Z}_{12}\dot{I}_2 \qquad (1.113)$$

$$\dot{V}_2 = \dot{V}_{21} + \dot{V}_{22} = \dot{Z}_{21}\dot{I}_1 + \dot{Z}_{22}\dot{I}_2 \qquad (1.114)$$

の関係が成り立ちます．ただし，$\dot{Z}_{11}$，$\dot{Z}_{22}$ は相互結合がないときの $A_1$，$A_2$ の給電点インピーダンスです．

**図 1.28** のように半波長ダイポールアンテナを 2 本平行に配置したときの相互インピーダンス $\dot{Z}_{21}$ を**表 1.2** に示します．間隔 $d$ および位置 $h$ を変化させると，$\dot{Z}_{21}$ の値は振動的に変化します．

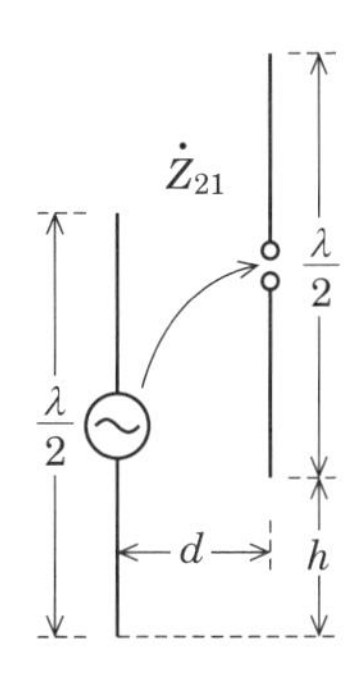


■図 1.28　配列アンテナの相互インピーダンス

■表 1.2　配列アンテナの相互インピーダンスの値

| $d$ \ $h$ | 0 | 0.5λ | 1.0λ | 1.5λ | 2.0λ |
|---|---|---|---|---|---|
| 0 | $73.13 + j42.55$ | $26.39 + j20.15$ | $-4.12 - j0.72$ | $1.73 + j0.19$ | $-0.96 - j0.08$ |
| 0.5λ | $-12.52 - j29.91$ | $-11.88 - j7.84$ | $-0.70 + j4.05$ | $1.04 - j1.42$ | $-0.74 + j0.63$ |
| 1.0λ | $4.01 + j17.73$ | $9.03 + j8.90$ | $4.06 - j4.20$ | $-2.68 - j0.28$ | $1.11 + j0.88$ |
| 1.5λ | $-1.89 - j12.30$ | $-5.83 - j8.51$ | $-6.21 + j1.87$ | $2.09 + j3.06$ | $0.56 - j2.07$ |
| 2.0λ | $1.08 + j9.36$ | $3.84 + j7.49$ | $6.24 + j0.42$ | $0.24 - j4.19$ | $-2.55 + j0.98$ |

アンテナを送信用と受信用に用いたとき，利得，指向性，給電点インピーダンスなどのほとんどの特性は一致するが，電流分布は励振方法が異なるため厳密には一致しない．

**問題 24** ★★ ➡ 1.8.1

次の記述は，指向性の積の原理（指向性相乗の理）について述べたものである．□内に入れるべき字句の正しい組合せを下の番号から選べ．ただし，位相定数を $\beta$〔rad/m〕，電界強度の単位表示のための係数を $A$〔V〕とし，**図 1.29** に示すように原点Oに置かれたアンテナ a により電波が $z$ 軸と角度 $\theta$〔rad〕をなす方向へ放射されたとき，a から距離 $d$〔m〕の十分遠方の点における電界強度 $E_1$ は，a の指向性係数を $D$ とすれば，次式で表されるものとする．なお，同じ記号の□内には，同じ字句が入るものとする．

$$E_1 \doteqdot A\frac{e^{-j\beta d}}{d}D \text{〔V/m〕}$$

(1) a と同一のアンテナ b を $z$ 軸上の原点から $l$〔m〕離れた点Qに置き，a の電流の $M$ 倍の電流を同位相で流したとき，十分遠方の点における電界強度 $E_2$ は，次式で表される．

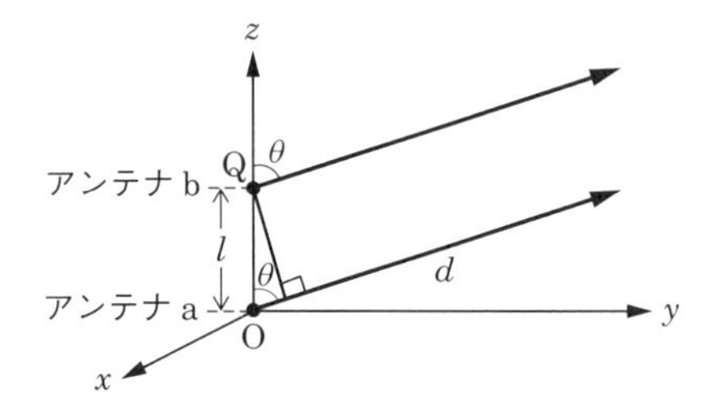


図 1.29

$$E_2 \doteqdot A\frac{e^{-j\beta d}}{d}DKM \text{〔V/m〕}$$

ここで，$K$ は定数で，$K=$ [A] で表される．

(2) a，b，二つのアンテナによる十分遠方の点における合成電界強度 $E$ は，次式で表される．

$$E = E_1 + E_2 \doteqdot A\frac{e^{-j\beta d}}{d}D\times(\boxed{\text{B}})\text{〔V/m〕}$$

ここで，[B] は点Oに [C] を置き，電流がその $M$ 倍の [C] を点Qに置いたときの合成指向性を表す．

(3) 上式より，指向性が相似な複数のアンテナを配列したときの合成指向性は，アンテナ素子の指向性と [C] の配列の指向性との積で表されることが分かる．

| | A | B | C |
|---|---|---|---|
| 1 | $e^{j\beta l\sin\theta}$ | $1+K\sqrt{M}$ | 無指向性点放射源 |
| 2 | $e^{j\beta l\sin\theta}$ | $1+KM$ | 半波長ダイポールアンテナ |
| 3 | $e^{j\beta l\cos\theta}$ | $1+K\sqrt{M}$ | 無指向性点放射源 |
| 4 | $e^{j\beta l\cos\theta}$ | $1+KM$ | 半波長ダイポールアンテナ |
| 5 | $e^{j\beta l\cos\theta}$ | $1+KM$ | 無指向性点放射源 |

**解説** 合成電界強度 $E$〔V/m〕は

$$E = E_1 + E_2 \fallingdotseq A\frac{e^{-j\beta d}}{d}D + A\frac{e^{-j\beta d}}{d}DKM$$

$$= A\frac{e^{-j\beta d}}{d}D \times (\mathbf{1+\mathit{KM}})\text{〔V/m〕}$$

B の答え

アンテナから十分遠方の点において，二つのアンテナからの電界強度はほぼ等しいが，通路差による位相差によって合成波の電界強度が変化する．

答え▶▶▶5

**問題 25** ★★★ ➡1.8.2

次の記述は**図 1.30** に示すように，同一の半波長ダイポールアンテナ A および B で構成したアンテナ系の利得を求める過程について述べたものである．［　］内に入れるべき字句を下の番号から選べ．ただし，アンテナ系の相対利得 $G$（真数）は，アンテナ系に電力 $P$〔W〕を供給したときの十分遠方の点 O における電界強度を $E$〔V/m〕とし，このアンテナと置き換えた基準アンテナに電力 $P_0$〔W〕を供給したときの点 O における電界強度を $E_0$〔V/m〕とすれば，次式で与えられるものとする．なお，同じ記号の［　］内には同じ字句が入るものとする．

$$G = \frac{|E|^2}{P} \bigg/ \frac{|E_0|^2}{P_0} = \frac{M}{M_0} \quad \cdots\cdots\cdots\cdots \text{【1】}$$

ただし，$M = \dfrac{|E|^2}{P}$，$M_0 = \dfrac{|E_0|^2}{P_0}$ とする．

(1) アンテナ A および B の入力インピーダンスは等しく，これを $\dot{Z}_i$〔Ω〕，自己インピーダンスと相互インピーダンスも等しく，これらをそれぞれ $\dot{Z}_{11}$〔Ω〕, $\dot{Z}_{12}$〔Ω〕とすれば, $\dot{Z}_i$ は次式で表される．

$\dot{Z}_i$ = ［ア］〔Ω〕 …………………………【2】

(2) アンテナ A と同一の半波長ダイポールアンテナを基準アンテナとして，給電点の電流を $\dot{I}$〔A〕, $\dot{Z}_{11}$ の抵抗分を $R_{11}$〔Ω〕とすれば，$M_0$ は次式で表される．

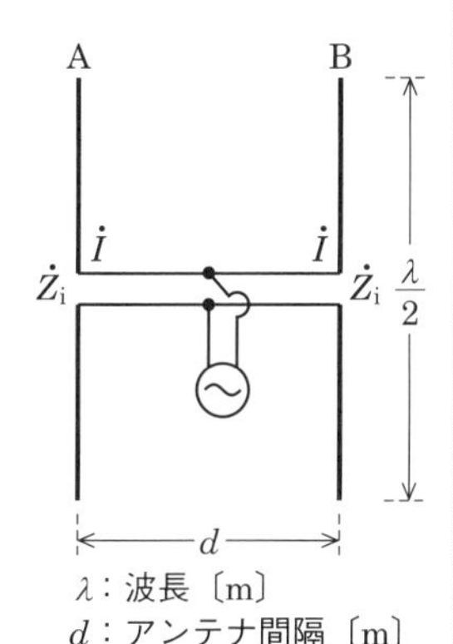


■図 1.30

$M_0$ = ［イ］ …………………………………………【3】

(3) アンテナ A および B にそれぞれ $\dot{I}$ を供給すれば，$M$ は次式で表される．ただし，$\dot{Z}_{12}$ の抵抗分を $R_{12}$〔Ω〕とする．

$M$ = ［ウ］ …………………………………………【4】

(4) 式【3】と【4】を式【1】へ代入すれば，アンテナ系の相対利得$G$は次式によって求められる．

$G$ = [ エ ] ……………………………………………【5】

(5) 式【5】において，$R_{11}$は一定値であるから，$G$は$R_{12}$のみの関数となる．$R_{12}$の値は[ オ ]によってかわるので，[ オ ]の大きさにより$G$を変えることができる．

1 $\dot{Z}_{11}+2\dot{Z}_{12}$　2 $\dfrac{|E_0|^2}{R_{11}|\dot{I}|}$　3 $\dfrac{|2E_0|^2}{2(R_{11}+R_{12})|\dot{I}|^2}$

4 $\dfrac{2R_{11}}{R_{11}+R_{12}}$　5 $\dot{I}$　6 $\dot{Z}_{11}+\dot{Z}_{12}$　7 $\dfrac{|E_0|^2}{R_{11}|\dot{I}|^2}$

8 $\dfrac{|E_0|^2}{2(R_{11}+R_{12})^2|\dot{I}|^2}$　9 $\dfrac{R_{11}}{R_{11}+2R_{12}}$　10 $d$

**解説** アンテナAおよびBそれぞれに電流$\dot{I}$を供給したとき，各アンテナからの電界強度を$E_0$とすると，最大放射方向の電界強度は$2E_0$となります．そのとき供給される電力は$2P$となるので，$M$は次式で表されます．

$$M=\frac{|2E_0|^2}{2P}=\frac{|2E_0|^2}{2(R_{11}+R_{12})|\dot{I}|^2}$$

←[ ウ ]の答え

利得$G$を求めると

$$G=\frac{\dfrac{|2E_0|^2}{2(R_{11}+R_{12})|\dot{I}|^2}}{\dfrac{|E_0|^2}{R_{11}|\dot{I}|^2}}=\frac{2R_{11}}{R_{11}+R_{12}}$$

↑[ エ ]の答え

> 電力$P$の計算は，インピーダンスのうち抵抗$R$〔Ω〕を用いるので
> $P=RI^2$
> で表される．

となります．アンテナの間隔$d$が変化すると相互インピーダンス$\dot{Z}_{12}=R_{12}+jX_{12}$が変化するので，$d$の大きさにより$G$を変えることができます．

↑[ オ ]の答え

答え▶▶▶ア－6，イ－7，ウ－3，エ－4，オ－10

**問題 26 ★** ➡1.8.2

次の記述はアンテナの利得および指向性について述べたものである．[　　]内に入れるべき字句の正しい組合せを下の番号から選べ．

(1) 受信アンテナの利得および指向性は，[ A ]により，それを送信アンテナとして使用したときの利得および指向性と同じである．

(2) 同じアンテナを直線で同じ方向に2個並べたアンテナの指向性は，アンテナ単体の指向性に［B］を掛けたものに等しい.
(3) 等方性アンテナの相対利得は，約［C］（真数）である.

| | A | B | C |
|---|---|---|---|
| 1 | バビネの原理 | 配列指向係数（アレーファクタ） | 0.61 |
| 2 | バビネの原理 | 利得係数 | 0.91 |
| 3 | 可逆定理 | 利得係数 | 0.61 |
| 4 | 可逆定理 | 利得係数 | 0.91 |
| 5 | 可逆定理 | 配列指向係数（アレーファクタ） | 0.61 |

**解説** 送信アンテナと受信アンテナの電流分布以外の特性は，**可逆定理**により一致します.
［A］の答え

半波長ダイポールアンテナの絶対利得が1.64なので，等方性アンテナの相対利得$G_I$は次式で表されます.
［C］の答え

$$G_I = \frac{1}{1.64} \fallingdotseq \mathbf{0.61}$$

答え▶▶▶5

**問題27 ★** ➡1.8.2

次の記述は，自由空間において，一つのアンテナを送信と受信に用いたときのそれぞれの特性について述べたものである．このうち誤っているものを下の番号から選べ.

1 利得は，同じである.
2 放射電力密度の指向性と有能受信電力（受信最大有効電力）の指向性は，同じである.
3 放射電界強度の指向性と受信開放電圧の指向性は，同じである.
4 アンテナ上の電流分布は，一般に異なる.
5 入力（給電点）インピーダンスは，異なる.

**解説** 5 入力（給電点）インピーダンスは，**同じ**です.

答え▶▶▶5

# 1.9 伝達公式

- 電波が自由空間を伝搬したときの電力損失を求めるには，フリスの伝達公式を用いる
- 自由空間基本伝送損は距離の 2 乗に比例し，波長の 2 乗に反比例する

## 1.9.1 フリスの伝達公式

**図 1.31** のように，送信アンテナと受信アンテナの距離を $d$〔m〕，送信アンテナの絶対利得および放射電力を $G_T$，$P_T$〔W〕とすると，受信点の電力束密度 $W_R$〔W/m$^2$〕は次式で表されます．

$$W_R = \frac{G_T P_T}{4\pi d^2} \ \text{〔W/m}^2\text{〕} \tag{1.115}$$

受信アンテナの利得を $G_R$，実効面積を $A_R$〔m$^2$〕とすると，受信電力 $P_R$〔W〕は次式で表されます．

$$P_R = W_R A_R = \frac{G_T P_T}{4\pi d^2} \times \frac{\lambda^2}{4\pi} G_R$$

$$= \left(\frac{\lambda}{4\pi d}\right)^2 G_T G_R P_T \ \text{〔W〕} \tag{1.116}$$

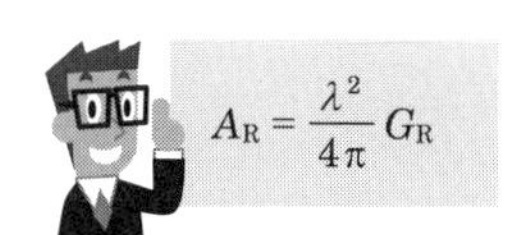


式 (1.116) を**フリスの伝達公式**（伝送公式）といいます．

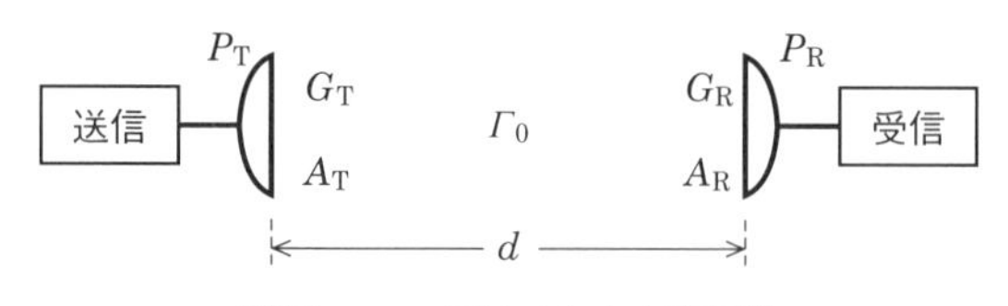


■図 1.31　電波の自由空間伝搬

## 1.9.2 自由空間基本伝送損

フリスの伝達公式より，自由空間基本伝送損を $\Gamma_0$ とすると，次式の関係があります．

$$P_R = \frac{G_T G_R P_T}{\Gamma_0} \tag{1.117}$$

自由空間基本伝送損 $\Gamma_0$ は，地形や電離層などの電波伝搬路上の損失の影響を考えないで電波が自由空間を伝搬するときの損失を表し，電波の波長 $\lambda$〔m〕と

伝搬距離 $d$〔m〕より次式で表されます．

$$\Gamma_0 = \left(\frac{4\pi d}{\lambda}\right)^2 \qquad (1.118)$$

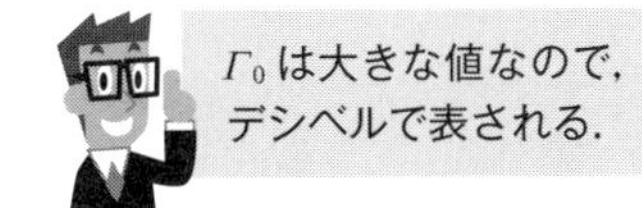


デシベルで表すと次式で表されます．

$$\Gamma_{0\,\mathrm{dB}} = 10\log_{10}\left(\frac{4\pi d}{\lambda}\right)^2 = 20\log_{10}\left(\frac{4\pi d}{\lambda}\right)\text{〔dB〕} \qquad (1.119)$$

**問題 28** ★★★ ➡ 1.9.1

送信アンテナから距離 20〔km〕の地点に設置した受信アンテナによって取り出すことのできる最大電力の値として，最も近いものを下の番号から選べ．ただし，送信電力を 1〔W〕，送信アンテナの絶対利得を 40〔dB〕，受信アンテナの実効面積を 2〔m$^2$〕とする．また，送受信アンテナは共に自由空間にあり，給電線の損失および整合損はないものとする．

1　$4.0\times10^{-6}$〔W〕　2　$9.4\times10^{-6}$〔W〕　3　$3.8\times10^{-5}$〔W〕
4　$9.8\times10^{-5}$〔W〕　5　$4.0\times10^{-4}$〔W〕

**解説** 送信アンテナの絶対利得（真数）を $G_T$，その dB 値を $G_{TdB}$ とすると，$10\log_{10}G_T = G_{TdB} = 40$〔dB〕より，$G_T = 10^4$ となります．

送信電力を $P_T$〔W〕，距離を $d$〔m〕，受信アンテナの実効面積を $A_R$〔m$^2$〕とすると，受信電力 $P_R$〔W〕は次式で表されます．

$$P_R = \frac{G_T P_T A_R}{4\pi d^2} = \frac{10^4\times1\times2}{4\times\pi\times(20\times10^3)^2}$$

$$= \frac{2\times10^4}{4\times\pi\times4\times10^8} \fallingdotseq 0.32\times\frac{1}{8}\times10^{-4}$$

$$= \mathbf{4\times10^{-6}\text{〔W〕}}$$

$\frac{1}{\pi} \fallingdotseq 0.32$

答え▶▶▶ 1

**問題 29** ★★★ ➡ 1.9.2

周波数 6〔GHz〕，送信電力 1〔W〕，送信アンテナの絶対利得 40〔dB〕，送受信点間距離 40〔km〕，および受信入力レベル −45〔dBm〕の固定マイクロ波の見通し回線がある．このときの自由空間基本伝送損 $\Gamma_0$〔dB〕および受信アンテナの絶対利得 $G_R$〔dB〕の最も近い値の組合せを下の番号から選べ．ただし，伝搬路は自由空間とし，給電回路の損失および整合損失は無視できるものとする．また，1〔mW〕を 0〔dBm〕，$\log_{10}2 = 0.3$，$\log_{10}\pi = 0.5$ とする．

|   | $\Gamma_0$ | $G_R$ |
|---|---|---|
| 1 | 136 | 40 |
| 2 | 136 | 31 |
| 3 | 136 | 25 |
| 4 | 140 | 31 |
| 5 | 140 | 25 |

**解説** 周波数 $f = 6$〔GHz〕$= 6 \times 10^9$〔Hz〕の電波の波長 $\lambda$〔m〕は

$$\lambda \fallingdotseq \frac{3 \times 10^8}{f} = \frac{3 \times 10^8}{6 \times 10^9} = 5 \times 10^{-2} \text{〔m〕}$$

となります．送受信点間の距離を $d$〔m〕とすると，自由空間基本伝送損 $\Gamma_{0\,\mathrm{dB}}$〔dB〕は次式で表されます．

$$\frac{1}{10^{-1}} = 10^{0-(-1)} = 10^{+1}$$

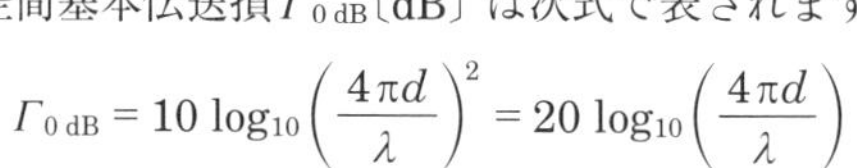

$$\Gamma_{0\,\mathrm{dB}} = 10 \log_{10}\left(\frac{4\pi d}{\lambda}\right)^2 = 20 \log_{10}\left(\frac{4\pi d}{\lambda}\right)$$

$$= 20 \log_{10}\left(\frac{4\pi \times 40 \times 10^3}{5 \times 10^{-2}}\right)$$

真数の掛け算は log の足し算．
真数の累乗は log の掛け算．

$$= 20 \log_{10} (2^2 \times 2^3 \times \pi \times 10^5)$$

$$= 2 \times 20 \log_{10} 2 + 3 \times 20 \log_{10} 2 + 20 \log_{10} \pi + 5 \times 20 \log_{10} 10$$

$$= 12 + 18 + 10 + 100 = \mathbf{140} \text{〔dB〕}$$

$\Gamma_0$ の答え

送信電力 $P_T = 1$〔W〕$= 10^3$〔mW〕を $P_{\mathrm{TdB}}$〔dBm〕にすると

$$P_{\mathrm{TdB}} = 10 \log_{10} P_T = 10 \log_{10} 10^3 = 30 \text{〔dBm〕}$$

となり，受信電力 $P_{\mathrm{RdB}}$〔dBm〕は次式で表されます．

$$P_{\mathrm{RdB}} = P_{\mathrm{TdB}} + G_R + G_T - \Gamma_{0\,\mathrm{dB}}$$

$$-45 = 30 + G_R + 40 - 140$$

$G_R$ を求めると

$$G_R = \mathbf{25} \text{〔dB〕}$$

となります．

$G_R$ の答え

数値を代入して計算してから $G_R$ を求める方が式を変形するときの間違いが少ない．

答え▶▶▶5

**出題傾向** log の数値が問題に与えられていない場合もあるので，$\log_{10} 2 \fallingdotseq 0.3$，$\log_{10} 3 \fallingdotseq 0.48$ の数値は覚えておきましょう．また，$10 \log_{10} \pi^2 \fallingdotseq 10$ として計算します．

# 2章

# アンテナの実際

この章から 5問 出題

【合格へのワンポイントアドバイス】

移動通信用や放送用の送信アンテナなどの新問が出題されていますが，全く新しい理論に基づくアンテナはあまりないので，本書の解説や問題の内容をよく理解すればある程度，答えに近づくことができます．

また，アンテナの分野で出題される航空用の航法援助施設のアンテナについては，無線工学Ａの分野の内容を参照して，そのシステムや使用周波数等についての知識があった方が理解が深まります．

# 2.1 MF 以下の送信用アンテナ

- MF 以下の送信アンテナは垂直接地アンテナが用いられる
- フェージング防止アンテナの電気的長さは 0.53λ
- 中波放送局の送信アンテナには放射状接地が用いられる

## 2.1.1 接地アンテナ

MF 以下の周波数の送信アンテナは，1/4 波長垂直接地アンテナが用いられますが，波長が長くなるとアンテナ高が高くなるので，延長コイルをアンテナに付加するか，**図 2.1** のような T 形，逆 L 形などの形状にして，実効高をあまり減少させないで実際の高さを低くしたアンテナが用いられます．

垂直アンテナに水平部を設けることで，垂直部の電流分布を大きくすることができる．

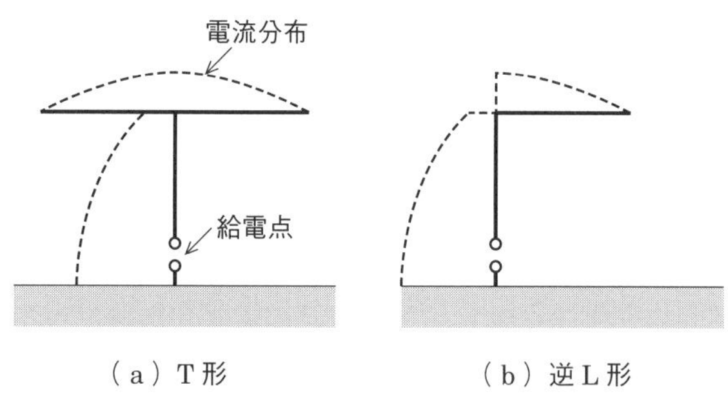


**図 2.1　接地アンテナ**

T 形アンテナなどの接地アンテナは，海岸局，NDB（無指向性ビーコン），MF（中波）帯の小規模放送局の送信アンテナなどに用いられます．

## 2.1.2 フェージング防止アンテナ

**図 2.2** のように，垂直アンテナの頂部にトップリング（頂冠）をつけて静電容量を付加したアンテナを**トップローディング**（頂部負荷形）**アンテナ**または**頂冠付アンテナ**といいます．アンテナの電気的な高さを 0.53λ として，MF 帯の大

規模放送局の送信アンテナに用いられるアンテナを**フェージング防止アンテナ**といいます.

<特徴>

高角度放射が少ない，中波放送の送信用，近距離フェージングを防止.

一般に垂直接地アンテナのアンテナ高は $0.25\lambda$，アンテナ高を $0.53\lambda$ より高くすると副放射が発生して高角度放射が増える.

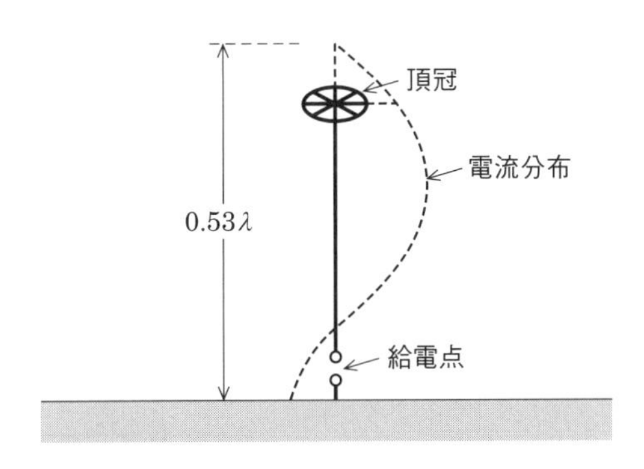


■ 図 2.2　トップローディングアンテナ

MF 帯の中波放送の電波伝搬において，送信所から約 100〔km〕の距離では，地表波と電離層反射波の電界強度が同じくらいの値となり，干渉性フェージング（近距離フェージング）が発生する．これを防止するためアンテナの電気的長さを $0.53\lambda$ とすると主放射の半値幅が狭くなるので，仰角 $60°$ 方向の放射が低減して電離層反射波を減少させることができるので，フェージングの影響を減らすことができる.

## 2.1.3 接地方式

接地アンテナの放射抵抗が小さいため，接地抵抗により生じる損失が損失の大部分を占めてアンテナ効率を低下させます.

### (1) 深堀接地

地下数〔m〕の深さに銅板数枚を適当な間隔で埋設し，周囲に水分を含む木炭などを満たします．地面の導電率が大きい場所で用いられます.

**(2) 放射状接地**

地下数十〔cm〕に放射状に張られたアンテナ高以上の半径にわたり導線を張りめぐらせた構造です．接地効果が大きいため，中波放送局などの大規模アンテナの接地として用いられます．

地線網の電流分布を均等にするために，接地コイルを用いて電流を分配する方法を**多重接地**といいます．中波放送の大電力送信所に用いられます．

**(3) カウンタポイズ**

大地が乾燥した砂地や岩石などの場合，大地と完全に絶縁された架空に張られた放射状の地線網を接地の代わりとします．地線と大地とのリアクタンスによって接地と同様の効果が得られます．

**関連知識　線状アンテナ**

アンテナを構造で分けると，線状アンテナおよび立体構造アンテナ（開口面アンテナ）に分類することができます．

線状アンテナは，ダイポールアンテナなどの導線で作られたアンテナで，主にUHF以下の周波数で用いられます．立体構造アンテナは，パラボラアンテナなどのように電波が開口面から放射される構造のアンテナで，主にSHF以上の周波数で用いられます．

線状アンテナは動作原理より，アンテナ導線上の定在波を利用して共振して用いる定在波アンテナと進行波を利用する進行波アンテナに分類することができます．

UHF（極超短波）：
300～3 000〔MHz〕
SHF（マイクロ波）：
3～30〔GHz〕

定在波アンテナは動作する周波数帯域が狭い．進行波アンテナは広い．

**問題 1** ★★★ ➡2.1

電波の波長を $\lambda$〔m〕としたとき，**図 2.3** に示す水平部の長さが $\lambda/12$〔m〕，垂直部の長さが $\lambda/6$〔m〕の逆 L 形アンテナの実効高 $h$ を表す式として，正しいものを下の番号から選べ．ただし，大地は完全導体とし，アンテナ上の電流は，給電点で最大の正弦状分布とする．

1 $h=\dfrac{\lambda}{\sqrt{2}\,\pi}$〔m〕

2 $h=\dfrac{\sqrt{3}\,\lambda}{4\pi}$〔m〕

3 $h=\dfrac{\lambda}{2\pi}$〔m〕

4 $h=\dfrac{\lambda}{2\sqrt{2}\,\pi}$〔m〕

5 $h=\dfrac{\sqrt{3}\,\lambda}{2\sqrt{2}\,\pi}$〔m〕

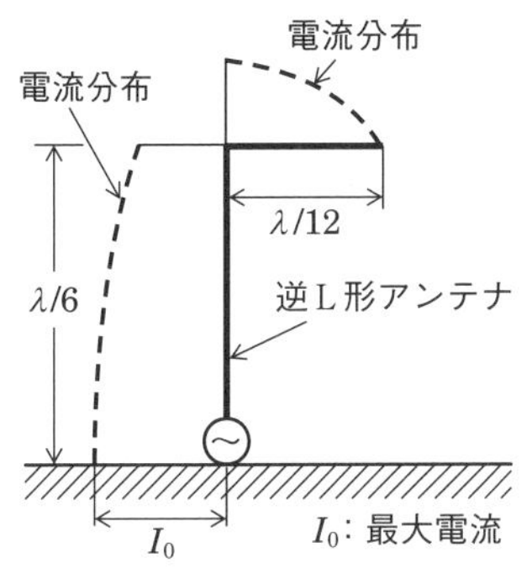


■**図 2.3**

**解説** アンテナの全長 $l$〔m〕は

$$l=\frac{\lambda}{12}+\frac{\lambda}{6}=\frac{\lambda}{4}\text{〔m〕}$$

実効高は，給電点の電流と同じ大きさの電流が一様に分布するとしたときの等価的な高さ．

なので，給電点の電流 $I_0$〔A〕が cos 関数で分布しているものとすることができます．逆 L 形接地アンテナは垂直部のみが放射に関係するので，垂直部分の長さ $l=\lambda/6$ の電流を基部から積分して給電点の電流 $I_0$〔A〕で割れば実効高 $h$〔m〕を求めることができます．位相定数を $\beta=2\pi/\lambda$ とすると

$$h=\frac{1}{I_0}\int_0^{\lambda/6} I_0\cos\beta l\,\mathrm{d}l=\frac{1}{\beta}\left|\sin\beta l\right|_0^{\lambda/6}$$

$$=\frac{\lambda}{2\pi}\left\{\sin\left(\frac{2\pi}{\lambda}\times\frac{\lambda}{6}\right)-\sin 0\right\}$$

$$=\frac{\lambda}{2\pi}\sin\frac{\pi}{3}$$

$$=\frac{\lambda}{2\pi}\times\frac{\sqrt{3}}{2}=\boldsymbol{\frac{\sqrt{3}\,\lambda}{4\pi}}\ \text{〔m〕}$$

となります．

$\int\cos ax\,\mathrm{d}x=\dfrac{1}{a}\sin ax$
（積分定数は省略）
$\sin\dfrac{\pi}{3}=\dfrac{\sqrt{3}}{2}$
電流分布を sin の関数として，$\lambda/12$ から $\lambda/4$ の区間で積分してもよい．

**答え▶▶▶ 2**

# 2.2 HF通信用アンテナ

- 半波長ダイポールアンテナは定在波アンテナで狭帯域
- 対数周期アンテナは自己補対アンテナで広帯域
- ロンビックアンテナは進行波アンテナで広帯域

## 2.2.1 半波長ダイポールアンテナ

半波長ダイポールアンテナの特性は次のとおりです．

素子の長さ：1/2 波長

給電点インピーダンス：$73.13 + j42.55$〔Ω〕

指向性：素子を水平に設置したとき，水平面内指向性は 8 字形，垂直面内指向性は全方向性

絶対利得：1.64（dB で表すと 2.15〔dB〕）

実効長：$\lambda/\pi$〔m〕

実効面積：$\dfrac{30\lambda^2}{73.13\pi} \fallingdotseq 0.13\lambda^2$〔$\mathrm{m}^2$〕

実効面積は実効長の 2 乗 $(\lambda/\pi)^2 \fallingdotseq 0.1\lambda^2$ より少し大きいと覚える．

電界強度：放射電力が $P$〔W〕のとき，最大放射方向に距離 $d$〔m〕離れた点の電界強度 $E$ は

$$E = \frac{7\sqrt{P}}{d} \quad \text{〔V/m〕} \tag{2.1}$$

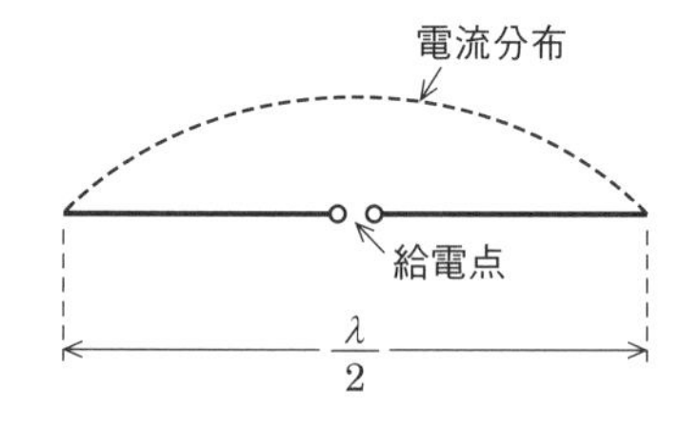


図 2.4　半波長ダイポールアンテナ

## 2.2.2 ビームアンテナ

複数の半波長ダイポールアンテナを**図 2.5** のように一定の間隔で行と列に配置し，それぞれからの放射が一方向に強め合うように給電する構造のアンテナを**ビームアンテナ**といいます．ビームアンテナの指向性は，配列寸法やアンテナ素子の数によって異なります．また，単一指向性にする場合は，背面に同様な素子

を設置し位相差給電することによって必要な指向性を得ます.

＜特徴＞

狭帯域，鋭い指向性.

指向性ビームの方向によって，ブロードサイドアレー（横形ビームアンテナ）とエンドファイアアレー（縦形ビームアンテナ）がある.



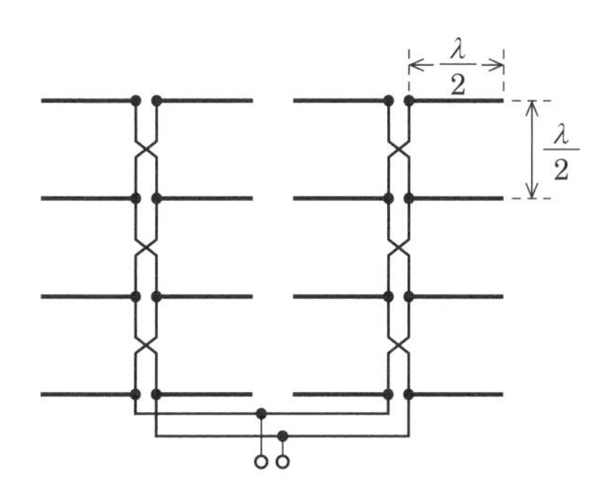


図 2.5　ビームアンテナ

## 2.2.3 対数周期アンテナ

**図 2.6** のように，長さの異なるダイポールアンテナで構成された構造のアンテナを**対数周期ダイポールアレーアンテナ**といいます．アンテナ素子の両端の延長線の交点 O からみて $n+1$ 番目と $n$ 番目の素子の長さの比と，交点からそれぞれまでの距離比とが，一定の対数周期比を保つように構成されています．使用周波数が変わると，入力インピーダンスなどの特性が周波数の対数に対して周期的に小さな変化を繰り返しますが，ほぼ一定であり広帯域性を持ちます.

対数周期アンテナは自己補対アンテナの一種.

使用可能な周波数の下限は最も長いダイポール素子の長さが 1/2 波長となる周波数で，上限は最も短いダイポール素子の長さが 1/2 波長となる周波数です．実用化されている周波数帯域は 10：1 程度です．指向性は，給電点方向に単方向の指向性を持ちます.

対数周期ダイポールアレーアンテナは，自己補対形アンテナの一種なので比帯域幅が広い特徴があります.

<特徴>

広帯域，単一指向性，高利得．

対数は log で表される関数なので，アンテナ素子は等間隔に配置されない．

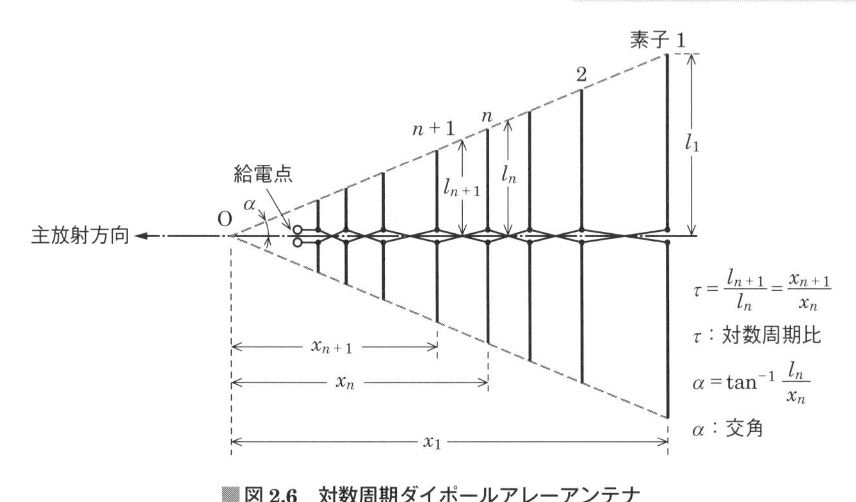


■図 2.6　対数周期ダイポールアレーアンテナ

## 2.2.4 ロンビックアンテナ

**図 2.7** のように，波長の数倍の長さの導線を大地に平行で菱形に配置し，導線の一端をアンテナ線路の特性インピーダンス $Z_0$ で終端した構造の進行波アンテナを**ロンビックアンテナ**といいます．進行波アンテナの指向性は各素子から斜め方向に指向性を持つので，素子を配置する角度を合わせることによって単一指向性とすることができます．進行波アンテナは導線に進行波だけを流してアンテナを共振させない非同調アンテナなので，広帯域性を持ちます．

進行波と反射波によって，アンテナの電流分布が発生し同調する．

ロンビック（rhombic）は菱形のこと．

<特徴>

広帯域，鋭い単一指向性，サイドローブが比較的大きい，進行波アンテナ．

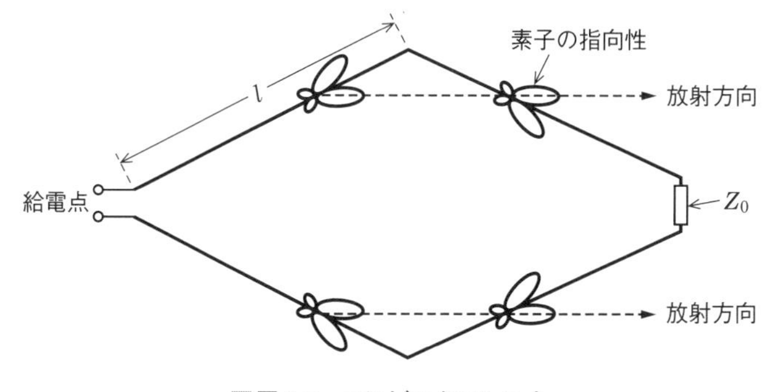


■図 2.7　ロンビックアンテナ

**問題 2** ★★ ➡2.2.3

次の記述は，**図 2.8** に示す対数周期ダイポールアレーアンテナについて述べたものである．このうち誤っているものを下の番号から選べ．

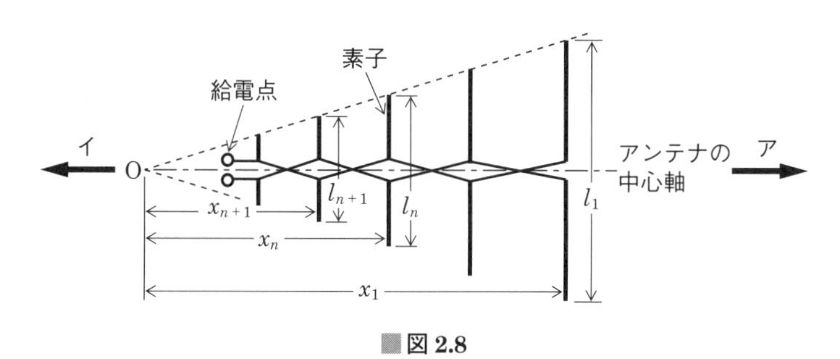


■図 2.8

1　隣り合う素子の長さの比 $l_{n+1}/l_n$ と隣り合う素子の頂点 O からの距離の比 $x_{n+1}/x_n$ は等しい．

2　使用可能な周波数範囲は，最も長い素子と最も短い素子によって決まる．

3　主放射の方向は矢印アの方向である．

4　素子にはダイポールアンテナが用いられ，隣接するダイポールアンテナごとに逆位相で給電する．

5　航空機の航行援助用施設である ILS（計器着陸装置）のローカライザのアンテナとして用いられる．

**解説** 誤っている選択肢は次のようになります．

3　主放射の方向は矢印**イの方向**である．

**答え▶▶▶ 3**

**問題 3** ★★★ ➡2.2.3

次の記述は，**図 2.9** に示す対数周期ダイポールアレーアンテナについて述べたものである．［　　］内に入れるべき字句の正しい組合せを下の番号から選べ．

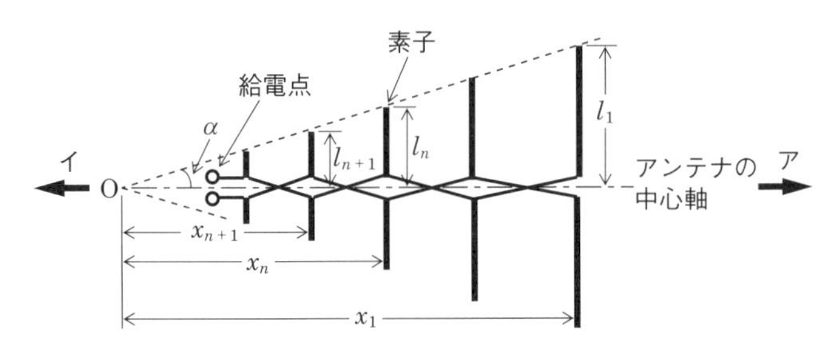


■図 2.9

(1) 各素子の端を連ねる直線（点線）とアンテナの中心軸（一点鎖線）との交点を頂点 O とし，その交角を $\alpha$〔rad〕，$n$ 番目の素子の長さ 1/2 を $l_n$〔m〕，O から $n$ 番目の素子までの距離を $x_n$〔m〕とすれば，次式の関係がある．ただし，$\tau$ を対数周期比とする．

$$\tau = \boxed{\text{A}} = \frac{x_{n+1}}{x_n}$$

$$\alpha = \tan^{-1}\frac{l_n}{x_n}$$

(2) (1) の条件で，図 2.9 のようにダイポールアンテナ（素子）を配置し，隣接するダイポールアンテナごとに［ B ］で給電する．

(3) $\tau$ と $\alpha$ を適切に設定すると，アンテナの中心軸上の矢印［ C ］の方向に最大値を持つ単一指向性が得られる．使用可能な周波数範囲は，最も長い素子と最も短い素子によって決まり，その範囲内で入力インピーダンスなどのアンテナ特性は周波数の［ D ］に対して周期的に小さな変化を繰り返す．

| | A | B | C | D |
|---|---|---|---|---|
| 1 | $l_n/l_{n+1}$ | 同位相 | ア | 対数 |
| 2 | $l_n/l_{n+1}$ | 逆位相 | イ | 2 乗 |
| 3 | $l_{n+1}/l_n$ | 同位相 | イ | 対数 |
| 4 | $l_{n+1}/l_n$ | 逆位相 | ア | 2 乗 |
| 5 | $l_{n+1}/l_n$ | 逆位相 | イ | 対数 |

**解説** 対数周期ダイポールアレーアンテナに給電すると，使用周波数に共振するアンテナ素子に最大電流が流れて電波を放射します．隣接する素子は**逆位相**で給電して電波

（B の答え）

放射に関係しないようにします．共振素子より長い素子は反射素子として動作するので，矢印**イ**の方向に単一指向性を持ちます．

（C の答え）

対数周期比 $\tau$ は

$$\tau = \frac{\boldsymbol{l_{n+1}}}{\boldsymbol{l_n}} = \frac{x_{n+1}}{x_n}$$

（A の答え）

で表されるので

$$l_{n+1} = \tau l_n \quad ①$$

となり，ここで，$n+1$ を $n$ に置き換えれば，$n = n-1$ となります．同様にして，次式が成り立ちます．

$$l_n = \tau l_{n-1} \quad ②$$

$$l_{n-1} = \tau l_{n-2} \quad ③$$

式②に式③を代入して繰り返せば

$$l_n = \tau l_{n-1} = \tau^2 l_{n-2} = \cdots\cdots = \tau^{n-1} l_1 \quad ④$$

となり，式④から最長の素子 $l_n$ と $l_1$ の対数をとると

$$\log \frac{l_n}{l_1} = \log \tau^{n-1} = (n-1) \log \tau \quad ⑤$$

となり，アンテナの特性は**対数比**で変化します．

（D の答え）

答え▶▶▶ 5

下線の部分を穴埋めの字句とした問題も出題されています．

**問題 4** ★ ➡2.2.1 ➡2.2.3

次の記述は，アンテナの周波数特性について述べたものである．[　　]内に入れるべき字句の正しい組合せを下の番号から選べ．

(1) 一般のアンテナの[ A ]は，指向特性や利得に比べて，周波数の変化に対して敏感に変化する．

(2) 半波長ダイポールアンテナでは，アンテナ素子が太い方が帯域幅が[ B ]．

(3) 対数周期ダイポールアレーアンテナは，[ C ]にわたって，ほぼ一定のインピーダンスを持つ．

| | A | B | C |
|---|---|---|---|
| 1 | 実効面積 | 広い | 広帯域 |
| 2 | 実効面積 | 狭い | 狭帯域 |
| 3 | 入力インピーダンス | 広い | 広帯域 |
| 4 | 入力インピーダンス | 狭い | 狭帯域 |
| 5 | 入力インピーダンス | 狭い | 広帯域 |

**解説** 対数周期ダイポールアレーアンテナは，自己補対アンテナの一種で**広帯域**にわたって，ほぼ一定のインピーダンス特性を持ちます． [ C ]の答え

**答え▶▶▶3**

**問題 5** ★★ ➡2.2.3

次の記述は，アンテナの比帯域幅（使用可能な周波数帯域幅を中心周波数で割った値）について述べたものである．このうち誤っているものを下の番号から選べ．

1 アンテナの入力インピーダンスが，周波数に対して一定である範囲が広いほど比帯域幅は大きくなる．

2 半波長ダイポールアンテナでは，太い素子より細い素子の方が比帯域幅は小さい．

3 比帯域幅は，パーセントで表示した場合，200％を超えることはない．

4 ディスコーンアンテナの比帯域幅は，スリーブアンテナの比帯域幅より大きい．

5 対数周期ダイポールアレーアンテナの比帯域幅は，八木・宇田アンテナ（八木アンテナ）の比帯域幅より小さい．

**解説** 誤っている選択肢は次のようになります．

5 対数周期ダイポールアレーアンテナの比帯域幅は，八木・宇田アンテナ（八木アンテナ）の比帯域幅より**大きい．**

**答え▶▶▶5**

# 2.3 VHF・UHF 固定通信用アンテナ

- 折返しダイポールアンテナの放射抵抗は本数の 2 乗に比例する
- 八木・宇田アンテナの素子の長さは，反射器＞放射器＞導波器の関係，素子を太くして広帯域にする
- エンドファイアヘリカルアンテナは広帯域

## 2.3.1 折返しダイポールアンテナ

**図 2.10** のように，半波長ダイポールアンテナを折り返した構造のアンテナを**折返しダイポールアンテナ**といいます．アンテナ素子を折り返すことで放射抵抗が大きくなり，周波数帯域が広くなります．

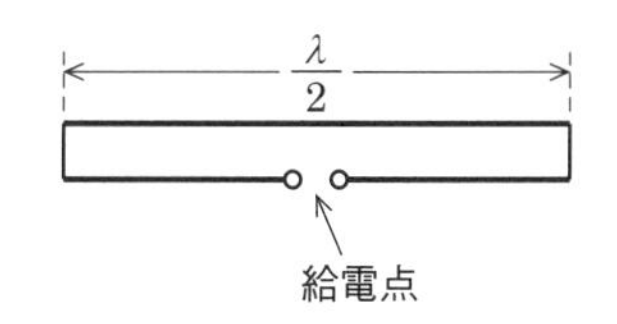


■図 2.10　2 線式折返しダイポールアンテナ

図 2.10 のような同一の太さの 2 本の導線で構成された 2 線式折返しダイポールアンテナでは，1 本の半波長ダイポールアンテナと比較して，実効長は 2 倍の $2\lambda/\pi$〔m〕となりますが，指向性と放射電力は同じです．

半波長ダイポールアンテナの放射抵抗を $R_D = 73.13$〔Ω〕とすると，アンテナの放射抵抗 $R_R$〔Ω〕は

$$R_R = 2^2 R_D \fallingdotseq 293 \text{〔Ω〕}$$

となります．導線の数を $n$ 本とすれば，実効長は $n\lambda/\pi$，放射抵抗は $n^2 R_D$ となります．

**図 2.11** のような 3 線式折返しダイポールアンテナの放射抵抗 $R_R$〔Ω〕は

$$R_R = 3^2 R_D \fallingdotseq 658 \text{〔Ω〕}$$

となります．実効長は $3\lambda/\pi$〔m〕となります．

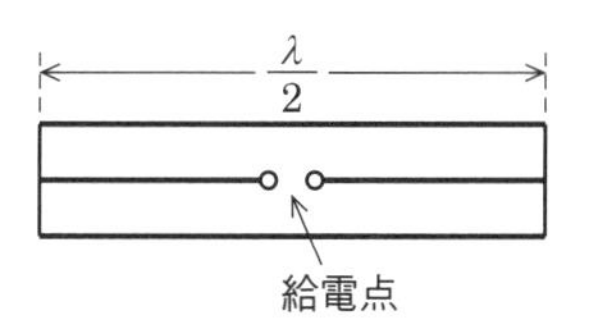


■図 2.11　3 線式折返しダイポールアンテナ

＜特徴＞

定在波アンテナ，周波数帯域が広くなる，放射抵抗が大きい，不平衡電流が少ない．

平衡形のアンテナに不平衡形の同軸給電線で給電すると外部導体に不平衡電流が流れる．

## 2.3.2 八木・宇田アンテナ（八木アンテナ）

### (1) 反射器と導波器

**図 2.12** のように，給電された半波長ダイポールアンテナ $A_1$ の近くにアンテナの長さを $\lambda/2$ より長くした無給電素子の反射器 $A_2$ を置くと，放射器 $A_1$ から放射された電波は $A_2$ で受信されると起電力が誘起されます．起電力は $A_2$ に電流を流し，電波として再放射されます．このとき $A_2$ に流れる電流と $A_1$ に流れる電流の位相は，各素子間の距離と $A_2$ の長さによって決まる相互インピーダンスの値によって変化します．これらの値を変化させることによって，放射器 $A_1$ 方向に単方向の指向性を得ることができます．同様にして $A_1$ の前方に置かれた $\lambda/2$ より短い素子の導波器 $A_3$ を置くことによって，$A_3$ の方向に単方向の指向性を持たせることができます．

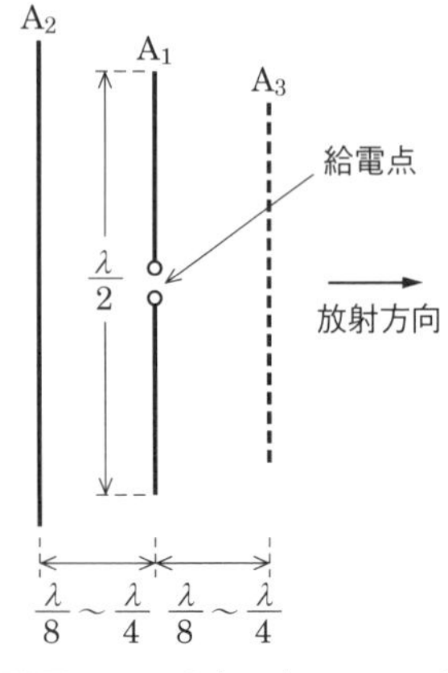


■図 2.12　八木・宇田アンテナの原理

### (2) 八木・宇田アンテナの構造

**図 2.13** のように，電力を給電する放射器と給電しない反射器および導波器により構成された構造のアンテナを**八木・宇田アンテナ**または**八木アンテナ**といいます．1 本の反射器と数本の導波器で構成され，導波器方向に鋭い指向性を持ちます．広帯域性を持たせるためには，素子を太くしたり，放射器を折返し形にする方法があります．

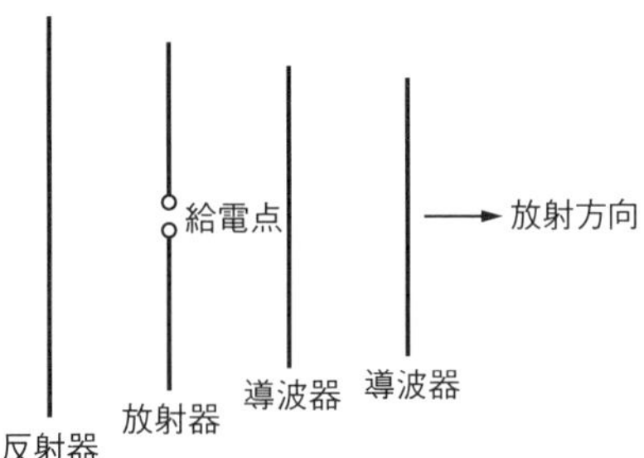


■図 2.13　八木・宇田アンテナの構造

＜特徴＞

定在波アンテナ，狭帯域，単一指向性，高利得．導波器の素子数を多くすると利得が大きくなる．

## 2.3.3 ループアレーアンテナ

**図 2.14** のように，アンテナ素子に円周長が約 1 波長であるループを用いた構造のアンテナを**ループアレーアンテナ**といい，八木・宇田アンテナと同じように，円周長が 1 波長の給電する放射器と無給電素子の 1 波長より長い反射器および 1 波長より短い導波器によって構成されています．ループ状の素子の電流分布は上下の点が最大で上側と下側に同じ方向の電流が流れます．また，放射特性は半波長ダイポールアンテナを上下に積み重ねたものと同じであり，水平偏波の電波を放射します．同じ素子数の八木・宇田アンテナより利得が高く，周波数特性は広帯域です．

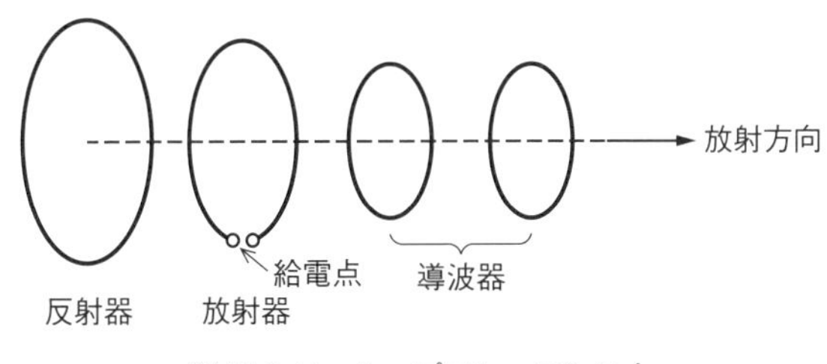


図 2.14　ループアレーアンテナ

<特徴>

定在波アンテナ，八木・宇田アンテナより広帯域，水平偏波，単一指向性，高利得．

## 2.3.4 エンドファイアヘリカルアンテナ

**図 2.15** のように，右または左にら線状に巻かれた素子（ヘリックス）と反射板で構成された構造のアンテナを**エンドファイアヘリカルアンテナ**といいます．ヘリックスの円周は約 1 波長で構成されており，ヘリックスの全長を 2.5 波長以上にすると，ヘリックスを流れる電流は進行波となって先端に向かいながら空間に放射されるので，進行波アンテナとして動作して，入力インピーダンスはほぼ一定となり，軸方向に鋭い指向性が得られます．ヘリックスの巻数が多いほど利得が大きくなります．巻数を少なくすると，主ビームの半値角が大きくなって，

利得が低下します．偏波面が回転するので円偏波となり，人工衛星などの宇宙通信用アンテナとして用いられます．

宇宙通信用アンテナは円偏波が用いられる．

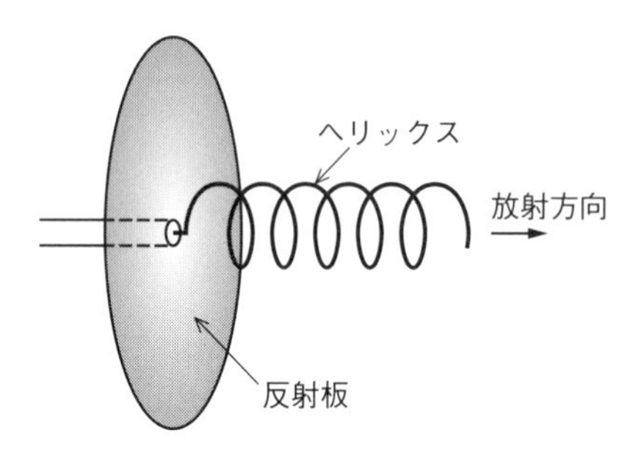


■図 2.15　エンドファイアヘリカルアンテナ

<特徴>

進行波アンテナ，広帯域，円偏波，単一指向性，高利得．

**問題 6** ★★★　➡2.3.1

**図 2.16** に示す 3 線式折返し半波長ダイポールアンテナを用いて 150〔MHz〕の電波を受信したときの実効長の値として，最も近いものを下の番号から選べ．ただし，3 本のアンテナ素子はそれぞれ平行で，かつ，極めて近接して配置されており，その素材や寸法は同じものとし，波長を $\lambda$〔m〕とする．また，アンテナの損失はないものとする．

1　96〔cm〕　2　113〔cm〕　3　136〔cm〕
4　155〔cm〕　5　191〔cm〕

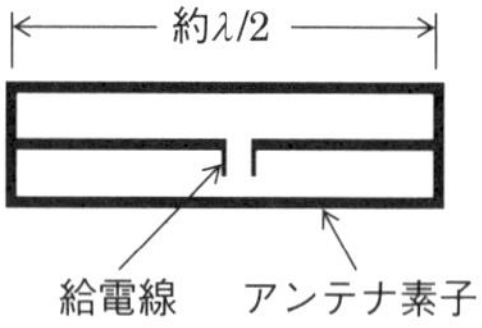

約$\lambda/2$

給電線　アンテナ素子

■**図 2.16**

**解説**　周波数 $f = 150$〔MHz〕の電波の波長 $\lambda$〔m〕は

$$\lambda \fallingdotseq \frac{300}{f\,〔\mathrm{MHz}〕} = \frac{300}{150} = 2\ 〔\mathrm{m}〕$$

となります．3 線式折返し半波長ダイポールアンテナの実効長 $l_e$〔m〕は半波長ダイポールアンテナの 3 倍となるので次式で表されます．

$\frac{1}{\pi} \fallingdotseq 0.318 \fallingdotseq 0.32$ を覚えておくと計算が楽．

$$l_e = 3 \times \frac{\lambda}{\pi} \fallingdotseq 3 \times 0.318 \times 2 \fallingdotseq 1.91\ 〔\mathrm{m}〕 = \mathbf{191\ 〔cm〕}$$

答え▶▶▶5

**問題 7** ★ ➡2.3.2

次の記述は，八木アンテナについて述べたものである．このうち正しいものを1，誤っているものを2として解答せよ．

ア　進行波アンテナである．

イ　一般に，導波器は放射器（給電素子）より短く，反射器は放射器（給電素子）より長い．

ウ　利得は，反射器の数に正比例して増加する．

エ　導波器は，容量性素子として，反射器は，誘導性素子として働く．

オ　素子の導体を太くすると，アンテナの周波数帯域幅を少し広くできる．

**解説**　ア　**定在波**アンテナです．

ウ　利得は，**導波器の数が多くなると増加**しますが，**素子数の増加とともに増加の割合は小さく**なります．

答え▶▶▶ア－2，イ－1，ウ－2，エ－1，オ－1

**問題 8** ★ ➡2.3.2

次の記述は，3素子八木・宇田アンテナ（八木アンテナ）の帯域幅に関する一般的事項について述べたものである．このうち誤っているものを下の番号から選べ．

1　利得が最高になるように各部の寸法を選ぶと，帯域幅が狭くなる．

2　導波器の長さが中心周波数における長さよりも短めの方が，帯域幅が広い．

3　反射器の長さが中心周波数における長さよりも長めの方が，帯域幅が広い．

4　放射器，導波器および反射器の導体が太いほど，帯域幅が狭い．

5　対数周期ダイポールアレーアンテナの帯域幅より狭い．

**解説**　4　アンテナの導体が太いほど帯域幅は**広く**なります．

答え▶▶▶4

**問題 9** ★★★ ➡2.3.4

次の記述は，**図 2.17** に示すヘリカルアンテナについて述べたものである．□内に入れるべき字句を下の番号から選べ．ただし，ヘリックスのピッチ $p$ は，数分の 1 波長程度とする．

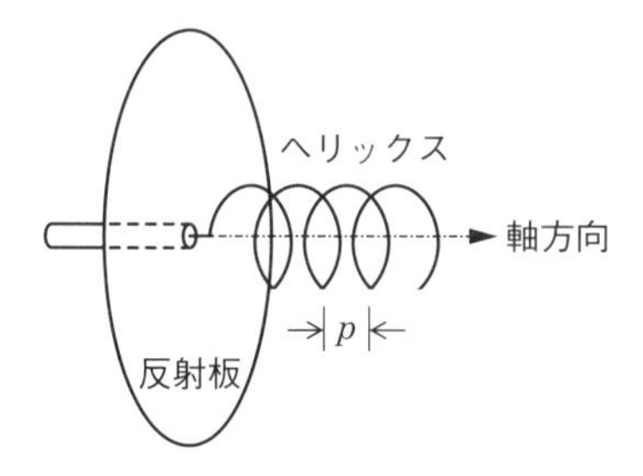


図 2.17

(1) ヘリックスの 1 巻きの長さが 1 波長に近くなると，電流はヘリックスの軸に沿った［ア］となる．

(2) ヘリックスの 1 巻きの長さが 1 波長に近くなると，ヘリックスの［イ］に主ビームが放射される．

(3) ヘリックスの 1 巻きの長さが 1 波長に近くなると，偏波は，［ウ］偏波になる．

(4) ヘリックスの巻数を［エ］すると，主ビームの半値角が大きくなる．

(5) ヘリックスの全長を 2.5 波長以上にすると，入力インピーダンスがほぼ一定になるため，使用周波数帯域が［オ］．

| | | | | |
|---|---|---|---|---|
| 1 進行波 | 2 軸と直角の方向 | 3 直線 | 4 多く | 5 広くなる |
| 6 定在波 | 7 軸方向 | 8 円 | 9 少なく | 10 狭くなる |

答え▶▶▶ア－1，イ－7，ウ－8，エ－9，オ－5

**出題傾向** 下線の部分を穴埋めの字句とした問題も出題されています．

# 2.4 VHF・UHF 移動通信用アンテナ

- 移動通信用アンテナは垂直偏波で水平面指向性は全方向性
- 逆F形アンテナは短絡板によってインピーダンスを整合する

## 2.4.1 スリーブアンテナ

**図 2.18** のように，同軸給電線の内部導体に $\lambda/4$ の垂直導体を接続し，外部導体は，$\lambda/4$ の同筒形の管（スリーブ）を同軸給電線にかぶせて，その上端を接続した構造のアンテナを**スリーブアンテナ**といいます．垂直素子とスリーブで垂直半波長ダイポールアンテナとして動作するので，利得や指向性などは半波長ダイポールアンテナと同じですが，入力インピーダンスはスリーブが太いので 65～70〔Ω〕程度になります．また，スリーブが不平衡電流を阻止するため，同軸給電線と直接接続することができます．

<特徴>

垂直偏波，全方向性，不平衡アンテナ．

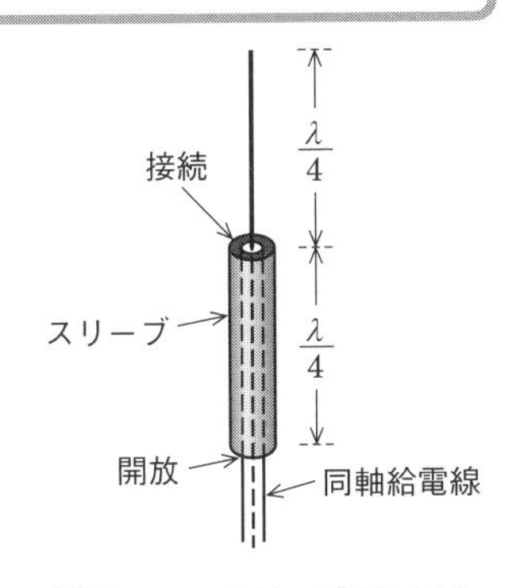


図 2.18　スリーブアンテナ

同軸給電線は不平衡形給電線．
平行 2 線式給電線は平衡形給電線．

## 2.4.2 ブラウンアンテナ

**図 2.19** のように，同軸給電線の外部導体から放射状に 2～4 本の $\lambda/4$ の長さの水平導線（地線）を接続した構造のアンテナを**ブラウンアンテナ**といいます．アンテナ素子のうち，垂直導体の電流が放射に関係し，水平導体は互いに逆方向の電流が流れるので，放射に関係しません．このため，垂直偏波のアンテナとして動作します．また，不平衡電流は水平導体を流れる電流により打ち消されるので，不平衡形給電線の同軸給電線を直接接続することができます．放射抵抗は水平導体が 4 本の場合は 20〔Ω〕程度となりますが，一般に用いられている同軸給電線は特性インピーダンスが 50〔Ω〕なので，整合回路が必要となります．整合には，図 2.19 (b) に示すような折返し形や，地線の角度を変える，給電点の位置を地線から上げるなどの方法があります．

<特徴>

垂直偏波，全方向性，放射抵抗が低い，不平衡アンテナ．

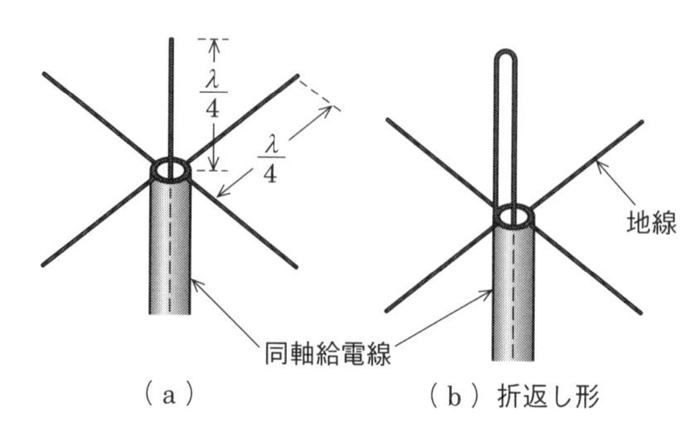


■図 2.19　ブラウンアンテナ

## 2.4.3 コリニアアレーアンテナ

**図 2.20** のように，$\lambda/2$ の同軸アンテナを多段に重ねた構造のアンテナを**コリニアアレーアンテナ**といいます．各同軸アンテナの位相を π〔rad〕（180〔°〕）ずらして給電することによって，水平面内が全方向性の高利得アンテナとなります．給電点のインピーダンスは，給電点の位置を変えるなどの方法により整合をとります．

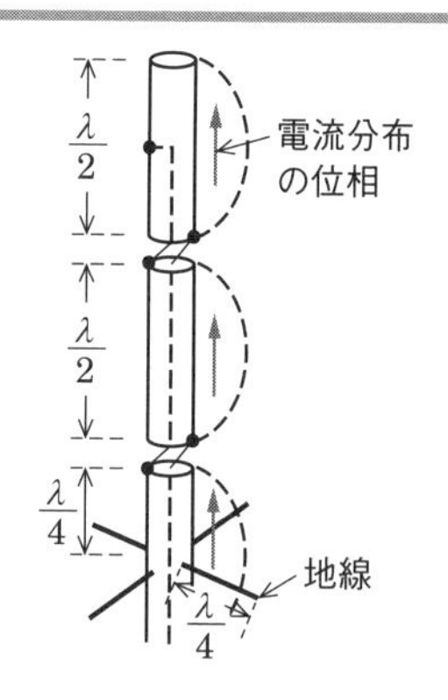


■図 2.20　コリニアアレーアンテナ

半波長ダイポールアンテナを垂直に多段配置して，同相給電した構造のアンテナもあります．これに反射板を設けたものは携帯電話基地局の**セクタセルアンテナ**に用いられます．

<特徴>

垂直偏波，全方向性，高利得，不平衡アンテナ．

アンテナ素子の長さを単に長くしても $\lambda/2$ ごとに逆位相の電流が流れるので，最大指向方向が水平方向にならない．

コリニアアレーアンテナは，コリニアアンテナと呼ばれることもある．

## 2.4.4 ディスコーンアンテナ

**図 2.21** のように，導体板または多数の導線で構成された円盤形導体と円錐導体の頂点に給電する構造のアンテナを**ディスコーンアンテナ**といいます．

スリーブアンテナやブラウンアンテナと比較して広帯域特性を持ち，主に受信用アンテナに用いられます．

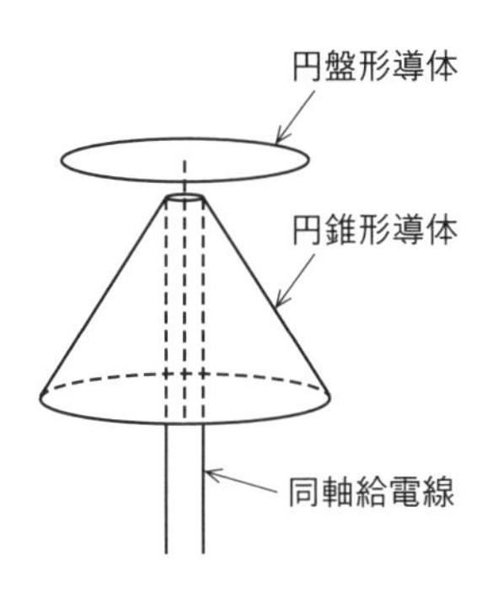


■図 2.21　ディスコーンアンテナ

＜特徴＞

垂直偏波，全方向性，広帯域

## 2.4.5 ホイップアンテナ

**図 2.22** のように，自動車や船舶などの移動体（金属の車体など）から $\lambda/4$ の垂直素子のみを取り付けた構造のアンテナを**ホイップアンテナ**といいます．同軸給電線の外部導体は直接移動体に接続されます．指向性などの特性は 1/4 波長垂直接地アンテナと同じですが，自動車の車体などの影響で変化します．

1/4 波長垂直接地アンテナの放射抵抗は

$$\frac{73.13}{2} \fallingdotseq 36.6 \text{〔}\Omega\text{〕}$$

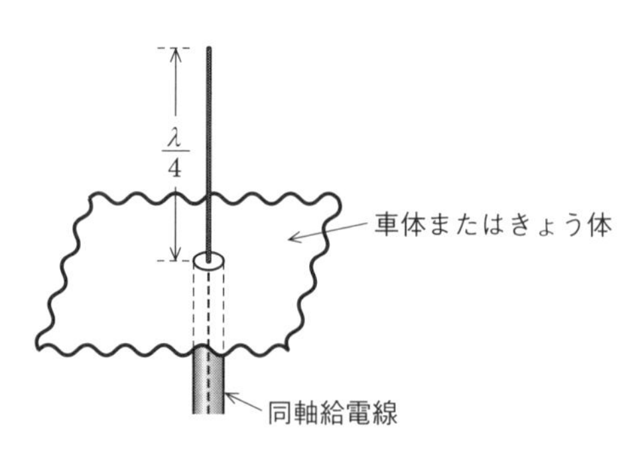


■図 2.22　ホイップアンテナ

<特徴>

垂直偏波，全方向性，不平衡アンテナ．

## 2.4.6 板状逆F形アンテナ

**図 2.23** のように，携帯電話のきょう体などの地板に平行に取り付けた導体板をアンテナ素子として用いる構造のアンテナを**板状逆F形アンテナ**といいます．送受信機のきょう体に直接取り付けたホイップアンテナ（**モノポールアンテナ**）よりも，小型で低姿勢の構造を持ちます．アンテナ素子の高さを低くするために逆L形とし，素子の途中から給電する逆F形とすることによってインピーダンスを整合します．

アンテナ素子を地板に垂直に設置したモノポールアンテナの放射インピーダンスは，半波長ダイポールアンテナの1/2となるので，約 $36.6+j21.3$〔Ω〕となります．アンテナ素子を地板に沿って折り曲げると，垂直部のみが電波放射に関係するので，アンテナの実効長が短くなって放射抵抗が小さくなります．また，アンテナ素子と地板との静電容量が増加するので，リアクタンス分の値は，容量性で大きくなります．

一般にアンテナ素子の太さを太くする，あるいは素子を板状にすると周波数帯域幅が広くなります．

<特徴>

小型，低姿勢，板状のものは広帯域，携帯電話用内蔵アンテナ．

アンテナ素子を板状にすると広帯域特性になる．

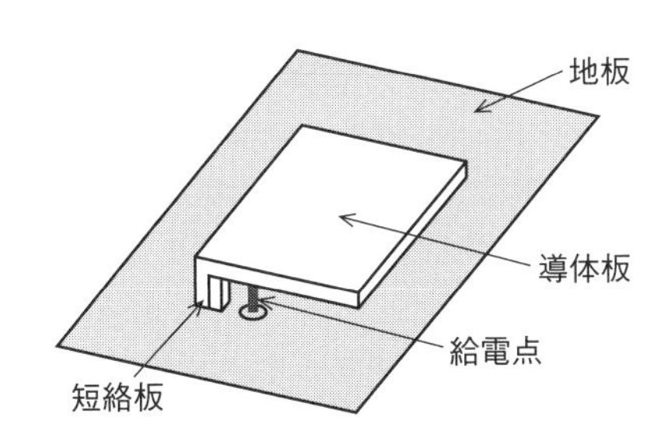


■図 2.23　板状逆 F 形アンテナ

携帯電話のきょう体部分は小さいため，波長に比べて十分に広い接地板の役割を果たさない．機器を人体に近付けて用いると，人体は損失のある誘電体として働くので，放射電波は人体による吸収や散乱を起こし，放射パターンがひずみ，効率が低下する．そのため，二つのアンテナの位置をずらして配置して，ダイバシチ受信を行う．

**問題 10** ★★ ➡2.4.5

次の記述は，**図 2.24** に示すように移動体通信に用いられる携帯機のきょう体の上に外付けされたモノポールアンテナ（ユニポールアンテナ）について述べたものである．このうち誤っているものを下の番号から選べ．

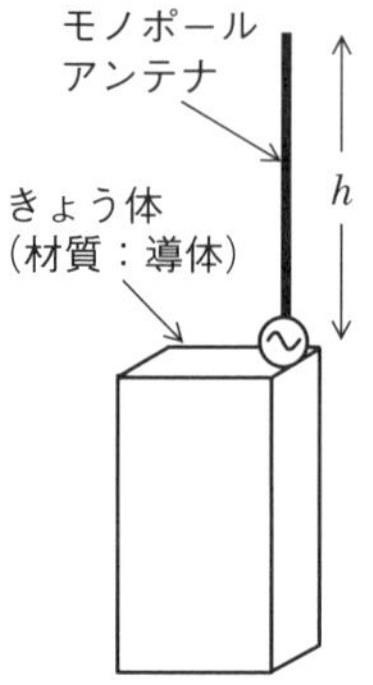

1　携帯機のきょう体の上に外付けされたモノポールアンテナは，一般にその長さ $h$ によってアンテナの特性が変化する．

2　長さ $h$ が 1/2 波長のモノポールアンテナは，1/4 波長のモノポールアンテナと比較したとき，携帯機のきょう体に流れる高周波電流が大きい．

3　長さ $h$ が 1/2 波長のモノポールアンテナは，1/4 波長のモノポールアンテナと比較したとき，放射パターンがきょう体の大きさやきょう体に近接する手などの影響を受けにくい．

4　長さ $h$ が 1/2 波長のモノポールアンテナは，1/4 波長のモノポールアンテナと比較したとき，給電点インピーダンスが高い．

5　長さ $h$ が 3/8 波長のモノポールアンテナは，1/2 波長のモノポールアンテナと比較したとき，50〔Ω〕系の給電線と整合が取りやすい．

■図 2.24

**解説**　2　長さ $h$ が 1/2 波長のモノポールアンテナは，1/4 波長のモノポールアンテナと比較したとき，携帯機のきょう体に流れる**高周波電流が小さい**です．

1/4 波長のモノポールアンテナは，給電点の電流が最大で給電します．1/2 波長のモノポールアンテナは給電点の電流が最小，給電点の電圧が最大で給電するので，1/2 波長のモノポールアンテナの方が，携帯機のきょう体に流れる高周波電流は小さくなります．

**答え▶▶▶2**

**問題 11** ★ ➡2.4.6

次の記述は，図 2.25～2.27 に示す携帯電話等の携帯機に用いられる逆 L 形アンテナ，逆 F 形アンテナおよび板状逆 F 形アンテナの原理的構成例について述べたものである．□内に入れるべき字句の正しい組合せを下の番号から選べ．

(1) 逆 L 形アンテナは，**図 2.25** に示すように 1/4 波長モノポールアンテナの途中を直角に折り曲げたアンテナであり，そのインピーダンスの抵抗分の値は，1/4 波長モノポールアンテナに比べて［A］，また，リアクタンス分の値は，［B］で大きいため，通常の同軸線路などとのインピーダンス整合が取りにくい．

(2) 逆 F 形アンテナは，**図 2.26** に示すように逆 L 形アンテナの給電点近くのアンテナ素子と地板（グランドプレーン）の間に短絡部を設け，アンテナの入力インピーダンスを調整しやすくし，逆 L 形アンテナに比べてインピーダンス整合が取りやすくしたものである．

(3) 板状逆 F 形アンテナは，**図 2.27** に示すように逆 F 形アンテナのアンテナ素子を板状にし，短絡板と給電点を設けたものであり，逆 F 形アンテナに比べて周波数帯域幅が［C］．

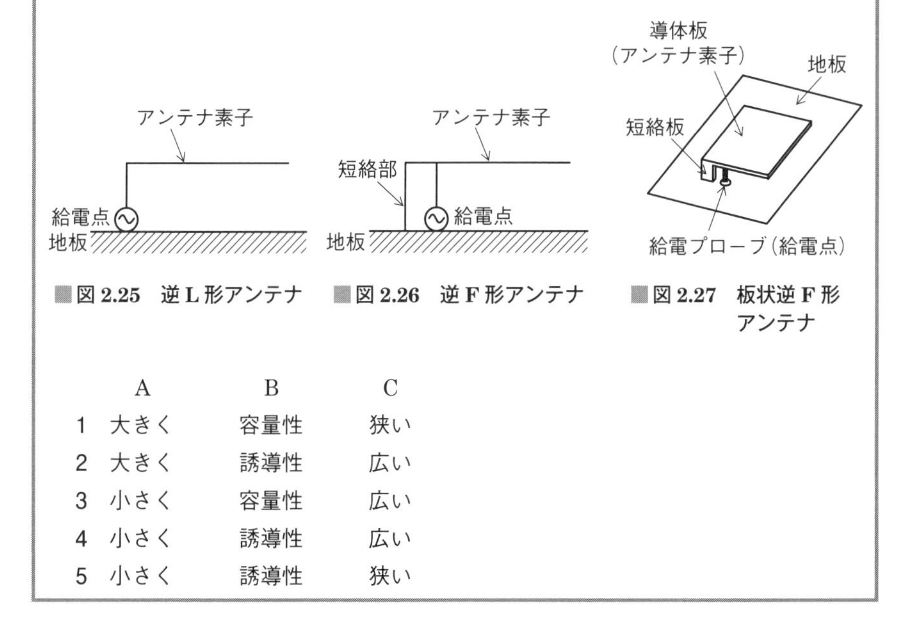


**図 2.25　逆 L 形アンテナ**

**図 2.26　逆 F 形アンテナ**

**図 2.27　板状逆 F 形アンテナ**

| | A | B | C |
|---|---|---|---|
| 1 | 大きく | 容量性 | 狭い |
| 2 | 大きく | 誘導性 | 広い |
| 3 | 小さく | 容量性 | 広い |
| 4 | 小さく | 誘導性 | 広い |
| 5 | 小さく | 誘導性 | 狭い |

答え▶▶▶3

**問題 12** ★★★ ➡ 2.4

次の記述は，図に示す方形のマイクロストリップアンテナについて述べたものである．□内に入れるべき字句を下の番号から選べ．ただし，給電は，同軸給電とする．

(1) **図 2.28** に示すように，地板上に波長に比べて十分に薄い誘電体を置き，その上に放射板を平行に密着して置いた構造であり，放射板の中央から少しずらした位置で放射板と［ア］の間に給電する．

(2) 放射板と地板間にある誘電体に生ずる電界は，電波の放射には寄与しないが，放射板の周縁部に生ずる漏れ電界は電波の放射に寄与する．放射板の長さ $l$〔m〕を誘電体内での電波の波長 $\lambda_e$〔m〕の 1/2 にすると共振する．

**図 2.29** に示すように磁流 $M_1$～$M_6$〔V〕で表すと，磁流［イ］は相加されて放射に寄与するが，他は互いに相殺されて放射には寄与しない．

アンテナの指向性は，放射板から［ウ］軸の正の方向に最大放射方向がある単一指向性である．

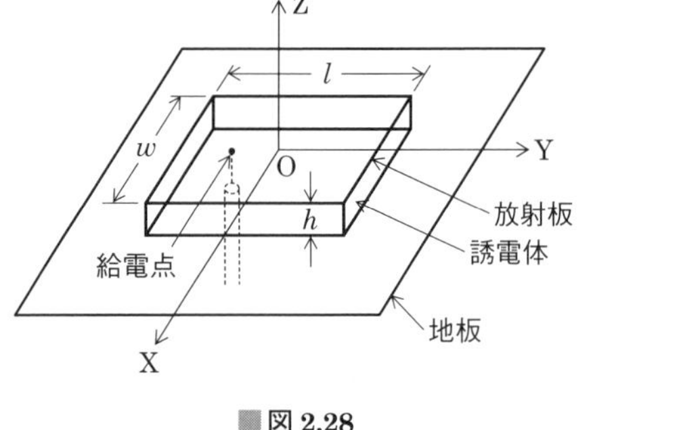


■図 2.28

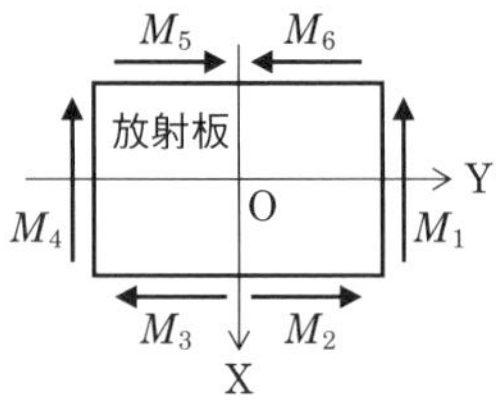

$M_5$　$M_6$
放射板
Y
O
$M_4$　$M_1$
$M_3$　$M_2$
X

■図 2.29

(3) アンテナの入力インピーダンスは，放射板上の給電点の位置により変化する．また，その周波数特性は，厚さ $h$〔m〕が［エ］ほど，幅 $w$〔m〕が［オ］広帯域となる．

| | | | | |
|---|---|---|---|---|
| 1　地板 | 2　$M_2$ と $M_6$ | 3　X | 4　厚い | 5　狭いほど |
| 6　誘電体 | 7　$M_1$ と $M_4$ | 8　Z | 9　薄い | 10　広いほど |

答え▶▶▶ア－1，イ－7，ウ－8，エ－4，オ－10

**出題傾向**　下線の部分を穴埋めの字句とした問題も出題されています．

# 2.5 VHF・UHF 放送用アンテナ

- 放送用送信アンテナは水平偏波で水平面指向性は全方向性
- スーパゲインアンテナ，スキューアンテナ，4 ダイポールアンテナ，双ループアンテナは反射板を用いて鉄塔の側面に取り付ける



## 2.5.1 ターンスタイルアンテナ

2 本の半波長ダイポールアンテナを**図 2.30** のように水平面内に直角に配置し，互いに π/2〔rad〕（90〔°〕）の位相差を持った電流で励振する構造のアンテナを**ターンスタイルアンテナ**といいます．水平偏波で水平面内の指向性をほぼ全方向性とすることができます．多段に積み重ねて，垂直面内の指向性を鋭くして利得を向上させます．

<特徴>

水平偏波，全方向性．

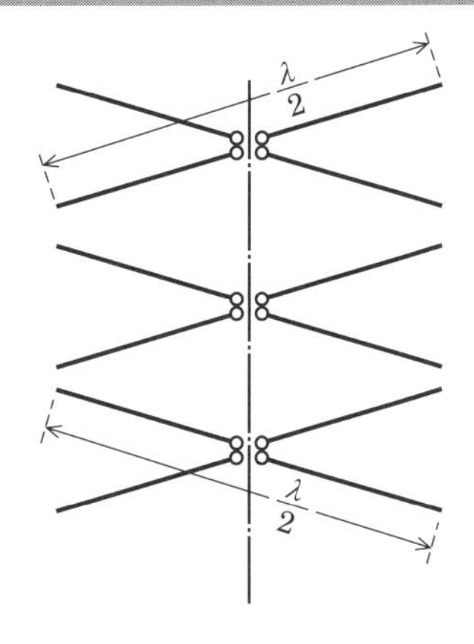


■図 2.30　ターンスタイルアンテナ

**関連知識**　ターンスタイルアンテナの指向性

**図 2.31** のように，指向性関数が $\sin\theta$ の微小ダイポール $A_1$ から $\theta$ 方向の点 P における電界強度 $E_1$ は，アンテナ電流を $I$，電流の角周波数を $\omega$，比例定数を $k$（$=60\pi l/d$）とすると

sin θ は微小ダイポールの指向性係数．
半波長ダイポールアンテナの指向性係数もかなり近い値．

$$E_1 = kI\sin\omega t \times \sin\theta \qquad (2.2)$$

となります．微小ダイポール $A_2$ に，$A_1$ の電流と π/2 の位相差を持ち，振幅の等しい電流 $I$ を流すと，電界強度 $E_2$ は次式で表されます．

$$E_2 = kI\sin\left(\omega t + \frac{\pi}{2}\right) \times \sin\left(\frac{\pi}{2} - \theta\right)$$
$$= kI\cos\omega t \times \cos\theta \qquad (2.3)$$

$\cos(\alpha-\beta) = \cos\alpha \times \cos\beta + \sin\alpha \times \sin\beta$

したがって，合成電界強度 $E_0$ は次式で表されます．

$$E_0 = E_1 + E_2$$
$$= kI\sin\omega t \times \sin\theta + kI\cos\omega t \times \cos\theta = kI\cos(\omega t - \theta) \qquad (2.4)$$

式（2.4）は角周波数 $\omega$ で電界の最大値の方向は回転しますが，最大振幅は $\theta$ の値によって変化しないので全方向性となります．

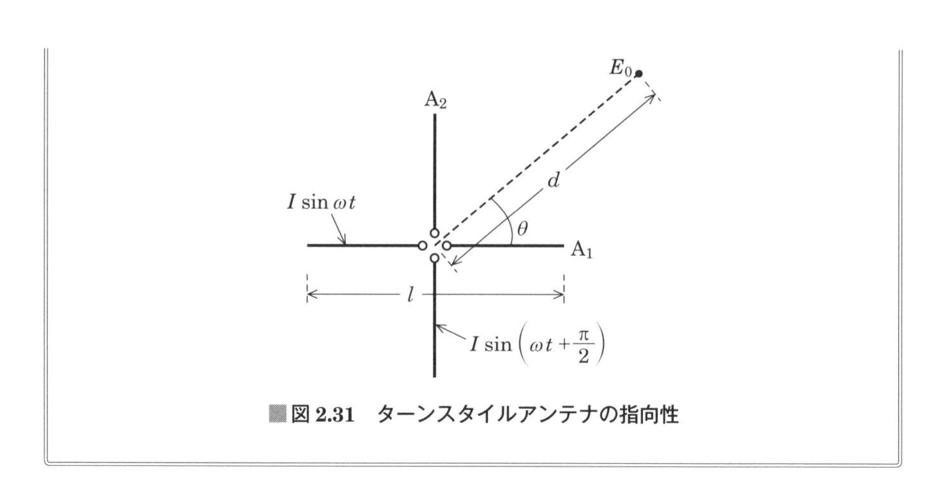


■図 2.31　ターンスタイルアンテナの指向性

## 2.5.2 多段ターンスタイルアンテナ

### (1) スーパゲインアンテナ

**図 2.32** のように，断面が四角形などの鉄塔の側面に反射板を取り付け，その外側に半波長ダイポールアンテナを設置した構造のアンテナを**スーパゲインアンテナ**といいます．各素子は給電点インピーダンスの周波数特性の補正と機械的強度を補うため，短絡片によるトラップを並列に挿入してあり，広帯域性を持たせてあります．

各素子の電流の位相を π/2〔rad〕(90〔°〕) ずつ変えて励振することにより，水平面内の指向性は，ほぼ全方向性になります．多段に積み重ねることにより利得を向上させることができます．

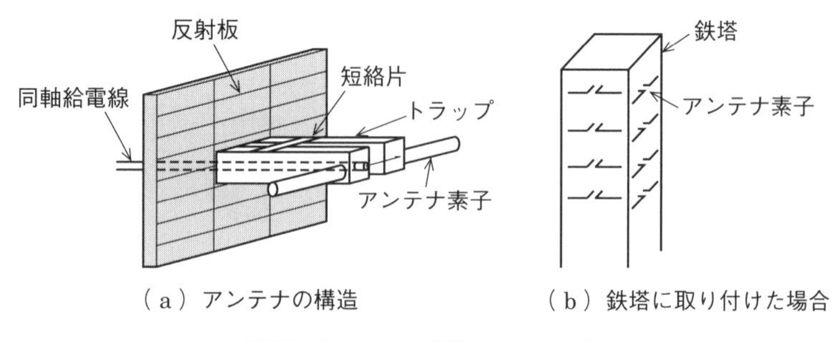


■図 2.32　スーパゲインアンテナ

<特徴>

広帯域，水平偏波，全方向性，多段にすると高利得，VHF 帯放送の送信用．

### (2) 四角形ループアンテナ

**図 2.33** のように，反射板を用いずに$\lambda/2$ のアンテナ素子を 4 方向に配置して鉄柱に取り付けた構造のアンテナを**四角形ループアンテナ**といいます．各素子は同位相，同振幅の電流で給電します．主にアンテナ素子の長さが長い VHF 帯放送の送信用に用いられます．

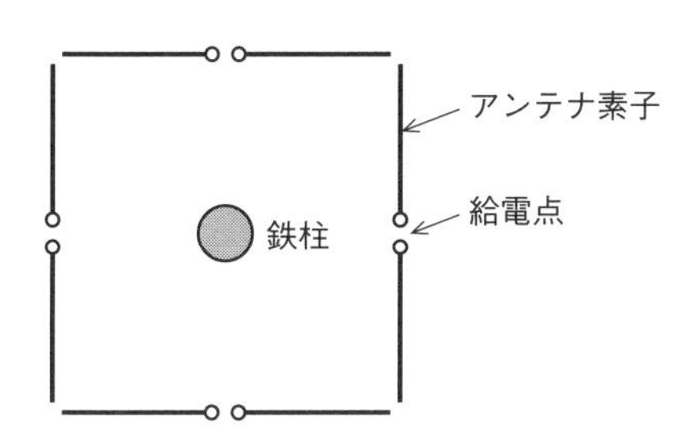


**図 2.33　四角形ループアンテナ**

### (3) スキューアンテナ

**図 2.34** のように，鉄塔の角に斜め向き（スキュー）に反射板付きダイポールアンテナを取り付けた構造のアンテナを**スキューアンテナ**といい，UHF 帯放送の送信用に用いられます．鉄塔の幅がアンテナ素子に比較してかなり広い場合や同一の鉄塔に VHF 帯のスーパゲインアンテナと UHF 帯のスキューアンテナを共用して設置する場合に用いられています．

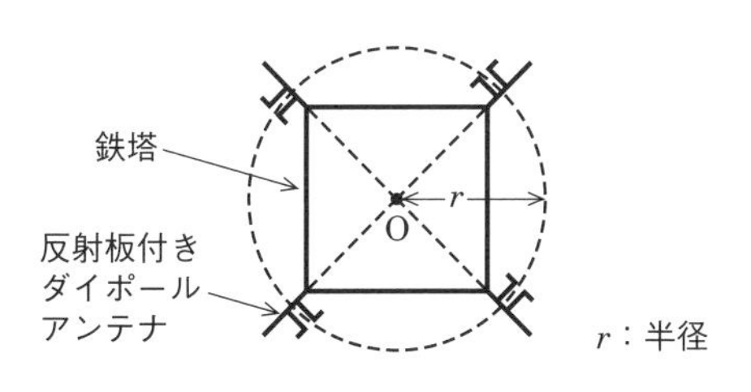


**図 2.34　スキューアンテナ**

図 2.34 の鉄塔の中心 O から半径$r$ の円周上にアンテナ素子を配置し，各アンテナから電波を円の接線方向に放射させると，水平面内でほぼ全方向性の指向性とすることができますが，円の半径を変えると指向性は周期的に変化します．

### (4) 4ダイポールアンテナ

**図2.35** のように，反射板に約0.7λのアンテナ素子を約λ/2の間隔で平行に4個配置した構造のアンテナを**4ダイポールアンテナ**といいます．アンテナ素子に幅が広い導体板を用いて広帯域特性を持たせます．UHF帯放送の送信用に用いられています．

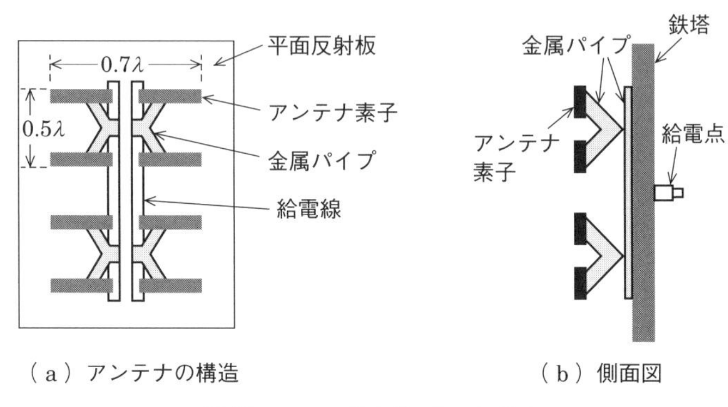


（a）アンテナの構造　（b）側面図

■図2.35　4ダイポールアンテナ

## 2.5.3 双ループアンテナ

**図2.36** (a) のように円周約1波長の二つのループを約λ/2の平行給電線で結び，中央から給電する構造のアンテナを**双ループアンテナ**といいます．図2.36 (b) のように4素子のダイポールアレーと等価的に動作します．ループを図2.36 (c) のような4素子形または6素子形にすることによって，垂直面内の指向性を鋭くして利得を増やすことができます．素子と0.25～0.3λの間隔をあけて反射板を設けたものを鉄塔の各側面に取りつけ，水平面内をほぼ全方向性として使用します．UHF帯放送の送信用に用いられています．

＜特徴＞

広帯域，水平偏波，全方向性，高利得，UHF帯放送の送信用．

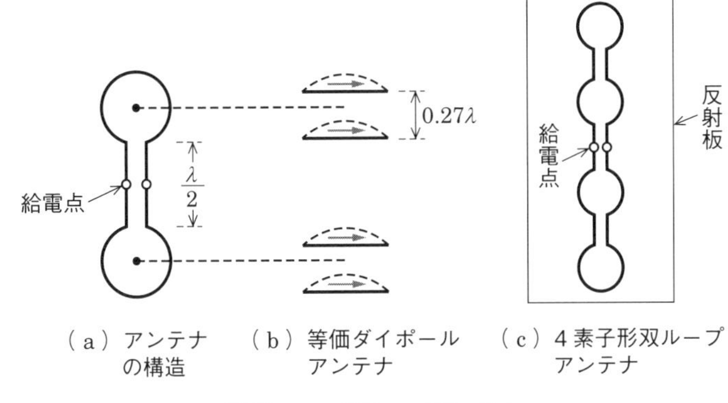


■図 2.36　双ループアンテナ

## 2.5.4 サイドファイアヘリカルアンテナ

**図 2.37** のように，円筒形の鉄柱に 1 回りが約 1 波長のアンテナ素子をら旋状に巻いた構造のアンテナで，指向性がヘリックス（ら旋）の軸と直角方向に向くので，**サイドファイアヘリカルアンテナ**といいます．ヘリックスの電流分布は各ターンの同一点で同一位相となることにより垂直方向の指向性が鋭くなり，水平面の指向性はほぼ全方向性となります．UHF 帯放送の送信用に用いられています．

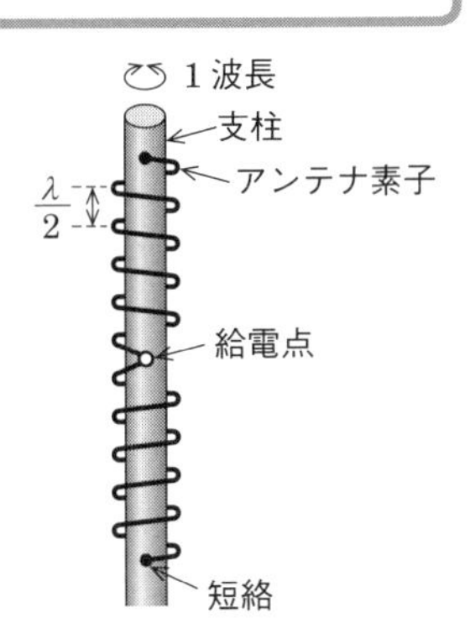


■図 2.37　サイドファイアヘリカルアンテナ

<特徴>

広帯域，水平偏波，全方向性，高利得，UHF 帯放送の送信用．

**問題 13** ★ ➡2.5.2

次の記述は**図 2.38** に示すスキューアンテナについて述べたものである．[ ] 内に入れるべき字句の正しい組合せを下の番号から選べ．

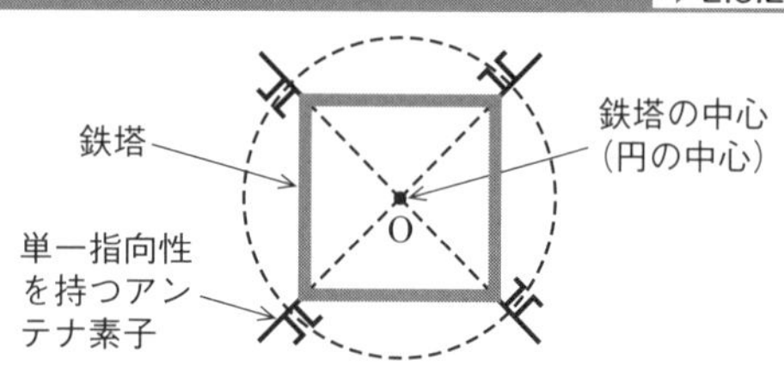


■**図 2.38**

スキューアンテナは，鉄塔幅が波長に比べて非常に大きい場合や鉄塔に既に別のアンテナが設置されているため新たにその場所にアンテナを設置することが難しい場合などに用いられている．

(1) 単一指向性を持つアンテナ素子を複数個用いるもので，例えば，反射板付きダイポールアンテナ 4 個を中心が鉄塔の中心と同じ円の円周上に対称に配置する．各アンテナから電波を円の接線方向に放射させ，これらの電波が合成されて水平面内でほぼ [A] の指向性が得られるようにしている．なお，水平面内の指向性は，アンテナ素子を配置した円の半径を変えると [B] に変化する．

(2) 給電方法には，[C] ダイプレクサを用いて各アンテナ素子を同位相，同振幅の電流で励振する方法と，[D] ダイプレクサを用いて隣接の素子を $\pi/2$〔rad〕の位相差で励振する方法とがある．

| | A | B | C | D |
|---|---|---|---|---|
| 1 | 8 字形 | 不規則 | ブリッジ | ノッチ |
| 2 | 8 字形 | 周期的 | ノッチ | ブリッジ |
| 3 | 円形状 | 周期的 | ノッチ | ブリッジ |
| 4 | 円形状 | 不規則 | ブリッジ | ノッチ |
| 5 | 円形状 | 周期的 | ブリッジ | ノッチ |

**解説** **ブリッジ**ダイプレクサは，$\lambda/4$ 線路によって構成され，入力電力を $\pi/2$〔rad〕の位相差を持った 2 系統の出力に分配することができます．

（ブリッジ ← [D] の答え）

**答え▶▶▶3**

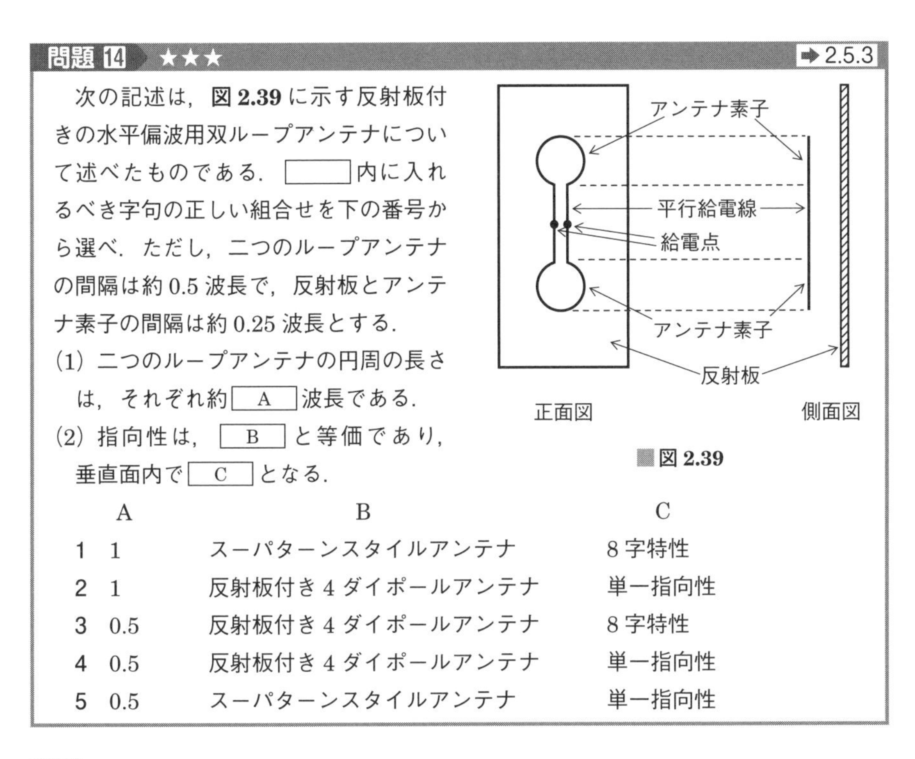


**問題 14** ★★★ ➡2.5.3

次の記述は，**図 2.39** に示す反射板付きの水平偏波用双ループアンテナについて述べたものである．［　　］内に入れるべき字句の正しい組合せを下の番号から選べ．ただし，二つのループアンテナの間隔は約 0.5 波長で，反射板とアンテナ素子の間隔は約 0.25 波長とする．

(1) 二つのループアンテナの円周の長さは，それぞれ約［ A ］波長である．

(2) 指向性は，［ B ］と等価であり，垂直面内で［ C ］となる．

■ **図 2.39**

| | A | B | C |
|---|---|---|---|
| 1 | 1 | スーパターンスタイルアンテナ | 8 字特性 |
| 2 | 1 | 反射板付き 4 ダイポールアンテナ | 単一指向性 |
| 3 | 0.5 | 反射板付き 4 ダイポールアンテナ | 8 字特性 |
| 4 | 0.5 | 反射板付き 4 ダイポールアンテナ | 単一指向性 |
| 5 | 0.5 | スーパターンスタイルアンテナ | 単一指向性 |

**解説** 一つのループアンテナの全長が 1 波長なので，半波長ダイポールアンテナを約 $0.27\lambda$ の間隔で 2 本ずつ配置した反射板付き 4 ダイポールアンテナと等価となります．反射板が付いているので垂直面内の指向性は**単一指向性**となります．

［ C ］の答え

**答え ▶▶▶ 2**

# 2.6 立体構造のアンテナ 1

- コーナレフレクタアンテナは反射板によって影像アンテナが生じる
- ホーンアンテナは開口面の大きさから利得を計算することができる
- 無給電アンテナは，電波が反射板へ入射する角度を小さくするほど効率がよい

## 2.6.1 コーナレフレクタアンテナ

**図 2.40** のように，半波長ダイポールアンテナの放射器に導体板または格子状の導体を配置した構造のアンテナを**コーナレフレクタアンテナ**といいます．

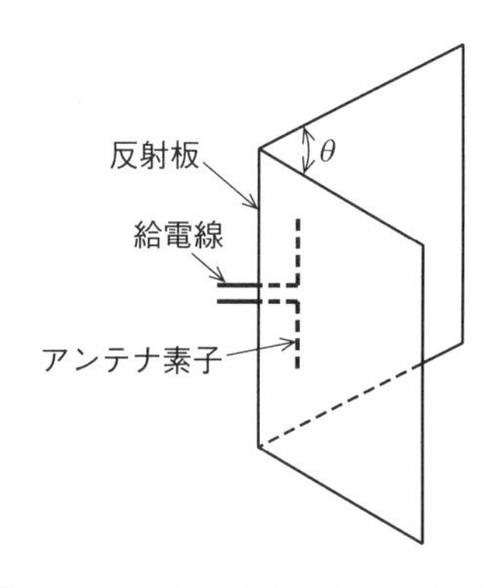


■図 2.40　コーナレフレクタアンテナ

反射板による鏡像効果によって放射器に影像アンテナが生じて，放射電界はそれらのアンテナ素子の合成されたものとなり，前方に鋭い指向性が得られます．反射板の角度 $\theta$ が 90〔°〕では，**図 2.41** (a) のように，影像アンテナが 3 本，60〔°〕では，図 2.41 (b) のように 5 本生じます．VHF，UHF 帯の固定通信用や移動通信の基地局用アンテナ，計器着陸装置（ILS）のグライドパス用アンテナなどに用いられています．

<特徴>

単一指向性，高利得．

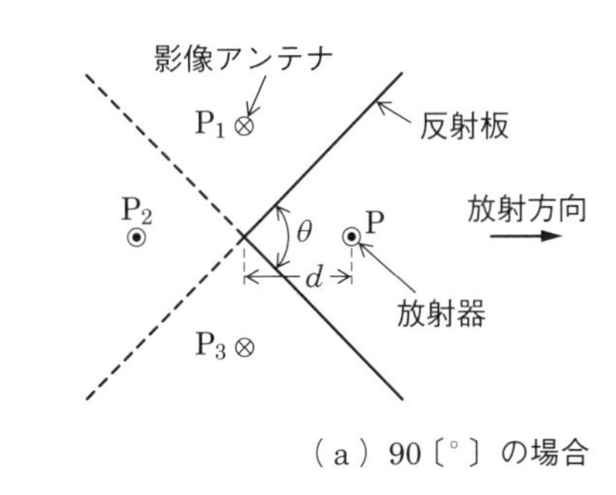


（a）90〔°〕の場合

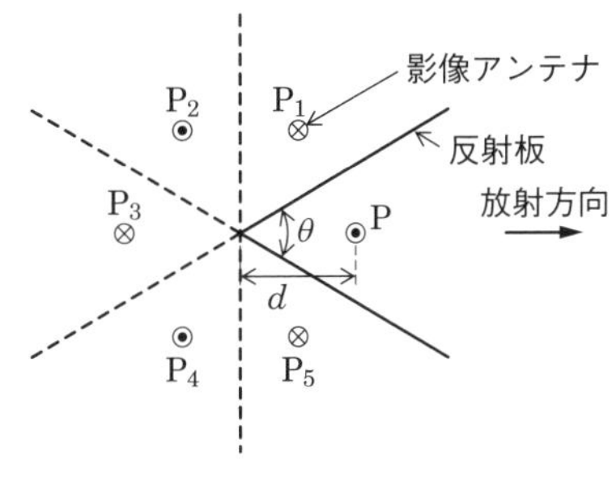


（b）60〔°〕の場合

■図 2.41　コーナレフレクタアンテナの影像アンテナ

## 2.6.2 角錐ホーンアンテナ（電磁ホーンアンテナ）

送信機からアンテナにマイクロ波を給電するためには導波管が用いられます．導波管の特性インピーダンスは，自由空間の固有インピーダンスより大きいので，導波管を空間に開けた開口面では反射波が生じます．導波管を伝わってきた電磁波を空間に放射させるために，**図 2.42** のように導波管の開口面を角錐状に広げて，管内の特性インピーダンスが次第に自由空間の固有インピーダンスと整合していくようにしたアンテナを**角錐ホーンアンテナ**と呼びます．

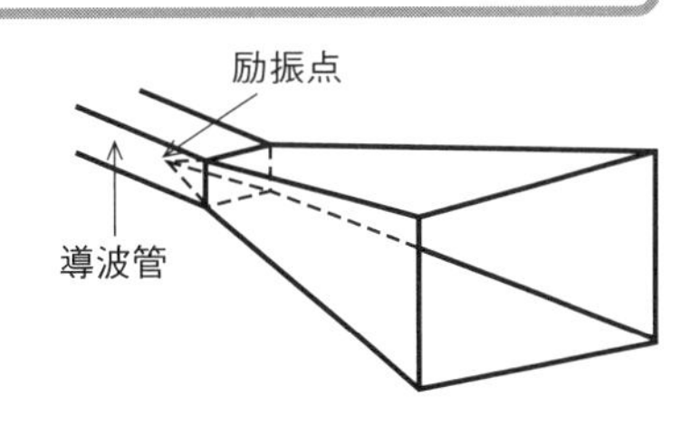


■図 2.42　角錐ホーンアンテナ

マイクロ波（3～30〔GHz〕）の伝送線路は同軸給電線では損失が大きいので，導波管が用いられる．

ホーンの長さと開き角によって指向性および利得が変化しますが，角度が一定の場合は，長さを増すほど指向性が鋭く利得も大きくなります．長さを一定にした場合は，開きの角度を増していくとそれらがよくなりますが，開きすぎるとかえって悪くなり，その間に最適の角度が存在します．このアンテナは，単独に用いられるほか，アンテナ利得測定用の標準アンテナやパラボラアンテナなどの1次放射器としても用いられています．

<特徴>

鋭い単一指向性，高利得，アンテナ利得測定用の標準アンテナ．

**関連知識　導波管の特性インピーダンスと角錐ホーンアンテナの利得**

伝送する電磁波の波長を$\lambda$，導波管の遮断波長を$\lambda_c$とすると，$TE_{10}$波の場合の特性インピーダンス$Z_0$〔Ω〕は次式で表されます．

$$Z_0 = \frac{120\pi}{\sqrt{1-\left(\frac{\lambda}{\lambda_c}\right)^2}} \ \text{〔Ω〕} \qquad (2.5)$$

自由空間の固有インピーダンスは120π〔Ω〕，$\lambda < \lambda_c$なので，導波管のインピーダンスは120π〔Ω〕より大きい．

ホーンの開口面の長さを$a$，$b$〔m〕，開口効率を$\eta$とすると，絶対利得$G_I$は次式で表されます．

$$G_I = \frac{4\pi ab}{\lambda^2}\eta \qquad (2.6)$$

開口効率の最大値の理論値は$\eta = 0.8$です．電界面の開口効率を$\eta_E$，磁界面の開口効率を$\eta_H$とすると，開口効率$\eta$は$\eta = \eta_E \eta_H$で表されます．

開口面積を$A = ab$〔$m^2$〕とすると，$\eta = 0.8$のときの絶対利得$G_I$〔dB〕は次式で表されます．

$$G_I \fallingdotseq \frac{32A}{\pi\lambda^2} \qquad (2.7)$$

## 2.6.3 無給電アンテナ（平面反射板）

**図2.43**（a）のように，山岳などによって電波伝搬路の見通しがきかない場合に山頂などに設置して電波の通路を曲げることにより，回線を構成するために用いられる平面反射板を**無給電アンテナ**といいます．

平面反射板と送信アンテナとの距離が十分遠く，フラウンホーファ領域にあるものを**遠隔形平面反射板**，それ以内の距離に設置されるものを**近接形平面反射板**といいます．遠隔形平面反射板の利得は，入射方向よりみた平面反射板の面積$S\cos\theta$で定まり，開口効率は平面反射板の面精度と寸法で決まります．

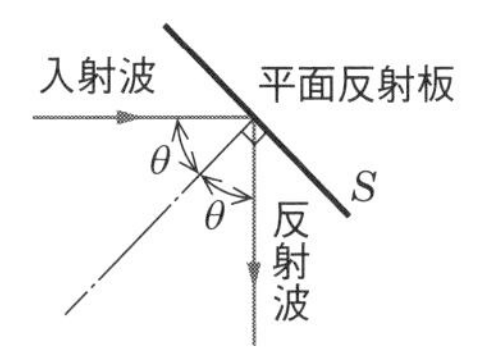


$S$：平面反射板の面積
$\theta$：入射角

（a）遠隔形平面反射板

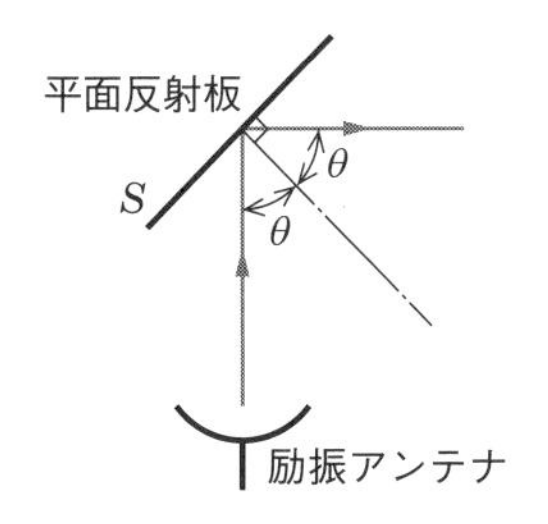


（b）近接形平面反射板

■図 2.43　無給電アンテナ

平面反射波によって電波を反射するときに有効な面積を**有効投影面積**と呼び，平面反射板の面積精度などによって決まる開口効率を$\alpha$とすると，有効投影面積$S_e$〔$m^2$〕は次式で表されます．

フレネル領域はアンテナの極近傍の領域で，アンテナからの放射角度に対する電界強度が距離に対して振動的に変化する．
フラウンホーファ領域はアンテナから十分遠方の領域で，放射角度に対する電界パターンが距離によってほとんど変化しない．

$$S_e = \alpha S \cos\theta \text{〔m}^2\text{〕} \qquad (2.8)$$

近接形平面反射板は，図 2.43 (b) のようにアンテナに平面反射板を近接させて設置したもので，平面反射板と励振アンテナで構成された複合アンテナ系の利得は，両者の距離，面積比，アンテナの開口面電界分布などによって決まります．

入射波と反射波のなす角度$2\theta$が 130〔°〕から 180〔°〕の鈍角となるときは，**図 2.44** のように 2 枚の平面反射板を組み合わせたほうが効率がよくなります．このとき，図 2.44 (a) のような配置を交差形といい，図 2.44 (b) のような配置を平行形といいます．

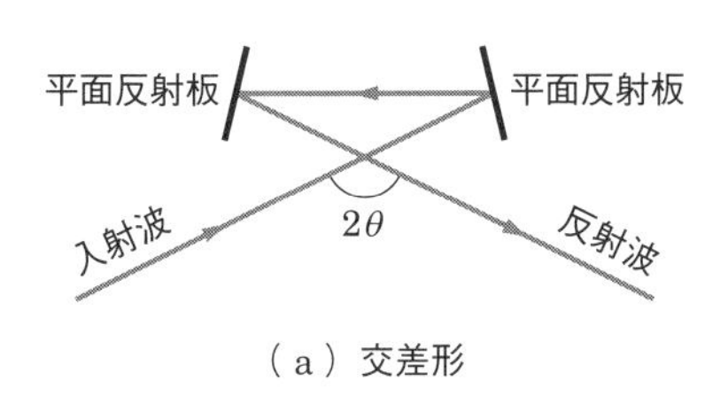


（a）交差形

入射波
平面反射板
2θ
平面反射板
反射波

（b）平行形

■図 2.44　2 板の平面反射板の配置形式

## 2.6.4 ILS 用アンテナ

ILS（Instrument Landing System）は航空機の計器着陸装置のことで，**図 2.45** のように，ローカライザ，グライド・パス，マーカの三つの装置から構成されています．航空機が滑走路に着陸する際，正確に進入し安全に着陸できるように地上から指向性電波を発射し，最終進入中の航空機に滑走路に対する正確な進入経路（方向および降下経路）を示す装置です．

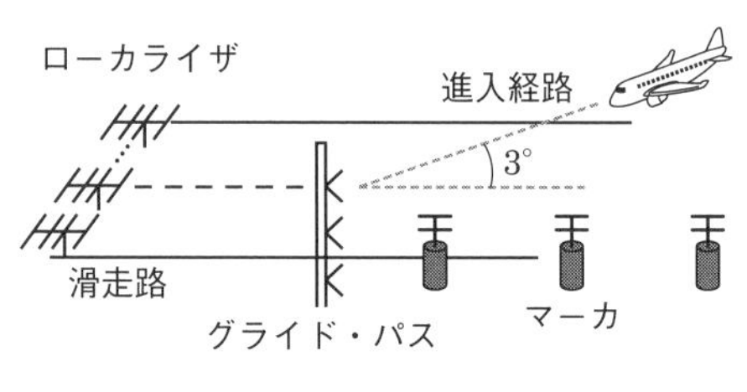


**図 2.45　ILS 配置図**

グライド・パス用のアンテナは，直接波と大地反射波の合成波を利用するために 2 個または 3 個の**コーナレフレクタアンテナ**を垂直方向に配列したもので，滑走路の進入端から一定距離離れた地点で，滑走路の中心線から直角方向にある距離，それぞれ離れた地点に設置されています．

ローカライザ用のアンテナは，複数個のコーナレフレクタアンテナや対数周期ダイポールアレーアンテナなどを水平方向に配列し，滑走路の延長線上で滑走路末端から一定距離離れた地点に設置されています．

**問題 15** ★★★　➡ 2.6.1

次の記述は，**図 2.46** に示すコーナレフレクタアンテナについて述べたものである．［　　］内に入れるべき字句の正しい組合せを下の番号から選べ．ただし，波長を $\lambda$〔m〕とし，平面反射板または金属すだれは，電波を理想的に反射する大きさであるものとする．

(1) 半波長ダイポールアンテナに平面反射板または金属すだれを組み合わせた構造であり，金属すだれは半波長ダイポールアンテナ素子に平行に導体棒を並べたもので，導体棒の間隔は平面反射板と等価な反射特性を得るために約 $\lambda/10$ 以下にする必要がある．

(2) 開き角は，90〔°〕，60〔°〕などがあり，半波長ダイポールアンテナとその影像の合計数は，90〔°〕では4個，60〔°〕では［ A ］であり，開き角が小さくなると影像の数が増え，例えば，45〔°〕では［ B ］となる．これらの複数のアンテナの効果により，半波長ダイポールアンテナ単体の場合よりも鋭い指向性と大きな利得が得られる．

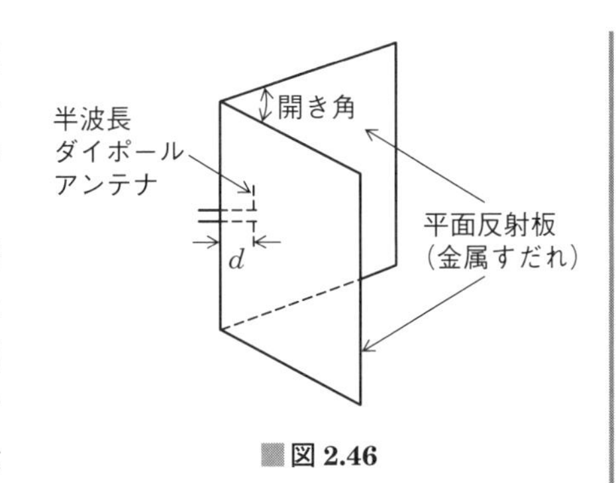


図 2.46

(3) アンテナパターンは，2つ折りにした平面反射板または金属すだれの折り目から半波長ダイポールアンテナ素子までの距離 $d$〔m〕によって大きく変わる．理論的には，開き角が90〔°〕のとき，$d$ = ［ C ］では指向性が二つに割れて正面方向では零になり，$d$ = ［ D ］では主ビームは鋭くなるがサイドローブを生ずる．一般に，単一指向性となるように $d$ を $\lambda/4$〜$3\lambda/4$ の範囲で調整する．

| | A | B | C | D |
|---|---|---|---|---|
| 1 | 6個 | 8個 | $\lambda$ | $3\lambda/2$ |
| 2 | 6個 | 8個 | $3\lambda/2$ | $\lambda$ |
| 3 | 7個 | 9個 | $3\lambda/2$ | $\lambda$ |
| 4 | 7個 | 10個 | $3\lambda/2$ | $\lambda/2$ |
| 5 | 7個 | 10個 | $\lambda$ | $3\lambda/2$ |

**解説** 平面反射板が鏡のように動作して，反射によって複数の等価的な影像アンテナが発生します．反射板の開き角が90〔°〕のとき，全周360〔°〕を90〔°〕で割って360/90 = 4に区切られた位置に半波長ダイポールアンテナおよび影像アンテナが生じます．60〔°〕では，360/60 = **6** に，45〔°〕では360/45 = **8** に区切られた位置に半波長ダイポールアンテナおよび影像アンテナが生じます．

（6：［ A ］の答え　8：［ B ］の答え）

（［ C ］の答え → $d = \lambda$）

**図 2.47** のように開き角が90〔°〕で $d$ = $\boldsymbol{\lambda}$ のとき，平面反射板によって発生する影像アンテナ3本のうち2本は，半波長ダイポールアンテナと逆位相の電流が流れます．正面方向の遠方から見ると距離差が $\lambda$ の位置に逆位相の電流が流れる影像アンテナが2本，$2\lambda$ の位置に同位相の電流が流れる影像アンテナが1本発生するので，正面方向では半波長ダイポールアンテナとこれらのアンテナからの電界が打ち消されます．よっ

て，正面方向の指向性が零となって指向性が二つに割れます．

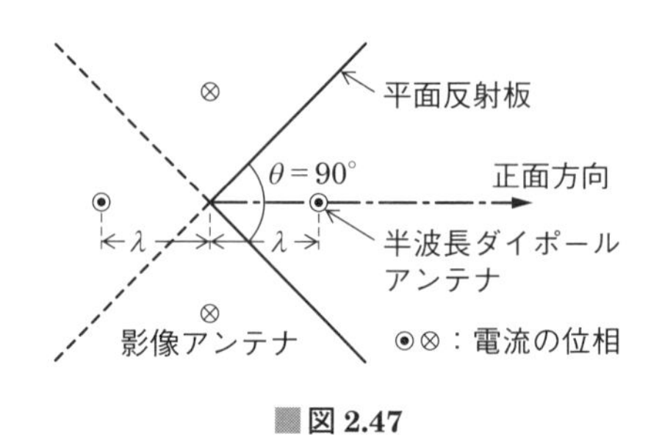


■図 2.47

影像アンテナは逆位相．正面方向の軸上の影像アンテナのみ同位相．

答え▶▶▶ 1

出題傾向　下線の部分を穴埋めの字句とした問題も出題されています．

**問題 16** ★★★　➡ 2.6.2

次の記述は，角錐ホーンアンテナについて述べたものである．［　　］内に入れるべき字句を下の番号から選べ．

(1) 方形導波管の終端を角錐状に広げて，導波管と自由空間の固有インピーダンスの整合をとり，［ ア ］を少なくして，導波管で伝送されてきた電磁波を自由空間に効率よく放射する．

(2) 導波管の電磁界分布がそのまま拡大されて開口面上に現れるためには，ホーンの長さが十分長く開口面上で電磁界の［ イ ］が一様であることが必要である．この条件がほぼ満たされたときの正面方向の利得 $G$（真数）は，波長を $\lambda$〔m〕，開口面積を $A$〔m$^2$〕とすると，次式で与えられる．

$G =$ ［ ウ ］

(3) ホーンの［ エ ］を大きくし過ぎると利得が上がらない理由は，開口面の周辺部の位相が，中心部より［ オ ］ためである．位相を揃えて利得を上げるために，パラボラ形反射鏡と組み合わせて用いる．

| | | | | |
|---|---|---|---|---|
| 1 屈折 | 2 振幅 | 3 $\dfrac{32\lambda^2}{\pi A}$ | 4 開き角 | 5 遅れる |
| 6 反射 | 7 位相 | 8 $\dfrac{32A}{\pi\lambda^2}$ | 9 長さ | 10 進む |

**解説** ホーンの開口面積を$A$〔m$^2$〕，開口効率の理論値を$\eta = 0.8$，波長を$\lambda$〔m〕とすると，絶対利得$G$は次式で表されます．

$\pi^2 \fallingdotseq 10$

$$G = \frac{4\pi A}{\lambda^2}\eta = \frac{4\pi^2 A}{\pi\lambda^2} \times 0.8 \fallingdotseq \boldsymbol{\frac{32A}{\pi\lambda^2}}$$

ウ の答え

**答え▶▶▶ア－6，イ－7，ウ－8，エ－4，オ－5**

**問題 17** ★★ ➡2.6.2

開口面の縦および横の長さがそれぞれ14〔cm〕および24〔cm〕の角錐ホーンアンテナを，周波数6〔GHz〕で使用したときの絶対利得の値として，最も近いものを下の番号から選べ．ただし，電界（$E$）面および磁界（$H$）面の開口効率を，それぞれ0.75および0.80とする．

1 10〔dB〕 2 20〔dB〕 3 30〔dB〕 4 40〔dB〕 5 50〔dB〕

**解説** 周波数$f = 6$〔GHz〕$= 6 \times 10^9$〔Hz〕の電波の波長$\lambda$〔m〕は次式で表されます．

$$\lambda \fallingdotseq \frac{3 \times 10^8}{f} = \frac{3 \times 10^8}{6 \times 10^9} = 5 \times 10^{-2}\ \text{〔m〕}$$

開口面の縦および横の長さを$a$，$b$〔m〕，開口効率を$\eta_E = 0.75$，$\eta_H = 0.8$とすると，絶対利得$G_\mathrm{I}$は

$$G_\mathrm{I} = \frac{4\pi ab}{\lambda^2}\eta_E\eta_H = \frac{4 \times 3.14 \times 14 \times 10^{-2} \times 24 \times 10^{-2}}{(5 \times 10^{-2})^2} \times 0.75 \times 0.8$$

$$= \frac{4 \times 3.14 \times 14 \times 24 \times 0.75 \times 0.8}{5 \times 5} \times 10^{-4+4} \fallingdotseq 101.3 \fallingdotseq 100$$

となり，dBで求めると

$$G_{\mathrm{IdB}} = 10\log_{10} 100 = 10\log_{10} 10^2$$

$$= \mathbf{20\ 〔dB〕}$$

となります．

$\log_{10} 10^2 = 2$

**答え▶▶▶2**

**問題 18** ★★ ➡2.6.3

次の記述は，**図 2.48** に示すマイクロ波中継回線などに利用される無給電アンテナについて述べたものである．［　　］内に入れるべき字句の正しい組合せを下の番号から選べ．

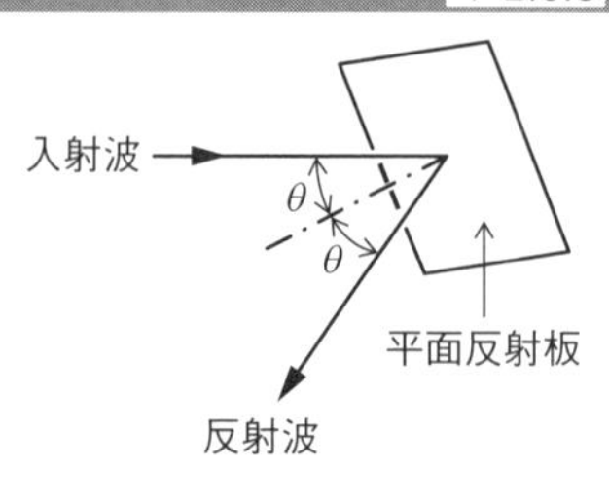


■図 2.48

(1) 無給電アンテナに用いられる平面反射板は，入射波の波源となる励振アンテナからの距離によって遠隔形平面反射板と近接形平面反射板に分けられる．このうち遠隔形平面反射板は，励振アンテナの［ A ］にあるものをいう．

(2) 平面反射板の有効投影面積 $S_e$ は，平面反射板の実際の面積を $S$〔m²〕，入射角を $\theta$〔rad〕，平面反射板の面精度などによって決まる開口効率を $\alpha$ とすれば，次式で表される．

$S_e =$ ［ B ］〔m²〕

(3) $2\theta$ が［ C ］になる場合には，2枚の平面反射板の組合せが有効であり，その配置形式には，交差形と平行形といわれるものがある．

| | A | B | C |
|---|---|---|---|
| 1 | フレネル領域 | $\alpha S\cos\theta$ | 鈍角 |
| 2 | フレネル領域 | $\alpha S\sin\theta$ | 鋭角 |
| 3 | フラウンホーファ領域 | $\alpha S\sin\theta$ | 鋭角 |
| 4 | フラウンホーファ領域 | $\alpha S\cos\theta$ | 鈍角 |
| 5 | フラウンホーファ領域 | $\alpha S\tan\theta$ | 鈍角 |

**解説** アンテナの近傍領域がフレネル領域，遠方領域が**フラウンホーファ領域**です．

［ A ］の答え

平面反射板に電波が垂直に入射するとき，有効投影面積が最大になります．$\theta = 0$〔rad〕のとき，$\sin\theta = 0$，$\cos\theta = 1$ なので $S_e = \boldsymbol{\alpha S\cos\theta}$ です．

［ B ］の答え

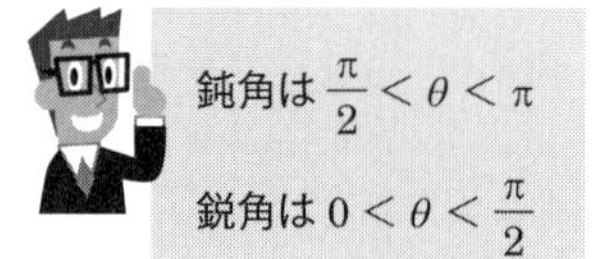

鈍角は $\frac{\pi}{2} < \theta < \pi$

鋭角は $0 < \theta < \frac{\pi}{2}$

答え▶▶▶ 4

下線の部分を穴埋めの字句とした問題も出題されています．

**問題 19 ★★** ➡ 2.6.3

次の記述はマイクロ波中継回線などで用いられる無給電アンテナの一種である平面反射板について述べたものである．このうち誤っているものを下の番号から選べ．

1 平面反射板は，給電線を用いないので給電線で生じる損失がなく，ひずみの発生なども少ない．

2 平面反射板と入射板の波源となる励振アンテナとの距離がフレネル領域にあるものを近接形平面反射板という．

3 平面反射板により電波通路を変えて通信回線を構成する場合，熱雑音の増加，偏波面の調整，他回線への干渉などに注意する必要がある．

4 励振アンテナに近接して平面反射板を設けて電波通路を変える場合，この複合アンテナ系の利得は，励振アンテナと平面反射板との距離，平面反射板の面積と励振アンテナの開口面積との比などで決まる．

5 遠隔形平面反射板の受信利得は，電波の入射方向より見た平面反射板の有効開口面積で決まり，使用波長には依存しない．

**解説** 5 遠隔形平面反射板の受信利得は，電波の入射方向より見た平面反射板の**有効開口面積に比例**し，**使用波長 $\lambda$ の 2 乗に反比例**します．

答え▶▶▶ 5

**問題 20** ★★ ➡2.6.3

次の記述は，**図 2.49** に示すように，パラボラアンテナを用いてマイクロ波無給電中継を行う場合の送受信点間の伝搬損失について述べたものである．[ ]内に入れるべき字句の正しい組合せを下の番号から選べ．ただし，各アンテナにおける給電系の損失は無視できるものとする．なお，同じ記号の[ ]内には，同じ字句が入るものとする．

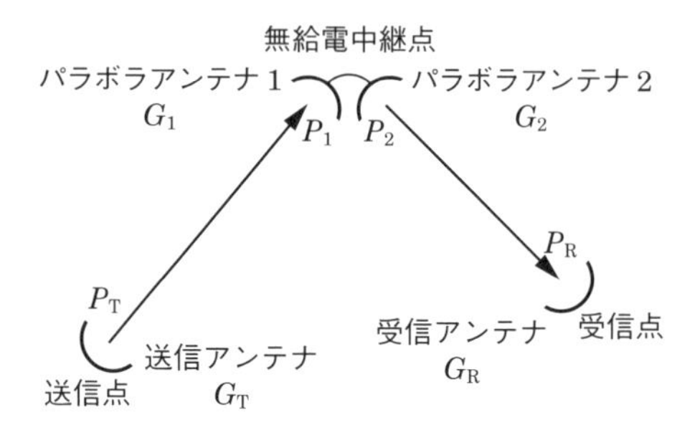


■図 2.49

(1) 送信アンテナの絶対利得を $G_T$（真数），送信電力を $P_T$〔W〕，無給電中継点におけるパラボラアンテナ 1 の絶対利得を $G_1$（真数），送信点と無給電中継点間の自由空間伝搬損失を $\Gamma_1$ とすれば，パラボラアンテナ 1 の受信有能電力 $P_1$〔W〕は，次式となる．

$P_1 =$ [ A ] $\times P_T$〔W〕

したがって，送信点と無給電中継点間の区間損失 $L_1$ は，[ A ] の逆数で表せる．

同様にして，絶対利得 $G_2$（真数）のパラボラアンテナ 2 から再放射された電力を $P_2$〔W〕，無給電中継点と受信点間の自由空間伝搬損失を $\Gamma_2$ とすれば，絶対利得 $G_R$（真数）の受信アンテナの受信有能電力 $P_R$〔W〕および無給電中継点と受信点間の区間損失 $L_2$ を求めることができる．

(2) 無給電中継の送受信点間の区間損失 $L_{TR}$ は，$P_T/P_R$ であり，$P_2 =$ [ B ]〔W〕であるから，$L_{TR}$ は，次式で表される．

$L_{TR} =$ [ C ]

(3) (1) および (2) より，$G_T$ および $G_R$ を含めないときの送受信点間の伝搬損失 $\Gamma$ は，[ D ] となる．

| | A | B | C | D |
|---|---|---|---|---|
| 1 | $\dfrac{G_T G_1}{\Gamma_1}$ | $P_1$ | $L_1 L_2$ | $\dfrac{\Gamma_1 \Gamma_2}{G_1 G_2}$ |
| 2 | $\dfrac{G_T G_1}{\Gamma_1}$ | $P_1$ | $\sqrt{L_1 L_2}$ | $\dfrac{\Gamma_1 \Gamma_2}{G_1 G_2}$ |
| 3 | $\dfrac{G_T G_1}{\Gamma_1}$ | $\dfrac{G_2 P_1}{G_1}$ | $\sqrt{L_1 L_2}$ | $\dfrac{G_1 G_2}{\Gamma_1 \Gamma_2}$ |
| 4 | $\dfrac{\Gamma_1}{G_T G_1}$ | $\dfrac{G_2 P_1}{G_1}$ | $\sqrt{L_1 L_2}$ | $\dfrac{G_1 G_2}{\Gamma_1 \Gamma_2}$ |
| 5 | $\dfrac{\Gamma_1}{G_T G_1}$ | $P_1$ | $L_1 L_2$ | $\dfrac{G_1 G_2}{\Gamma_1 \Gamma_2}$ |

**解説** 中継点の受信電力 $P_1$ は，アンテナの利得 $G_T$，$G_1$ に比例し，伝搬損失 $\Gamma_1$ に反比例するので，次式で表されます．

$$P_1 = \frac{\boldsymbol{G_T G_1}}{\boldsymbol{\Gamma_1}} P_T = \frac{1}{L_1} P_T \text{〔W〕} \qquad ①$$

A の答え

受信点の受信電力 $P_R$ は，中継点の送信電力 $P_2 = \boldsymbol{P_1}$ なので，次式で表されます．

B の答え

$$P_R = \frac{G_2 G_R}{\Gamma_2} P_1 = \frac{1}{L_2} P_1 \text{〔W〕} \qquad ②$$

式①，②より次式が成り立ちます．

$$P_R = \frac{G_2 G_R}{\Gamma_2} \times \frac{G_T G_1}{\Gamma_1} P_T = \frac{1}{L_2} \times \frac{1}{L_1} P_T = \frac{1}{L_{TR}} P_T$$

よって，送受信点間の区間損失 $L_{TR}$ は，次式で表されます．

$$L_{TR} = \frac{P_T}{P_R} = \boldsymbol{L_1 L_2} \qquad ③$$

C の答え

また

$$P_R = \frac{G_1 G_2}{\Gamma_1 \Gamma_2} G_T G_R P_T = \frac{1}{\Gamma} G_T G_R P_T \text{〔W〕} \qquad ④$$

よって，送受信点間の伝搬損失 $\Gamma$ は次式となります．

$$\Gamma = \frac{\boldsymbol{\Gamma_1 \Gamma_2}}{\boldsymbol{G_1 G_2}}$$

D の答え

答え ▶▶▶ 1

**問題 21** ★ ➡2.6.4

次の記述は，ILS（計器着陸装置）に用いられるアンテナについて述べたものである．[　　]内に入れるべき字句を下の番号から選べ．なお，同じ記号の[　　]内には，同じ字句が入るものとする．

ILSは，航空機を電波で誘導し，安全に滑走路へ着陸させるための装置であり，グライド・パス，ローカライザおよびマーカ・ビーコンから構成されている．

(1) グライド・パス用のアンテナは，ヌルリファレンス形の場合，直接波と大地反射波の合成波を利用するために2個または3個の[ア]アンテナを垂直方向に配列したものであり，滑走路の進入端から一定距離離れた地点で，滑走路の中心線から直角方向にある距離，それぞれ離れた地点に設置されている．[ア]アンテナからの直接波と大地反射波との合成で作られる複数のローブから進入コースに適した二つを選び，その二つのローブのヌル点方向を航空機の[イ]方向の進入コースとして与える．

(2) ローカライザ用のアンテナは，複数個のコーナレフレクタアンテナや対数周期ダイポールアレーアンテナなどを[ウ]したものであり，滑走路の延長線上で滑走路末端から一定距離離れた地点に設置されている．放射パターンは，航空機の進入コースに対して対称で大きさの等しい二つの[エ]を持ち，所定の方向の進入コースを与える．

(3) マーカ・ビーコン用アンテナは，2素子の半波長ダイポールアンテナを，滑走路の進入端から決められた距離に，インナ・マーカ，ミドル・マーカおよびアウタ・マーカ用として設置されている．放射パターンは，[オ]ビームであり，アンテナ上空を通過し滑走路へ進入する航空機に対して滑走路進入端からの距離を与える．

1 パラボラ　　2 垂直　　3 水平方向に配列
4 ヌル点　　5 ファン　　6 コーナレフレクタ
7 水平　　8 垂直方向に配列　　9 ローブ　　10 ペンシル

答え▶▶▶ア－6，イ－2，ウ－3，エ－9，オ－5

# 2.7 立体構造のアンテナ 2

**要点**

- 光学レンズと同じ原理によって動作する電波レンズには，誘電体レンズと金属板レンズがある
- 誘電体レンズは凸レンズ，金属板レンズは凸レンズと凹レンズがある
- スロットアレーアンテナは，スロットを交互に斜めにして等間隔で並べることによって，利得を大きくすることができる

2
章

## 2.7.1 電波レンズ

**電波レンズ**は光学におけるレンズの作用と同じ原理によって，電磁ホーンアンテナから放射される電波を前方に集中させ，非常に鋭い指向性を持たせることができます．電波レンズには**誘電体レンズ**および**金属板レンズ**（メタルレンズ）があります．

### (1) 誘電体レンズアンテナ

**図 2.50** (a) のようにエチレン樹脂などの誘電体を凸形にして，ホーンアンテナの開口面に取りつけたアンテナを**誘電体レンズアンテナ**といいます．比誘電率が $\varepsilon_r$ の誘電体中では，電波の速度は空気中の $1/\sqrt{\varepsilon_r}$ となるため，中央の厚い部分では速度が遅くなり，レンズ通過後，波面がそろって平面波となります．

図 2.50 (b) のようにレンズの一部を切り取ってゾーニングを行えばレンズの厚さを減らすことができます．

図 2.50 (b) のゾーニングのきざみ幅 $t$〔m〕は，電波の波長を $\lambda$〔m〕，誘電体の屈折率を $n=\sqrt{\varepsilon_r}$ とすると，次式で表されます．

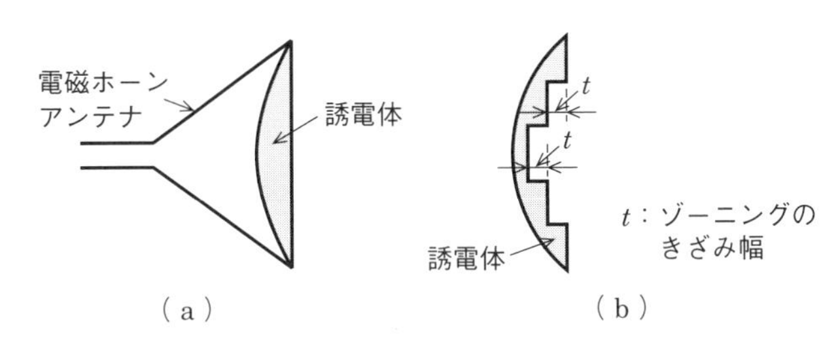


■図 2.50　誘電体レンズアンテナ

$$t = \frac{\lambda}{n-1} \text{〔m〕} \tag{2.9}$$

**図 2.51** に誘電体レンズアンテナの波源Oから誘電体の凸面上の点Pまでの距離 $r$〔m〕を求める式の算出過程を示します．図 2.51 において，波源Oから発射された電波が点Aに到達する時間は $l/v_0$〔s〕となり，点Aから点Bに到達する時間は $(r\cos\theta - l)/v_d$〔s〕となります．この時間と波源Oから点Pに到達する時間 $r/v_0$〔s〕が等しくならなければならないので，次式が成り立ちます．

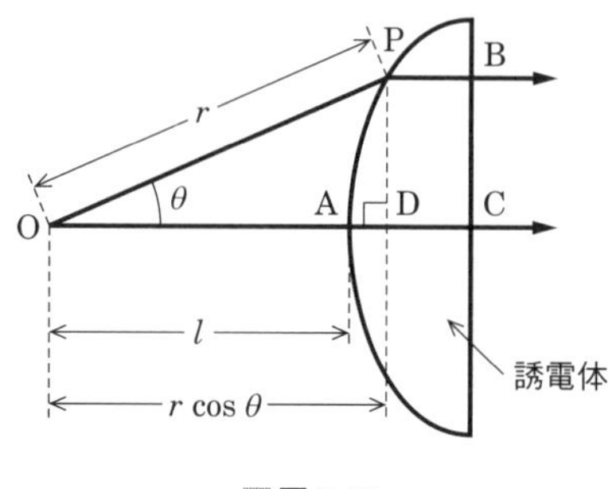

■図 2.51

$$\frac{l}{v_0} + \frac{r\cos\theta - l}{v_d} = \frac{r}{v_0} \text{〔s〕} \tag{2.10}$$

自由空間（真空）の屈折率を $n_0 = 1$，誘電体の屈折率を $n$ とすると，次式が成り立ちます．

$$\frac{n}{n_0} = \frac{v_0}{v_d} \tag{2.11}$$

よって

$$n = \frac{v_0}{v_d} \tag{2.12}$$

となります．式 (2.10) は

$$\frac{r\cos\theta - l}{v_d} = \frac{r-l}{v_0} \tag{2.13}$$

となるので，式 (2.12) に代入すると

$$n = \frac{r-l}{r\cos\theta - l}$$

となるので，式を変形して $r$ を求めると

$$nr\cos\theta - nl = r - l$$

$$r(n\cos\theta - 1) = l(n-1)$$

$$r = \frac{(n-1)\,l}{n\cos\theta - 1} \tag{2.14}$$

となります．

<特徴>

鋭い単一指向性，高利得，広帯域．

**(2) メタルレンズ（電界面金属レンズ）アンテナ**

マイクロ波を伝送する導波管は，管内を進行する電波の波長が自由空間の波長より長くなって，伝搬する速度が見かけ上速くなることから，**図 2.52** (a) のような構造の金属板の仕切りを電界に平行に設けると，開口面では位相のそろった平面波となります．このような金属板レンズを**ウェーブガイドレンズ**といいます．また，図 2.52 (b) のように，逆に凸レンズのような形で磁界と平行に金属板を並べ，電波の進行方向に対して適当な角度に傾きを持たせ，どの間隙を通過する電波もすべて通過距離を等しくなるようにすると，開口面では位相のそろった平面波になります．このような金属板レンズを**パスレングスレンズ**といいます．図 2.52 (b) において，電磁波の正面方向の位相速度は，自由空間の位相速度の cos $\theta$ 倍になり，等価屈折率は 1/cos $\theta$ で表されます．

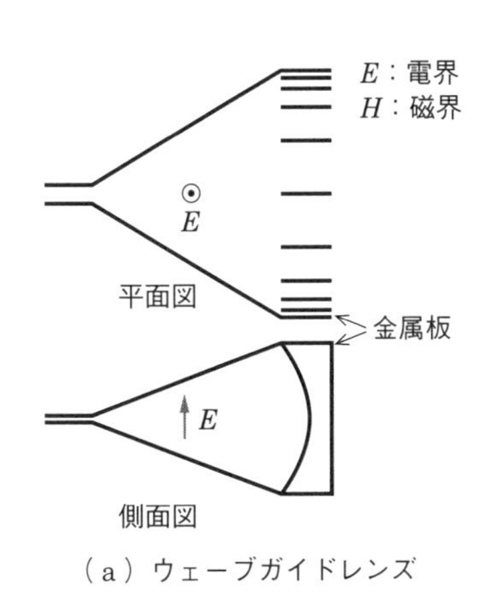


（a）ウェーブガイドレンズ

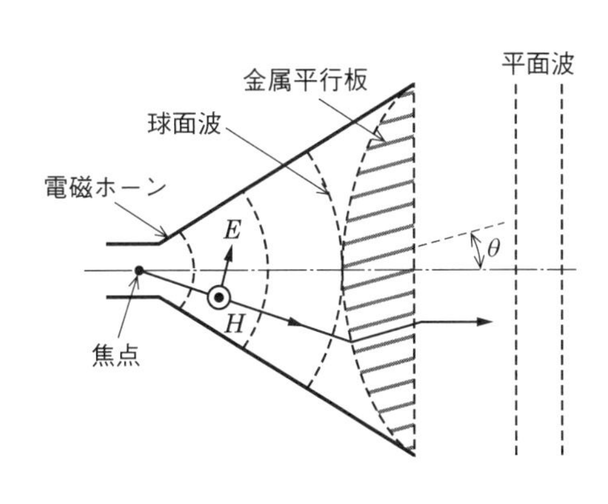


（b）パスレングスレンズ

■図 2.52　金属板レンズアンテナ

<特徴>

鋭い単一指向性，高利得，広帯域，高い精密度が必要．

## 2.7.2 スロットアンテナ

### (1) スロットアンテナの構造

**図 2.53** のように，金属板に半波長のスロット（細隙）を切り，長辺の相対する面に給電すると，電流が金属板に流れて板の両面から電波が効率よく放射されます．このような開口形アンテナを**スロットアンテナ**といいます．指向性はスロットと同じ形状の半波長ダイポールアンテナと同じ8字形となりますが，偏波面はダイポールアンテナと異なり，図 2.53 のアンテナは垂直偏波となります．

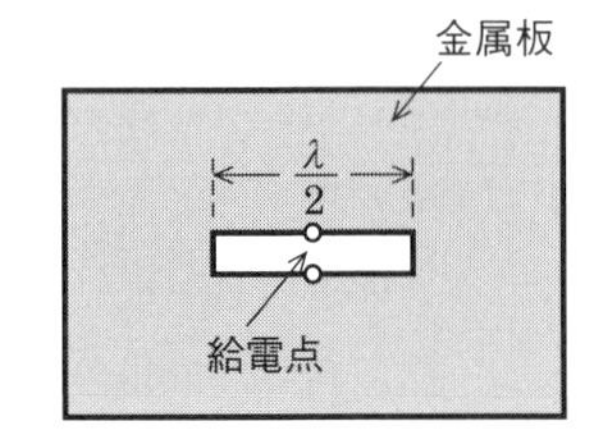

■図 2.53　スロットアンテナ

**関連知識　スロットアンテナの入力インピーダンス**

スロットと同じ形状のダイポールアンテナの入力インピーダンスを $\dot{Z}_D$，自由空間の固有インピーダンスを $Z_0$ とすると，スロットアンテナの入力インピーダンス $\dot{Z}_S$ は次式で与えられます．

$$\dot{Z}_S = \frac{Z_0^2}{4\dot{Z}_D} = \frac{(120\pi)^2}{4\dot{Z}_D} = \frac{(60\pi)^2}{\dot{Z}_D} \ [\Omega] \qquad (2.15)$$

### (2) スロットアレーアンテナ

**図 2.54** のように，導波管の側壁に多数のスロットを設けて，スロットから電波が放射する構造のアンテナを**スロットアレーアンテナ**といいます．各スロットは間隔 $\lambda_g/2$（$\lambda_g$：導波管の管内波長）ごとに適当な角度の傾きを持たせて，その傾きが交互に逆になるように配列してあります．図 2.54 の導波管では，縦方向の壁面に電流が流れる $TE_{10}$ モードでマイクロ波を伝送すると，管壁の電流をスロットが切断することになり電界 $E$ が発生します．隣接するスロットの電界の傾きが交互に逆になっているので，垂直成分 $E_V$ は逆位相で相殺

し合い，水平成分 $E_H$ は同相で強め合って，軸と直角方向に鋭いビームを形成して水平偏波の電波が放射されます．小型，軽量で回転させたときにバランスが取りやすいので，主に船舶のレーダ用アンテナとして用いられています．

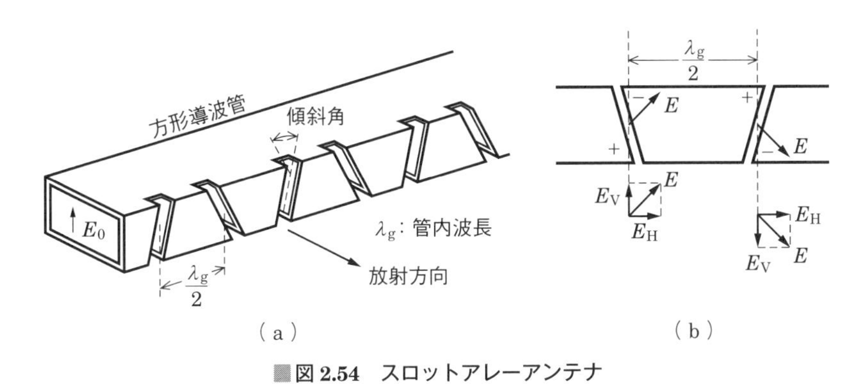


図 2.54　スロットアレーアンテナ

<特徴>

鋭い水平面単一指向性，高利得，サイドローブが少ない，船舶のレーダ用．

## 2.7.3 走査アンテナ

固定された配列のアンテナ素子に励振する電流の位相を変化させることによって，任意の方向に主ビームを向けることができるアレーアンテナを**走査アンテナ**といいます．

一般にビームの走査は電子的に行います．走査の方法によって，周波数走査アンテナ，時間遅延走査アンテナ，位相走査アンテナ，ビーム切換走査アンテナ，コニカル走査アンテナがあります．

給電系の途中に移相器を挿入して位相を変化させる位相走査アンテナには**図 2.55** のような**フェーズドアレーアンテナ**があります．

フェーズは位相の意味.

フェーズドアレーアンテナの給電方法には，直列給電回路または並列給電回路を用いて各アンテナに直接給電する方法と空間給電回路を用いる方法があります．空間給電回路は給電回路が簡素化され損失が小さい特徴があります．**図 2.56** の透過形空間給電方式は，1 次放射器により空間的に受信アンテナ素子へ給電するこ

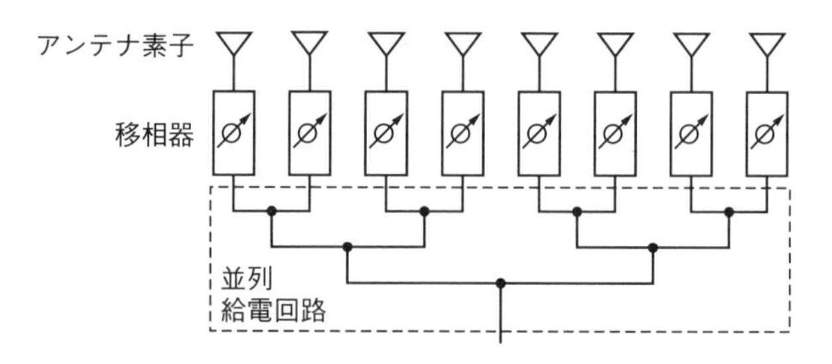


■図 2.55　フェーズドアレーアンテナの並列給電回路の構成

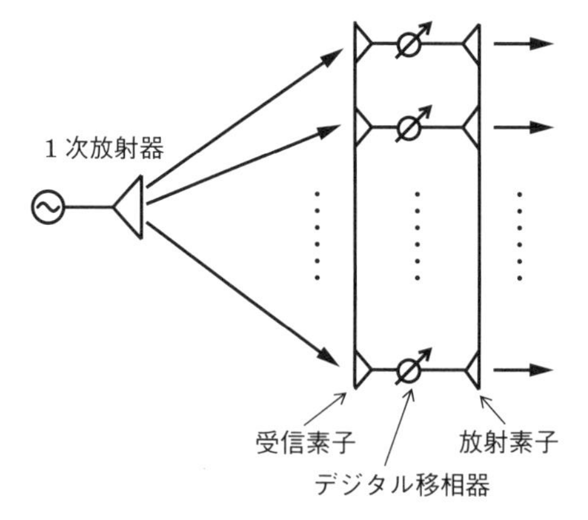


■図 2.56　空間給電形フェーズドアレーアンテナ

とで電力分配を行い，受信したアンテナ素子に接続してある移相器によって，位相を制御して放射素子から空間に放射して必要な指向特性を得ることができます．

**問題 22** ★ ➡ 2.7.1

次の記述は，**図 2.57** に示す誘電体レンズアンテナの波源 O から誘電体の凸面上の点 P までの距離を求める式の算出について述べたものである．[ ]内に入れるべき字句の正しい組合せを下の番号から選べ．ただし，中心線 CA の延長線上の O から凸面上の点 A および点 P までの距離を，それぞれ $l$〔m〕および $r$〔m〕とし，OA と OP のなす角を $\theta$〔rad〕とする．

(1) 自由空間の電波の速度を $v_0$〔m/s〕，誘電体中の電波の速度を $v_d$〔m/s〕とすれば，O から発射された電波が点 B と点 C に到達する時間は等しくなければならないので，次式が成り立つ．

$$\frac{l}{v_0} + \boxed{\text{A}} = \frac{r}{v_0} \text{〔s〕} \quad \cdots\cdots【1】$$

(2) 誘電体の屈折率を $n$ とすれば，次式の関係がある．

$$n = \boxed{\text{B}} \quad \cdots\cdots【2】$$

したがって，式【2】を式【1】に代入すれば，$r$ は次式となる．

$$r = \boxed{\text{C}} \text{〔m〕} \quad \cdots\cdots【3】$$

| | A | B | C |
|---|---|---|---|
| 1 | $\dfrac{r\cos\theta}{v_d}$ | $\dfrac{v_0}{v_d}$ | $\dfrac{(n+1)l}{n\cos\theta}$ |
| 2 | $\dfrac{r\cos\theta - l}{v_d}$ | $\dfrac{v_0}{v_d}$ | $\dfrac{(n-1)l}{n\cos\theta - 1}$ |
| 3 | $\dfrac{r\cos\theta - l}{v_d}$ | $\dfrac{v_d}{v_0}$ | $\dfrac{(n+1)l}{n\cos\theta - 1}$ |
| 4 | $\dfrac{r\cos\theta + l}{v_d}$ | $\dfrac{v_d}{v_0}$ | $\dfrac{(n-1)l}{n\cos\theta - 1}$ |
| 5 | $\dfrac{r\cos\theta + l}{v_d}$ | $\dfrac{v_0}{v_d}$ | $\dfrac{(n+1)l}{n\cos\theta - 1}$ |

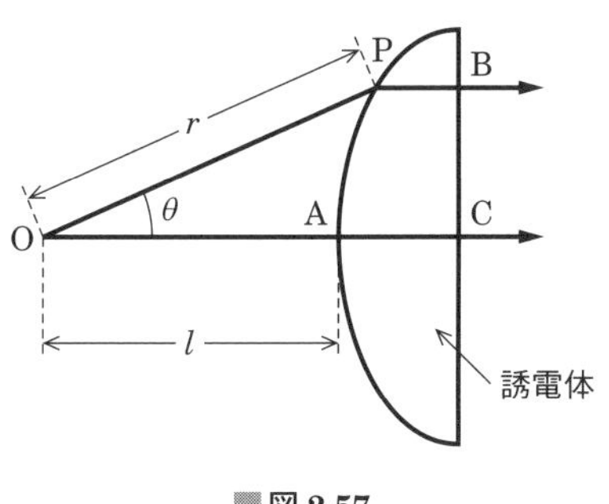


図 2.57

答え ▶▶▶ 2

**問題 23** ★ ➡ 2.7.1

次の記述はメタルレンズ（電界面金属レンズ）について述べたものである．□内に入れるべき字句の正しい組合せを下の番号から選べ．ただし，同じ記号の□内には同じ字句が入るものとする．また，波長を $\lambda$〔m〕とする．

(1) メタルレンズは，導波管内では電磁波の［ A ］が自由空間の電磁波の速度より速くなる性質を応用したもので，**図 2.58** に示すように電界に［ B ］な金属板で凹レンズと同じ作用をするレンズを作って，球面波がレンズを通過する間に波面をそろえ，平面波になって放射するようにしたものである．

(2) 金属板の間隔 $d$〔m〕は一定にする場合があるほか，**図 2.59** に示すように外側に近いほど狭くして，電磁波の［ A ］が［ C ］なるようにする場合がある．$d$ が $\lambda/2$〔m〕より［ D ］ときは，導波管の場合と同様に遮断領域となり，レンズ内で電波が減衰する．

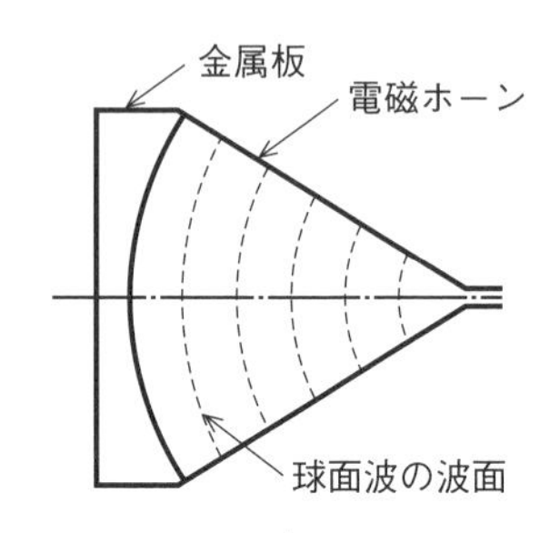


**図 2.58** 横から見た図

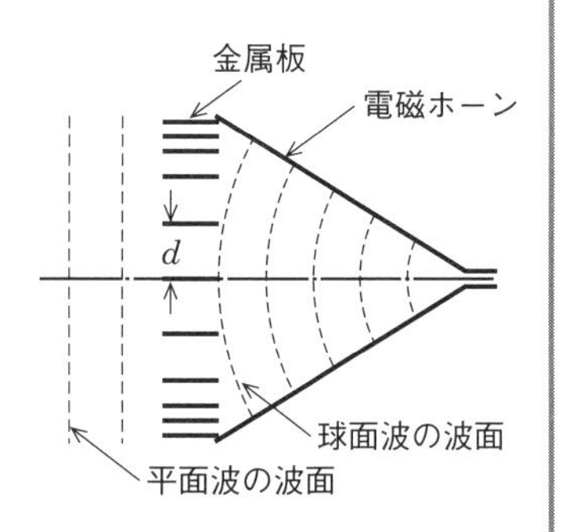


**図 2.59** 上から見た図

| | A | B | C | D |
|---|---|---|---|---|
| 1 | 群速度 | 平行 | 速く | 大きい |
| 2 | 群速度 | 直角 | 遅く | 小さい |
| 3 | 位相速度 | 直角 | 遅く | 大きい |
| 4 | 位相速度 | 平行 | 速く | 小さい |
| 5 | 位相速度 | 平行 | 遅く | 大きい |

**解説** 導波管内を進行する電磁波の速度のうち，群速度はエネルギーの伝搬する速度なので，自由空間の電磁波の速度より遅くなります．**位相速度**は導波管の管軸方向に電磁波の電界パターンが進行する速度で，自由空間の電磁波の速度より**速く**なります．

エネルギーの伝搬する速度が $c \fallingdotseq 3 \times 10^8$〔m/s〕を超えることはない．

答え ▶▶▶ 4

**問題 24** ★★★ ➡ 2.7.2

次の記述は，**図 2.60** に示すスロットアレーアンテナから放射される電波の偏波について述べたものである．[　　]内に入れるべき字句を下の番号から選べ．ただし，スロットアレーアンテナは $xy$ 面に平行な面を大地に平行に置かれ，管内には

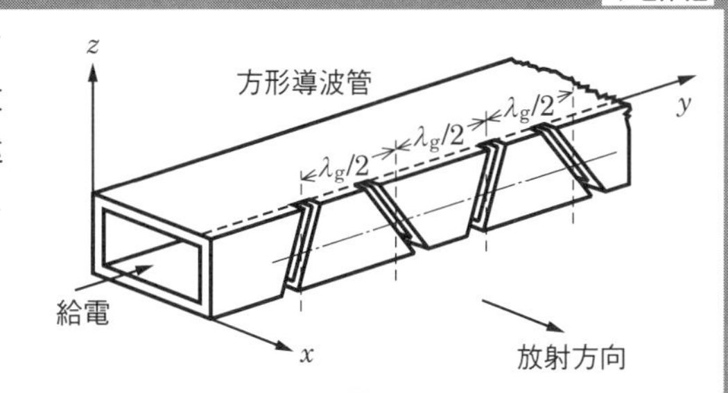


■ **図 2.60**

$TE_{10}$ モードの電磁波が伝搬しているものとし，管内波長は $\lambda_g$〔m〕とする．また，$\lambda_g/2$〔m〕の間隔で交互に傾斜方向を変えてスロットがあけられているものとする．なお，同じ記号の[　　]内には，同じ字句が入るものとする．

(1) $yz$ 面に平行な管壁には $z$ 軸に[ア]な電流が流れており，スロットはこの電流の流れを妨げるので，電波を放射する．

(2) 管内における $y$ 軸方向の電界分布は，管内波長の[イ]の間隔で反転しているので，管壁に流れる電流の方向も同じ間隔で反転している．交互に傾斜角の方向が変わるように開けられた各スロットから放射される電波の[ウ]の方向は，各スロットに垂直な方向となる．

(3) 隣り合う二つのスロットから放射された電波の電界をそれぞれ $y$ 成分と $z$ 成分に分解すると，[エ]は互いに逆向きであるが，もう一方の成分は同じ向きになる．このため，[エ]が打ち消され，もう一方の成分は加え合わされるので，偏波は[オ]．

| | | | | |
|---|---|---|---|---|
| 1 平行 | 2 1/4 | 3 磁界 | 4 $z$ 成分 | 5 水平偏波となる |
| 6 垂直 | 7 1/2 | 8 電界 | 9 $y$ 成分 | 10 垂直偏波となる |

**解説** 導波管内を $TE_{10}$ モードで伝送する電磁波は電界が導波管の $xy$ 面に垂直方向なので，管壁の電流は $z$ 軸に**平行**（[ア]の答え）な方向に流れます．各スロットの間隔は管内波長の **1/2**（[イ]の答え）なので，隣り合う二つのスロットの $z$ 軸方向の電流は互いに逆向きとなり，スロットから放射される電界の **$z$ 成分**（[エ]の答え）は互いに打ち消されます．スロットの傾斜する向きが互いに異なるので，電界の $y$ 成分は加え合わされ，偏波面は**水平偏波**（[オ]の答え）となります．

**答え▶▶▶ア－1，イ－7，ウ－8，エ－4，オ－5**

**問題 25** ★★★ ➡2.7.3

次の記述は，**図 2.61** に示す位相走査のフェーズドアレーアンテナについて述べたものである．[　　]内に入れるべき字句の正しい組合せを下の番号から選べ．

(1) 平面上に複数の放射素子を並べて固定し，それぞれにデジタル移相器を設けて給電電流の位相を変化させて電波を放射し，放射された電波を合成した主ビームが空間のある範囲内の任意の方向に向くように制御されたアンテナである．デジタル移相器は，0 から $2\pi$ までの位相角を $2^n$ （$n = 1, 2, \cdots$）分の 1 に等分割しているので，最小設定可能な位相角は $2\pi/2^n$〔rad〕となり，励振位相は，最大[ A ]〔rad〕の量子化位相誤差を生ずることになる．

(2) この量子化位相誤差がアンテナの開口分布に周期的に生ずると，比較的高いレベルの[ B ]が生じ，これを低減するには，デジタル移相器のビット数をできるだけ[ C ]する．

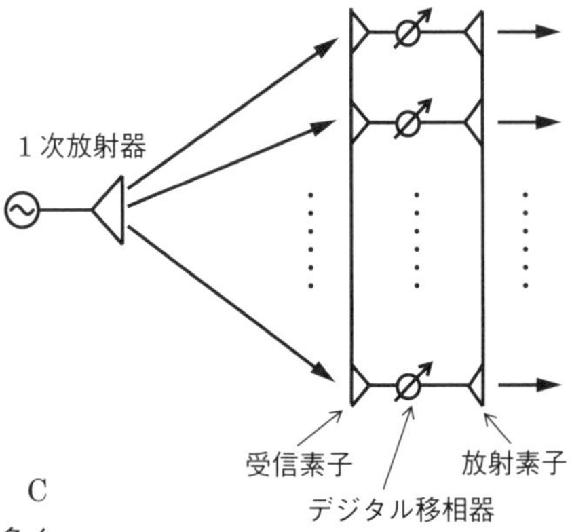

| | A | B | C |
|---|---|---|---|
| 1 | $\pi/2^n$ | サイドローブ | 多く |
| 2 | $\pi/2^n$ | バックローブ | 少なく |
| 3 | $\pi/2^{n+1}$ | サイドローブ | 多く |
| 4 | $\pi/2^{n+1}$ | バックローブ | 少なく |
| 5 | $\pi/2^{n+1}$ | バックローブ | 多く |



■図 2.61

答え ▶▶▶ 1

**出題傾向** 下線の部分を穴埋めの字句とした問題も出題されています．

# 2.8 反射鏡形アンテナ 1

- パラボラアンテナの電波放射を図から解析する
- パラボラアンテナは開口面の直径と使用電波の波長から利得とビーム幅を求めることができる
- オフセットパラボラアンテナは回転対称の反射鏡のうち中心からずれた一部を用いる



## 2.8.1 パラボラアンテナ

**図 2.62** のように，回転放物面の反射鏡を持つ構造のアンテナを**パラボラアンテナ**といいます．半波長ダイポールアンテナや電磁ホーンアンテナの 1 次放射器を反射板の焦点に置くと，反射鏡のどの面で反射した電波も開口面までの距離が一定となり，開口面では位相のそろった平面波が放射されます．

パラボラは放物面（パラボロイド）の意味．

<特徴>

鋭い単一指向性，高利得．

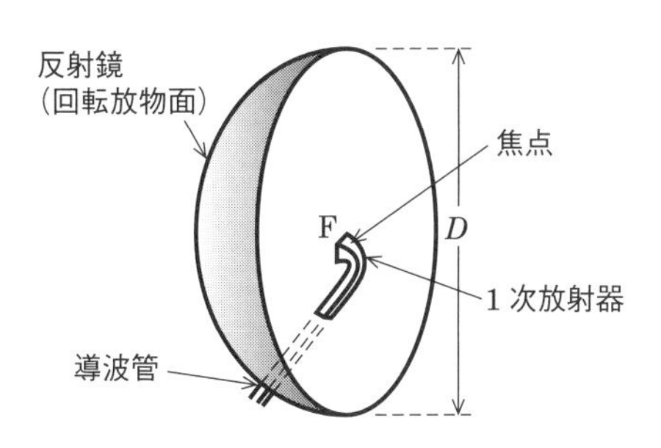


図 2.62　パラボラアンテナ

**関連知識　パラボラアンテナのビーム幅とパラボラアンテナの利得**

反射鏡の開口面の直径を $D$〔m〕，波長を $\lambda$〔m〕とすると，ビーム幅 $\theta$ は次式で表されます．

$$\theta \fallingdotseq \frac{70\lambda}{D} 〔°〕 \tag{2.16}$$

反射鏡の開口面積を $A$〔m²〕，実効面積を $A_e$〔m²〕とすると，絶対利得 $G_I$ は次式で表されます．

$$G_I = \frac{4\pi A}{\lambda^2}\eta = \frac{4\pi A_e}{\lambda^2} \tag{2.17}$$

$\eta$ はパラボラアンテナの開口効率で，一般に $\eta = 0.5$～$0.6$ 程度の値です．

ビーム幅は，最大放射方向から 3〔dB〕下がった方向の角度の幅．

**図 2.63** において，$x$ 軸，放射器から放物面反射鏡までの直線，$y$ 軸と平行な直線で作られた三角形から，次式が成り立ちます．

$$\tan\theta_1 = \frac{y_1}{f - x_1} \tag{2.18}$$

反射鏡は放物面で構成されているので，次式の関係があります．

$$y^2 = 4fx \tag{2.19}$$

式 (2.18) の $\theta_1 = \theta$，$x_1 = x$，$y_1 = r$ として，式 (2.19) を代入すると，次式となります．

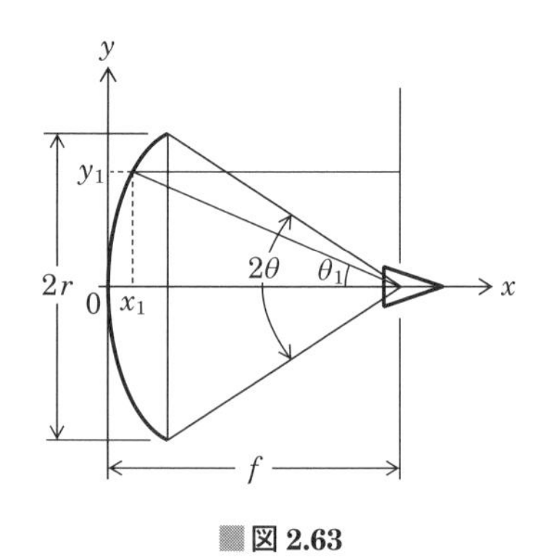

**図 2.63**

$$\tan\theta = \frac{r}{f - \dfrac{r^2}{4f}} = \frac{4fr}{4f^2 - r^2} \tag{2.20}$$

$\cot\theta$ は式 (2.20) の逆数なので，これを三角関数の公式に代入すると，次式となります．

$$\begin{aligned}
\tan\frac{\theta}{2} &= (1 + \cot^2\theta)^{\frac{1}{2}} - \cot\theta \\
&= \left\{ 1 + \left( \frac{4f^2 - r^2}{4fr} \right)^2 \right\}^{\frac{1}{2}} - \frac{4f^2 - r^2}{4fr} \\
&= \left\{ \frac{(4fr)^2 + (4f^2 - r^2)^2}{(4fr)^2} \right\}^{\frac{1}{2}} - \frac{4f^2 - r^2}{4fr} \\
&= \left\{ \frac{16f^2r^2 + (4f^2)^2 - 8f^2r^2 + r^4}{(4fr)^2} \right\}^{\frac{1}{2}} - \frac{4f^2 - r^2}{4fr} \\
&= \left\{ \frac{(4f^2 + r^2)^2}{(4fr)^2} \right\}^{\frac{1}{2}} - \frac{4f^2 - r^2}{4fr} = \frac{2r^2}{4fr} = \frac{r}{2f}
\end{aligned} \tag{2.21}$$

式 (2.21) が開口面の直径 $2r$ と焦点距離 $f$ の関係を表します．

**数学の公式**

倍角の公式 $\cos 2\theta = 1 - 2\sin^2\theta$ から

$$\sin^2\theta = \frac{1-\cos 2\theta}{2} \quad (2.22)$$

$\theta$ を $\theta/2$ に置き換えると

$$\sin^2\frac{\theta}{2} = \frac{1-\cos\theta}{2} \quad (2.23)$$

$\cos 2\theta = 2\cos^2\theta - 1$ から

$$\cos^2\theta = \frac{1+\cos 2\theta}{2} \quad (2.24)$$

$\theta$ を $\theta/2$ に置き換えると

$$\cos^2\frac{\theta}{2} = \frac{1+\cos\theta}{2} \quad (2.25)$$

式 (2.23) を式 (2.25) で割ると

$$\tan^2\frac{\theta}{2} = \frac{1-\cos\theta}{1+\cos\theta} \quad (2.26)$$

よって

$$\tan\frac{\theta}{2} = \sqrt{\frac{(1-\cos\theta)(1-\cos\theta)}{(1+\cos\theta)(1-\cos\theta)}} = \frac{1-\cos\theta}{\sin\theta} = \sqrt{\frac{\sin^2\theta+\cos^2\theta}{\sin^2\theta}} - \cot\theta$$

$$= \sqrt{1+\cot^2\theta} - \cot\theta \quad (2.27)$$

## 2.8.2 オフセットパラボラアンテナ

**図 2.64** のように，回転対称でない反射鏡を持つ構造のアンテナを**オフセットパラボラアンテナ**といいます．パラボラアンテナ（センターパラボラアンテナ）は反射鏡の前面に 1 次放射器や給電線が設置されるので，給電装置や支持柱が電波の通路を妨害し放射特性を劣化させる原因となります．オフセットパラボラアンテナはこれらの影響が軽減され，サイドローブを少なくすることができます．

サイドローブ（副輻射）は，指向性の乱れにより発生する．

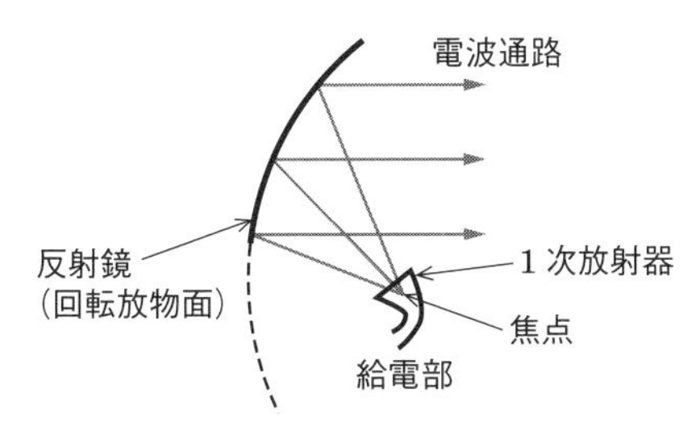


■図 2.64　オフセットパラボラアンテナ

<特徴>

鋭い単一指向性，高利得，1次放射器の影響を受けない．

**関連知識　レードーム**

パラボラアンテナなどの反射板付きアンテナの板面への積雪や風害，1次放射器の開口部分への雪や雨およびほこりの進入，あるいはアンテナ駆動機構を保護するために用いられる誘電体カバーをレードームといいます．特に降雪地帯において多く用いられます．

## 2.8.3 開口面アンテナのサイドローブの軽減方法

反射鏡形アンテナのサイドローブ（副放射）を軽減するには次の方法があります．

① 反射鏡面の鏡面精度を向上させて乱反射を減らす．

② 1次放射器の特性を改善して，ビーム効率を高くする．

③ 1次放射器から反射鏡面への電波の照度分布を変えて，開口周辺部の照射レベルを低くする．

④ 電波吸収体を用いた遮へい板を1次放射器の外周部に取り付ける．また，電波吸収体を1次放射器の支持柱に取り付ける．

⑤ オフセットパラボラアンテナにして，1次放射器やその支持柱などのブロッキングをなくす．

⑥ カセグレンアンテナの場合は，主反射鏡の面積に対する副反射鏡の面積の割合を小さくする．

**問題 26** ★★★ ➡2.8.1

次の記述は，パラボラアンテナの開口面から放射される電波が平面波となる理由について述べたものである．[　　]内に入れるべき字句を下の番号から選べ．

(1) **図 2.65** に示すように，回転放物面の焦点をF，中心をO，回転放物面上の任意の点をPとすれば，FからPまでの距離 $\overline{FP}$ とPから準線gに下ろした垂線の足Qとの距離 $\overline{PQ}$ との間には，次式の関係がある．

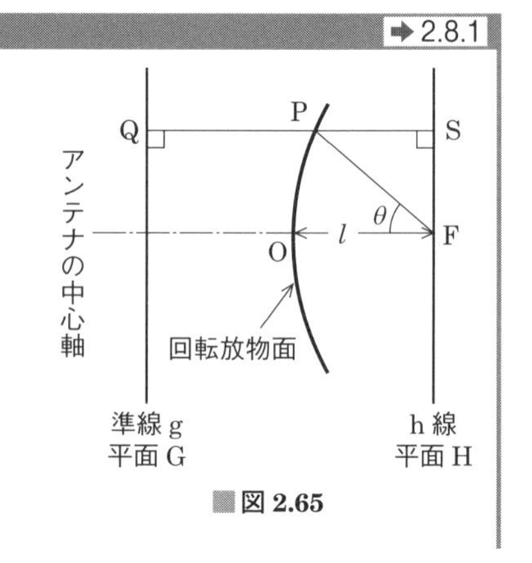


■図 2.65

$\overline{PQ}$ = [ ア ] ……………………………………………………【1】

(2) F を通り g に平行な直線を h 線とし，P から h に下ろした垂線の足を S とすれば，F から P を通って S に至る距離 $\overline{FP}+\overline{PS}$ は，式【1】の関係から，次式で表される．

$\overline{FP}+\overline{PS}$ = [ イ ]

(3) 焦点 F に置かれた等方性波源より放射され，回転放物面で反射されたすべての電波は，アンテナの中心軸に垂直で g を含む平面 G を見掛け上の[ ウ ]として，アンテナの中心軸に平行に，G に平行で h を含む平面 H へ[ エ ]の平面波として到達する．

(4) F から放射され回転放物面で反射されて H に至る電波通路の長さはすべて等しいから，放射角度 $\theta=0$ のときの電波通路の長さと $\theta\neq0$ のときの電波通路の長さも等しく，$\overline{FP}+\overline{PS}$ を焦点距離 $l$ で表すと，次式が成り立つ．

$\overline{FP}+\overline{PS}=\overline{FP}\times$([ オ ]$)=2l$

| | | | | | | | | | |
|---|---|---|---|---|---|---|---|---|---|
| 1 | $\overline{FP}$ | 2 | $\overline{QS}$ | 3 | 反射点 | 4 | 同位相 | 5 | $1+\sin\theta$ |
| 6 | $2\overline{FP}$ | 7 | $2\overline{PQ}$ | 8 | 波源 | 9 | 逆位相 | 10 | $1+\cos\theta$ |

**解説** 放物線は焦点からの距離（$\overline{FP}$）と準線までの距離（$\overline{PQ}$）が等しい曲線です．

三角形 FPS において，点 P の角度∠FPS は $\theta$ となるので $\overline{PS}=\overline{FP}\cos\theta$ で表されます．よって

$$\overline{FP}+\overline{PS}=\overline{FP}+\overline{FP}\cos\theta$$
$$=\overline{FP}\times(\mathbf{1+\cos\theta})=2l$$

↑ [ オ ]の答え

となるので，焦点から放物線上の任意の点を通り h 線までの距離が一定の $2l$ となります．

**答え▶▶▶ア－1，イ－2，ウ－8，エ－4，オ－10**

**問題 27** ★★ ➡2.8.1

**図 2.66** に示す円形パラボラアンテナの断面図の開口角 $2\theta$〔rad〕と開口面の直径 $2r$〔m〕および焦点距離 $f$〔m〕との関係を表す式として，正しいものを下の番号から選べ．ただし，$\theta$ について，次式が成り立つ．

$$\tan\frac{\theta}{2}=(1+\cot^2\theta)^{\frac{1}{2}}-\cot\theta$$

1 $\tan\frac{\theta}{2}=\frac{r}{f}$

2 $\tan\frac{\theta}{2}=\frac{f}{r}$

3 $\tan\frac{\theta}{2}=\frac{r}{f-r}$

4 $\tan\frac{\theta}{2}=\frac{r}{2f}$

5 $\tan\frac{\theta}{2}=\frac{2r}{f}$

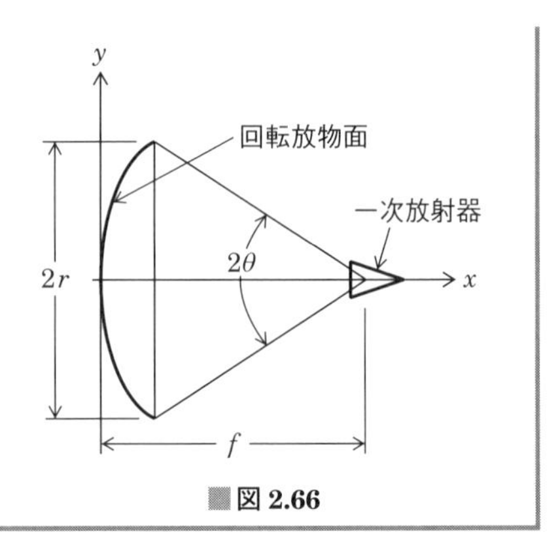


図 2.66

答え▶▶▶4

**問題 28** ★★ ➡2.8.1

次の記述は，**図 2.67** に示すパラボラアンテナの特性について述べたものである．［　　］内に入れるべき字句の正しい組合せを下の番号から選べ．ただし，パラボラアンテナの開口直径を $D$〔m〕，開口角を $\theta$〔°〕，焦点距離を $f$〔m〕，開口効率を $\eta$ および波長を $\lambda$〔m〕とする．

(1) $\theta$ と $D$ と $f$ の関係は，［ A ］と表される．

(2) 絶対利得（真数）は，［ B ］と表される．

(3) 指向性の半値幅〔°〕は，$\lambda$ に［ C ］，$D$ に［ D ］する．

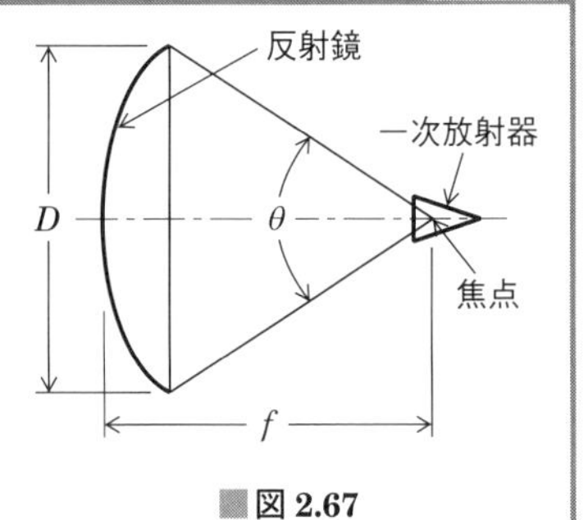


図 2.67

| | A | B | C | D |
|---|---|---|---|---|
| 1 | $\tan\frac{\theta}{2}=\frac{D}{2f}$ | $\left(\frac{\pi D}{\lambda}\right)^2\eta$ | 反比例 | 比例 |
| 2 | $\tan\frac{\theta}{2}=\frac{D}{2f}$ | $\left(\frac{\pi D}{\lambda}\right)\eta$ | 比例 | 反比例 |
| 3 | $\tan\frac{\theta}{4}=\frac{D}{4f}$ | $\left(\frac{\pi D}{\lambda}\right)^2\eta$ | 比例 | 反比例 |
| 4 | $\tan\frac{\theta}{4}=\frac{D}{4f}$ | $\left(\frac{\pi D}{\lambda}\right)^2\eta$ | 反比例 | 比例 |
| 5 | $\tan\frac{\theta}{4}=\frac{D}{4f}$ | $\left(\frac{\pi D}{\lambda}\right)\eta$ | 比例 | 反比例 |

**解説** 開口直径 $D$〔m〕，波長 $\lambda$〔m〕，開口効率 $\eta$，開口面積 $A$〔$\mathrm{m}^2$〕より，絶対利得 $G_\mathrm{I}$ は次式で表されます．

$$G_\mathrm{I} = \frac{4\pi A}{\lambda^2}\eta = \frac{4\pi}{\lambda^2} \times \pi\left(\frac{D}{2}\right)^2 \eta = \left(\boldsymbol{\frac{\pi D}{\lambda}}\right)^{\mathbf{2}} \boldsymbol{\eta}$$

B の答え

開口直径 $D$〔m〕，波長 $\lambda$〔m〕より，指向性の半値幅 $\phi$〔°〕は近似的に次式で表されます．

$$\phi \fallingdotseq 70\frac{\lambda}{D}〔°〕 \quad ①$$

式①より，$\phi$ は $\lambda$ に**比例**し，$D$ に**反比例**します．

C の答え　　D の答え

答え▶▶▶ 3

**問題 29** ★★★　➡ 2.8.1

開口径が 1.5〔m〕の円形パラボラアンテナを周波数 20〔GHz〕で使用するときの絶対利得の値として，最も近いものを下の番号から選べ．ただし，開口効率を 0.6 とし，$\log_{10}\pi = 0.5$，$\log_{10} 6 = 0.78$ とする．

1　48〔dB〕　2　51〔dB〕　3　54〔dB〕　4　57〔dB〕　5　60〔dB〕

**解説** 周波数 $f = 20$〔GHz〕$= 20 \times 10^9$〔Hz〕の電波の波長 $\lambda$〔m〕は

$$\lambda \fallingdotseq \frac{3\times 10^8}{f} = \frac{3\times 10^8}{20\times 10^9} = 1.5\times 10^{-2}〔\mathrm{m}〕$$

となり，開口径を $D$〔m〕，開口効率を $\eta$ とすると，絶対利得 $G_\mathrm{I}$〔dB〕は次式で表されます．

$$G_\mathrm{I} = 10\log_{10}\left(\frac{\pi D}{\lambda}\right)^2 \eta = 10\log_{10}\left\{\left(\frac{\pi\times 1.5}{1.5\times 10^{-2}}\right)^2 \times 0.6\right\}$$
$$= 10\log_{10}(\pi^2 \times 10^3 \times 6)$$
$$= 20\log_{10}\pi + 10\log_{10}10^3 + 10\log_{10}6$$
$$= 10 + 30 + 7.8 \fallingdotseq \mathbf{48〔dB〕}$$

答え▶▶▶ 1

**出題傾向** log の数値が問題に与えられていない場合もあるので，$\log_{10} 2 \fallingdotseq 0.3$，$\log_{10} 3 \fallingdotseq 0.48$，$\log_{10} \pi \fallingdotseq 0.5$ の数値は覚えておきましょう．また，$\log_{10} 6 = \log_{10}(2 \times 3) = \log_{10} 2 + \log_{10} 3 \fallingdotseq 0.3 + 0.48 = 0.78$ と計算します．

**問題 30** ★ ➡2.8.2

次の記述は，**図 2.68** に示すオフセットパラボラアンテナについて述べたものである．このうち誤っているものを下の番号から選べ．

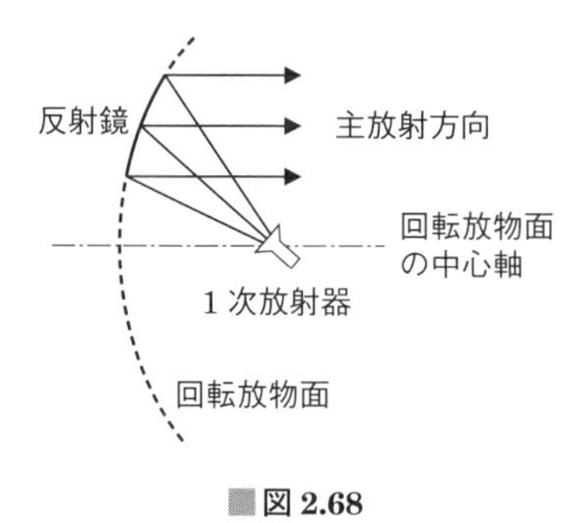


■図 2.68

1　オフセットパラボラアンテナは，回転放物面反射鏡の一部分だけを反射鏡に使うように構成したものであり，1 次放射器は，回転放物面の焦点に置かれ，反射鏡に向けられている．

2　反射鏡の前面に 1 次放射器や給電線路がないため，これらにより電波の通路がブロッキングを受けず，円形パラボラアンテナに比べてサイドローブが少ない．

3　反射鏡の前面に 1 次放射器がないため，反射鏡面からの反射波はほとんど 1 次放射器に戻らず，円形パラボラアンテナに比べて周波数特性が狭帯域である．

4　鏡面が軸対称な構造でないため，直線偏波では原理的に交差偏波が発生しやすい．

5　アンテナ特性の向上のため，複反射鏡形式が用いられることがある．

**解説** 誤っている選択肢は次のようになります．

3　反射鏡の前面に 1 次放射器がないため，反射鏡面からの反射波はほとんど 1 次放射器に戻らないので，放射器の指向性を良くすれば，開口効率はほとんど低下しない．

**答え▶▶▶ 3**

**問題 31** ★★ ➡2.8.3

次の記述は，パラボラアンテナのサイドローブの影響の軽減について述べたものである．このうち誤っているものを下の番号から選べ．

1 反射鏡面の鏡面精度を向上させる．
2 1 次放射器の特性を改善して，ビーム効率を高くする．
3 電波吸収体を 1 次放射器外周部やその支持柱に取り付ける．
4 オフセットパラボラアンテナにして 1 次放射器のブロッキングをなくす．
5 反射鏡面への電波の照度分布を変えて，開口周辺部の照射レベルを高くする．

**解説** 誤っている選択肢は次のようになります．

5 反射鏡面への電波の照度分布を変えて，開口周辺部の照射レベルを**低く**する．

**答え▶▶▶ 5**

# 2.9 反射鏡形アンテナ 2

- カセグレンアンテナの主反射鏡は回転放物面，副反射鏡は回転双曲面
- グレゴリアンアンテナの主反射鏡は回転放物面，副反射鏡は回転楕円面
- コセカント 2 乗特性アンテナの受信電力は，等高度の航空機の場合，距離に係わらず一定値

## 2.9.1 カセグレンアンテナ

**図 2.69** のように，1 次放射器，回転双曲面の副反射鏡，回転放物面の主反射鏡の構造を持つアンテナを**カセグレンアンテナ**といいます．副反射鏡の虚焦点と主反射鏡の焦点 F が一致するように各反射鏡を配置してあります．さらに，副反射鏡の焦点の位置に 1 次放射器を配置します．1 次放射器が主反射鏡側にあるので，背面や側面への漏れが少なくなり，衛星通信の地球局に用いると大地の熱雑音などの影響を受けにくくなります．

回転双曲面は二つの焦点を持つ．

宇宙に比較すると，大地の温度は高いので，熱雑音が大きい．

<特徴>

鋭い単一指向性，高利得，1 次放射器からの漏れが少ない．

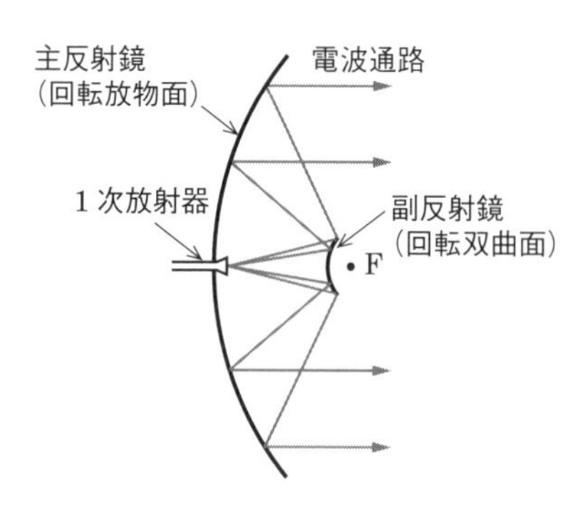


■図 2.69　カセグレンアンテナ

## 2.9.2 グレゴリアンアンテナ

**図 2.70** のように，1 次放射器，回転楕円面の副反射鏡，回転放物面の主反射鏡の構造を持つアンテナを**グレゴリアンアンテナ**といいます．回転楕円面の副反射鏡が持つ一方の焦点を主反射鏡の焦点 F と一致させ，もう一方の焦点を 1 次放射器の励振点（位相中心）と一致するように配置してあります．カセグレンアンテナと同様に 1 次放射器からの電波を副反射鏡で反射し，その反射波が主反射鏡で反射されて前方に鋭い指向性を持ちます．1 次放射器が主反射鏡側にあるので，背面や側面への漏れが少なくなり，衛星通信の地球局に用いると大地の熱雑音などの影響を受けにくくなります．パラボラアンテナと比較すると主反射鏡で生じる交差偏波成分が少ないので，偏波共用アンテナとして用いられます．

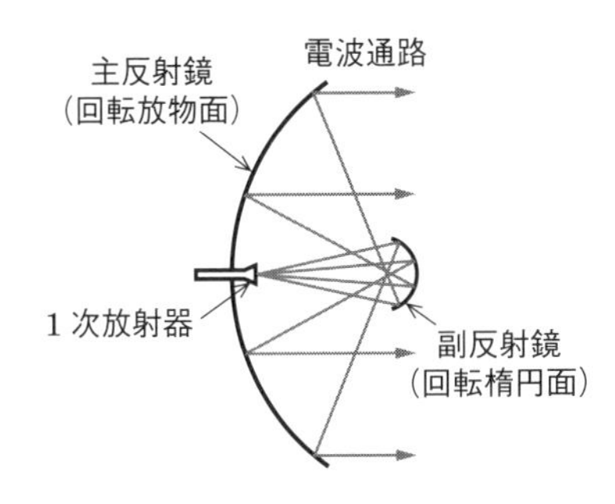


■図 2.70　グレゴリアンアンテナ

<特徴>

鋭い単一指向性，高利得，1 次放射器からの漏れが少ない．

## 2.9.3 ホーンレフレクタアンテナ

**図 2.71** のように，電磁ホーンアンテナとパラボラ反射鏡の一部を組み合わせた構造を**ホーンレフレクタアンテナ**といいます．パラボラアンテナに比べて 1 次放射器からの直接波の影響が小さいのでサイドローブが少ない，開口効率が大きい，直線偏波および円偏波両用に使用できるなどの特長があります．

方形導波管を用いないで，円形導波管で給電して，円錐形のホーンと回転放物面反射鏡を用いるアンテナを**円錐ホーンレフレクタアンテナ**といいます．直線偏波で励振すると，構造が非対称なので，交差偏波成分が現れます．

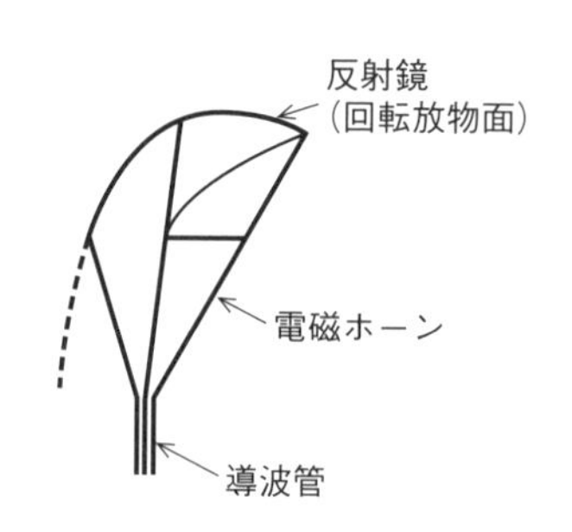


■図 2.71　ホーンレフレクタアンテナ

<特徴>

鋭い単一指向性，高利得，開口効率が大きい，サイドローブが少ない．

## 2.9.4 コセカント 2 乗特性アンテナ

航空管制で用いられる航空路監視レーダ（ARSR）や空港監視レーダ（ASR）では，**図 2.72** のように航空機から反射される電波を受信してレーダ画面上に表示させます．このとき，航空機が飛行して距離 $R$ が変化すると受信電力が変化して画面の輝度も変化します．レーダアンテナの垂直面電力指向性を $\mathrm{cosec}^2\,\theta$ に比例する特性を持たせると，航空機が等高度で飛行するときは，受信電力が距離に無関係となり一定となります．このような特性を持つアンテナを**コセカント 2 乗特性アンテナ**といい，この指向特性を得るためには，反射鏡を 2 重曲率にする方法が用いられています．

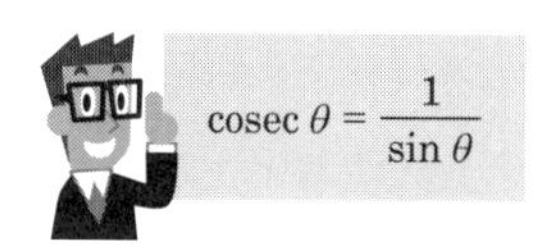


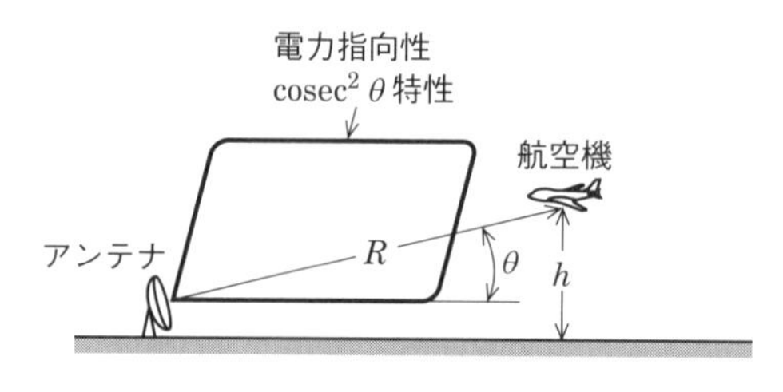


■図 2.72　コセカント 2 乗特性アンテナ

空港監視レーダに用いられるアンテナは航空機まで距離が遠いときにアンテナの利得が大きくなる特性を持っています．等高度 $h$ で航行する航空機までの距離 $R$ は，仰角を $\theta$ とすると次式で表されます．

$$R = \frac{h}{\sin\theta} = h \operatorname{cosec}\theta \tag{2.28}$$

> cosec はコセカント，sec はセカントと読む．

反射波の受信電力は，指向性係数の 2 乗に比例するので，垂直面指向性係数が $\operatorname{cosec}^2\theta$ の特性を持ったアンテナの受信電力は，航空機が等高度で飛行していれば，距離に無関係にほぼ一定となります．また，水平面内のビーム幅は，方位分解能を向上させるため非常に狭い特性を持ちます．

＜特徴＞

鋭い水平面単一指向性，垂直面電力指向性は $\operatorname{cosec}^2\theta$ 特性，航空管制レーダ用．

**問題 32** ★★ ➡ 2.9.1

次の記述は，カセグレンアンテナについて述べたものである．[　　] 内に入れるべき字句の正しい組合せを下の番号から選べ．

(1) 回転放物面の主反射鏡，[ A ] の副反射鏡および 1 次放射器で構成され，副反射鏡の二つの焦点のうち，一方の焦点は，主反射鏡の焦点と一致し，他方の焦点は，1 次放射器の励振点と一致している．

(2) 1 次放射器を主反射鏡の頂点（中心）付近に置くことにより給電線路が [ B ] ので，その伝送損を少なくできる．

(3) 主反射鏡および副反射鏡の鏡面を [ C ] すると，高能率で低雑音なアンテナを得ることができる．

(4) 放射特性の乱れは，オフセットカセグレンアンテナより [ D ]．

| | A | B | C | D |
|---|---|---|---|---|
| 1 | 回転楕円面 | 短くできる | 小さく | 小さい |
| 2 | 回転双曲面 | 長くなる | 修整 | 大きい |
| 3 | 回転楕円面 | 短くできる | 修整 | 小さい |
| 4 | 回転双曲面 | 短くできる | 修整 | 大きい |
| 5 | 回転楕円面 | 長くなる | 小さく | 小さい |

**解説** カセグレンアンテナの副反射鏡は，回転双曲面なので焦点が二つあります．ホーンアンテナなどの 1 次放射器の開口面において，開口角の頂点が励振点となります．

**答え ▶▶▶ 4**

**出題傾向** 下線の部分を穴埋めの字句とした問題も出題されています.

**問題 33** ★★★ ➡2.9.1

次の記述は，カセグレンアンテナについて述べたものである．このうち誤っているものを下の番号から選べ.

1　副反射鏡の二つの焦点のうち，一方の焦点と主反射鏡（回転放物面反射鏡）の焦点が一致し，他方の焦点と1次放射器の励振点が一致している.
2　1次放射器から放射された平面波は，副反射鏡により反射され，さらに主反射鏡により反射されて，球面波となる.
3　1次放射器を主反射鏡の頂点（中心）付近に置くことができるので，給電路を短くでき，その伝送損を少なくできる.
4　主反射鏡の正面に副反射鏡やその支持柱などがあり，放射特性の乱れは，オフセットカセグレンアンテナより大きい.
5　主及び副反射鏡の鏡面を本来の形状から多少変形して，高利得でサイドローブが少なく，かつ小さい特性を得ることができる.

**解説** 誤っている選択肢は次のようになります.

2　1次放射器から放射された**球面波**は，副反射鏡により反射され，さらに主反射鏡により反射されて，**平面波**となる.

**答え▶▶▶2**

**問題 34** ★★ ➡2.9.2

次の記述は，グレゴリアンアンテナについて述べたものである．[　　]内に入れるべき字句の正しい組合せを下の番号から選べ.

(1) 主反射鏡に回転放物面，副反射鏡に[ A ]の[ B ]を用い，副反射鏡の一方の焦点を主反射鏡の焦点と一致させ，他方の焦点を1次放射器の位相中心と一致させた構造である.
(2) また，[ C ]によるブロッキングをなくして，サイドローブ特性を良好にするために，オフセット型が用いられる.

| | A | B | C |
|---|---|---|---|
| 1 | 回転双曲面 | 凹面側 | 1 次放射器 |
| 2 | 回転双曲面 | 凸面側 | 1 次放射器 |
| 3 | 回転双曲面 | 凹面側 | 副反射鏡 |
| 4 | 回転楕円面 | 凸面側 | 1 次放射器 |
| 5 | 回転楕円面 | 凹面側 | 副反射鏡 |

**解説** グレゴリアンアンテナの副反射鏡は回転楕円面の**凹面側**を用います．カセグレンアンテナの副反射鏡は回転双曲面の凸面側を用います． B の答え

答え ▶▶▶ 5

**出題傾向** 下線の部分を穴埋めの字句とした問題も出題されています．

**問題 35** ★ ➡ 2.9.3

次の記述は，円錐ホーンレフレクタアンテナについて述べたものである．このうち誤っているものを下の番号から選べ．

1 開口面上に電波を散乱するものがないので，優れた放射特性を持っている．
2 直線偏波で励振しても，交差偏波成分が現れない．
3 円偏波で励振すると，ビームの方向が偏波の旋回方向によって中心から互いに反対方向にずれる．
4 給電に用いる導波管を基本モードで励振したときの開口効率は，ホーンの開き角が小さいほど良くなる．
5 反射鏡からの反射波が給電点にほとんど戻らないために，広帯域にわたってインピーダンスの不整合が生じにくい．

**解説** 2 構造が非対称なため，直線偏波で励振したとき，交差偏波成分が現れます．

答え ▶▶▶ 2

**問題 36** ★★★ ➡ 2.9.4

次の記述は，ASR（空港監視レーダー）のアンテナについて述べたものである．□内に入れるべき字句の正しい組合せを下の番号から選べ．

(1) 垂直面内の指向性は，[A]特性である．
(2) 航空機が等高度で飛行していれば，航空機からの反射波の強度は，航空機までの距離に[B]．
(3) 水平面内のビーム幅は，非常に[C]．

| | A | B | C |
|---|---|---|---|
| 1 | コセカント2乗 | 反比例する | 狭い |
| 2 | コセカント2乗 | 反比例する | 広い |
| 3 | コセカント2乗 | 無関係にほぼ一定となる | 狭い |
| 4 | コサイン3乗 | 反比例する | 狭い |
| 5 | コサイン3乗 | 無関係にほぼ一定となる | 広い |

答え▶▶▶3

問題 37 ★★★ ➡2.2.3 ➡2.4.1 ➡2.4.2 ➡2.4.3 ➡2.9.3

次の記述は，各種アンテナの特徴などについて述べたものである．このうち誤っているものを下の番号から選べ．

1 半波長ダイポールアンテナを垂直方向の一直線上に等間隔に多段接続した構造のコーリニアアレーアンテナは，隣り合う各放射素子を互いに同振幅，同位相で励振する．
2 扇形ホーンアンテナのホーンの長さを一定にしたまま，ホーンの開き角を大きくすればするほど扇形ホーンアンテナの利得は大きくなる．
3 スリーブアンテナのスリーブの長さは，約1/4波長である．
4 対数周期ダイポールアレーアンテナは，隣り合うアンテナ素子の長さの比および各アンテナ素子の先端を結ぶ2本の直線の交点（頂点）から隣り合うアンテナ素子までの距離の比を一定とし，隣り合うアンテナ素子ごとに逆位相で給電する広帯域アンテナである．
5 ブラウンアンテナの放射素子と地線の長さは共に約1/4波長であり，地線は同軸給電線の外部導体と接続されている．

解説 誤っている選択肢は次のようになります．

2 扇形ホーンアンテナのホーンの長さを一定にしたまま，ホーンの開き角を大きくすると**ある角度で利得が最大になる．**

答え▶▶▶2

**問題 38** ★★★ ➡2.2.1 ➡2.4.2 ➡2.8.1 ➡2.9.1

次の記述は，各種アンテナの特徴などについて述べたものである．このうち誤っているものを下の番号から選べ．

1 ブラウンアンテナの1/4波長の導線からなる地線は，同軸ケーブルの外部導体に漏れ電流が流れ出すのを防ぐ働きをする．
2 素子の太さが同じ2線式折返し半波長ダイポールアンテナの受信開放電圧は，同じ太さの半波長ダイポールアンテナの受信開放電圧の約4倍である．
3 ディスコーンアンテナは，スリーブアンテナに比べて広帯域なアンテナである．
4 円形パラボラアンテナの半値幅は，波長に比例し，開口径に反比例する．
5 カセグレンアンテナは，副反射鏡の二つの焦点の一方と主反射鏡の焦点を一致させ，他方の焦点と1次放射器の励振点とを一致させてある．

**解説** 誤っている選択肢は次のようになります．

2 素子の太さが同じ2線式折返し半波長ダイポールアンテナの受信開放電圧は，同じ太さの半波長ダイポールアンテナの受信開放電圧の**約2倍**である．

2線式折返し半波長ダイポールアンテナの実効長は，半波長ダイポールアンテナの約2倍となるので，半波長ダイポールアンテナと同じ大きさの電界強度の位置に置けば受信開放電圧は約2倍となります．

**答え▶▶▶2**

**問題 39** ★★ ➡2.2.1 ➡2.4.1 ➡2.6.1 ➡2.9.2

次の記述は，各種アンテナの特徴などについて述べたものである．このうち誤っているものを下の番号から選べ．

1 半波長ダイポールアンテナの絶対利得は，約2.15〔dB〕である．
2 スリーブアンテナの利得は，半波長ダイポールアンテナとほぼ同じである．
3 ディスコーンアンテナは，スリーブアンテナに比べて広帯域なアンテナである．
4 頂角が60〔°〕のコーナレフレクタアンテナの指向特性は，励振素子と2枚の反射板による3個の影像アンテナから放射される4波の合成波として求められる．
5 グレゴリアンアンテナの副反射鏡は，回転楕円面である．

**解説** 誤っている選択肢は次のようになります．

4 頂角が 60〔°〕のコーナレフレクタアンテナの指向特性は，励振素子と 2 枚の反射板による **5 個**の影像アンテナから放射される **6 波**の合成波として求められる．

**図 2.73** のように，励振素子の半波長ダイポールアンテナと同じ位相の影像アンテナ 2 個と逆位相の影像アンテナ 3 個の合計 5 個の影像アンテナが生じます．

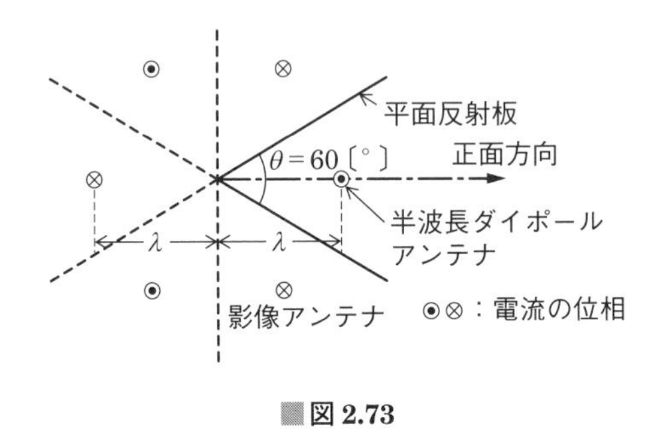


■図 2.73

答え▶▶▶ 4

# 3章

# 給電線と整合回路

この章から 5問 出題

【合格へのワンポイントアドバイス】

給電線の分野は，計算問題や計算式を答える問題が多く出題されています．既出の計算問題が類題として出題されるときは，数値が異なっていたり，何の量を求めるかが異なっているものもあるので注意しなければなりません．また，計算式を誘導する途中の式が穴あきになっている問題も出題されていますので，式を誘導する過程を正確に覚えてください．

# 3.1 分布定数回路

- 線路の伝搬定数 $\gamma$ は減衰定数 $\alpha$ と位相定数 $\beta$ で表される
- 無損失線路の単位長さ当たりのインダクタンスと静電容量から特性インピーダンスと伝搬速度を求めることができる
- 線路のインピーダンスは受端からの距離によって変化する

## 3.1.1 給電線とは

**給電線**は送信機から送信アンテナまで，または受信アンテナから受信機までの間に接続された高周波伝送線路です．給電線には，直線状の導体で構成された**平行 2 線式給電線**，同軸状の導体で構成された**同軸給電線**（**同軸ケーブル**），導体壁で構成された空間内に電磁波を伝送させる**導波管**などの種類があります．

## 3.1.2 分布定数回路

直流や低周波交流では$R$のみを考えればよい．

線路で高周波を伝送する場合は，**図 3.1** のように，抵抗，インダクタンス，コンダクタンスおよび静電容量が分布している分布定数回路として取り扱わなければなりません．このとき，単位長さ（1〔m〕）当たりの定数を $\dot{Z}$〔Ω/m〕，$\dot{Y}$〔S/m〕，$R$〔Ω/m〕，$L$〔H/m〕，$G$〔S/m〕，$C$〔F/m〕とすると，微小区間 $dx$ の電圧 $d\dot{V}$ は $d\dot{V}=\dot{I}\dot{Z}dx$ なので，次式で表されます．

$$\frac{d\dot{V}}{dx}=\dot{I}\dot{Z} \tag{3.1}$$

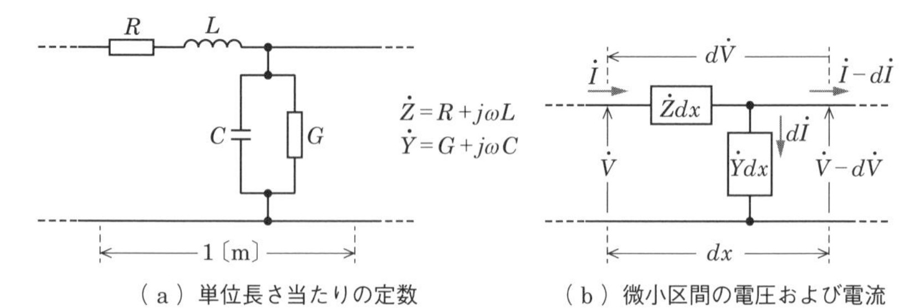


（a）単位長さ当たりの定数　（b）微小区間の電圧および電流

**図 3.1　分布定数回路**

また，電流 $d\dot{I}$ は $d\dot{I} = \dot{V}\dot{Y}dx$ なので

$$\frac{d\dot{I}}{dx} = \dot{V}\dot{Y} \tag{3.2}$$

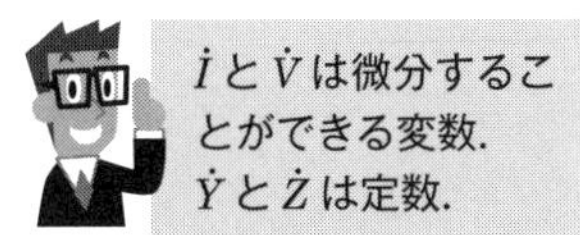


ここで，式（3.1）と式（3.2）を $x$ で微分してから互いに代入すると

$$\frac{d^2\dot{V}}{dx^2} = \frac{d\dot{I}}{dx}\dot{Z} = \dot{V}\dot{Y}\dot{Z} \tag{3.3}$$

$$\frac{d^2\dot{I}}{dx^2} = \frac{d\dot{V}}{dx}\dot{Y} = \dot{I}\dot{Z}\dot{Y} \tag{3.4}$$

微分方程式の解は，微分しても変わらない関数の $e^x$ で表される式となる．

となり，これらの微分方程式を解くと，線路上の電圧 $\dot{V}$〔V〕および電流 $\dot{I}$〔A〕は次式で表されます．

$$\dot{V} = \dot{A}e^{-\gamma x} + \dot{B}e^{\gamma x} \tag{3.5}$$

$$\dot{I} = \frac{\dot{A}}{\dot{Z}_0}e^{-\gamma x} - \frac{\dot{B}}{\dot{Z}_0}e^{\gamma x} \tag{3.6}$$

ここで，$e \fallingdotseq 2.718$ は自然対数の底です．$\dot{A}$ と $\dot{B}$ は電圧の単位を持つ積分定数で，送端の条件（$x = 0$ のとき，$\dot{V} = \dot{V}_T$, $\dot{I} = \dot{I}_T$）を用いて求めると次式で表されます．

$$\dot{A} = \frac{\dot{V}_T + \dot{Z}_0\dot{I}_T}{2} \tag{3.7}$$

$$\dot{B} = \frac{\dot{V}_T - \dot{Z}_0\dot{I}_T}{2} \tag{3.8}$$

式（3.7）と式（3.8）の $\dot{Z}_0$〔Ω〕は線路上の電圧と電流の比によって表され，これを線路の**特性インピーダンス**といい，次式で表されます．

$$\dot{Z}_0 = \sqrt{\frac{\dot{Z}}{\dot{Y}}} = \sqrt{\frac{R + j\omega L}{G + j\omega C}}\ [\Omega] \tag{3.9}$$

また，式（3.5）と式（3.6）の $\gamma$ を**伝搬定数**といい，次式で表されます．

$$\gamma = \sqrt{\dot{Z}\dot{Y}} = \sqrt{(R + j\omega L)(G + j\omega C)} = \alpha + j\beta \tag{3.10}$$

ただし，周波数を $f$〔Hz〕とすると，$\omega = 2\pi f$〔rad/s〕となります．

$\omega$〔rad/s〕は時間を位相に変換する定数．

$\beta = \frac{2\pi}{\lambda}$〔rad/m〕は距離を位相に変換する定数．

$R \ll \omega L$，$G \ll \omega C$ の条件では，式（3.10）の $\alpha$，$\beta$ は次式で表されます．

$$\alpha = \frac{R}{2}\sqrt{\frac{C}{L}} + \frac{G}{2}\sqrt{\frac{L}{C}} \text{〔Np/m〕} \tag{3.11}$$

$$\beta = \omega\sqrt{LC} \text{〔rad/m〕} \tag{3.12}$$

$\alpha$ を**減衰定数**といい，線路上の減衰量を表します．単位の〔Np〕はネーパと呼び，1〔Np〕$= 20 \log_{10} e \fallingdotseq 8.686$〔dB〕となります．$\beta = 2\pi/\lambda$〔rad/m〕を**位相定数**といい，線路上の位相の変化を表す定数です．

また，$R \ll \omega L$，$G = 0$ の条件では，次式によって表すことができます．

$$\alpha = \frac{R}{2Z_0} \text{〔Np/m〕} \tag{3.13}$$

線路を高周波が伝搬する速度 $v$〔m/s〕は，式 (3.12) を用いると次式で表されます．

$$v = \lambda f = \frac{\lambda}{2\pi} \times 2\pi f = \frac{1}{\beta} \times \omega = \frac{1}{\sqrt{LC}} \text{〔m/s〕} \tag{3.14}$$

無損失線路では，$R = 0$，$G = 0$ となるので

$$\alpha = 0 \tag{3.15}$$

$$\gamma = j\beta = j\omega\sqrt{LC} \tag{3.16}$$

$$\dot{Z}_0 = Z_0 = \sqrt{\frac{L}{C}} \tag{3.17}$$

無損失線路の特性インピーダンス $\dot{Z}_0$ は実数部のみで表される．

となります．

## 3.1.3 線路上の電圧および電流

**図 3.2** のように，送端から距離 $x$〔m〕の点は受端からの距離が $l$〔m〕なので，線路上の電圧 $\dot{V}$〔V〕および電流 $\dot{I}$〔A〕は，式 (3.5)，式 (3.6)，式 (3.7) に受端の条件（$l = 0$ のとき，$\dot{V} = \dot{V}_R$，$\dot{I} = \dot{I}_R$）を用いると，次式で表されます．

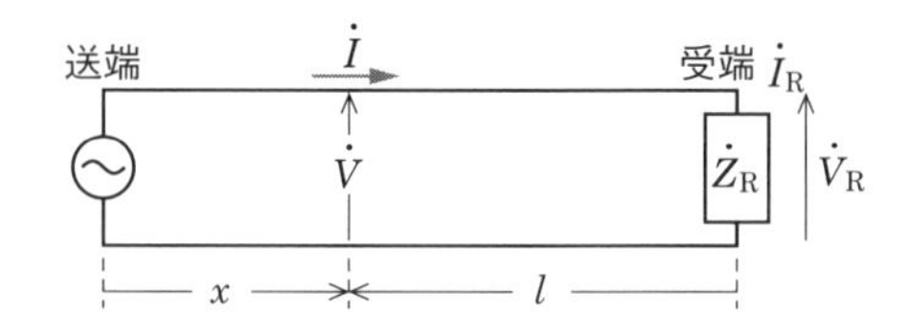


■図 3.2　線路上の電圧と電流

$$\dot{V} = \frac{\dot{V}_R + \dot{Z}_0\dot{I}_R}{2} e^{\gamma l} + \frac{\dot{V}_R - \dot{Z}_0\dot{I}_R}{2} e^{-\gamma l} \text{〔V〕} \tag{3.18}$$

$$\dot{I}=\frac{\dot{V}_R+\dot{Z}_0\dot{I}_R}{2\dot{Z}_0}e^{\gamma l}-\frac{\dot{V}_R-\dot{Z}_0\dot{I}_R}{2\dot{Z}_0}e^{-\gamma l}\ \text{〔A〕} \quad (3.19)$$

受端のインピーダンス$\dot{Z}_R$と特性インピーダンス$\dot{Z}_0$が等しいときは$\dot{V}_R=\dot{Z}_0\dot{I}_R$となるので，第2項の反射波は生じない.

式（3.19）の第1項は受端からの距離$l$が大きくなると大きさが増加して位相が進む進行波を表し，第2項は受端から送端に進む反射波を表します．これは電流$\dot{I}$についても同様です.

## 3.1.4 無損失線路上の電圧および電流

式（3.18）と式（3.19）に無損失線路の条件$\dot{Z}_0=Z_0$，$\gamma=j\beta$を代入すると

$$\dot{V}=\frac{\dot{V}_R+Z_0\dot{I}_R}{2}e^{j\beta l}+\frac{\dot{V}_R-Z_0\dot{I}_R}{2}e^{-j\beta l}\ \text{〔V〕} \quad (3.20)$$

$$\dot{I}=\frac{\dot{V}_R+Z_0\dot{I}_R}{2Z_0}e^{j\beta l}-\frac{\dot{V}_R-Z_0\dot{I}_R}{2Z_0}e^{-j\beta l}\ \text{〔A〕} \quad (3.21)$$

となります．式（3.20）より$\dot{V}$は次式で表されます.

$$\begin{aligned}\dot{V}&=\frac{\dot{V}_R}{2}e^{j\beta l}+\frac{Z_0\dot{I}_R}{2}e^{j\beta l}+\frac{\dot{V}_R}{2}e^{-j\beta l}-\frac{Z_0\dot{I}_R}{2}e^{-j\beta l}\\&=\frac{\dot{V}_R}{2}(e^{j\beta l}+e^{-j\beta l})+\frac{Z_0\dot{I}_R}{2}(e^{j\beta l}-e^{-j\beta l})\ \text{〔V〕}\end{aligned} \quad (3.22)$$

ここで，オイラーの公式

$$e^{j\beta l}=\cos\beta l+j\sin\beta l \quad (3.23)$$

$$e^{-j\beta l}=\cos\beta l-j\sin\beta l \quad (3.24)$$

より

$$\frac{e^{j\beta l}+e^{-j\beta l}}{2}=\cos\beta l \quad (3.25)$$

$$\frac{e^{j\beta l}-e^{-j\beta l}}{2}=j\sin\beta l \quad (3.26)$$

となります．式（3.25）と式（3.26）を用いると，式（3.22）は次式で表されます.

$$\dot{V}=\dot{V}_R\cos\beta l+jZ_0\dot{I}_R\sin\beta l \quad (3.27)$$

同様にして式（3.21）は

$$\dot{I} = \dot{I}_R \cos\beta l + j\frac{1}{Z_0}\dot{V}_R \sin\beta l \text{〔A〕} \tag{3.28}$$

となります．

**出題傾向** 入力インピーダンスなどの線路定数を求める問題はほとんどが無損失線路に関する問題で，損失のある線路についてはあまり出題されません．

## 3.1.5 負荷側を見た線路のインピーダンス

**図3.3**のように，受端から$l$の点から負荷側を見た線路のインピーダンス$\dot{Z}$〔Ω〕は，受端のインピーダンスを$\dot{Z}_R$〔Ω〕（$=\dot{V}_R/\dot{I}_R$）とすると，式（3.27）÷式（3.28）より，次式で表されます．

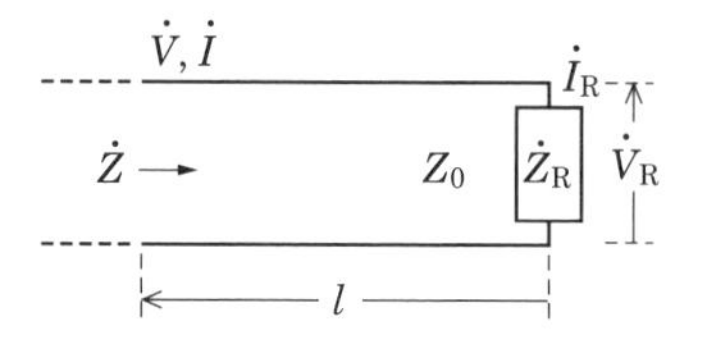


■図3.3　線路のインピーダンス

$$\dot{Z} = \frac{\dot{V}}{\dot{I}} = Z_0\frac{\dot{V}_R \cos\beta l + jZ_0\dot{I}_R \sin\beta l}{Z_0\dot{I}_R \cos\beta l + j\dot{V}_R \sin\beta l}$$

$$= Z_0\frac{\dot{Z}_R \cos\beta l + jZ_0 \sin\beta l}{Z_0 \cos\beta l + j\dot{Z}_R \sin\beta l} \text{〔Ω〕} \tag{3.29}$$

式（3.29）は，$\tan\beta l$を用いて次式のように表すことができます．

$$\dot{Z} = Z_0\frac{\dot{Z}_R + jZ_0 \tan\beta l}{Z_0 + j\dot{Z}_R \tan\beta l} \text{〔Ω〕} \tag{3.30}$$

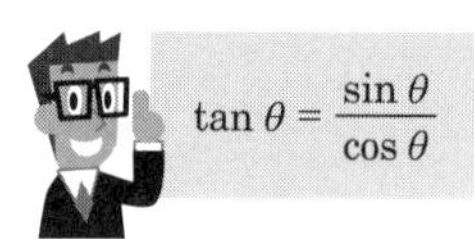


$l=\lambda/4$（$\beta l = \pi/2$）の長さの線路の入力インピーダンス$\dot{Z}$〔Ω〕は，式（3.29）に$\cos(\pi/2)=0$，$\sin(\pi/2)=1$を代入すると

$$\dot{Z} = Z_0\frac{Z_0}{\dot{Z}_R} \text{〔Ω〕} \tag{3.31}$$

となります．ここで，$\dot{Z}_R = R$の純抵抗とすると，入力インピーダンス$\dot{Z}$も純抵抗となり，$Z = Z_0{}^2/R$〔Ω〕で表される値に変換することができます．**図3.4**のように，負荷$R$と特性インピーダンス$Z$の給電線の間に，特性インピーダンスが$Z_0=\sqrt{RZ}$の1/4波長線路を接続して，整合線路として用いることができます．

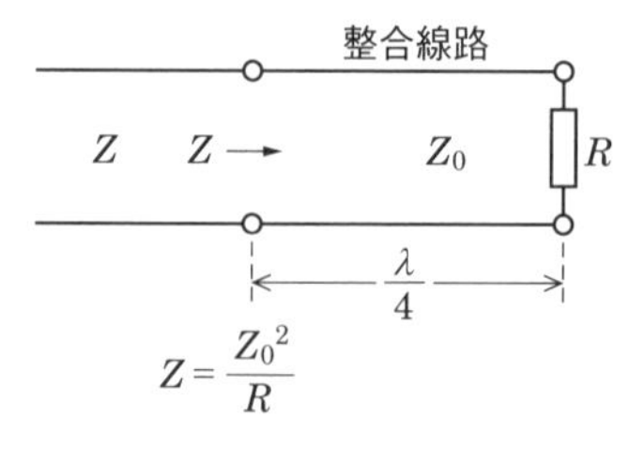


■図3.4　1/4波長整合線路

**問題 1** ★★★ ➡ 3.1.2

特性インピーダンスが 300〔Ω〕で，導線の直径が 5〔mm〕の平行二線式線路の周波数 100〔MHz〕における減衰定数 $\alpha$〔dB/m〕の値として，最も近いものを下の番号から選べ．ただし，線路の単位長さ当たりの抵抗，インダクタンスおよびコンダクタンスをそれぞれ $R$〔Ω/m〕, $L$〔H/m〕, $G$〔S/m〕とし，角周波数は $\omega$〔rad/s〕で，$R \ll \omega L$，$G=0$ とする．また，導線 1 本の単位長さ当たりの高周波抵抗 $R_0$ は，周波数を $f$〔MHz〕，直径を $d$〔mm〕とすると，次式で表される．通常，伝送回路の場合には減衰量にネーパ〔Np〕という単位が用いられており，1〔Np〕= 8.686〔dB〕である．

$$R_0 = \frac{0.0832\sqrt{f}}{d}\ 〔\Omega/\mathrm{m}〕 \quad \cdots\cdots【1】$$

1　$2.4 \times 10^{-3}$〔dB/m〕　2　$4.8 \times 10^{-3}$〔dB/m〕　3　$6.8 \times 10^{-3}$〔dB/m〕
4　$8.0 \times 10^{-3}$〔dB/m〕　5　$9.6 \times 10^{-3}$〔dB/m〕

**解説** 減衰定数 $\alpha$ は次式で表されます．

$$\alpha = \frac{R}{2}\sqrt{\frac{C}{L}} + \frac{G}{2}\sqrt{\frac{L}{C}} \qquad ①$$

$R \ll \omega L$，$G=0$ の条件では線路の特性インピーダンス $Z_0$〔Ω〕および式①は，次式で表されます．

$$Z_0 = \sqrt{\frac{L}{C}}\ 〔\Omega〕 \qquad ②$$

$$\alpha = \frac{R}{2Z_0} \qquad ③$$

問題の式【1】より 2 本の導線による減衰定数 $\alpha$ を求めると

記号に代入する数値の単位に注意する．

$$\alpha = 2 \times \frac{R_0}{2Z_0} = \frac{0.0832\sqrt{f}}{Z_0 d} = \frac{0.0832\sqrt{100}}{300 \times 5}$$

$$\fallingdotseq 5.55 \times 10^{-4}\ 〔\mathrm{Np/m}〕$$

となるので，単位の Np を dB に直すと

$$\alpha = 8.686 \times 5.55 \times 10^{-4} \fallingdotseq \mathbf{4.8 \times 10^{-3}\ 〔dB/m〕}$$

答え ▶▶▶ 2

**問題 2** ★★ ➡3.1.2

特性インピーダンスが 50〔Ω〕，電波の伝搬速度が自由空間内の伝搬速度の 0.7 倍である無損失の平行 2 線式線路の単位長当たりのインダクタンス $L$ の値として，最も近いものを下の番号から選べ.

1　0.12〔μH/m〕　2　0.24〔μH/m〕　3　0.33〔μH/m〕
4　0.48〔μH/m〕　5　0.59〔μH/m〕

**解説** 線路の特性インピーダンスを $Z_0$〔Ω〕，単位長さ当たりのインダクタンスを $L$〔H/m〕，静電容量を $C$〔F/m〕とすると，次式の関係が成り立ちます.

$$Z_0 = \sqrt{\frac{L}{C}} \text{〔Ω〕} \quad ①$$

線路の伝搬速度を $v$〔m/s〕とすると，次式で表されます.

$$v = \frac{1}{\sqrt{LC}} \text{〔m/s〕} \quad ②$$

式①÷式②より

$$\frac{Z_0}{v} = \sqrt{\frac{L}{C}} \times \sqrt{LC} = L \quad ③$$

となります．自由空間の電波の伝搬速度を $c = 3 \times 10^8$〔m/s〕とすると，$v = 0.7c$ を式③に代入して $L$ を求めると

$$L = \frac{Z_0}{v} = \frac{Z_0}{0.7c} = \frac{50}{0.7 \times 3 \times 10^8}$$

$$\fallingdotseq 0.24 \times 10^{-6} \text{〔H/m〕} = \mathbf{0.24} \text{〔}\boldsymbol{\mu}\mathbf{H/m}\text{〕}$$

となります.

**答え▶▶▶2**

**問題 3** ★ ➡3.1.2

特性インピーダンスが 50〔Ω〕，電波の伝搬速度が自由空間内の伝搬速度の 0.7 倍である無損失の同軸ケーブルの単位長当たりの静電容量 $C$ の値として，最も近いものを下の番号から選べ.

1　95〔pF/m〕　2　116〔pF/m〕　3　133〔pF/m〕
4　166〔pF/m〕　5　190〔pF/m〕

**解説** 問題 2 解説の式①×式②より

$$Z_0 v = \sqrt{\frac{L}{C}} \times \frac{1}{\sqrt{LC}} = \frac{1}{C} \quad ①$$

となります．自由空間内の伝搬速度を $c = 3 \times 10^8$〔m/s〕とすると，$v = 0.7c$ を式①に代入して単位長さ当たりの静電容量 $C$〔F/m〕を求めると

$$C = \frac{1}{Z_0 v} = \frac{1}{Z_0 \times 0.7c} = \frac{1}{50 \times 0.7 \times 3 \times 10^8}$$

$$= \frac{10\,000}{105} \times 10^{-12} \fallingdotseq 95.2 \times 10^{-12} \text{〔F/m〕} \fallingdotseq \mathbf{95} \text{〔pF/m〕}$$

となります．

**答え ▶▶▶ 1**

**問題 4** ★★★ ➡ 3.1.5

**図 3.5** に示すように，特性インピーダンスが $Z_i$〔Ω〕の平行 2 線式給電線と負荷抵抗 $R$〔Ω〕との間に特性インピーダンスが $Z_0$〔Ω〕で，長さが $l$〔m〕の給電線を挿入して整合させた場合の $Z_0$ と $l$ の組合せとして，正しいものを下の番号から選べ．ただし，端子 ab から負荷側を見たインピーダンス $\dot{Z}_{ab}$〔Ω〕は，波長を $\lambda$〔m〕とすると次式で与えられる．また，各線路は無損失線路とし，$R$，$Z_i$，$Z_0$ の値はそれぞれ異なり，$n$ は 0 または正の整数とする．

$$\dot{Z}_{ab} = Z_0 \left( \frac{R \cos \frac{2\pi l}{\lambda} + j Z_0 \sin \frac{2\pi l}{\lambda}}{Z_0 \cos \frac{2\pi l}{\lambda} + j R \sin \frac{2\pi l}{\lambda}} \right)$$

| | $Z_0$ | $l$ |
|---|---|---|
| 1 | $\sqrt{RZ_i}$〔Ω〕 | $\frac{\lambda}{4} + \frac{n\lambda}{2}$〔m〕 |
| 2 | $\sqrt{RZ_i}$〔Ω〕 | $\frac{\lambda}{2} + \frac{n\lambda}{4}$〔m〕 |
| 3 | $\sqrt{\frac{RZ_i}{2}}$〔Ω〕 | $\frac{\lambda}{8} + \frac{n\lambda}{2}$〔m〕 |
| 4 | $\sqrt{\frac{RZ_i}{2}}$〔Ω〕 | $\frac{\lambda}{8} + \frac{n\lambda}{4}$〔m〕 |
| 5 | $\sqrt{\frac{RZ_i}{2}}$〔Ω〕 | $\frac{\lambda}{4} + \frac{n\lambda}{4}$〔m〕 |



■図 3.5

**解説** 負荷抵抗 $R$〔Ω〕と線路の特性インピーダンス $Z_0$, $Z_i$〔Ω〕が純抵抗なので，端子 ab から負荷側を見たインピーダンス $\dot{Z}_{ab}$〔Ω〕が純抵抗になったときに整合をとることができます．ここで $\beta = 2\pi/\lambda$ とすると，問題で与えられた式において，$\cos\beta l = 0$ となるときに整合がとれるので，これは $\beta l = \pi/2$（$l$ で表すと $l = \lambda/4$）のときです．これを与えられた式に代入すると

sin $\beta l = 0$ のときも $\dot{Z}_{ab}$ は純抵抗になるが，$\dot{Z}_{ab} = R$ となって，題意のそれぞれ異なる条件と合わない．

$$\dot{Z}_{ab} = Z_0 \frac{R\cos\beta l + jZ_0 \sin\beta l}{Z_0 \cos\beta l + jR\sin\beta l}$$

$$= Z_0 \frac{R\cos(\pi/2) + jZ_0 \sin(\pi/2)}{Z_0 \cos(\pi/2) + jR\sin(\pi/2)}$$

$$= \frac{{Z_0}^2}{R} \text{〔Ω〕} \quad ①$$

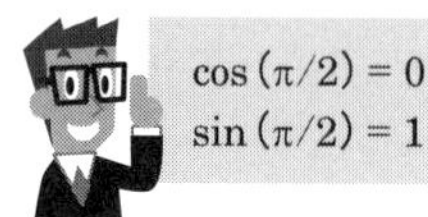

$\cos(\pi/2) = 0$
$\sin(\pi/2) = 1$

となります．整合がとれるのは $\dot{Z}_{ab} = Z_i$ なので，式①に代入すると

$$Z_i = \frac{{Z_0}^2}{R}$$

となり，よって

$$Z_0 = \sqrt{RZ_i} \text{〔Ω〕}$$ ← $Z_0$ の答え

となります．$\dot{Z}_{ab}$ は，$\beta l = \pi$ ごと（$l$ で表すと $l = \lambda/2$ ごと）に同じ値をとるので，$l$ が **$\lambda/4 + n\lambda/2$〔m〕** のときに整合をとることができます．

↑ $l$ の答え

答え ▶▶▶ 1

**問題 5** ★★★ ➡ 3.1.5

次の記述は，1/4 波長整合回路の整合条件について述べたものである．[　　] 内に入れるべき字句の正しい組合せを下の番号から選べ．ただし，波長を $\lambda$〔m〕とし，給電線は無損失とする．

(1) 図 **3.6** に示すように，特性インピーダンス $Z_0$〔Ω〕の給電線と負荷抵抗 $R$〔Ω〕とを，長さが $l$〔m〕，特性インピーダンスが $Z$〔Ω〕の整合用給電線で接続したとき，給電線の接続点 P から負荷側を見たインピーダンス $Z_x$〔Ω〕は，位相定数を $\beta$〔rad/m〕とすれば，次式で表される．

$Z_x = Z \times ($ [ A ] $)$〔Ω〕 ………………………………………… 【1】

(2) 1/4 波長整合回路では，$l = \lambda/4$〔m〕であるから，$\beta l$ は，次式となる．

$\beta l =$ [ B ]〔rad〕 ………………………………………… 【2】

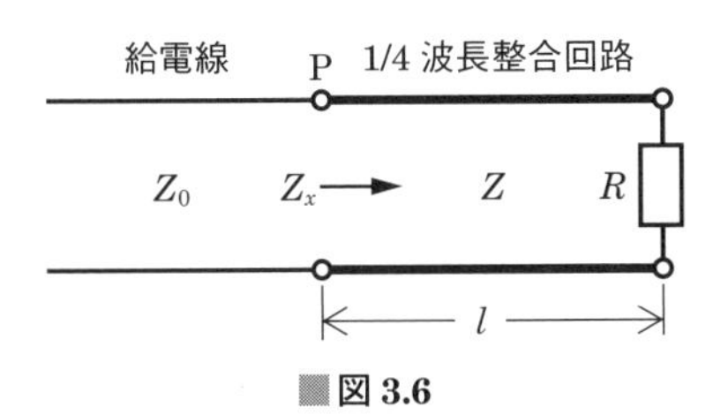


図 3.6

(3) 式【2】を式【1】へ代入すれば，次式が得られる．

$Z_x =$ [ C ] 〔Ω〕

(4) 整合条件を満たすための整合用給電線の特性インピーダンス $Z$〔Ω〕は，次式で与えられる．

$Z =$ [ D ] 〔Ω〕

| | A | B | C | D |
|---|---|---|---|---|
| 1 | $\dfrac{Z\cos\beta l + jR\sin\beta l}{R\cos\beta l + jZ\sin\beta l}$ | $\dfrac{\pi}{4}$ | $\dfrac{ZR}{Z+R}$ | $\sqrt{Z_0 R}$ |
| 2 | $\dfrac{Z\cos\beta l + jR\sin\beta l}{R\cos\beta l + jZ\sin\beta l}$ | $\dfrac{\pi}{2}$ | $\dfrac{Z^2}{R}$ | $\dfrac{Z_0+R}{2}$ |
| 3 | $\dfrac{R\cos\beta l + jZ\sin\beta l}{Z\cos\beta l + jR\sin\beta l}$ | $\dfrac{\pi}{2}$ | $\dfrac{ZR}{Z+R}$ | $\dfrac{Z_0+R}{2}$ |
| 4 | $\dfrac{R\cos\beta l + jZ\sin\beta l}{Z\cos\beta l + jR\sin\beta l}$ | $\dfrac{\pi}{4}$ | $\dfrac{Z^2}{R}$ | $\sqrt{Z_0 R}$ |
| 5 | $\dfrac{R\cos\beta l + jZ\sin\beta l}{Z\cos\beta l + jR\sin\beta l}$ | $\dfrac{\pi}{2}$ | $\dfrac{Z^2}{R}$ | $\sqrt{Z_0 R}$ |

**解説** 問題の式【1】の $Z_x$〔Ω〕は

$$Z_x = Z\frac{\boldsymbol{R\cos\beta l + jZ\sin\beta l}}{\boldsymbol{Z\cos\beta l + jR\sin\beta l}} \text{〔Ω〕} \quad ①$$

← A の答え

$l = \lambda/4$ なので

$$\beta l = \frac{2\pi l}{\lambda} = \frac{2\pi}{\lambda} \times \frac{\lambda}{4} = \boldsymbol{\frac{\pi}{2}} \text{〔rad〕}$$

← B の答え

$\cos(\pi/2) = 0$，$\sin(\pi/2) = 1$ なので，式①に代入すると

$$Z_x = Z\frac{jZ}{jR} = \boldsymbol{\frac{Z^2}{R}} \quad ②$$

← C の答え

整合条件より，式②の $Z_x = Z_0$ として $Z$ を求めると

$$Z = \boldsymbol{\sqrt{Z_0 R}} \text{〔Ω〕}$$

← D の答え

答え ▶▶▶ 5

# 3.2 定在波比と反射係数

- 電圧定在波比は線路上の最大電圧と最小電圧の比で表される
- 電圧反射係数は反射波電圧と進行波電圧の比で表される
- 電圧透過係数は（1＋電圧反射係数）で表される

## 3.2.1 定在波

受端に線路の特性インピーダンスよりも小さな抵抗負荷を接続したときの線路上の進行波電圧と反射波電圧の状態を**図 3.7** に示します．進行波と逆位相の反射波が戻るので，受端の合成波電圧はそれらの和となって，常に進行波電圧よりも小さくなります．時刻 $t_1$ から $t_2$ に変化したときに，線路上の位置によって合成波の最大値が異なる場所が生じます．線路上の電圧の実効値を測定すると，図 3.7 (c) のように電圧の異なる点が生じ，これを**電圧定在波**といいます．

電圧の波節点（最小点）や波腹点（最大点）は $\lambda/2$ ごとに生じる．

電圧の波腹値 $V_{max}$ と波節値 $V_{min}$ の比を**電圧定在波比**（VSWR：Voltage

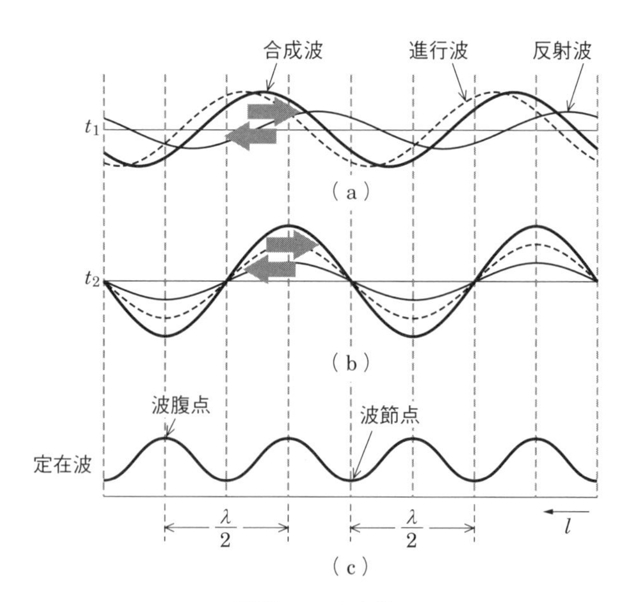


■図 3.7　定在波

Standing Wave Ratio）$S$ と呼び，次式で表されます．

$$S=\frac{V_{\max}}{V_{\min}} \qquad (3.32)$$

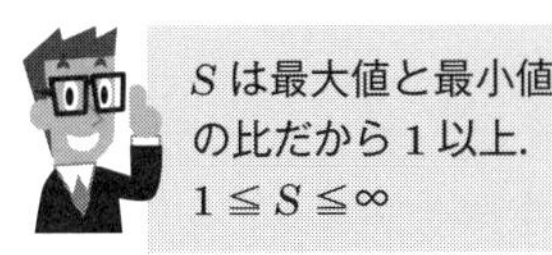


同様に，電流定在波比 $S_I$ は次式で表されます．

$$S_I=\frac{I_{\max}}{I_{\min}} \qquad (3.33)$$

線路の特性インピーダンスを $Z_0$，受端の負荷インピーダンスを $\dot{Z}_R$ とすると
① $\dot{Z}_{\mathrm{R}}=Z_0$：反射波が生じないので，定在波は生じない（$S=1$）
② $\dot{Z}_{\mathrm{R}}=\infty$：受端の電圧は進行波電圧の 2 倍の大きさの波腹となる（$S=\infty$）
③ $\dot{Z}_{\mathrm{R}}=0$：受端の電圧は 0 の波節となる（$S=\infty$）
④ $\dot{Z}_{\mathrm{R}}(=R)>Z_0$：$Z_0$ よりも大きい抵抗負荷の場合，受端は波腹となる（$S>1$）
⑤ $\dot{Z}_{\mathrm{R}}(=R)<Z_0$：$Z_0$ よりも小さい抵抗負荷の場合，受端は波節となる（$S>1$）
⑥ $\dot{Z}_{\mathrm{R}}(=R\pm jX)$：インピーダンス負荷の場合，電圧波腹点および電圧波節点が受端よりずれた位置に生じる（$S>1$）

## 3.2.2 反射係数

無損失線路上の電圧 $\dot{V}$〔V〕は次式で表されます．

$$\dot{V}=\frac{\dot{V}_{\mathrm{R}}+Z_0\dot{I}_{\mathrm{R}}}{2}e^{j\beta l}+\frac{\dot{V}_{\mathrm{R}}-Z_0\dot{I}_{\mathrm{R}}}{2}e^{-j\beta l}\ \text{〔V〕} \qquad (3.34)$$

受端（$l=0$）の点の入射波電圧を $\dot{V}_{\mathrm{f}}$〔V〕，反射波電圧を $\dot{V}_{\mathrm{r}}$〔V〕とすると，$\dot{V}_{\mathrm{r}}$ と $\dot{V}_{\mathrm{f}}$ の比を**電圧反射係数** $\Gamma$ といい，$\dot{V}_{\mathrm{R}}=\dot{Z}_{\mathrm{R}}\dot{I}_{\mathrm{R}}$ なので $\Gamma$ は次式で表されます．

$$\dot{V}_{\mathrm{f}}=\frac{\dot{V}_{\mathrm{R}}+Z_0\dot{I}_{\mathrm{R}}}{2}\ \text{〔V〕}$$

$$\dot{V}_{\mathrm{r}}=\frac{\dot{V}_{\mathrm{R}}-Z_0\dot{I}_{\mathrm{R}}}{2}\ \text{〔V〕}$$

$$\Gamma=\frac{\dot{V}_{\mathrm{r}}}{\dot{V}_{\mathrm{f}}}=\frac{\dot{Z}_{\mathrm{R}}-Z_0}{\dot{Z}_{\mathrm{R}}+Z_0} \qquad (3.35)$$

同様に，線路上の電流 $\dot{I}$〔A〕より，**電流反射係数** $\Gamma_I$ は次式で表されます．

$$\dot{I}=\frac{\dot{V}_{\mathrm{R}}+Z_0\dot{I}_{\mathrm{R}}}{2Z_0}e^{j\beta l}-\frac{\dot{V}_{\mathrm{R}}-Z_0\dot{I}_{\mathrm{R}}}{2Z_0}e^{-j\beta l}\ \text{〔A〕} \qquad (3.36)$$

$$\Gamma_I = \frac{\dot{I}_r}{\dot{I}_f} = \frac{Z_0 - \dot{Z}_R}{\dot{Z}_R + Z_0} \tag{3.37}$$

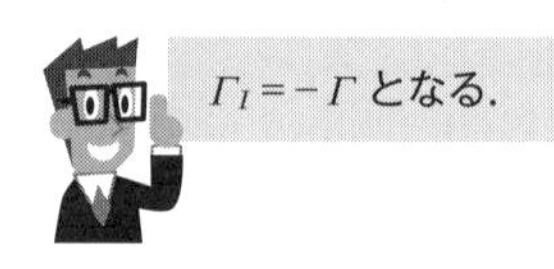


$\Gamma$ は大きさと位相を持つベクトル（フェーザ）量です．$\Gamma$ の大きさは次式の範囲を持ちます．

$$0 \leqq |\Gamma| \leqq 1 \tag{3.38}$$

線路上の電圧の最大値 $V_{max}$ は進行波電圧 $\dot{V}_f$ と反射波電圧 $\dot{V}_r$ の絶対値の和で表され，最小値 $V_{min}$ はそれらの差で表されるので，電圧定在波比 $S$ を電圧反射係数 $\Gamma$ で表すと

$$S = \frac{V_{max}}{V_{min}} = \frac{|\dot{V}_f| + |\dot{V}_r|}{|\dot{V}_f| - |\dot{V}_r|} = \frac{1 + |\Gamma|}{1 - |\Gamma|} \tag{3.39}$$

となります．式 (3.39) より，$|\Gamma|$ を $S$ で表すと，$S(1 - |\Gamma|) = 1 + |\Gamma|$ より

$$S - S|\Gamma| = 1 + |\Gamma|$$

となり，$|\Gamma|$ でまとめると

$$S - 1 = |\Gamma| + S|\Gamma| = |\Gamma|(1 + S)$$

となります．よって

$$|\Gamma| = \frac{S - 1}{S + 1} \tag{3.40}$$

となり，受端が $Z_0 < R$ の抵抗負荷の場合は，$|\Gamma| = (R - Z_0)/(R + Z_0)$ なので

$$S = \frac{1 + |\Gamma|}{1 - |\Gamma|} = \frac{1 + \dfrac{R - Z_0}{R + Z_0}}{1 - \dfrac{R - Z_0}{R + Z_0}} = \frac{R + Z_0 + R - Z_0}{R + Z_0 - (R - Z_0)} = \frac{R}{Z_0} \tag{3.41}$$

となり，$Z_0 > R$ の場合は，$|\Gamma| = (Z_0 - R)/(R + Z_0)$ なので

$$S = \frac{Z_0}{R} \tag{3.42}$$

となります．

## 3.2.3 透過係数

給電線の受端に特性インピーダンスと異なる負荷や線路を接続すると，入射波電圧 $\dot{V}_\mathrm{f}$ のうち一部の送端に戻る電圧が反射波電圧 $\dot{V}_\mathrm{r}$ となり，接続点の入射波電圧と反射波電圧の和を透過波電圧 $\dot{V}_\mathrm{t}$ とすると，電圧透過係数 $\dot{T}$ は次式で表されます．

$$\dot{T} = \frac{\dot{V}_\mathrm{t}}{\dot{V}_\mathrm{f}} = \frac{\dot{V}_\mathrm{f} + \dot{V}_\mathrm{r}}{\dot{V}_\mathrm{f}}$$

$$= 1 + \Gamma = \frac{2\dot{Z}_\mathrm{R}}{\dot{Z}_\mathrm{R} + Z_0} \tag{3.43}$$

$\dot{T}$ の大きさは次式の範囲を持ちます．

$$0 \leqq |\dot{T}| \leqq 2 \tag{3.44}$$

**問題 6** ★★★ ➡ 3.2.2

特性インピーダンスが 50〔Ω〕の無損失給電線の終端に，$25 + j75$〔Ω〕の負荷インピーダンスを接続したとき，終端における反射係数と給電線上に生ずる電圧定在波比の値の組合せとして，正しいものを下の番号から選べ．

| | 反射係数 | 電圧定在波比 |
|---|---|---|
| 1 | $1 + j$ | $\frac{1-\sqrt{2}}{1+\sqrt{2}}$ |
| 2 | $\frac{1}{3}(1 - j2)$ | $\frac{5+\sqrt{3}}{5-\sqrt{3}}$ |
| 3 | $\frac{1}{3}(1 - j2)$ | $\frac{3+\sqrt{5}}{3-\sqrt{5}}$ |
| 4 | $\frac{1}{3}(1 + j2)$ | $\frac{5+\sqrt{3}}{5-\sqrt{3}}$ |
| 5 | $\frac{1}{3}(1 + j2)$ | $\frac{3+\sqrt{5}}{3-\sqrt{5}}$ |

**解説** 給電線の特性インピーダンスを $Z_0$〔Ω〕，負荷インピーダンスを $\dot{Z}_\mathrm{R}$〔Ω〕とすると，電圧反射係数 $\Gamma$ は次式で表されます．

$$\Gamma=\frac{\dot{Z}_R-Z_0}{\dot{Z}_R+Z_0}=\frac{25+j75-50}{25+j75+50}=\frac{-25+j75}{75+j75}$$

$$=\frac{25\times(-1+j3)}{25\times3\times(1+j)}=\frac{1}{3}\times\frac{(-1+j3)\times(1-j)}{(1+j)\times(1-j)}$$

$$=\frac{1}{3}\times\frac{-1+j+j3-j^2 3}{1-j^2}=\frac{1}{3}\times\frac{2+j4}{2}$$

$$=\mathbf{\frac{1}{3}(1+j2)}$$ ◀……反射係数の答え

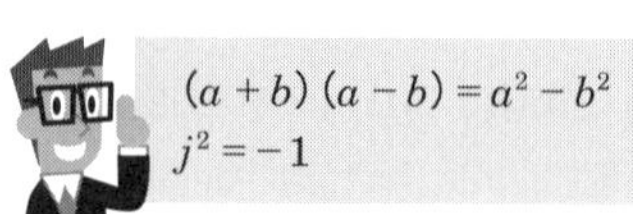


$\Gamma$ の絶対値を求めると，次式となります．

$$|\Gamma|=\frac{1}{3}\times\sqrt{1^2+2^2}=\frac{\sqrt{5}}{3}$$

電圧定在波比を $S$ とすると，次式で表されます．

$$S=\frac{1+|\Gamma|}{1-|\Gamma|}=\frac{1+\frac{\sqrt{5}}{3}}{1-\frac{\sqrt{5}}{3}}=\mathbf{\frac{3+\sqrt{5}}{3-\sqrt{5}}}$$ ◀……電圧定在波比の答え

答え▶▶▶5

**問題 7** ★★★ ➡3.2.2

特性インピーダンスが 50〔Ω〕の無損失給電線の受端に接続された負荷への入射波電圧が 90〔V〕，反射波電圧が 10〔V〕であるとき，電圧波腹から負荷側を見たインピーダンスの大きさとして，最も近いものを下の番号から選べ．

1　75〔Ω〕　2　63〔Ω〕　3　50〔Ω〕　4　40〔Ω〕　5　33〔Ω〕

**解説**　入射波電圧の大きさを $|\dot{V}_f|$，反射波電圧の大きさを $|\dot{V}_r|$ とすると，電圧定在波比 $S$ は次式で表されます．

$$S=\frac{V_{max}}{V_{min}}=\frac{|\dot{V}_f|+|\dot{V}_r|}{|\dot{V}_f|-|\dot{V}_r|}=\frac{90+10}{90-10}=\frac{100}{80}=1.25$$

電圧波腹点は，受端が特性インピーダンス $Z_0$〔Ω〕よりも大きい抵抗 $R$〔Ω〕のときと同じ状態となるので，次式が成り立ちます．

$$S=\frac{R}{Z_0}$$

電圧波腹点から負荷側を見たインピーダンス $Z$〔Ω〕は $R$ と等しくなるので

$$Z=SZ_0=1.25\times50=62.5\fallingdotseq\mathbf{63}\ \textbf{〔Ω〕}$$

となります．

答え▶▶▶2

**出題傾向** 電圧波節点から負荷側を見たインピーダンス $Z$〔Ω〕を求める問題も出題されています．$Z = Z_0/S$ の式を使って求めます．

**問題 8** ★★★ ➡ 3.2.2

無損失給電線上の電圧定在波比が 1.25 のとき，電圧波節点から負荷側を見たインピーダンスの値として，最も近いものを下の番号から選べ．ただし，給電線の特性インピーダンスは 75〔Ω〕とする．

1　36〔Ω〕　2　50〔Ω〕　3　60〔Ω〕　4　75〔Ω〕　5　94〔Ω〕

**解説** 電圧波節点は，受端に特性インピーダンス $Z_0$〔Ω〕よりも小さい抵抗 $R$〔Ω〕を接続したときと同じ状態となるので，電圧定在波比を $S$ とすると，次式が成り立ちます．

$$S = \frac{Z_0}{R} \quad ①$$

電圧波節点から負荷側を見たインピーダンス $Z$〔Ω〕は $R$ と等しくなるので，式①より次式で表されます．

$$Z = R = \frac{Z_0}{S} = \frac{75}{1.25} = \mathbf{60}\ 〔\Omega〕$$

答え ▶▶▶ 3

**問題 9** ★★★ ➡3.2.3

特性インピーダンスが 50〔Ω〕の無損失給電線に，$20+j10$〔Ω〕の負荷インピーダンスを接続したときの電圧透過係数の値として，最も近いものを下の番号から選べ．

1 $0.6+j0.2$　　2 $0.6-j0.2$　　3 $1.2+j0.4$
4 $1.2-j0.4$　　5 $0.8+j0.6$

**解説** 給電線の特性インピーダンスを $Z_0$〔Ω〕，負荷インピーダンスを $\dot{Z}_R$〔Ω〕，電圧反射係数を $\Gamma$ とすると，電圧透過係数 $\dot{T}$ は次式で表されます．

$$\dot{T}=1+\Gamma$$
$$=\frac{2\dot{Z}_R}{\dot{Z}_R+Z_0}$$
$$=\frac{2\times(20+j10)}{20+j10+50}$$
$$=\frac{4+j2}{7+j1}=\frac{(4+j2)(7-j1)}{(7+j1)(7-j1)}$$
$$=\frac{28+j14-j4+2}{7^2+1^2}=\frac{30+j10}{50}$$
$$=\mathbf{0.6+j0.2}$$

$$1+\Gamma=1+\frac{\dot{Z}_R-Z_0}{\dot{Z}_R+Z_0}=\frac{\dot{Z}_R+Z_0+\dot{Z}_R-Z_0}{\dot{Z}_R+Z_0}=\frac{2\dot{Z}_R}{\dot{Z}_R+Z_0}$$

答え▶▶▶ 1

# 3.3 受端短絡線路と受端開放線路

- $\lambda/4$ より短い受端短絡線路は等価的に誘導性リアクタンスで表される
- $\lambda/4$ より短い受端開放線路は等価的に容量性リアクタンスで表される

## 3.3.1 受端短絡線路

無損失線路上の受端から距離 $l$〔m〕の点の電圧 $\dot{V}$〔V〕は次式で表されます．

$$\dot{V} = \dot{V}_R \cos\beta l + jZ_0\dot{I}_R \sin\beta l \text{〔V〕} \tag{3.45}$$

**図 3.8** のように受端を短絡すると，$\dot{V}_R = 0$ なので

$$\dot{V} = jZ_0\dot{I}_R \sin\beta l \text{〔V〕} \tag{3.46}$$

となります．また，電流 $\dot{I}$〔A〕は次式で表されます．

$$\dot{I} = \dot{I}_R \cos\beta l + j\frac{1}{Z_0}\dot{V}_R \sin\beta l \text{〔A〕} \tag{3.47}$$

受端を短絡すると，$\dot{V}_R = 0$ なので

$$\dot{I} = \dot{I}_R \cos\beta l \text{〔A〕} \tag{3.48}$$

となります．受端短絡線路から負荷を見たインピーダンス $\dot{Z}$〔Ω〕は，式 (3.46) と式 (3.48) より次式で表されます．

$$\dot{Z} = \frac{\dot{V}}{\dot{I}} = \frac{jZ_0\dot{I}_R \sin\beta l}{\dot{I}_R \cos\beta l} = jZ_0 \tan\beta l \text{〔Ω〕} \tag{3.49}$$

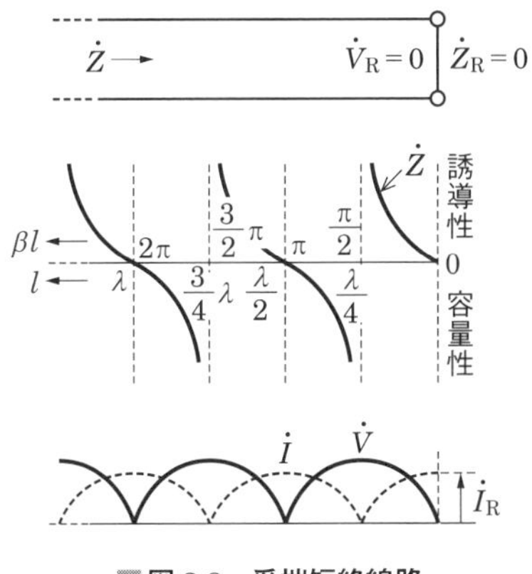


■図 3.8　受端短絡線路

## 3.3.2 受端開放線路

**図 3.9** のように受端を開放した線路の受端から距離 $l$〔m〕の点の電圧 $\dot{V}$〔V〕は，$\dot{I}_R = 0$ なので次式で表されます．

$$\dot{V} = \dot{V}_R \cos \beta l \text{〔V〕} \qquad (3.50)$$

電流 $\dot{I}$〔A〕は，$\dot{I}_R = 0$ なので次式で表されます．

$$\dot{I} = j \frac{\dot{V}_R}{Z_0} \sin \beta l \text{〔A〕} \qquad (3.51)$$

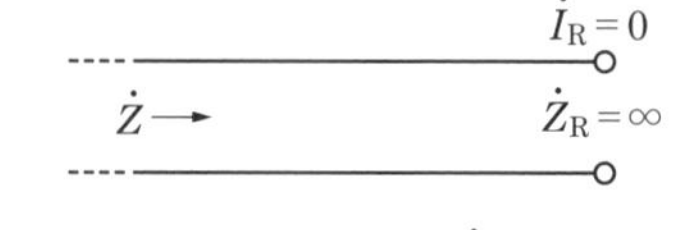


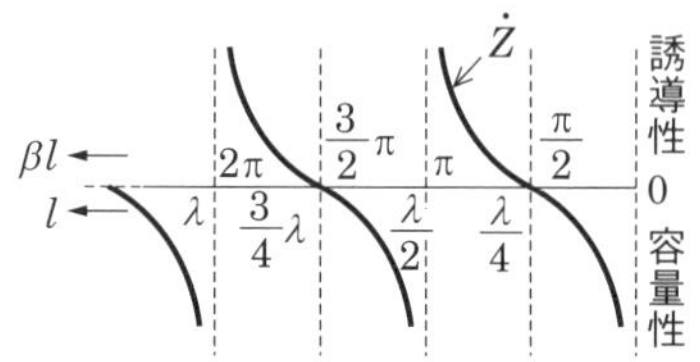


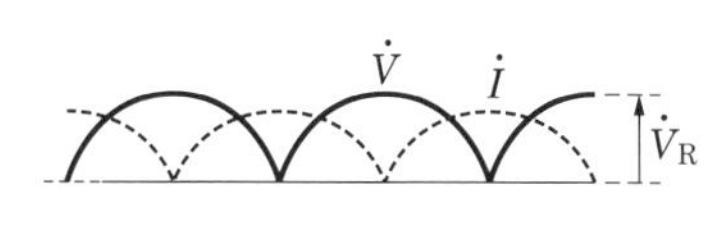


■図 3.9　受端開放線路

受端開放線路から負荷を見たインピーダンス $\dot{Z}$〔Ω〕は，式 (3.50) と式 (3.51) より次式で表されます．

$$\dot{Z} = \frac{\dot{V}}{\dot{I}} = \frac{\dot{V}_R \cos \beta l}{j \dfrac{\dot{V}_R}{Z_0} \sin \beta l}$$

$$= \frac{Z_0}{j \tan \beta l} = -j Z_0 \cot \beta l \text{〔Ω〕} \qquad (3.52)$$

**関連知識　線路の等価リアクタンス**

受端短絡線路から負荷を見たインピーダンス $\dot{Z}$〔Ω〕は次式で表されます．

$$\dot{Z} = j Z_0 \tan \beta l \text{〔Ω〕} \qquad (3.53)$$

$l = \lambda/4$ のとき $\beta l = \pi/2$ なので，$l$ が $\lambda/4$ より短い長さの線路は $+jX$〔Ω〕で表されるリアクタンスの値を持つので，コイルと等価的な回路として動作します．

受端開放線路から負荷を見たインピーダンス $\dot{Z}$〔Ω〕は次式で表されます．

$$\dot{Z} = -j Z_0 \cot \beta l \text{〔Ω〕} \qquad (3.54)$$

$l$ が $\lambda/4$ より短い長さの線路は $-jX$〔Ω〕で表されるリアクタンスの値を持つので，コンデンサと等価的な回路として動作します．

アンテナのリアクタンス整合に短絡線路や開放線路を用いることができる．

**問題 10** ★★ ➡ 3.3.1

**図 3.10** に示す無損失の平行 2 線式給電線の点 ab 間のインピーダンス $Z_{ab}$ の値として，正しいものを下の番号から選べ．ただし，給電線の特性インピーダンスを $Z_0$〔Ω〕，波長を $\lambda$〔m〕とする．また，給電線の長さ $l_1$〔m〕，$l_2$〔m〕の間には，$l_1 + l_2 = \lambda/2$〔m〕の関係式が成り立ち，$l_1 \neq 0$，$l_2 \neq 0$ とする．

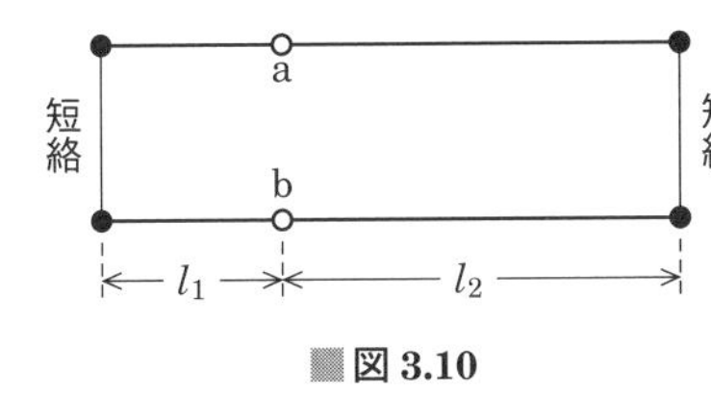


**図 3.10**

1　0〔Ω〕　2　∞〔Ω〕　3　$2Z_0$〔Ω〕　4　$Z_0/4$〔Ω〕　5　$Z_0/2$〔Ω〕

**解説**　線路長 $l_1$，$l_2$〔m〕の受端短絡線路のアドミタンスを $\dot{Y}_1$，$\dot{Y}_2$〔S〕とすると，点 ab 間はそれらが並列に接続されているので，合成アドミタンス $\dot{Y}_{ab}$〔S〕は次式で表されます．

受端短絡線路のインピーダンス $\dot{Z}$ は $\dot{Z} = jZ_0 \tan\beta l$

アドミタンス $\dot{Y}$ は $\dot{Y} = \dfrac{1}{\dot{Z}}$

$$\dot{Y}_{ab} = \frac{1}{jZ_0 \tan\beta l_1} + \frac{1}{jZ_0 \tan\beta l_2}$$

$$= -j\frac{1}{Z_0}(\cot\beta l_1 + \cot\beta l_2)\text{〔S〕} \quad ①$$

式①において，**図 3.11** に示すように $\cot\theta = -\cot(\pi - \theta)$ なので

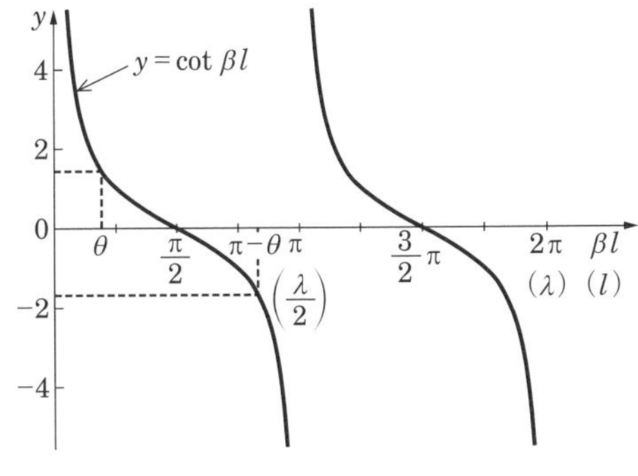


**図 3.11　y ＝ cot βl のグラフ**

三角関数の公式を覚えていなくても図を書けばわかる．

$$\cot\beta l_1+\cot\beta l_2=\cot\beta l_1+\cot\beta\left(\frac{\lambda}{2}-l_1\right)$$
$$=\cot\beta l_1+\cot(\pi-\beta l_1)$$
$$=\cot\beta l_1-\cot\beta l_1=0$$

$\beta\dfrac{\lambda}{2}=\dfrac{2\pi}{\lambda}\times\dfrac{\lambda}{2}=\pi$

となります．よって

$$\dot{Z}_{ab}=\frac{1}{\dot{Y}_{ab}}=\frac{1}{0}=\infty\ 〔\Omega〕$$

$\lambda/4$より短い$l_1$のリアクタンスは誘導性，$\lambda/4$より長い$l_2$のリアクタンスは容量性になり，両方の値が等しいと並列共振回路となるので，$\dot{Z}_{ab}=\infty$〔Ω〕

**答え▶▶▶2**

**問題 11** ★★ ➡3.3.1

次の記述は，**図3.12**に示すように，無損失の平行2線式給電線の終端から$l$〔m〕の距離にある入力端から負荷側を見たインピーダンス$Z$〔Ω〕について述べたものである．このうち正しいものを1，誤っているものを2として解答せよ．ただし，終端における電圧を$V_r$〔V〕，電流を$I_r$〔A〕，負荷インピーダンスを$Z_r$〔Ω〕とし，無損失の平行2線式給電線の特性インピーダンスを$Z_0$〔Ω〕，位相定数を$\beta$〔rad/m〕，波長を$\lambda$〔m〕とすれば，入力端における電圧$V$と電流$I$は，次式で表されるものとする．

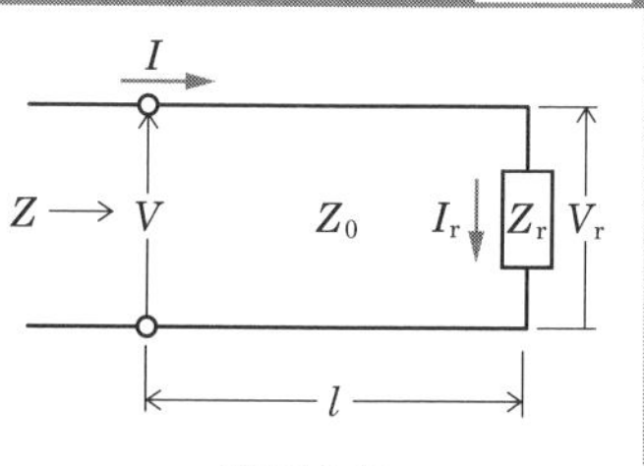

■図3.12

$$V=V_r\cos\beta l+jZ_0I_r\sin\beta l\ 〔V〕$$
$$I=I_r\cos\beta l+j(V_r/Z_0)\sin\beta l\ 〔A〕$$

ア　$l=\lambda/4$のとき，$Z$は$Z_r$と等しい．

イ　$l=\lambda/2$のとき，$Z$は$Z_0^2/Z_r$と等しい．

ウ　周波数が10〔MHz〕で$l=37.5$〔m〕のとき，$Z$は$Z_r$と等しい．

エ　$Z_r=\infty$（終端開放）のとき，$Z$は$-jZ_0\cot\beta l$と表される．

オ　$Z_r=0$（終端短絡）のとき，$Z$は$jZ_0\tan\beta l$と表される．

**解説** 終端から $l$〔m〕の距離にある入力端から負荷側を見たインピーダンス $\dot{Z}$〔Ω〕は，終端のインピーダンスを $\dot{Z}_r = \dot{V}_r/\dot{I}_r$ とすると，問題で与えられた式を用いて，次式で表されます．

$$\dot{Z} = \frac{\dot{V}}{\dot{I}} = \frac{\dot{V}_r \cos\beta l + jZ_0 \dot{I}_r \sin\beta l}{\dot{I}_r \cos\beta l + j(\dot{V}_r/Z_0)\sin\beta l} = \frac{(\dot{V}_r/\dot{I}_r)\cos\beta l + jZ_0 \sin\beta l}{\cos\beta l + j(\dot{V}_r/\dot{I}_r)(1/Z_0)\sin\beta l}$$

$$= Z_0 \frac{\dot{Z}_r \cos\beta l + jZ_0 \sin\beta l}{Z_0 \cos\beta l + j\dot{Z}_r \sin\beta l} \text{〔Ω〕} \quad ①$$

各選択肢に与えられた条件を式①に代入することで，値を求めることができます．正しい選択肢は次のようになります．

エ　$\dot{Z}_r = \infty$（終端開放）のとき，$\dot{Z}$ は $-jZ_0 \cot\beta l$ と表されます．

式①の各項を $\dot{Z}_r$ で割れば，次式のようになります．

$$\dot{Z} = Z_0 \frac{\cos\beta l + j(Z_0/\dot{Z}_r)\sin\beta l}{(Z_0/\dot{Z}_r)\cos\beta l + j\sin\beta l} \quad ②$$

式②に $\dot{Z}_r = \infty$ を代入すると $\dot{Z} = Z_0 \times (\cos\beta l / j\sin\beta l) = -jZ_0 \cot\beta l$ となります．

オ　$\dot{Z}_r = 0$（終端短絡）のとき，$\dot{Z}$ は $jZ_0 \tan\beta l$ と表されます．

式①に $\dot{Z}_r = 0$ を代入すると $\dot{Z} = Z_0 \times (jZ_0 \sin\beta l / Z_0 \cos\beta l) = jZ_0 \tan\beta l$ となります．

誤っている選択肢は次のようになります．

ア　$l = \lambda/4$ のとき $\beta l = (2\pi/\lambda) \times (\lambda/4) = \pi/2$ となるので，$\cos\beta l = 0$，$\sin\beta l = 1$ となります．これらの値を式①に代入すると $\dot{Z} = Z_0^2/\dot{Z}_r$ となります．

イ　$l = \lambda/2$ のとき $\beta l = \pi$ となるので，$\cos\beta l = -1$，$\sin\beta l = 0$ となります．これらの値を式①に代入すると $\dot{Z} = Z_0 \dot{Z}_r / Z_0 = \dot{Z}_r$ となります．

ウ　周波数 10〔MHz〕の波長は $\lambda = 30$〔m〕なので $l = 1.25\lambda$，$\beta l = 2.5\pi$ となるので，$\cos\beta l = 0, \sin\beta l = 1$ となる．これらの値を式①に代入すると $\dot{Z} = Z_0^2/\dot{Z}_r$ となります．

**答え▶▶▶ア－2，イ－2，ウ－2，エ－1，オ－1**

# 3.4 供給電力

- 給電線と受端の整合がとれていないと反射損が発生する
- 不整合による損失を考慮したアンテナ利得を動作利得という

## 3.4.1 負荷に供給される電力

受端で反射波が発生すると，送端から供給される電力の一部が反射されて電源に戻るので，受端の負荷に供給される電力が減少します．線路の特性インピーダンスを $Z_0$〔Ω〕，進行波の電圧を $\dot{V}_f$〔V〕，反射波の電圧を $\dot{V}_r$〔V〕とすると，進行波電力 $P_f$〔W〕，反射波電力 $P_r$〔W〕は次式で表されます．

$$P_f = \frac{|\dot{V}_f|^2}{Z_0} \text{〔W〕} \tag{3.55}$$

$$P_r = \frac{|\dot{V}_r|^2}{Z_0} \text{〔W〕} \tag{3.56}$$

負荷に供給される電力 $P$〔W〕は進行波電力と反射波電力の差なので

$$P = P_f - P_r = \frac{|\dot{V}_f|^2}{Z_0} - \frac{|\dot{V}_r|^2}{Z_0}$$
$$= \frac{(|\dot{V}_f| + |\dot{V}_r|)(|\dot{V}_f| - |\dot{V}_r|)}{Z_0} \text{〔W〕} \tag{3.57}$$

となり，電圧定在波比 $S$ を用いると，次式で表すことができます．

$$P = \frac{1}{Z_0} V_{max} V_{min} = \frac{{V_{max}}^2}{S Z_0} \text{〔W〕} \tag{3.58}$$

また，電圧反射係数 $\varGamma$ を用いて表すと

$$|\varGamma| = \frac{|\dot{V}_r|}{|\dot{V}_f|}$$

$$P = \frac{{V_f}^2 (1 - |\varGamma|^2)}{Z_0} \text{〔W〕} \tag{3.59}$$

となります．負荷に供給される最大供給電力は反射波がない状態なので，$|\varGamma| = 0$ とすると式（3.55）で表されます．ここで，負荷に供給される電力と最大供給電力の比を**反射損**または**不整合損失**といい，反射損 $M$ は，式（3.55）と式（3.59）より次式で表されます．

$$M = \frac{1}{1 - |\varGamma|^2} \tag{3.60}$$

電圧定在波比 $S$ を用いて表すと，次式で表すことができます．

$$M = \frac{1}{1 - \dfrac{(S-1)^2}{(S+1)^2}} = \frac{(S+1)^2}{(S+1)^2 - (S-1)^2} = \frac{(1+S)^2}{4S} \qquad (3.61)$$

反射がないときは $M = 1$ となり，反射があるときは $M > 1$ になります．



## 3.4.2 動作利得

アンテナに給電線を接続して電力を供給した場合，アンテナのインピーダンスと給電線の特性インピーダンスが整合していないと反射損が生じるので，見掛け上のアンテナの利得は低下します．このときの不整合損失を考慮したアンテナの利得を**動作利得**といいます．整合がとれているときのアンテナの有能利得を $G_0$，給電線上の電圧定在波比を $S$ とすると，式（3.61）より，動作利得 $G$ は次式で表されます．

$$G = \frac{4S}{(1+S)^2} G_0 \qquad (3.62)$$

## 3.4.3 給電線の伝送効率

整合している線路では反射損が発生しないので，線路の減衰定数を $\alpha$，線路の長さを $l$〔m〕，送端から線路に供給した電力を $P_T$〔W〕とすると，受端の負荷 $Z_R$〔Ω〕に供給される電力 $P_R$〔W〕は次式で表されます．

$$P_{\mathrm{R}} = \frac{{V_{\mathrm{R}}}^2}{Z_{\mathrm{R}}} = \frac{(V_{\mathrm{T}}\, e^{-\alpha l})^2}{Z_{\mathrm{R}}} = \frac{{V_{\mathrm{T}}}^2}{Z_{\mathrm{R}}} e^{-2\alpha l} \qquad (3.63)$$

式（3.63）において，$e$ は自然対数の底，$V_{\mathrm{T}}$〔V〕は送端の電圧，$V_{\mathrm{R}}$〔V〕は受端の電圧です．このとき，整合している線路の伝送効率 $\eta_0$ は次式で表されます．

$$\eta_0 = \frac{P_{\mathrm{R}}}{P_{\mathrm{T}}} = \frac{{V_{\mathrm{R}}}^2}{{V_{\mathrm{T}}}^2} = e^{-2\alpha l} \qquad (3.64)$$

負荷が整合されていない線路では，送端の入射電力を $P_{\mathrm{TA}}$〔W〕，送端に戻ってくる受端からの反射波電力を $P_{\mathrm{TB}}$〔W〕，受端の入射電力を $P_{\mathrm{RA}}$〔W〕，受端の反射電力を $P_{\mathrm{RB}}$〔W〕とすると，線路の伝送効率 $\eta$ は次式で表されます．

$$\eta = \frac{P_{RA} - P_{RB}}{P_{TA} - P_{TB}} \tag{3.65}$$

反射波も給電線の損失の影響を受けるので，次式が成り立ちます．

$$P_{RA} = P_{TA}\eta_0 \tag{3.66}$$

$$P_{TB} = P_{RB}\eta_0 \tag{3.67}$$

式（3.66），（3.67）は，線路の反射損の影響を考えない関係式．

受端の電圧反射係数を $\Gamma$ とすると

$$P_{RB} = P_{RA}|\Gamma|^2 \tag{3.68}$$

線路の反射損の影響を考慮した伝送効率 $\eta$ は，式（3.65）に式（3.66），（3.67），（3.68）を代入すると次式で表されます．

$$\eta = \frac{P_{RA} - P_{RA}|\Gamma|^2}{\dfrac{P_{RA}}{\eta_0} - P_{RA}|\Gamma|^2\eta_0} = \eta_0\frac{1-|\Gamma|^2}{1-|\Gamma|^2{\eta_0}^2} \tag{3.69}$$

**問題 12** ★ ➡3.4.3

次の記述は，給電線とアンテナが整合していないときの伝送効率について述べたものである．［　　］内に入れるべき字句の正しい組合せを下の番号から選べ．

（1）給電線およびアンテナが整合しているとき，給電線への入射電力を $P_T$〔W〕，アンテナ入力端の電力を $P_R$〔W〕，線路の全長を $l$〔m〕，線路の減衰定数を $\alpha$〔$m^{-1}$〕とすると，最大伝送効率 $\eta_0$ は，次式で表される．

$\eta_0 = P_R/P_T = \exp($［ A ］$)$

（2）給電線およびアンテナが整合していないとき，伝送効率 $\eta$ は，次式で表される．ただし，アンテナ入力端の入射電力および反射電力をそれぞれ $P_{RA}$〔W〕，$P_{RB}$〔W〕とし，給電線への入射電力を $P_{TA}$〔W〕とし，アンテナ入力端からの反射電力が給電線を経て給電線入力端へ戻って来る電力を $P_{TB}$〔W〕とすると

$$\eta = \frac{P_{RA} - P_{RB}}{P_{TA} - P_{TB}} \quad \cdots\cdots【1】$$

$P_{RA}$ および $P_{TB}$ は，次式となる．

$P_{RA} = P_{TA}\eta_0$〔W〕 ……【2】

$P_{TB} = P_{RB}\eta_0$〔W〕 ……【3】

アンテナ入力端の反射係数を $\Gamma$ とすれば，$P_{RB}$ は，次式となる．

$P_{RB} =$［ B ］〔W〕 ……【4】

式【2】，【3】，【4】を式【1】に代入すれば，$\eta$ は，次式で表される．

$\eta =$［ C ］

| | A | B | C |
|---|---|---|---|
| 1 | $-\alpha l$ | $P_{RA}\lvert\Gamma\rvert^2$ | $\eta_0\dfrac{1-\lvert\Gamma\rvert^2}{1-\lvert\Gamma\rvert^2\eta_0}$ |
| 2 | $-\alpha l$ | $P_{RA}\lvert\Gamma\rvert$ | $\eta_0\dfrac{1-\lvert\Gamma\rvert^2}{1-\lvert\Gamma\rvert^2\eta_0^2}$ |
| 3 | $-\alpha l$ | $P_{RA}\lvert\Gamma\rvert^2$ | $\eta_0\dfrac{1-\lvert\Gamma\rvert^2}{1-\lvert\Gamma\rvert^2\eta_0^2}$ |
| 4 | $-2\alpha l$ | $P_{RA}\lvert\Gamma\rvert$ | $\eta_0\dfrac{1-\lvert\Gamma\rvert^2}{1-\lvert\Gamma\rvert^2\eta_0}$ |
| 5 | $-2\alpha l$ | $P_{RA}\lvert\Gamma\rvert^2$ | $\eta_0\dfrac{1-\lvert\Gamma\rvert^2}{1-\lvert\Gamma\rvert^2\eta_0^2}$ |

**解説** 整合している線路において，給電線の入射電力を $P_T$〔W〕，電圧を $V_T$〔V〕，アンテナの入力端電力を $P_R$〔W〕，電圧を $V_R$〔V〕すると，伝送効率 $\eta_0$ は次式で表されます．

A の答え

$$\eta_0=\frac{P_R}{P_T}=\frac{V_R^2}{V_T^2}=\frac{(V_T e^{-\alpha l})^2}{V_T^2}=e^{-2\alpha l} \quad ①$$

exp (x) は $e^x$ のこと．

負荷が整合していない線路では，給電線の入射電力を $P_{TA}$〔W〕および反射電力を $P_{TB}$〔W〕，アンテナ入力端の入射電力を $P_{RA}$〔W〕および反射電力を $P_{RB}$〔W〕とすると

$$P_{RA}=P_{TA}\,\eta_0\ \text{〔W〕} \quad ②$$

$$P_{TB}=P_{RB}\,\eta_0\ \text{〔W〕} \quad ③$$

負荷が整合していない線路の伝送効率 $\eta$ は

$$\eta=\frac{P_{RA}-P_{RB}}{P_{TA}-P_{TB}} \quad ④$$

アンテナ入力端の電圧反射係数を $\Gamma$ とすると

$$P_{RB}=\boldsymbol{P_{RA}\,|\Gamma|^2} \quad ⑤$$

B の答え

式④に式②，③，⑤を代入すると，伝送効率 $\eta$ は

$$\eta=\frac{P_{RA}-P_{RA}|\Gamma|^2}{\dfrac{P_{RA}}{\eta_0}-P_{RA}|\Gamma|^2\eta_0}=\boldsymbol{\eta_0\frac{1-|\Gamma|^2}{1-|\Gamma|^2\eta_0^2}}$$

C の答え

答え▶▶▶5

# 3.5 平行 2 線式給電線

- 平行 2 線式給電線の特性インピーダンスは導線の直径と 2 線の間隔から求めることができる
- 単線式給電線の特性インピーダンスはアンテナのリアクタンスを求めるときに用いる

## 3.5.1 平行 2 線式給電線の構造

**平行 2 線式給電線**は，**図 3.13** のように，2 本の導線を平行に配置した線路で，一定の間隔ごとに碍子などの絶縁体で保持するか，ポリエチレンなどの誘電体で被って 2 線を平行に保ちます．HF 帯以下の送受信用アンテナの給電部などに用いられます．

直径 $d$〔m〕，線の中心間の間隔 $D$〔m〕の平行に張られた 2 本の導線の単位長さ当たりのインダクタンスを $L$〔H/m〕，静電容量を $C$〔F/m〕とすると次式で表されます．

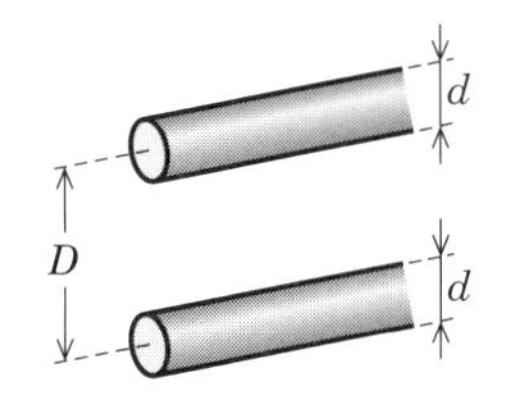


■図 3.13　平行 2 線式給電線

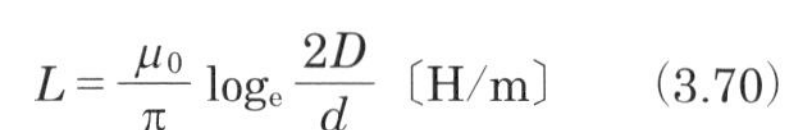

$$L = \frac{\mu_0}{\pi} \log_e \frac{2D}{d} \text{〔H/m〕} \qquad (3.70)$$

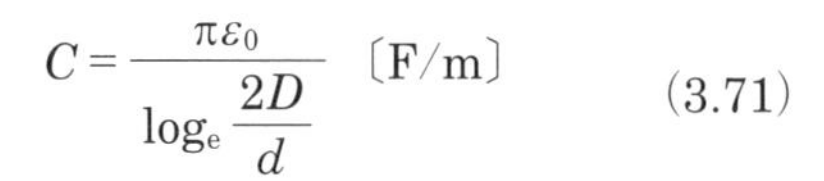

$$C = \frac{\pi \varepsilon_0}{\log_e \dfrac{2D}{d}} \text{〔F/m〕} \qquad (3.71)$$

直線状導体の $L$ や $C$ を求めるときは $1/x$ の関数を積分するので，$\log_e x$ の式となる．積分区間が $d \ll D$ の条件で，$d/2$ から $D$ まで積分するので，$2D/d$ となる．

ただし，真空の透磁率を $\mu_0 = 4\pi \times 10^{-7}$〔H/m〕，真空の誘電率を $\varepsilon_0 = 1/(c^2 \mu_0)$〔F/m〕とします．

## 3.5.2 平行 2 線式給電線の特性インピーダンス

平行 2 線式給電線の特性インピーダンス $Z_0$〔Ω〕は，式 (3.70) と式 (3.71) を用いると次式で表されます．

$$Z_0 = \sqrt{\frac{L}{C}} = \sqrt{\frac{\mu_0}{\pi^2 \varepsilon_0}} \log_e \frac{2D}{d} \text{〔Ω〕} \qquad (3.72)$$

真空中の電波の速度 $c \fallingdotseq 3 \times 10^8$，$\log_e x = \log_{10} x / \log_{10} e \fallingdotseq 2.3 \log_{10} x$ より，式

(3.72) は

$$Z_0 = \frac{\mu_0 c}{\pi} \log_e \frac{2D}{d} = 120 \log_e \frac{2D}{d} \fallingdotseq 276 \log_{10} \frac{2D}{d} \ 〔\Omega〕 \quad (3.73)$$

となります．平行 2 線式給電線は，各導線が大地に対して電気的に平衡な平衡形給電線です．

実際に用いられている給電線の $Z_0$ は 200～600〔Ω〕程度．

## 3.5.3 単線式給電線

**図 3.14** (a) のように，大地と平行に設置された 1 本の導線と大地に給電した単線式給電線の特性インピーダンス $Z_0$〔Ω〕は次式で表されます．

$$Z_0 = 138 \log_{10} \frac{4h}{d} \ 〔\Omega〕 \quad (3.74)$$

図 3.14 (b) のように自由空間に張られた単線式線路の特性インピーダンス $Z_0$〔Ω〕は次式で表されます．

$$Z_0 = 138 \log_{10} \frac{2l}{d} \ 〔\Omega〕 \quad (3.75)$$

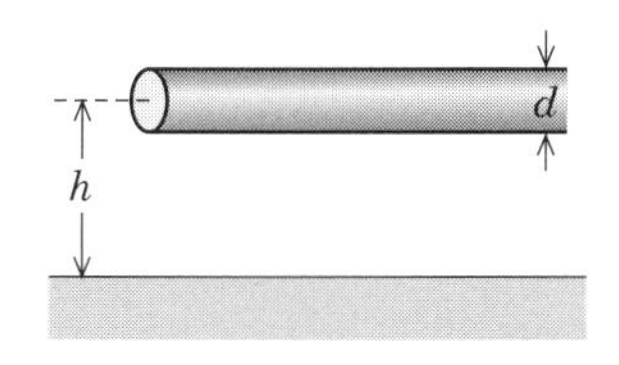


（a）大地と平行に設置

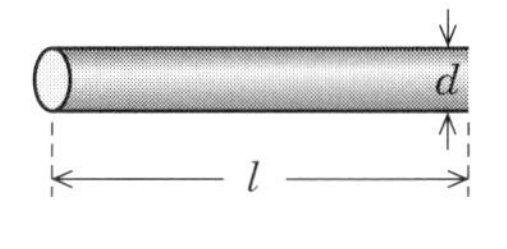


（b）自由空間に設置

**図 3.14　単線式給電線**

**問題 13** ★★★ ➡ 3.5.2

直径 4〔mm〕, 線間隔 20〔cm〕の終端を短絡した無損失の平行 2 線式給電線において, 終端から長さ 5〔m〕のところから終端を見たインピーダンスと等価となるコイルのインダクタンスの値として, 最も近いものを下の番号から選べ. ただし, 周波数を 10〔MHz〕とする.

1　19.6〔μH〕　2　15.2〔μH〕　3　9.6〔μH〕　4　7.6〔μH〕　5　2.9〔μH〕

**解説** 平行 2 線式給電線の導線の直径を $d = 4$〔mm〕$= 4 \times 10^{-3}$〔m〕, 線間隔を $D = 20$〔cm〕$= 2 \times 10^{-1}$〔m〕とすると, 特性インピーダンス $Z_0$〔Ω〕は次式で表されます.

$$Z_0 \fallingdotseq 276 \log_{10} \frac{2D}{d} = 276 \log_{10} \frac{2 \times 2 \times 10^{-1}}{4 \times 10^{-3}}$$

$$= 276 \log_{10} 10^2 = 276 \times 2 = 552 \text{〔Ω〕}$$

log の計算が難しいので, $10^x$ になることが多い.

周波数 $f = 10$〔MHz〕の電波の波長 $\lambda$〔m〕は, 次式で表されます.

$$\lambda \fallingdotseq \frac{300}{f\text{〔MHz〕}} = \frac{300}{10} = 30 \text{〔m〕}$$

終端を短絡した線路長 $l$〔m〕の線路の終端を見たインピーダンス $\dot{Z}$〔Ω〕は次式で表されます.

$$\dot{Z} = jZ_0 \tan \frac{2\pi l}{\lambda} = j552 \tan \frac{2\pi \times 5}{30}$$

$$= j552 \tan \frac{\pi}{3} = j552\sqrt{3} \fallingdotseq j956 \text{〔Ω〕}$$

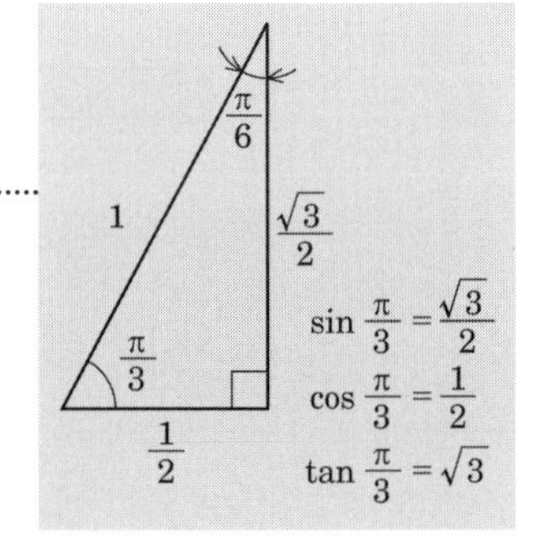


$\dot{Z}$ と等価となるコイルのインダクタンスを $L$〔H〕とすると, $\dot{Z} = j\omega L = j2\pi fL$ より次式が成り立ちます.

$$L = \frac{|\dot{Z}|}{2\pi f} = \frac{956}{2 \times 3.14 \times 10 \times 10^6}$$

$$= \frac{956}{62.8} \times 10^{-6} \fallingdotseq 15.2 \times 10^{-6} \text{〔H〕} = \mathbf{15.2\text{〔μH〕}}$$

答え ▶▶▶ 2

**問題 14** ★★★ ➡3.5.2

直径 4〔mm〕，線間隔 20〔cm〕の終端を開放した無損失の平行 2 線式給電線がある．この終端から長さ 2.5〔m〕のところから終端を見たインピーダンスと等価となるコンデンサの静電容量の値として，最も近いものを下の番号から選べ．ただし，周波数を 20〔MHz〕とする．

1　10〔pF〕　　2　25〔pF〕　　3　50〔pF〕　　4　72〔pF〕　　5　93〔pF〕

**解説** 平行 2 線式給電線の導線の直径を $d=4$〔mm〕$=4\times10^{-3}$〔m〕，線間隔を $D=20$〔cm〕$=2\times10^{-1}$〔m〕とすると，特性インピーダンス $Z_0$〔Ω〕は，次式で表されます．

$$Z_0 \fallingdotseq 276\log_{10}\frac{2D}{d}=276\log_{10}\frac{2\times2\times10^{-1}}{4\times10^{-3}}=276\log_{10}10^2$$

$$=276\times2=552\text{〔Ω〕}$$

周波数 $f=20$〔MHz〕の電波の波長 $\lambda$〔m〕は，次式で表されます．

$$\lambda \fallingdotseq \frac{300}{f\text{〔MHz〕}}=\frac{300}{20}=15\text{〔m〕}$$

終端を開放した長さ $l$〔m〕の線路の終端を見たインピーダンス $\dot{Z}$〔Ω〕は次式で表されます．

$$\dot{Z}=-jZ_0\cot\frac{2\pi l}{\lambda}=-jZ_0\frac{1}{\tan\dfrac{2\pi l}{\lambda}}$$

$$=-j552\frac{1}{\tan\left(\dfrac{2\pi\times2.5}{15}\right)}=-j552\frac{1}{\tan\dfrac{\pi}{3}}$$

$$=-j\frac{552}{\sqrt{3}}\fallingdotseq -j\frac{552}{1.73}\fallingdotseq -j319\text{〔Ω〕}$$

$\dot{Z}$ を等価となる静電容量 $C$〔F〕に置き換えると，次式が成り立ちます．

$$-j\frac{1}{\omega C}=-j\frac{1}{2\pi fC}\fallingdotseq -j319$$

よって，$C$ は次式で求めることができます．

$$C=\frac{1}{319\times2\pi f}=\frac{1}{319\times2\times20\times10^6}\times0.318$$

$$\fallingdotseq\frac{1}{4}\times10^{-10}\text{〔F〕}=25\times10^{-12}\text{〔F〕}=\mathbf{25\text{〔pF〕}}$$

$\dfrac{1}{\pi}\fallingdotseq0.318\fallingdotseq0.32$ を覚えておくと計算が楽．

答え▶▶▶2

**問題 15** ★★★ ➡ 3.5.2

**図 3.15** に示す無損失の平行 2 線式給電線と 163〔Ω〕の純負荷抵抗を 1/4 波長整合回路で整合させるとき，この整合回路の特性インピーダンスの値として，最も近いものを下の番号から選べ．ただし，平行 2 線式給電線の導線の直径 $d$ を 3〔mm〕，2 本の導線間の間隔 $D$ を 15〔cm〕とする．

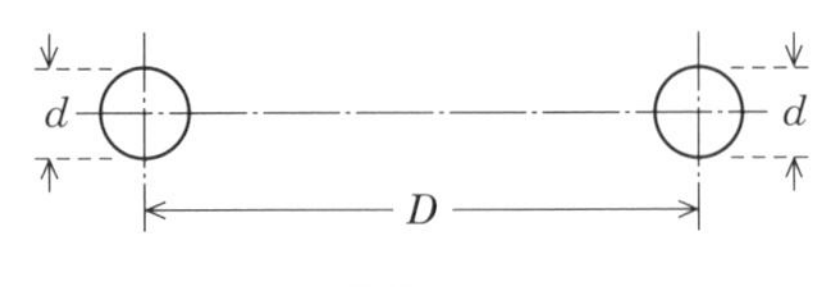


**図 3.15**

1　75〔Ω〕　2　150〔Ω〕　3　300〔Ω〕　4　400〔Ω〕　5　600〔Ω〕

**解説** 平行 2 線式給電線の導線の直径を $d = 3$〔mm〕$= 3 \times 10^{-3}$〔m〕，導線間の間隔を $D = 15$〔cm〕$= 15 \times 10^{-2}$〔m〕とすると，特性インピーダンス $Z_0$〔Ω〕は次式で表されます．

$$Z_0 \fallingdotseq 276 \log_{10} \frac{2D}{d} = 276 \log_{10} \frac{2 \times 15 \times 10^{-2}}{3 \times 10^{-3}} = 276 \log_{10} 10^2$$

$$= 276 \times 2 = 552 \text{〔Ω〕}$$

負荷インピーダンス $R$〔Ω〕を特性インピーダンス $Z_Q$〔Ω〕の 1/4 波長整合線路で $Z_0$ に整合したときは次式が成り立ちます．

$$Z_Q = \sqrt{RZ_0}$$

$$= \sqrt{163 \times 552} = \sqrt{89\,976}$$

$$\fallingdotseq \sqrt{9 \times 10^4} = \mathbf{300} \text{〔Ω〕}$$

$\sqrt{\ }$ が簡単に開くとは限らないので，選択肢の値を 2 乗して答えを見つけることもできる．

答え▶▶▶ 3

**問題 16** ★★★ ➡3.5.2

**図 3.16** に示すように，平行２線式給電線と放射抵抗が $R$〔Ω〕のアンテナとの間に長さが 1/4 波長の給電線を挿入して整合をとるときの整合用給電線の直径の値として，最も近いものを下の番号から選べ．ただし，平行２線式給電線の直径を $d$〔m〕，線間距離を $D$〔m〕とすると，その特性インピーダンス $Z_0$〔Ω〕は次式で与えられるものとし，$d=2$〔mm〕，$D=100$〔mm〕とする．また，整合用給電線の線間距離を 100〔mm〕とし，$R=138$〔Ω〕とする．

$$Z_0 \fallingdotseq 276\log_{10}\frac{2D}{d}\ \text{〔Ω〕}$$

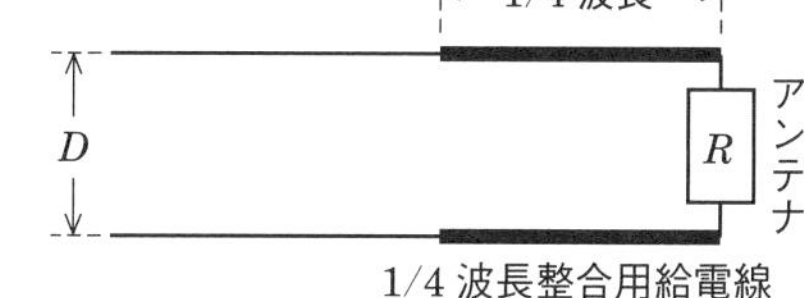


■図 3.16

1　15〔mm〕　　2　20〔mm〕　　3　26〔mm〕
4　31〔mm〕　　5　38〔mm〕

**解説** 平行２線式給電線の導線の直径を $d=2$〔mm〕$=2\times10^{-3}$〔m〕，線間距離を $D=100$〔mm〕$=10^{-1}$〔m〕とすると，特性インピーダンス $Z_0$〔Ω〕は次式で表されます．

$$Z_0 \fallingdotseq 276\log_{10}\frac{2D}{d} = 276\log_{10}\frac{2\times10^{-1}}{2\times10^{-3}} = 276\log_{10}10^2$$

$$=276\times2=552\ \text{〔Ω〕}$$

負荷インピーダンス $R$〔Ω〕を特性インピーダンス $Z_Q$〔Ω〕の 1/4 波長整合線路で $Z_0$ に整合したときは次式が成り立ちます．

$$Z_Q=\sqrt{RZ_0}=\sqrt{138\times552}$$

$$=\sqrt{138\times138\times4}=138\times2=276\ \text{〔Ω〕}$$

特性インピーダンス $Z_Q$〔Ω〕の平行２線式給電線の導線の直径を $d_Q$〔m〕，線間距離を $D_Q=100$〔mm〕$=10^{-1}$〔m〕とすると次式が成り立ちます．

$$Z_Q \fallingdotseq 276\log_{10}\frac{2D_Q}{d_Q} = 276\log_{10}\frac{2\times10^{-1}}{d_Q} = 276\ \text{〔Ω〕}$$

よって，$2\times10^{-1}/d_Q=10$ より

$$d_Q=2\times10^{-2}\ \text{〔m〕}=20\times10^{-3}\ \text{〔m〕}=\mathbf{20}\ \text{〔mm〕}$$

となります．

答え▶▶▶ 2

# 3.6 同軸給電線

- 同軸給電線の特性インピーダンスは，内部導体の外径，外部導体の内径，誘電体の比誘電率から求めることができる
- マイクロストリップ線路の放射損失は誘電体の比誘電率が大きいほど小さい

## 3.6.1 同軸給電線の構造

**同軸給電線**（同軸ケーブル）は**図 3.17** のように，編組み銅線や銅管の外部導体，単銅線またはより銅線の内部導体，およびそれを支持するポリエチレンなどの誘電体で構成されています．内部導体の外径を $d$〔m〕，外部導体の内径を $D$〔m〕，誘電体の比誘電率を $\varepsilon_r$ とすると，単位長さ当たりのインダクタンス $L$〔H/m〕および静電容量 $C$〔F/m〕は次式で表されます．

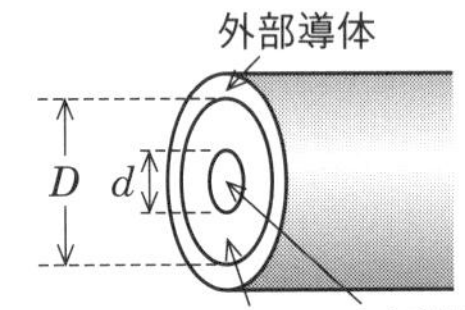


図 3.17　同軸給電線

$$L = \frac{\mu_0}{2\pi} \log_e \frac{D}{d} \text{〔H/m〕} \quad (3.76)$$

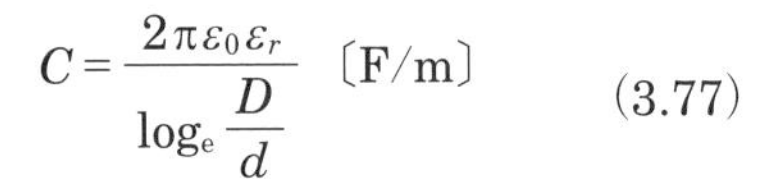

$$C = \frac{2\pi\varepsilon_0\varepsilon_r}{\log_e \dfrac{D}{d}} \text{〔F/m〕} \quad (3.77)$$

円筒形導体の $L$ や $C$ を求めるときは $1/x$ の関数を積分するので $\log_e x$ の式となる．積分区間が $d/2$ から $D/2$ まで積分するので $D/d$ となる．

## 3.6.2 同軸給電線の特性

### (1) 特性インピーダンス

同軸給電線の特性インピーダンス $Z_0$〔Ω〕は次式で表されます．

$$Z_0 = \frac{138}{\sqrt{\varepsilon_r}} \log_{10} \frac{D}{d} \text{〔Ω〕} \quad (3.78)$$

外部導体は一般に接地して使用されるので，不平衡形給電線です．平行 2 線式給電線に比較して，誘導妨害や放射損がきわめて少ない特徴があります．

実際に用いられている給電線の $Z_0$ は，50～75〔Ω〕程度で，これは損失が最小となる理論値に近い値．

### (2) 同軸給電線内の電磁波の伝搬

誘電率が$\varepsilon = \varepsilon_r \varepsilon_0$，透磁率が$\mu_0$の誘電体で構成された同軸給電線内の電磁波の伝搬速度$v$〔m/s〕および波長$\lambda$〔m〕は，真空中の伝搬速度を$c = 1/\sqrt{\mu_0 \varepsilon_0}$〔m/s〕とすると次式で表されます．

$$v = \frac{1}{\sqrt{\mu_0 \varepsilon}} = \frac{c}{\sqrt{\varepsilon_r}} \text{〔m/s〕} \quad (3.79)$$

$$\lambda = \frac{\lambda_0}{\sqrt{\varepsilon_r}} \text{〔m〕} \quad (3.80)$$

3章

速度は真空中の伝搬速度$c \fallingdotseq 3 \times 10^8$〔m/s〕より遅くなり，波長は真空中の波長より短くなります．ポリエチレン充填の場合では$\varepsilon_r \fallingdotseq 2.2$なので，$\lambda$は$\lambda_0$の約67〔%〕に短縮した値を持ちます．この値を波長短縮率といいます．

**Column 電気は空間を伝わる**

導線内を移動する電子はたくさんの電子にぶつかりながら進むので速度は非常に遅いのですが，電気は周りの空間を電磁波の変化として進むので早い速度で伝わります．一般に導線の周りの空間は空気なので真空中とほぼ同じ速度で伝わりますが，同軸給電線は誘電体の中を伝わるので，速度が低下する現象が現れます．

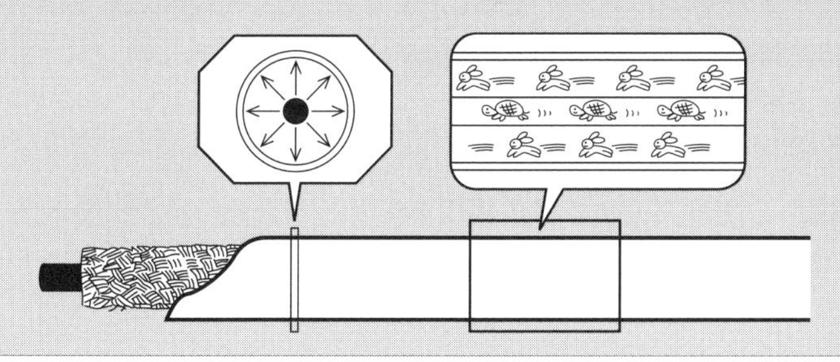

一般に同軸給電線内を伝搬する電磁波は，**図3.18**（a）のような状態のTEM波（Transverse Electro Magneticwave：横電磁界波）により伝送されます．使用周波数が高くなると導波管の伝送モードのような電磁界分布を持ち，図3.18（b）の$TE_{11}$モードが伝送するようになります．$TE_{11}$モードに変化する波長を**遮断波長**と呼び，内部導体の外径を$a$〔m〕，外部導体の内径を$b$〔m〕とすると，遮断波長$\lambda_c$〔m〕は次式で表されます．

モードについては3.9.3を参照

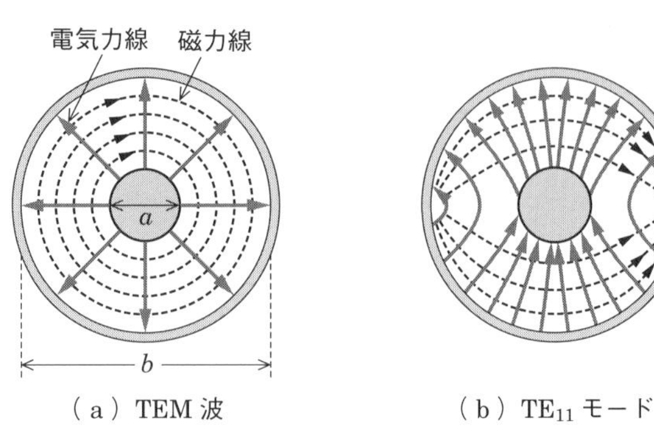


（a）TEM 波　（b）$TE_{11}$ モード

■図 3.18　同軸給電線内の電磁波

$$\lambda_c \fallingdotseq \pi(a+b)〔m〕 \tag{3.81}$$

## 3.6.3 ストリップ線路

**図 3.19**（a）のように誘電体で構成された同軸線路を開放した構造の線路を**ストリップ線路**といいます．

接地導体基板の上にアルミナ（酸化アルミニウム）やフッ素樹脂などの厚さの薄い誘電体基板を密着させ，その上に幅が狭く厚さの極めて薄いストリップ導体を密着させた不平衡線路です．

使用する電波の波長に比べて十分に広い接地導体板の上に比誘電率 $\varepsilon_r$ の誘電体基板と幅が $w$ で厚さが $t$ の導体線路を配置した構造です．ストリップ導体の幅 $w$ と導体間隔 $h$ は波長より小さい値に選ばれます．また，マイクロ波帯で用いられるので**マイクロストリップ線路**とも呼びます．

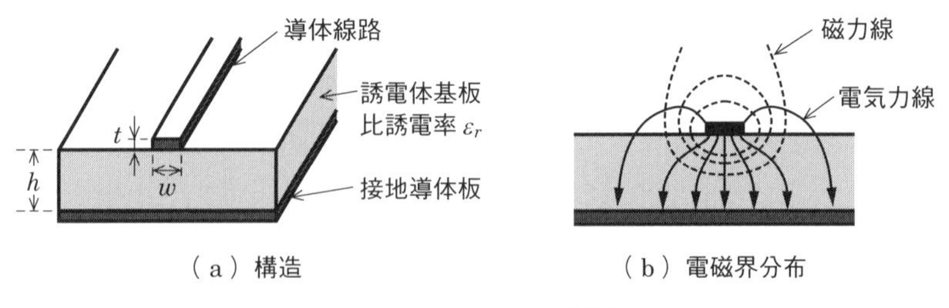


（a）構造　（b）電磁界分布

■図 3.19　ストリップ線路

図 3.19 (b) に線路の電磁界分布を示します．この伝送線路を伝搬する電磁波は，近似的に TEM 波で伝送されます．ストリップ導体の上は開放されていますが，大部分のエネルギーはストリップ導体の直下に集中しています．同軸給電線よりも高い周波数で使用できますが，放射損失や外部から雑音の混入などが大きいといった特徴があります．

**問題 17** ★★★ ➡ 3.6.2

内部導体の外径が 2〔mm〕，外部導体の内径が 16〔mm〕の同軸線路の特性インピーダンスが 75〔Ω〕であった．この同軸線路の内部導体の外径を 2 倍にしたときの特性インピーダンスの値として，最も近いものを下の番号から選べ．ただし，内部導体と外部導体の間には，同一の誘電体が充填されているものとする．

1　25〔Ω〕　2　37〔Ω〕　3　50〔Ω〕　4　75〔Ω〕　5　95〔Ω〕

**解説** 内部導体の外径 $d = 2$〔mm〕$= 2 \times 10^{-3}$〔m〕，外部導体の内径 $D = 16$〔mm〕$= 16 \times 10^{-3}$〔m〕，誘電体の比誘電率 $\varepsilon_r$ の同軸線路の特性インピーダンス $Z_0$〔Ω〕は，次式で表されます．

$$Z_0 = \frac{138}{\sqrt{\varepsilon_r}} \log_{10} \frac{D}{d}$$

$$= \frac{138}{\sqrt{\varepsilon_r}} \log_{10} \frac{16 \times 10^{-3}}{2 \times 10^{-3}}$$

$$= \frac{138}{\sqrt{\varepsilon_r}} \log_{10} 8 = 75 \text{〔Ω〕}$$

よって，次式が成り立ちます．

$$\frac{138}{\sqrt{\varepsilon_r}} = \frac{75}{\log_{10} 8} \quad ①$$

内部導体の外径 $d$ が $2d$ になったときの特性インピーダンス $Z_x$〔Ω〕は，次式で表されます．

$$Z_x = \frac{138}{\sqrt{\varepsilon_r}} \log_{10} \frac{D}{2d}$$

$$= \frac{138}{\sqrt{\varepsilon_r}} \log_{10} \frac{D}{d} - \frac{138}{\sqrt{\varepsilon_r}} \log_{10} 2$$

$$= \frac{138}{\sqrt{\varepsilon_r}} \log_{10} 8 - \frac{138}{\sqrt{\varepsilon_r}} \log_{10} 2 \text{〔Ω〕} \quad ②$$

$$\log_{10} \frac{a}{b} = \log_{10} a - \log_{10} b$$

$$\log_{10} \frac{D}{2d} = \log_{10} \frac{D}{d} - \log_{10} 2$$

式①を式②に代入して $Z_x$ を求めると

$$Z_x = \frac{75}{\log_{10} 8} \log_{10} 8 - \frac{75}{3 \times \log_{10} 2} \log_{10} 2$$

$$= 75 - \frac{75}{3} = \mathbf{50}\ 〔\Omega〕$$

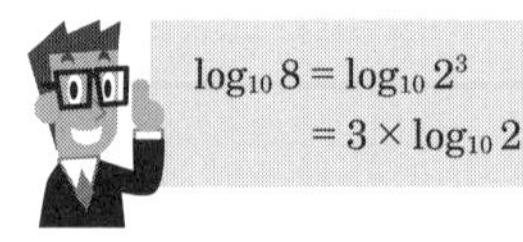


となります.

**答え▶▶▶3**

**出題傾向** 外部導体の内径を2倍にしたときの問題も出題されています．答えの特性インピーダンスは，変化させる前より大きくなります．

**問題 18** ★ ➡3.6.2

次の記述は，同軸給電線の特性について述べたものである． 内に入れるべき字句の正しい組合せを下の番号から選べ．

(1) 同軸給電線の伝送損は，抵抗損によるものと誘電損によるものがあり，抵抗損によるものは，周波数の平方根に [A] し，誘電損によるものは，周波数に比例する．

(2) 同軸給電線内の位相定数と自由空間の位相定数との比で表される波長短縮率は，同軸給電線に充填されている誘電体の比誘電率を $\varepsilon_s$ とすれば， [B] で与えられる．

(3) 同軸給電線は，通常用いるモードでの遮断周波数は存在しないが，周波数が高くなり，ある周波数を超えると， [C] モードが発生して伝送損の増加や位相ひずみなどを生ずる．

| | A | B | C |
|---|---|---|---|
| 1 | 比例 | $1/\varepsilon_s$ | TEM |
| 2 | 比例 | $1/\sqrt{\varepsilon_s}$ | TE または TM |
| 3 | 比例 | $1/\varepsilon_s$ | TE または TM |
| 4 | 反比例 | $1/\sqrt{\varepsilon_s}$ | TE または TM |
| 5 | 反比例 | $1/\varepsilon_s$ | TEM |

**解説** 自由空間（真空中）の電磁波の位相速度（伝搬速度）を $c$〔m/s〕，波長を $\lambda_0$〔m〕とすると，誘電体の比誘電率が $\varepsilon_s$ の同軸給電線内の位相速度 $v$〔m/s〕および波長 $\lambda$〔m〕は

$$v = \frac{c}{\sqrt{\varepsilon_s}}\ 〔\mathrm{m/s}〕 \qquad \lambda = \frac{\lambda_0}{\sqrt{\varepsilon_s}}\ 〔\mathrm{m}〕$$

によって表されます．ここで，$\lambda/\lambda_0 = \mathbf{1/\sqrt{\varepsilon_s}}$ を波長短縮率と呼び，同軸給電線内の波長は自由空間中の波長より短くなります．…………… B の答え

同軸給電線は通常，TEM モードで動作するので直流から使用することができ，UHF 帯（300〔MHz〕～ 3〔GHz〕）までの伝送線路として用いられます．TEM モードは遮断周波数が存在しません．

同軸給電線の伝送周波数が高くなると TE モードまたは TM モードで動作するようになります．

**答え ▶▶▶ 2**

3章

**問題 19** ★★★ → 3.6.2

**図 3.20** は同軸線路の断面図であり，**図 3.21** は平行平板線路の断面図である．これら二つの線路の特性インピーダンスが等しく，同軸線路の外部導体の内径 $b$〔m〕と内部導体の外径 $a$〔m〕との比（$b/a$）の値が 5 であるときの平行平板線路の誘電体の厚さ $d$〔m〕と導体の幅 $W$〔m〕との比（$d/W$）の値として，最も近いものを下の番号から選べ．ただし，両線路とも無損失であり，誘電体は同一とする．また，誘電体の比誘電率を $\varepsilon_r$ とし，自由空間の固有インピーダンスを $Z_0$〔Ω〕とすると，平行平板線路の特性インピーダンス $Z_p$〔Ω〕は，$Z_p = (Z_0/\sqrt{\varepsilon_r}) \times (d/W)$ で表され，$\log_{10} 2 = 0.3$ とする．

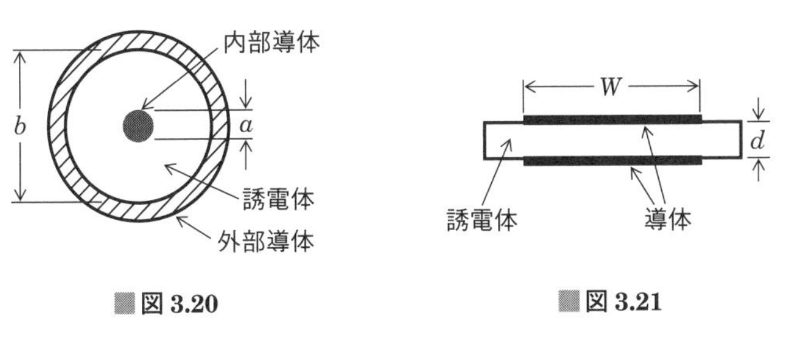


図 3.20　　図 3.21

1　0.22　　2　0.26　　3　0.30　　4　0.34　　5　0.38

**解説** 図3.20の内部導体の外径$a$〔m〕，外部導体の内径$b$〔m〕の同軸線路の特性インピーダンス$Z_c$〔Ω〕は次式で表されます．

$$Z_c = \frac{138}{\sqrt{\varepsilon_r}} \log_{10} \frac{b}{a} \ \text{〔Ω〕} \quad ①$$

問題で与えられた条件$b/a = 5$を代入すると

$$Z_c = \frac{138}{\sqrt{\varepsilon_r}} \times \log_{10} 5 = \frac{138}{\sqrt{\varepsilon_r}} \log_{10} \frac{10}{2} = \frac{138}{\sqrt{\varepsilon_r}} \times (\log_{10} 10 - \log_{10} 2)$$

$$= \frac{138}{\sqrt{\varepsilon_r}} \times 0.7 = \frac{96.6}{\sqrt{\varepsilon_r}} \ \text{〔Ω〕} \quad ②$$

となり，平行平板線路の特性インピーダンス$Z_p$〔Ω〕は，問題で与えられた式より

$$Z_p = \frac{Z_0}{\sqrt{\varepsilon_r}} \times \frac{d}{W} \ \text{〔Ω〕} \quad ③$$

となります．自由空間の固有インピーダンス$Z_0 = 120\pi \fallingdotseq 377$〔Ω〕と式②＝式③より，誘電体の厚さ$d$〔m〕と導体の幅$W$〔m〕との比を求めると

$$\frac{d}{W} = \frac{96.6}{\sqrt{\varepsilon_r}} \times \frac{\sqrt{\varepsilon_r}}{Z_0} \fallingdotseq \frac{96.6}{377} \fallingdotseq \mathbf{0.26}$$

となります．

**答え▶▶▶2**

**出題傾向** 自由空間の固有インピーダンス

$$Z_0 = \sqrt{\frac{\mu_0}{\varepsilon_0}} \fallingdotseq 120\pi \fallingdotseq 377 \ \text{〔Ω〕}$$

はアンテナの理論の計算でも頻繁に使われる値です．

**問題 20** ★★★ ➡ 3.6.3

次の記述は，**図 3.22** に示すマイクロストリップ線路について述べたものである．□内に入れるべき字句を下の番号から選べ．

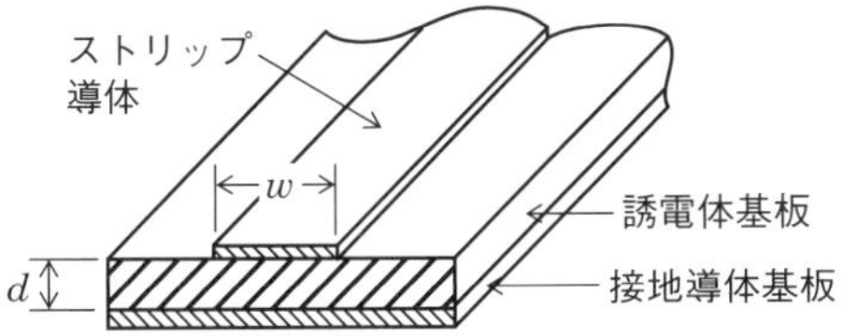

■図 3.22

(1) 接地導体基板の上にアルミナやフッ素樹脂などの厚さの薄い誘電体基板を密着させ，その上に幅が狭く厚さの極めて薄いストリップ導体を密着させた［ア］の線路である．

(2) 本線路は，開放線路の一種であり，外部雑音の影響や放射損がある．放射損を少なくするために，比誘電率［イ］誘電体基板を用いる．

(3) 伝送モードは，通常，ほぼ［ウ］モードとして扱うことができる．

(4) 特性インピーダンスは，ストリップ導体の幅を $w$，誘電体基板の厚さを $d$，誘電体基板の比誘電率を $\varepsilon_r$ とすると，［エ］が大きいほど，また $\varepsilon_r$ が［オ］，小さくなる．

| | | | | |
|---|---|---|---|---|
| 1 平衡形 | 2 の大きい | 3 TEM | 4 $d/w$ | 5 大きいほど |
| 6 不平衡形 | 7 の小さい | 8 $TE_{11}$ | 9 $w/d$ | 10 小さいほど |

**解説** ストリップ導体の幅を $w$，誘電体基板の厚さを $d$，比誘電率を $\varepsilon_r$ とすると，$\boldsymbol{w/d}$ が大きいほど，$\varepsilon_r$ が**大きいほど**，線路の特性インピーダンスは小さくなります．

（$w/d$ ←［エ］の答え，大きいほど ←［オ］の答え）

答え▶▶▶ア－6，イ－2，ウ－3，エ－9，オ－5

**出題傾向** 下線の部分を穴埋めの字句とした問題も出題されています．

# 3.7 整合回路

- 集中定数整合回路はコイルやコンデンサを用いた整合回路で回路定数を計算によって求めることができる
- 分布定数整合回路は伝送線路の長さを変えることによって整合をとることができる

## 3.7.1 集中定数回路による整合

給電線の特性インピーダンスを$Z_0$〔Ω〕，受端のインピーダンスを$R$〔Ω〕とすると，$Z_0 \neq R$のときは受端の接続点に整合回路を挿入して整合をとる必要があります．コイル$L$〔H〕やコンデンサ$C$〔F〕を用いた整合回路を**図 3.23** に示します．

集中定数整合回路は回路部品により整合をとる．分布定数整合回路は短絡線路や開放線路を用いて整合をとる．

**(1) 平衡線路**

$Z_0 > R$のとき

$$L = \frac{1}{2\omega}\sqrt{R(Z_0 - R)}\ \text{〔H〕} \tag{3.82}$$

$$C = \frac{1}{\omega Z_0}\sqrt{\frac{Z_0 - R}{R}}\ \text{〔F〕} \tag{3.83}$$

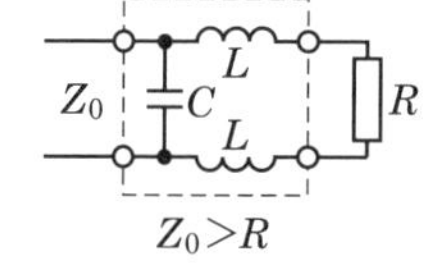


$Z_0 > R$

$Z_0 < R$のとき

$$L = \frac{1}{2\omega}\sqrt{Z_0(R - Z_0)}\ \text{〔H〕} \tag{3.84}$$

$$C = \frac{1}{\omega R}\sqrt{\frac{R - Z_0}{Z_0}}\ \text{〔F〕} \tag{3.85}$$

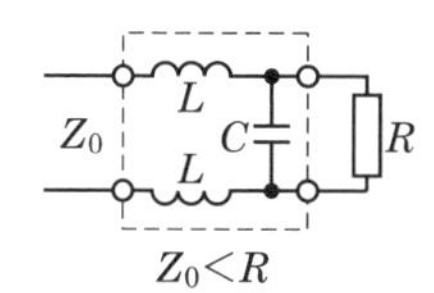


$Z_0 < R$

**(2) 不平衡線路**

$Z_0 > R$のとき

$$L = \frac{1}{\omega}\sqrt{R(Z_0 - R)}\ \text{〔H〕} \tag{3.86}$$

$$C = \frac{1}{\omega Z_0}\sqrt{\frac{Z_0 - R}{R}}\ \text{〔F〕} \tag{3.87}$$

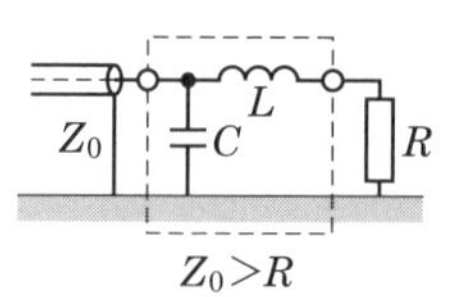


$Z_0 > R$

■図 3.23 整合回路

$Z_0 < R$ のとき

$$L = \frac{1}{\omega}\sqrt{Z_0(R - Z_0)} \text{〔H〕} \tag{3.88}$$

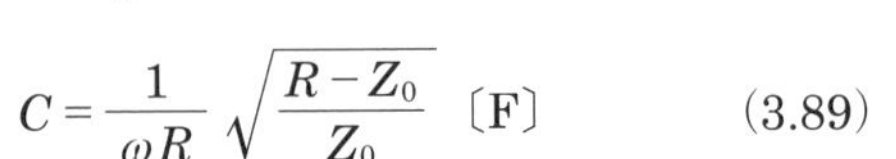

$$C = \frac{1}{\omega R}\sqrt{\frac{R - Z_0}{Z_0}} \text{〔F〕} \tag{3.89}$$

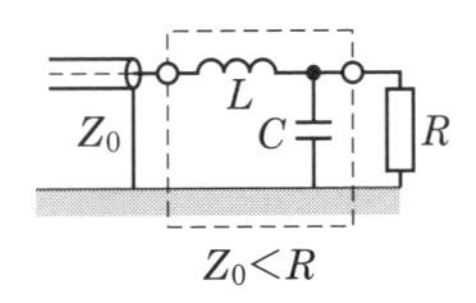


■図 3.23　整合回路（つづき）

**関連知識　非同調給電線と同調給電線**

受端の負荷が給電線の特性インピーダンスと等しくなるようにして，給電線に定在波が発生しない状態で給電する場合は非同調給電線といいます．

給電線上に定在波を発生させて，給電線上のインピーダンスが純抵抗となる特定の長さの給電線を用いて整合する場合は同調給電線といいます．

平行 2 線式給電線などの平衡給電線は同調給電線および非同調給電線として用いられ，同軸給電線などの不平衡給電線は非同調給電線として用いられます．

動作上の分類から，同調給電線と非同調給電線の二つに分けられます．

## 3.7.2　分布定数回路による整合

線路の入力インピーダンスが線路長により変化することを利用して整合をとる方法です．

### (1) スタブ整合

**図 3.24** のように，特性インピーダンス $Z_0$〔Ω〕の線路の受端に $\dot{Z}_R$〔Ω〕が接続されているとき，受端から $l$ の点から負荷側を見た線路のインピーダンス $\dot{Z}_1$〔Ω〕は次式で表されます．

整合用の短絡線路や開放線路をスタブという．

$$\dot{Z}_1 = Z_0 \frac{\dot{Z}_R \cos\beta l + jZ_0 \sin\beta l}{Z_0 \cos\beta l + j\dot{Z}_R \sin\beta l} \text{〔Ω〕} \tag{3.90}$$

アドミタンス $\dot{Y}_1$〔S〕で表すと

$$\dot{Y}_1 = \frac{1}{\dot{Z}_1} = G_1 + jB_1 \text{〔S〕} \tag{3.91}$$

となります．このとき

$$G_1 = \frac{1}{Z_0} \text{〔S〕} \tag{3.92}$$

となるように $l_1$ の位置を調整します．次に，短絡線路の長さ $l_2$ を調整して短絡

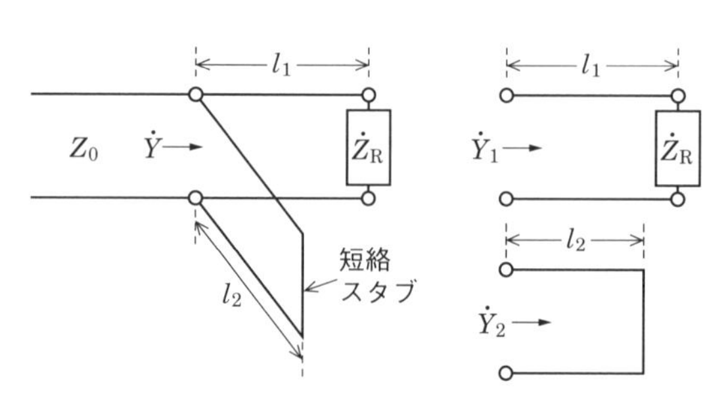


■図 3.24　スタブ

線路のアドミタンスが $\dot{Y}_2=-jB_1$ となるようにすれば，並列合成アドミタンス $\dot{Y}$〔S〕は

$$\dot{Y}=\dot{Y}_1+\dot{Y}_2=G_1+jB_1-jB_1$$

$$=G_1=\frac{1}{Z_0}\text{〔S〕} \tag{3.93}$$

アドミタンスはインピーダンスの逆数．
直列回路はインピーダンスの和．並列回路はアドミタンスの和で計算することができる．

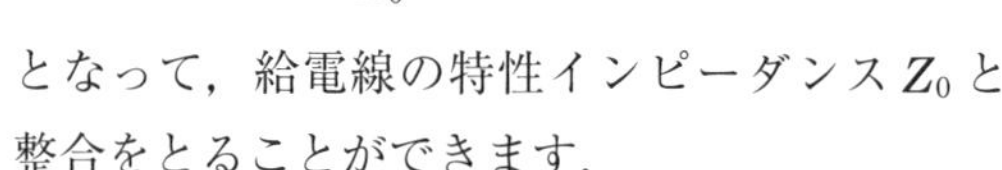

となって，給電線の特性インピーダンス $Z_0$ と整合をとることができます．

ここで，短絡線路のアドミタンス $\dot{Y}_2$〔S〕は次式で表されます．

$$\dot{Y}_2=\frac{1}{\dot{Z}}=\frac{1}{jZ_0\tan\beta l}=-j\frac{1}{Z_0}\cot\beta l\text{〔S〕} \tag{3.94}$$

開放線路のアドミタンス $\dot{Y}_2$〔S〕は次式で表されます．

$$\dot{Y}_2=\frac{1}{\dot{Z}}=\frac{1}{-jZ_0\cot\beta l}=j\frac{1}{Z_0}\tan\beta l\text{〔S〕} \tag{3.95}$$

**(2) 1/4 波長整合線路**

**図 3.25** のように，特性インピーダンス $Z_0$〔Ω〕の線路の受端に純抵抗負荷 $Z_R$〔Ω〕を接続するとき，特性インピーダンスが $Z_Q$〔Ω〕で長さが 1/4 波長の整合用線路を挿入すると整合をとることができます．このとき，整合用線路は次式の条件を満足している線路を用います．

$$Z_Q=\sqrt{Z_R Z_0}\text{〔Ω〕} \tag{3.96}$$

整合の長さが 1/4 波長（Quarter-wavelength）なので Q 変成器とも呼ぶ．

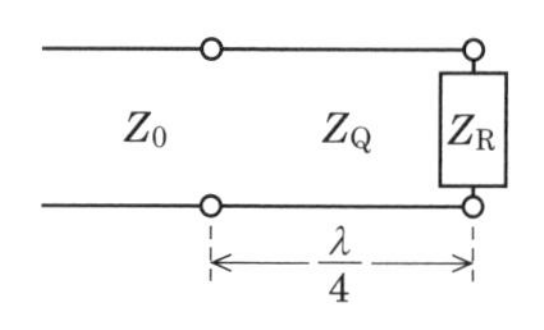


■図 3.25　1/4 波長整合線路

**問題 21** ★★★ ➡ 3.7.1

**図 3.26** に示すように，特性インピーダンス $Z_0$ が 50〔Ω〕の無損失給電線と入力抵抗 $R$ が 100〔Ω〕のアンテナを対称形集中定数回路を用いて整合させたとき，リアクタンス $X$ の大きさの値として，最も近いものを下の番号から選べ．

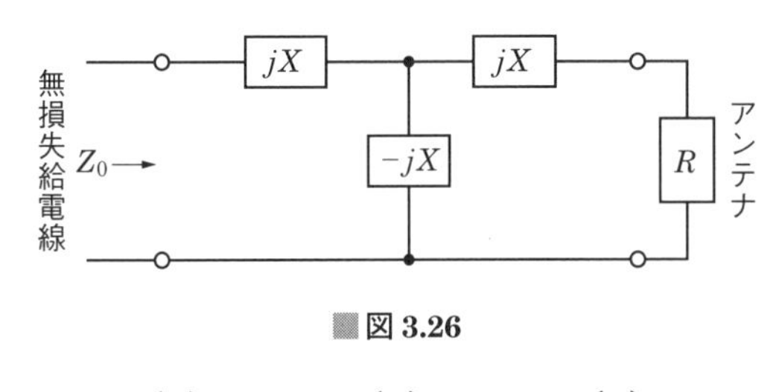


**図 3.26**

1　56〔Ω〕　2　63〔Ω〕　3　71〔Ω〕　4　85〔Ω〕　5　128〔Ω〕

**解説** 無損失給電線と整合回路の接続点において，左右のインピーダンスが等しくなると整合がとれるので次式が成り立ちます．

$$Z_0 = jX + \frac{-jX \times (R + jX)}{-jX + (R + jX)} = jX + \frac{-jXR + X^2}{R} = jX - \frac{jXR}{R} + \frac{X^2}{R}$$

$$= \frac{X^2}{R}$$

よって，リアクタンス $X$〔Ω〕を求めると

$$X = \sqrt{Z_0 R} = \sqrt{50 \times 100} = \sqrt{5\,000}$$

$$= \sqrt{\frac{10\,000}{2}} = \frac{100}{\sqrt{2}}$$

$$\fallingdotseq \mathbf{71}\ \text{〔Ω〕}$$

となります．

$\sqrt{2} \fallingdotseq 1.41$，$\dfrac{1}{\sqrt{2}} \fallingdotseq 0.707$ を覚える．
$\sqrt{\ }$ の値を求めるために，計算の数値を工夫する．

答え ▶▶▶ 3

出題傾向

$\sqrt{\ }$ の解を求めるのは面倒なので，選択肢の値を 2 乗して答えを見つけることもできます．全部の値の 2 乗をとらなくても，2 乗して 5 000 になりそうな近い値，$63^2 = 3\,949$，$71^2 = 5\,041$ などを計算すれば見つかります．

**問題 22** ★★★ ➡3.7.1

**図 3.27** に示す整合回路を用いて，特性インピーダンス $Z_0$ が 730〔Ω〕の無損失の平行2線式給電線と入力インピーダンス $Z$ が 73〔Ω〕の半波長ダイポールアンテナとを整合させるために必要な静電容量 $C$ の値として，最も近いものを下の番号から選べ．ただし，周波数を 40/π〔MHz〕とする．

1　37〔pF〕
2　51〔pF〕
3　68〔pF〕
4　94〔pF〕
5　102〔pF〕

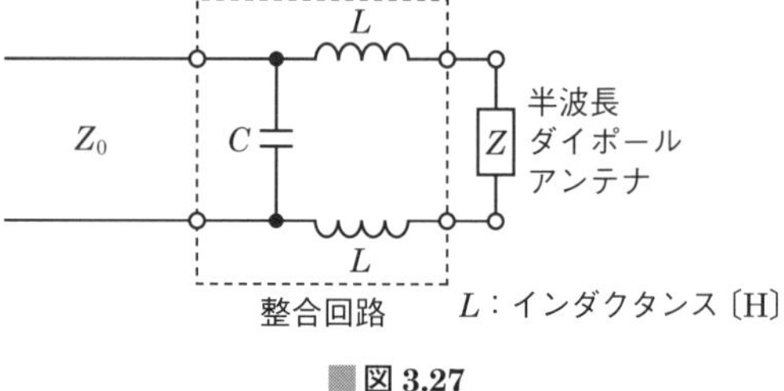


■図 3.27

**解説** ab端の左右を見たインピーダンスが等しくなれば整合をとることができます．そのとき，アドミタンスが等しくなるので，次式が成り立ちます．

$$\frac{1}{Z_0}=j\omega C+\frac{1}{Z+j2\omega L}$$

$$Z+j2\omega L=j\omega CZZ_0-2\omega^2 LCZ_0+Z_0 \quad ①$$

式①の実数部と虚数部がそれぞれ等しくなければならないので

$$Z=Z_0-2\omega^2 LCZ_0 \quad ②$$

$$2L=CZZ_0 \quad ③$$

となり，$C$ を求めるために，式③を式②の $2L$ に代入すると

$$Z=Z_0-\omega^2C^2Z_0^2Z$$

となるので，角周波数を $\omega=2\pi f$〔rad/s〕，周波数を $f=(40/\pi)\times10^6$〔Hz〕として $C$〔F〕を求めると

$$C=\frac{1}{\omega Z_0}\sqrt{\frac{Z_0-Z}{Z}}=\frac{1}{2\times\pi\times\frac{40}{\pi}\times10^6\times730}\times\sqrt{\frac{730-73}{73}}$$

$$=\frac{1}{5.84\times10^{10}}\times3 \fallingdotseq 51\times10^{-12}\text{〔F〕}=\mathbf{51\text{〔pF〕}}$$

となります．

答え▶▶▶2

$L$ の値を求めるときは，式③を式②の $C$ に代入して，$C$ を消去した式を誘導します．

# 3.8 バランと共用回路

- バランは平衡形アンテナや給電線と不平衡形給電線を接続するときに用いる
- 一つのアンテナを複数の送信機で共用するときには帯域フィルタとサーキュレータが用いられる

## 3.8.1 バラン

同軸給電線のような不平衡給電線は外部導体を接地して使用するので，内部の電界は**図 3.28** のようになります．給電線を伝搬する電磁波の電気力線は外部導体の内側で終わり，外部導体を流れる電流は外部導体の内側の面を流れます．

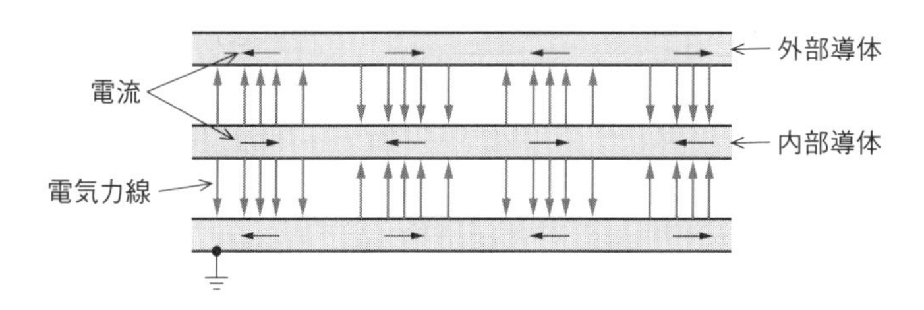


■図 3.28　バラン

平行 2 線式給電線やダイポールアンテナなどの平衡線路では，2 線間の電気力線は空間に広がり，また 2 線とも大地に対して電位を持っているので，これらの線路を直接接続すると，同軸給電線の外部導体の外側表面には不平衡電流が流れて放射損失が生じます．平衡給電線と不平衡給電線を接続するとき，不平衡電流を発生させないために用いる整合回路を**バラン**といいます．

**(1) U 形バラン**

**図 3.29** のように，平衡給電線と不平衡給電線の接続点に電気的長さが $\lambda/2$ の同軸給電線を接続したものを **U 形バラン**といいます．同軸給電線の U 字形部では，両端の電位は平衡して $\pi$〔rad〕の位相差を持った逆位相の電圧 $V$，$-V$〔V〕となり，平衡給電線と接続することができます．平衡給電線側から見ると電流は 1/2 に分割され電圧が 2 倍なので，同軸給電線のインピーダンスを $Z_0$〔Ω〕とすると，接続する平衡給電線側のインピーダンス $Z$〔Ω〕は $Z = 4Z_0$ の関係となります．

誘電体の比誘電率が $\varepsilon_r$ の同軸給電線の波長は，$1/\sqrt{\varepsilon_r}$ に短くなる．

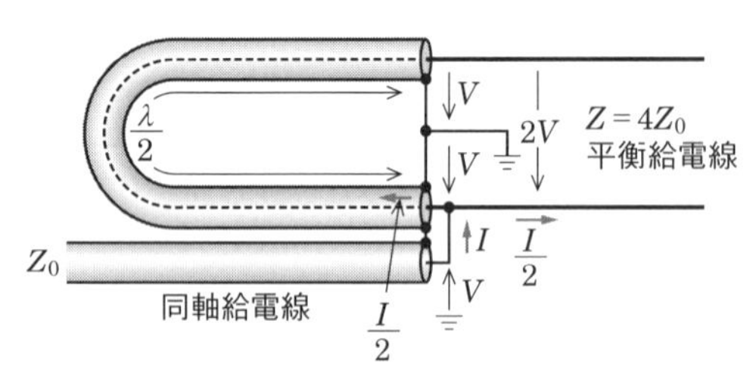


■図 3.29　U 形バラン

## (2) シュペルトップ

**図 3.30** のように，同軸給電線に長さ $\lambda/4$ の筒管をかぶせたものを**シュペルトップ**（阻止筒管）といいます．筒管と同軸給電線の外部導体が受端短絡 $\lambda/4$ 線路を構成するので，開放端のインピーダンスは無限大となり，平衡給電線から同軸給電線の外壁表面へ進もうとする電流を阻止することができます．

$\dot{Z} = j\,Z_0 \tan \beta l$ で表されるので，$\beta l = \pi/2$ のとき $\dot{Z} = \infty$ となる．

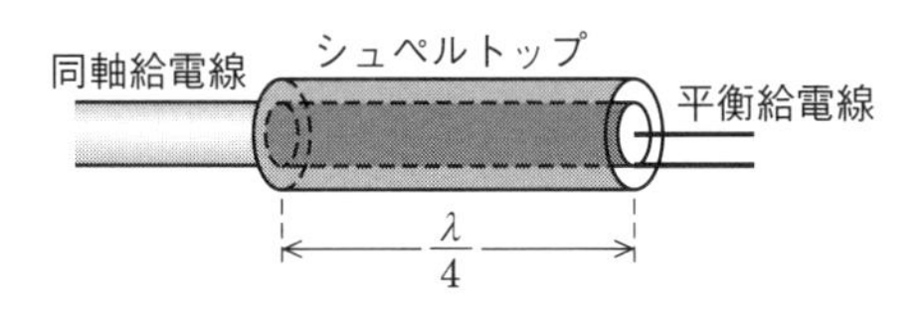


■図 3.30　シュペルトップ

## (3) 分割同軸形バラン

**図 3.31** のように，同軸給電線に長さ $\lambda/4$ の分割同軸給電線を接続し，平衡給電線に接続したものを**分割同軸形バラン**といいます．同軸給電線は分割された外部導体によって短絡しているので，等価的に変成器（トランス）結合された回路

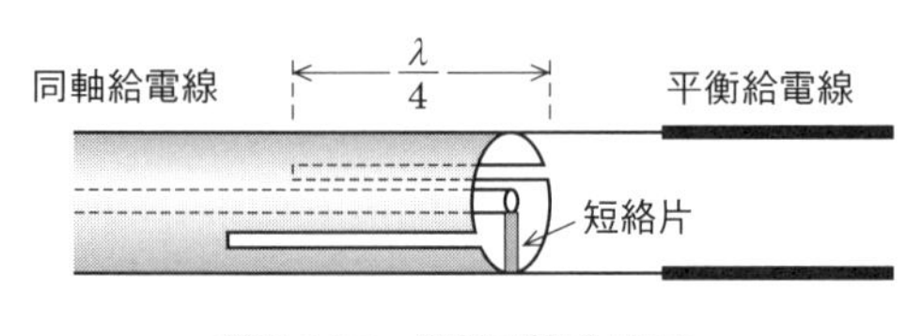


■図 3.31　分割同軸形バラン

として動作することで不平衡回路を平衡回路に変換することができます．平衡給電線側から見ると電流は 1/2 に分割され電圧は 2 倍になるので，同軸給電線のインピーダンスを $Z_0$〔Ω〕とすると，接続する平衡給電線側のインピーダンス $Z$〔Ω〕は $Z = 4Z_0$ の関係となります．

## 3.8.2 アンテナ共用回路



### (1) 帯域フィルタを用いた共用回路

サーキュレータ（Circulate：循環する）は一方向に回転する向きに出力する回路．

移動通信用の基地局などでは，一つのアンテナを多数の無線チャネルの送信機で共用することがあります．**図 3.32** に多数の送信機を用いたアンテナ共用回路を示します．ある送信機からの出力は，サーキュレータとその送信機の周波数に一致した帯域（通過）フィルタを通って分岐結合回路を通ってアンテナに電力を供給します．分岐点からほかの送信機を見ると，分岐回路から帯域フィルタまでの線路の長さ $l$ を $\lambda/4$ の奇数倍の長さに設定してあるので $\lambda/4$ 受端短絡線路として動作します．その結果，線路のインピーダンスは無限大となり，結合を小さくすることができます．加えて必要な減衰量をとるために，帯域フィルタおよびサーキュレータと吸収抵抗によって，ほかの送信機に向かう電力を減

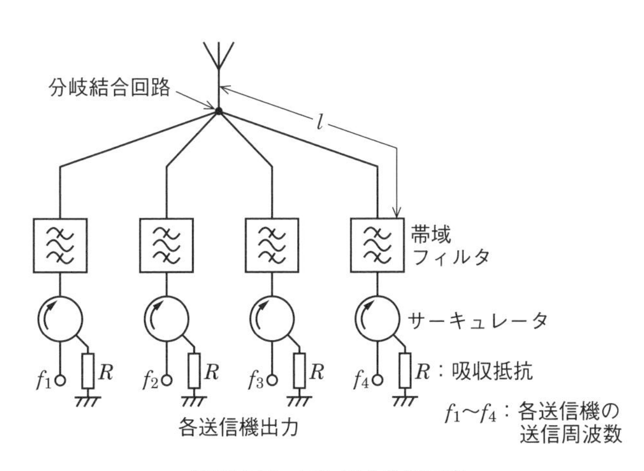


■図 3.32　アンテナ共用回路

衰させることができます．

### (2) サーキュレータ

**サーキュレータ**は片方向に結合する特性を持つ結合回路です．**図 3.33** に 3 端子形サーキュレータを示します．電力を端子①から入力すると，入力電力は矢印の方向のみに進み端子②に出力されますが，端子③には出力されません．また，端子②からの入力は端子③のみに出力されます．

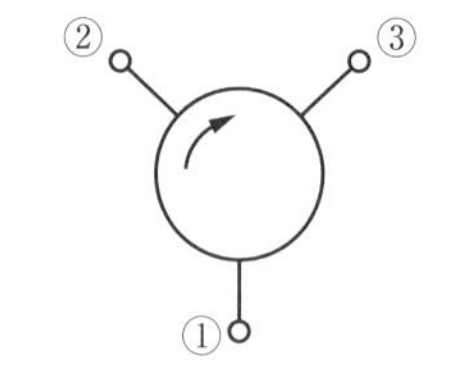


■図 3.33　サーキュレータ

フェライトと磁石によって電磁波の進路が曲がるファラデー回転を利用する．

**関連知識**　ハイブリッドリング

**図 3.34** にハイブリッドリングの原理図を示します．端子①からの入力は端子③と④に出力が現れますが，それらは 90° の位相差を持ちます．また，端子①から端子②には出力されません．端子②からの入力は端子③と④に出力が現れますが，それらは 90° の位相差を持ちます．また，端子②から①には出力されません．

端子③と④から 90° の位相差がある入力が加わると，それらの位相の進み，または遅れによって，端子①または端子②に出力されます．

ハイブリッド回路はダイプレクサなどの電力 2 分配回路に用いられます．

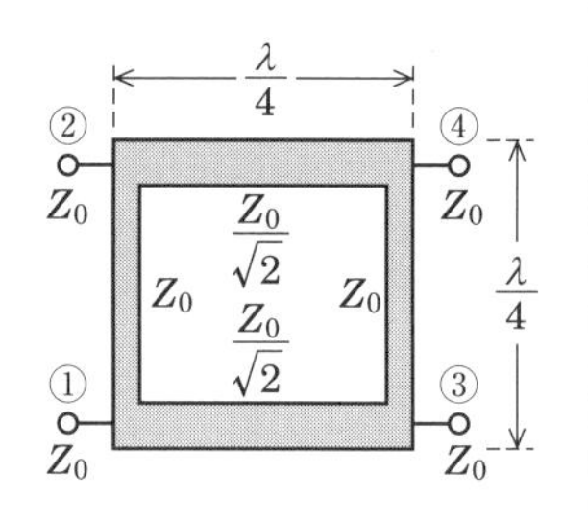


■図 3.34　ハイブリッドリング

2 系統の送信機で一つのアンテナを共用する分岐回路をダイプレクサという．

**問題 23** ★★ ➡3.8.2

次の記述は，**図 3.35** に示す帯域フィルタ (BPF) を用いた送信アンテナ共用装置について述べたものである．[ ] 内に入れるべき字句の正しい組合せを下の番号から選べ．なお，同じ記号の [ ] 内には，同じ字句が入るものとする．

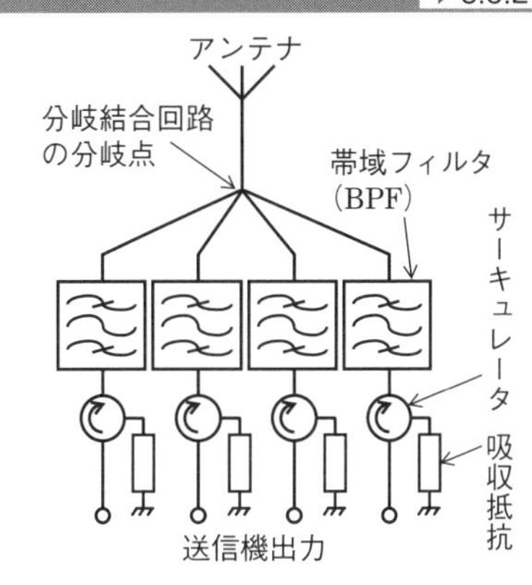


図 3.35

(1) 移動通信などの 1 つの基地局に多数の無線チャネルが用いられ多数の送信アンテナが設置される場合，送信電波の [A] 変調を防止するため，送信アンテナ相互間で所要の [B] を得る必要がある．この [B] は，アンテナを垂直または水平に，一定の間隔をおいて配置することにより得られるが，送信アンテナの数が多くなると広い場所が必要になるため，送信アンテナ共用装置が用いられることが多い．

(2) 1 つの送信機出力は，サーキュレータとその送信周波数の帯域フィルタを通ってアンテナに向かう．他の送信機に対しては，分岐結合回路の分岐点から各帯域フィルタまでの線路の長さを送信波長の 1/4 の [C] とし，先端を短絡した 1/4 波長の [C] の長さの給電線と同じ働きになるようにして，分岐点から見たインピーダンスが無限大になるようにしている．

(3) しかし，一般に分岐点から見たインピーダンスが無限大になることはないので，他の三つの送信周波数のそれぞれの帯域フィルタのみでは十分な [B] が得られない．このため，さらにサーキュレータの吸収抵抗で消費させ，他の送信機への回り込みによる再放射を防いでいる．

| | A | B | C |
|---|---|---|---|
| 1 | 相互 | 結合減衰量 | 奇数倍 |
| 2 | 相互 | 結合減衰量 | 偶数倍 |
| 3 | 相互 | 耐電力 | 偶数倍 |
| 4 | 過 | 耐電力 | 奇数倍 |
| 5 | 過 | 結合減衰量 | 偶数倍 |

**解説** 線路長 $l$ の受端短絡線路のインピーダンス $\dot{Z}$ は次式で表されます．

位相定数 $\beta = \dfrac{2\pi}{\lambda}$

$$\dot{Z} = jZ_0 \tan \beta l$$

$\tan \beta l = \infty$ となるのは，$\beta l = \dfrac{\pi}{2}$，$\dfrac{3\pi}{2}$，$\dfrac{5\pi}{2}$，…，$(1+2n)\dfrac{\pi}{2}$ のときなので，$l = \dfrac{\lambda}{4}$，$\dfrac{3\lambda}{4}$，$\dfrac{5\lambda}{4}$，…，$(1+2n)\dfrac{\lambda}{4}$ となり，1/4 波長の**奇数倍**のときにインピーダンスが無限大となります．ただし，$n = 0, 1, 2,$ …とします．

C の答え

答え▶▶▶1

**出題傾向** 下線の部分を穴埋めの字句とした問題も出題されています．

# 3.9 導 波 管

- 導波管内では長辺の長さと波長で決まる特定の角度で管壁に入射した電磁波が伝搬する
- 遮断波長よりも長い波長の電磁波は導波管内を伝搬しない
- 位相速度＞自由空間の速度＞群速度

## 3.9.1 方形導波管・円形導波管

断面の形によって方形導波管と円形導波管があるが，主に方形導波管が用いられる．

同軸給電線は使用周波数が高くなると導体の抵抗損と絶縁体の誘電体損が増加して，伝送効率が低下します．マイクロ波帯では，**図 3.36** に示す構造の導波管が用いられます．導波管は管内を中空にした方形または円形の金属管で，管内の電磁波は管壁で反射を繰り返しながら伝搬するので，導波管の損失は管壁に流れるわずかな誘導電流による熱損失のみとなり，マイクロ波帯でも伝送効率が低下しません．

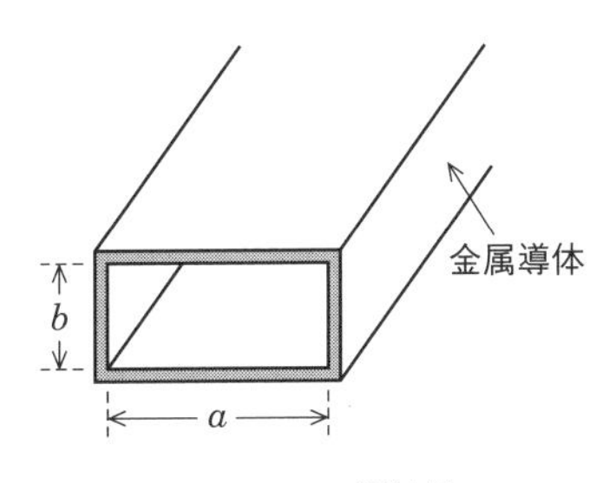


**図 3.36　導波管**

**関連知識**　表皮厚さ

導波管の管壁などのように，損失があって導電率が有限な媒質に平面波が入射すると，伝搬定数 $\gamma$ は複素数となり，減衰定数 $\alpha$ の値により，媒質中の電界強度は表面からの距離とともに指数関数的に減衰します．このとき，振幅が $1/e \fallingdotseq 0.368$（$e$：自然対数の底）となる距離を表皮厚さ（深さ）といいます．マイクロ波やミリ波帯の周波数における導体では，導体の透磁率を $\mu$，導電率を $\sigma$，誘電率を $\varepsilon$，電波の角周波数を $\omega$ とすると，$\sigma \gg \omega\varepsilon$ の条件では，減衰定数 $\alpha$ および表皮厚さ $\delta$ は次式で表されます．

$$\alpha = \frac{1}{\delta},\ \delta = \sqrt{\frac{2}{\omega\mu\sigma}} \tag{3.97}$$

周波数 $f$（$\omega = 2\pi f$），透磁率 $\mu$，導電率 $\sigma$ が大きくなるほど，表皮厚さは薄くなります．

## 3.9.2 電磁界分布

電界が図3.36の$b$軸方向を向いた電磁波は，管壁の境界条件によって管軸方向に真っ直ぐ進むことができないので，管壁に斜めに入射して反射を繰り返しながらジグザグに進みます．そのとき，導波管内は**図3.37**のような電磁界の分布を持ちます．このとき導波管内の管軸方向に発生する電磁界分布の波長を**管内波長**$\lambda_g$といいます．

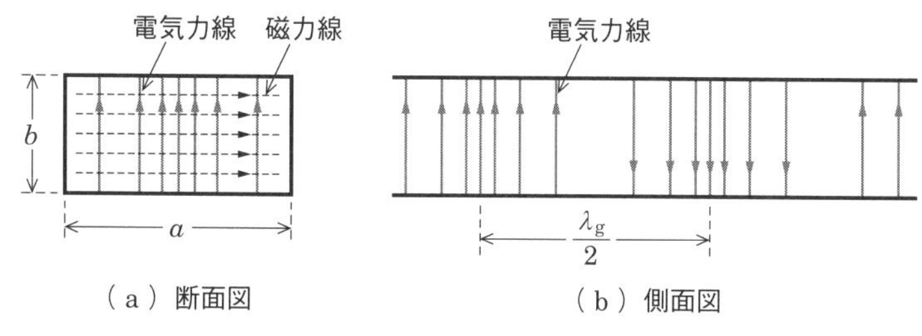


■図3.37　導波管の電磁界分布

## 3.9.3 モード

導波管内の電磁界は導波管特有の形態として管軸方向に電界または磁界の成分を持つようになります．この管内の電磁界分布を**モード**といいます．電界$E$だけが管軸方向の成分を持つ場合，磁界は管軸と垂直方向成分となりますので，これを**E波**または**TM波**（横磁界波）といいます．

また，磁界だけが管軸方向の成分を持ち，電界は管軸と垂直方向の成分を持つ場合を，**H波**または**TE波**（横電界波）といいます．**図3.38**にTE波の電界分布を示します．$x, y, z$軸において，$x$軸方向に1/2波長分の変化で分布し，界（変化の山）を一つ持ちます

が，$y$ 軸方向には変化がなく界を持ちません．ここで，両方向の界の数を $m$，$n$ とすれば，$m=1$，$n=0$ となって，モード記号 $TE_{mn}$（または $H_{mn}$）で表すと，$TE_{10}$（$H_{10}$）と表されます．

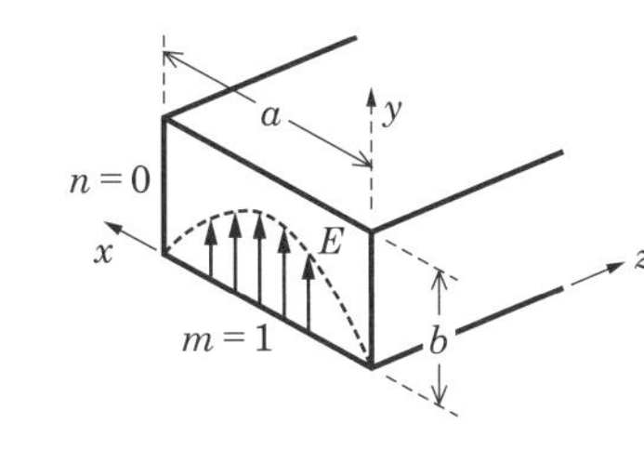


図 3.38　TE 波の電界分布



## 3.9.4 遮断波長・管内波長

**図 3.39** に示すように，入射した電磁波は波長 $\lambda$ と長辺の長さ $a$ で定まる特定の角度 $\theta$ で反射を繰り返して導波管内を伝搬します．

管壁で反射した電磁波は逆位相となる．$\lambda/2$ 遅れた波面は同位相となるので管軸で強め合う．

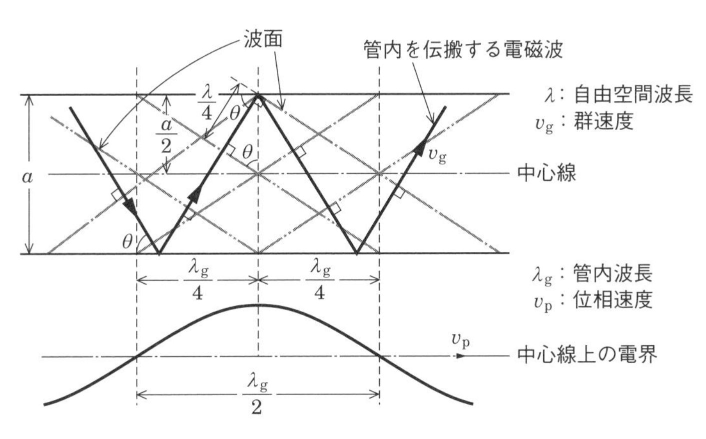


図 3.39　導波管内の電磁波

管壁で反射して 1 波長遅れた波面は，逆位相となるので管壁で 0 になり，境界条件を満足する．

図 3.39 に示すように，電磁波の進行方向と管壁のなす角度を $\theta$ とすると，次式の関係を満足する電磁波が管内を伝搬します．

$$\sin\theta = \frac{\frac{\lambda}{4}}{\frac{a}{2}} = \frac{\lambda}{2a} \tag{3.98}$$

ここで，管軸の電磁界分布の波長を管内波長 $\lambda_g$〔m〕とすると，次式の関係が成り立ちます．

$$\frac{\lambda_g}{4}\cos\theta = \frac{\lambda}{4} \tag{3.99}$$

よって

$$\lambda_g = \frac{\lambda}{\cos\theta} \tag{3.100}$$

となります．式 (3.98) より，伝送する電磁波の波長 $\lambda$ が $2a$ に近づくと，$\theta$ は 90〔°〕に近づくので，管内波長 $\lambda_g$ はだんだん長くなり，$\lambda = 2a$ のとき無限大となります．また，電磁波の進行方向は管壁に直角となるので，管軸方向に進行しなくなります．このときの波長を**遮断波長** $\lambda_c$ と呼びます．

また，三角関数 $\cos\theta = \sqrt{1-\sin^2\theta}$ の公式および式 (3.98)，式 (3.100) より

$$\lambda_g = \frac{\lambda}{\sqrt{1-\left(\frac{\lambda}{2a}\right)^2}} = \frac{\lambda}{\sqrt{1-\left(\frac{\lambda}{\lambda_c}\right)^2}} \text{〔m〕} \tag{3.101}$$

となります．

管内の媒質の比誘電率 $\varepsilon_r$，比透磁率 $\mu_r$，管の長辺の長さ $a$〔m〕，短辺の長さ $b$〔m〕の導波管に $\mathrm{TE}_{mn}$ 波を伝送しようとするときの遮断波長 $\lambda_c$〔m〕は次式で表されます．

$$\lambda_c = \frac{2\sqrt{\varepsilon_r \mu_r}}{\sqrt{\left(\frac{m}{a}\right)^2 + \left(\frac{n}{b}\right)^2}} \text{〔m〕} \tag{3.102}$$

## 3.9.5 位相速度・群速度

管内波長 $\lambda_g$〔m〕と周波数 $f$〔Hz〕から，**位相速度** $v_p$〔m/s〕は次式で表されます．

$$v_p = f\lambda_g \text{〔m/s〕} \tag{3.103}$$

位相速度は電磁波パターンの位相が進行する見掛け上の速度です．自由空間の速度を $c$〔m/s〕とすると，エネルギーが管内の軸方向に伝搬する速度の**群速度** $v_g$〔m/s〕は次式で表されます．

$$v_g = c\cos\theta \text{〔m/s〕} \tag{3.104}$$

$\lambda_c$ を用いて表すと

$$v_p = \frac{c}{\sqrt{1-\left(\dfrac{\lambda}{\lambda_c}\right)^2}} \text{〔m/s〕} \tag{3.105}$$

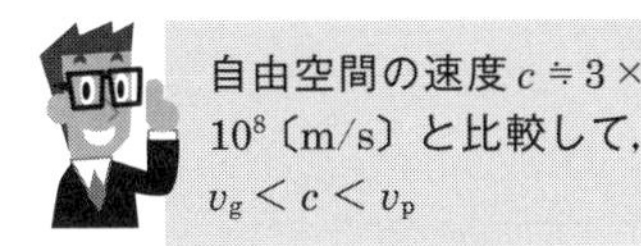


$$v_g = c\sqrt{1-\left(\dfrac{\lambda}{\lambda_c}\right)^2} \text{〔m/s〕} \tag{3.106}$$

$$c = \sqrt{v_p v_g} \text{〔m/s〕} \tag{3.107}$$

となります．

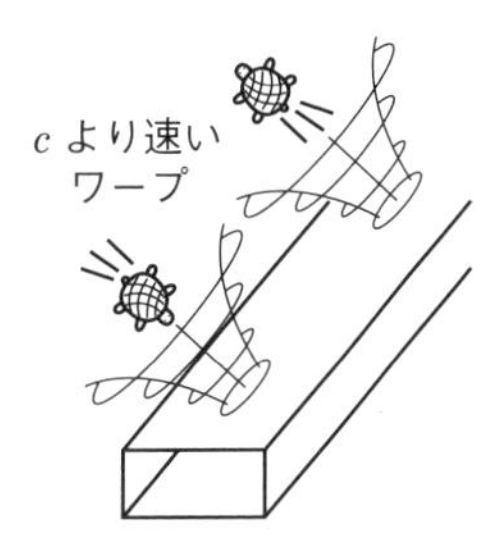


**問題 24** ★★★ ➡3.9.1

次の記述は，有限な導電率の導体中へ平面波が浸透する深さを表す表皮厚さ（深さ）について述べたものである．このうち誤っているものを下の番号から選べ．ただし，平面波はマイクロ波とし，$e$ を自然対数の底とする．

1　導体内の電界，磁界および電流の振幅が導体表面の振幅の $1/e$（約 0.368）に減少する導体表面からの距離をいう．
2　導体の透磁率が大きいほど，厚く（深く）なる．
3　導体の導電率が大きいほど，薄く（浅く）なる．
4　導体内の減衰定数が小さくなるほど，厚く（深く）なる．
5　周波数が高くなるほど，薄く（浅く）なる．

**解説▶** 誤っている選択肢は次のようになります.

2　導体の透磁率が大きいほど，**薄く（浅く）**なる.

導体の導電率を$\sigma$，透磁率を$\mu$，誘電率を$\varepsilon$，電波の角周波数を$\omega$とすると，減衰定数$\alpha$および表皮厚さ（深さ）$\delta$は次式で表されます.

$$\alpha = \frac{1}{\delta} \quad ①$$

$$\delta = \sqrt{\frac{2}{\omega\mu\sigma}} \quad ②$$

$\delta$を表す式②において角周波数$\omega$，透磁率$\mu$，導電率$\sigma$が大きくなると$\delta$は薄く（浅く）なり，$\alpha$を表す式①において減衰定数$\alpha$が小さくなるほど$\delta$は厚く（深く）なります.

**答え▶▶▶2**

**問題25** ★★★ ➡3.9.3

次の記述は，TEM波について述べたものである．このうち正しいものを1，誤っているものを2として解答せよ.

ア　電磁波の伝搬方向に電界及び磁界成分が存在する縦波である.

イ　電磁波の伝搬方向に直角な平面内では，電界と磁界が常に逆相で振動する.

ウ　導波管中を伝搬できない.

エ　平行2線式給電線を伝搬できる.

オ　真空の固有インピーダンスは，約120〔Ω〕である.

**解説▶** 誤っている選択肢は次のようになります.

ア　電磁波の伝搬方向に電界及び磁界成分が**存在しない横波**である.

イ　電磁波の伝搬方向に直角な平面内では，電界と磁界が常に**同相**で振動する.

オ　真空の固有インピーダンスは，約**376.7**〔Ω〕である.

**答え▶▶▶ア－2，イ－2，ウ－1，エ－1，オ－2**

**問題 26** ★ ➡3.9.3

次の記述は，同軸線路と導波管の伝送モードについて述べたものである．［　　］内に入れるべき字句の正しい組合せを下の番号から選べ．

(1) 同軸線路は，通常，［ A ］モードで用いられ，広帯域で良好な伝送特性を示す．

(2) 方形導波管は，通常，$TE_{10}$ モードのみを伝送するため，$a=2b$ に選び，$a<\lambda<$［ B ］を満足する波長範囲で用いる．ただし，導波管の断面内壁の長辺を $a$〔m〕，短辺を $b$〔m〕，波長を $\lambda$〔m〕とする．

(3) 円形導波管の $TE_{01}$ モードは，周波数が［ C ］なるほど減衰定数の値が低下する性質があるが，導波管の曲った所で他のモードが発生し，伝送損の増加や伝送波形にひずみを生ずることがある．

| | A | B | C |
|---|---|---|---|
| 1 | TEM | $2a$ | 高く |
| 2 | TEM | $2a$ | 低く |
| 3 | TEM | $3a$ | 高く |
| 4 | TE | $2a$ | 低く |
| 5 | TE | $3a$ | 高く |

**解説** 導波管は遮断波長 $\lambda_c$ より短い波長 $\lambda$ で用います．また，$\lambda<a$ の場合は界の数が 2 以上の高次モードとなります．

答え ▶▶▶ 1

**問題 27** ★★★ ➡3.9.4

次の記述は，**図 3.40** に示す方形導波管について述べたものである．[　　] 内に入れるべき字句を下の番号から選べ．ただし，自由空間における電波の波長を $\lambda$〔m〕，速度を $c$〔m/s〕とする．

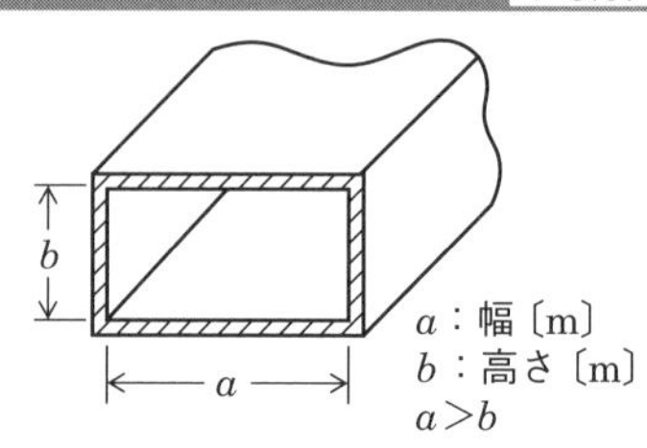


■図 3.40

(1) $\mathrm{TE}_{mn}$ モードの遮断波長は，[ア]〔m〕である．

(2) $\mathrm{TE}_{10}$ モードにおける遮断波長は，[イ]〔m〕，管内波長は，[ウ]〔m〕である．導波管内を伝搬する電波の位相速度 $v_\mathrm{p}$〔m/s〕は，群速度 $v_\mathrm{g}$〔m/s〕より [エ]，$v_\mathrm{p}$ と $v_\mathrm{g}$ の間には [オ] の関係がある．

1 $\dfrac{1}{\sqrt{\left(\dfrac{n}{2a}\right)^2+\left(\dfrac{m}{b}\right)^2}}$　2 $2a$　3 $\dfrac{\lambda}{\sqrt{1-\left(\dfrac{\lambda}{2b}\right)^2}}$

4 速く　5 $v_\mathrm{p}v_\mathrm{g}=\sqrt{2}\,c^2$　6 $\dfrac{2}{\sqrt{\left(\dfrac{m}{a}\right)^2+\left(\dfrac{n}{b}\right)^2}}$

7 $2b$　8 $\dfrac{\lambda}{\sqrt{1-\left(\dfrac{\lambda}{2a}\right)^2}}$　9 遅く　10 $v_\mathrm{p}v_\mathrm{g}=c^2$

**解説** $\mathrm{TE}_{mn}$ モードの遮断波長 $\lambda_\mathrm{c}$〔m〕は

$$\lambda_\mathrm{c}=\frac{\boldsymbol{2}}{\sqrt{\left(\dfrac{\boldsymbol{m}}{\boldsymbol{a}}\right)^2+\left(\dfrac{\boldsymbol{n}}{\boldsymbol{b}}\right)^2}}=\frac{1}{\sqrt{\left(\dfrac{m}{2a}\right)^2+\left(\dfrac{n}{2b}\right)^2}}\ \text{〔m〕}$$

← [ア] の答え

$\mathrm{TE}_{10}$ モードの群速度 $v_\mathrm{g}$〔m/s〕および位相速度 $v_\mathrm{p}$〔m/s〕は

$$v_\mathrm{g}=c\sqrt{1-\left(\frac{\lambda}{2a}\right)^2}\ \text{〔m/s〕}\quad ①$$

$$v_\mathrm{p}=\frac{c}{\sqrt{1-\left(\dfrac{\lambda}{2a}\right)^2}}\ \text{〔m/s〕}\quad ②$$

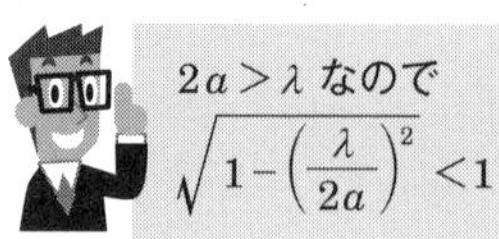


式①と式②より

$$\boldsymbol{v_\mathrm{p}v_\mathrm{g}=c^2}$$

← [オ] の答え

答え▶▶▶ア－6，イ－2，ウ－8，エ－4，オ－10

# 3.10 導波管の整合

- 誘導性窓はコイル，容量性窓はコンデンサと等価な働きをする
- ラットレース回路は電界面を環状にする
- ラットレース回路の出力は入力からの通路差によって異なる
- 方向性結合器はその構造による特性で方向性を持つ結合をする.

## 3.10.1 特性インピーダンス

電磁波の波長 $\lambda$〔m〕の $TE_{10}$ 波が伝搬する遮断波長 $\lambda_c$〔m〕の導波管の特性インピーダンス $Z_0$〔Ω〕は次式で表されます.

$$Z_0 = \frac{120\pi}{\sqrt{1-\left(\frac{\lambda}{\lambda_c}\right)^2}} \text{〔Ω〕} \quad (3.108)$$

自由空間の固有インピーダンスは，120π〔Ω〕

## 3.10.2 インピーダンス整合

導波管のインピーダンス整合には，特性インピーダンスの異なる $\lambda_g/4$（$\lambda_g$：管内波長）の長さの導波管を用いる 1/4 波長変成器やスタブとリアクタンス素子による整合などが用いられます．**図 3.41**（a）は**誘導性窓**，図 3.41（b）は**容量性窓**と呼ばれ，それぞれ誘導性リアクタンスまたは容量性リアクタンスが導波管線路に並列に挿入されたものと等価な働きをします.

誘導性窓はコイル，容量性窓はコンデンサ，それらを組み合わせると等価的な共振回路となる.

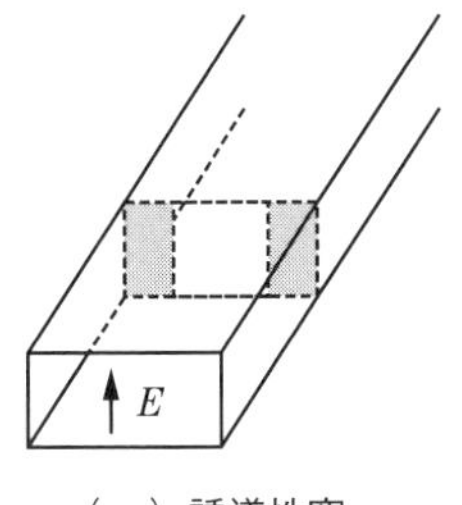


（a）誘導性窓

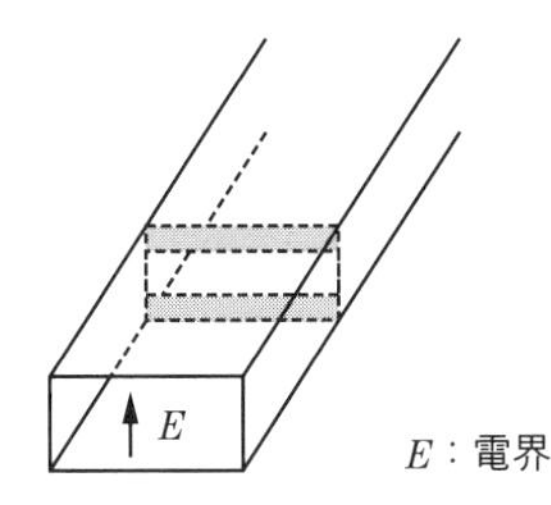


（b）容量性窓

■図 3.41　リアクタンス素子を用いた整合

## 3.10.3 導波管の分岐

導波管の分岐は，**図 3.42**（a）のE面T分岐と図3.42（b）のH面T分岐があります．図3.42（a）のE面T分岐では，①から入力した電磁波は②と③に分岐しますが，②と③は逆位相になります．③から入力した電磁波は①と②に逆位相で分岐します．図3.42（b）のH面T分岐では，①から入力した電磁波は②と③に分岐し，③から入力した電磁波は①と②にいずれも同位相で分岐します．

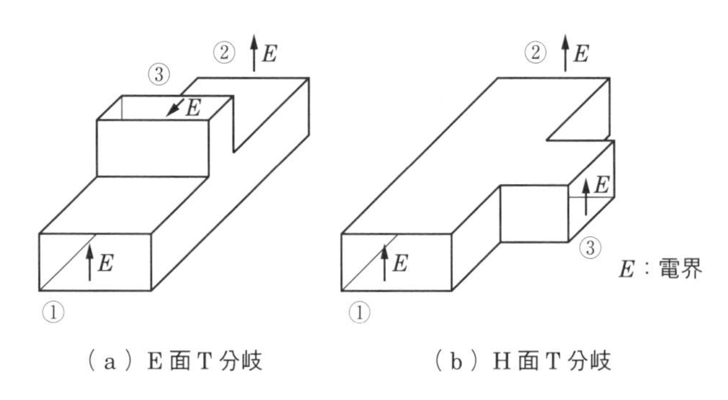


■図 3.42　導波管の分岐

**関連知識　マジックT**

**図 3.43** のような構造の分岐導波管をマジックTといいます．④から入力した電磁波は①と②には均等に分岐しますが③へはその遮断波長が④より短いため，遮断されて伝わりません．また，③から入力した電磁波は①と②には均等に分岐しますが④へは伝わりません．

受信機の周波数変換回路やインピーダンス測定回路などに用いられる．

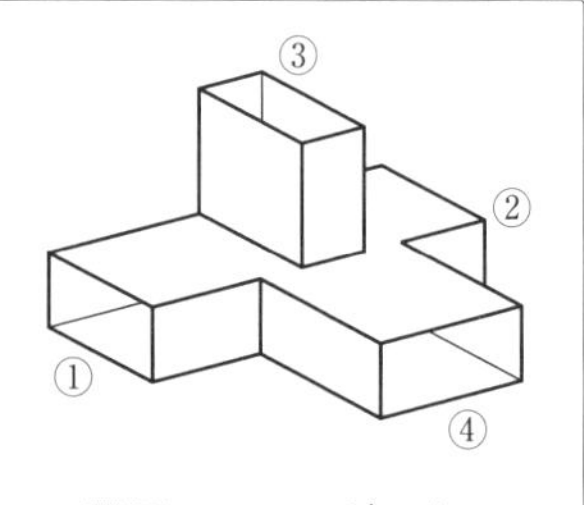


■図 3.43　マジックT

## 3.10.4 ラットレース回路

**図 3.44** のように導波管のE面を環状に接続した分岐回路を**ラットレース回路**といいます．①から入力した電磁波は②と④には左右の通路による位相差が同じ

なので出力されますが，③には通路差が逆位相となるので出力されません．②から入力した電磁波は，①と③に出力され，④には出力されません．この分岐回路は送受信アンテナ共用回路などに用いられます．

①にレーダ送信機，②にアンテナ，③に受信機を接続する．または，①に受信機，③に送信機を接続しても同じ．

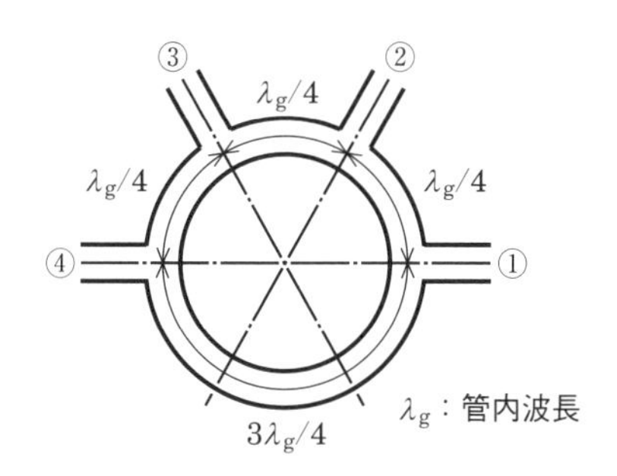


■図 3.44　ラットレース回路




## 3.10.5 方向性結合器

**図 3.45** の 2 結合孔方向性結合器は，主導波管に副導波管を結合させ，その共通壁上に管内波長 $\lambda_g$ の 1/4 離れた位置に大きさの等しい二つの結合孔を開けた構造です．主導波管の①から②の方向に進行波電力が，②から①の方向に反射波電力が伝送されているときは，副導波管へは結合孔を通して電力の一部が結合されます．このとき，①の方向から伝送される進行波電力は④の方向へは同じ通路差なので同位相となって出力されます．③の方向へは結合孔 a から結合された電力は結合孔 b からの電力と通路差が往復で $\lambda_g/2$ 生じるので，逆位相で合成されるために出力されません．同様に，②の方向から伝送される反射波電力は③の方向へは出力されますが，④の方向には出力されません．方向性結合器は電力の測定，反射係数の測定，電力の一部を分割するときなどに用いられます．周波数特性を広帯域にするためには多数の結合孔を設けるなどの方法があります．

通路差が $\lambda_g/2$ あると逆位相になる．

結合孔を一つとし，副導波管を交差角$\theta$を持たせて重ね合わせて結合した構造のベーテ孔方向性結合器も用いられる．

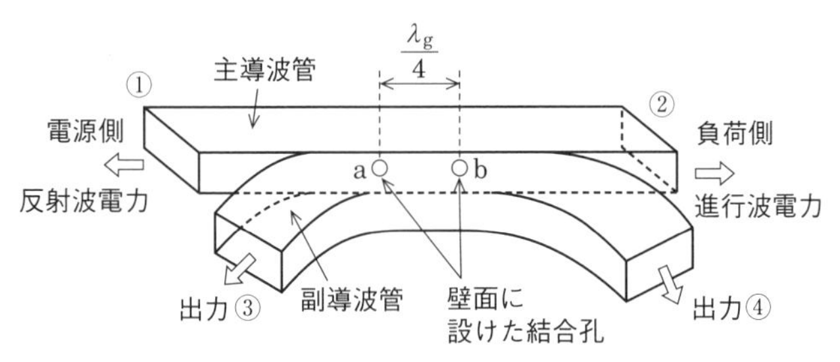


■図3.45　2結合孔方向性結合器

**問題 28** ★★ ➡3.10.2

次の記述は**図3.46**，**図3.47**および**図3.48**に示す$TE_{10}$波が伝搬している方形導波管の管内に挿入されたリアクタンス素子について述べたものである．[　　]内に入れるべき字句の正しい組合せを下の番号から選べ．ただし，導波管の内壁の短辺と長辺の比は1対2とし，管内波長を$\lambda_g$〔m〕とする．

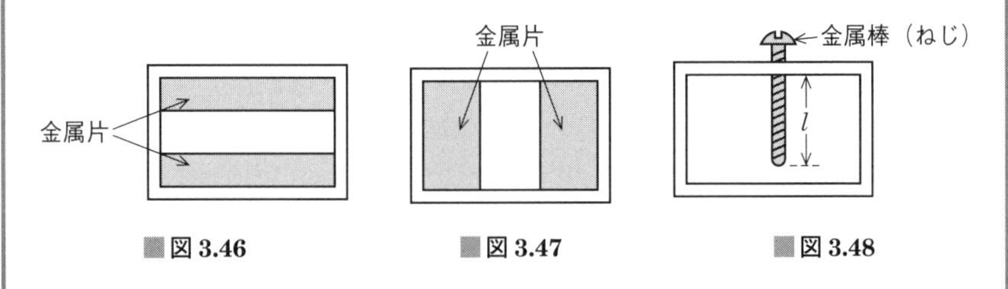


■図3.46　　■図3.47　　■図3.48

(1) 導波管の管内に挿入された薄い金属片または金属棒は，平行2線式給電線にリアクタンス素子を[ A ]に接続したときのリアクタンス素子と等価な働きをするので，整合をとるときに用いられる．

(2) 図3.46に示すように，導波管内壁の長辺の上下両側または片側に管軸と直角に挿入された薄い金属片は，[ B ]の働きをする．

(3) 図3.47に示すように，導波管内壁の短辺の左右両側または片側に管軸と直角に挿入された薄い金属片は，[ C ]の働きをする．

(4) 図3.48に示すように，導波管に細い金属棒（ねじ）が電界と平行に挿入されたとき，金属棒の挿入長$l$〔m〕が[ D ]〔m〕より長いとインダクタンスとして働き，短いとキャパシタンスとして働く．

| | A | B | C | D |
|---|---|---|---|---|
| 1 | 並列 | インダクタンス | キャパシタンス | $\lambda_g/2$ |
| 2 | 並列 | キャパシタンス | インダクタンス | $\lambda_g/4$ |
| 3 | 並列 | インダクタンス | キャパシタンス | $\lambda_g/4$ |
| 4 | 直列 | インダクタンス | キャパシタンス | $\lambda_g/4$ |
| 5 | 直列 | キャパシタンス | インダクタンス | $\lambda_g/2$ |

**解説** 図 3.48 の金属棒はアンテナ素子と等価な働きをするので，1/4 波長垂直接地アンテナとして考えることができます．

誘導性窓はコイル（インダクタンス），容量性窓はコンデンサ（キャパシタンス）．

答え▶▶▶2

**問題 29** ★★ ➡3.10.3

次の記述は，**図 3.49** に示すマジック T の基本的な動作について述べたものである．このうち誤っているものを下の番号から選べ．ただし，マジック T の各開口は，整合がとれているものとし，また，導波管内の伝送モードは，$TE_{10}$ とする．

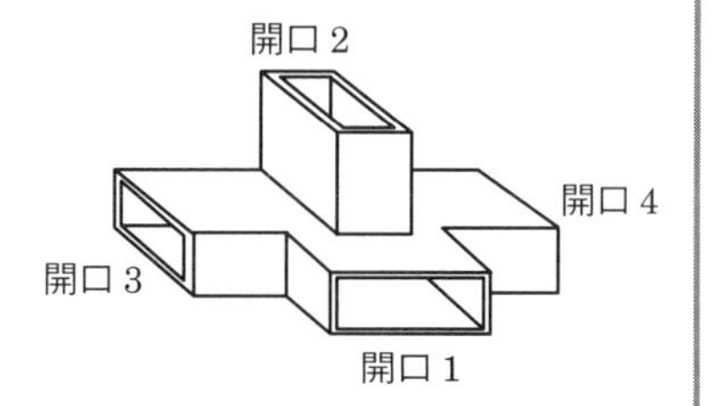


■図 3.49

1 マジック T は，E 分岐と H 分岐を組み合わせた構造になっている．
2 開口 1 からの入力は，開口 3 と 4 へ出力され，このときの開口 3 と 4 の出力は逆相である．
3 開口 1 からの入力は，開口 2 には出力されない．
4 開口 2 からの入力は，開口 3 と 4 へ出力され，このときの開口 3 と 4 の出力は逆相である．
5 開口 2 からの入力は，開口 1 には出力されない．

**解説** 2 開口 1 からの入力は，開口 3 と 4 へ出力され，このときの開口 3 と 4 の出力は**同位相**です．

基本伝送モードの $TE_{10}$ 波は，電界が導波管の長辺に垂直です．開口 1 から開口 3 と 4 へ向かうときに電界の向きが変化しないので，同位相で出力されます．開口 1 から開口 2 に向かうときは，電界と垂直方向の辺の長さが短くなるので，遮断波長が短くなって出力されません．

答え▶▶▶2

**問題 30** ★ ➡3.10.4

次の記述は，**図 3.50** に示す導波管で構成されたラットレース回路について述べたものである．［　　］内に入れるべき字句の正しい組合せを下の番号から選べ．ただし，管内波長を $\lambda_g$〔m〕とする．なお，同じ記号の［　　］内には，同じ字句が入るものとする．

(1) 導波管の［ A ］面を環状にして，全長を $6\lambda_g/4$〔m〕とし，間隔を $\lambda_g/4$〔m〕および $3\lambda_g/4$〔m〕として，四本の［ A ］分岐を設けた構造である．

(2) 分岐①からの入力は，左右に分離して進むとき，分岐②では左右からの行路差が $\lambda_g$〔m〕になるために同相となり，分岐④でも左右からの行路差が $\lambda_g$〔m〕になるために同相となる．したがって，分岐②と④には出力が得られる．しかし，分岐③では左右からの行路差が［ B ］〔m〕になるために，出力は得られない．同様に，分岐②からの入力は，分岐［ C ］に出力が得られる．

(3) この回路を用い，分岐［ D ］に接続した受信機を分岐①に接続した送信機の大送信出力から保護し，かつ，分岐②に接続した一つのアンテナを送受共用にすることができる．

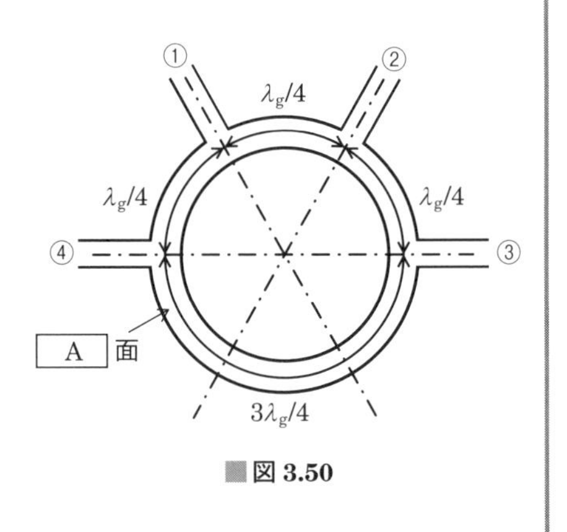

図 3.50

| | A | B | C | D |
|---|---|---|---|---|
| 1 | H | $\lambda_g/4$ | ③と④ | ③ |
| 2 | H | $\lambda_g/2$ | ①と③ | ④ |
| 3 | E | $\lambda_g/4$ | ③と④ | ④ |
| 4 | E | $\lambda_g/4$ | ①と③ | ③ |
| 5 | E | $\lambda_g/2$ | ①と③ | ③ |

**解説** 分岐①からの入力は，③への左方向の時計回りの行路が $\lambda_g/4+\lambda_g/4=\lambda_g/2$ となり，右方向の反時計回りの行路は，$3\lambda_g/4+\lambda_g/4=\lambda_g$ となります．これらの行路差は $\boldsymbol{\lambda_g/2}$ になるので逆位相となり出力は得られません．

［ B ］の答え

行路差が $\lambda_g$ のとき同相，$\lambda_g/2$ のとき逆位相．

答え▶▶▶5

**問題 31** ★★★ ➡ 3.10.5

次の記述は，**図 3.51** に示す主導波管と副導波管を交差角 $\theta$ を持たせて重ね合わせて結合孔を設けたベーテ孔方向性結合器について述べたものである．このうち正しいものを 1，誤っているものを 2 として解答せよ．ただし，導波管内の伝送モードは，$TE_{10}$ とし，$\theta$ は 90〔°〕より小さいものとする．

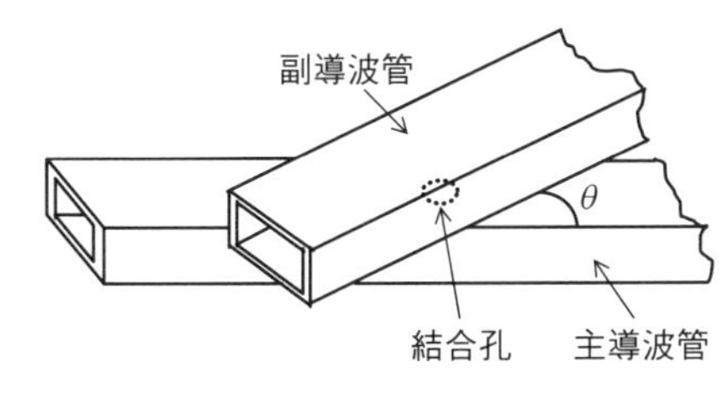


**図 3.51**

ア　主導波管と副導波管は，H 面を重ね合わせる．

イ　磁界結合した電磁波が副導波管内を対称に両方向に進み，また，電界結合した電磁波が副導波管を一方向に進む性質を利用する．

ウ　$\theta$ をある一定値にすることで，電界結合して左右に進む一方の電磁波を磁界結合した電磁波で打ち消すと同時に他方向の電磁波に相加わるようにする．

エ　磁界結合した電磁波の大きさは，$\cos\theta$ にほぼ比例して変わる．

オ　電界結合した電磁波の大きさは，$\theta$ に無関係である．

**解説** 誤っている選択肢は次のようになります．

イ　**電界結合**した電磁波が副導波管内を対称に両方向に進み，また，**磁界結合**した電磁波が副導波管を一方向に進む性質を利用する．

**答え▶▶▶ア－1，イ－2，ウ－1，エ－1，オ－1**

4章

# 電波伝搬

この章から 5問 出題

【合格へのワンポイントアドバイス】

電波伝搬の特性を問う問題は，周波数によって，その伝搬特性が大きく異なるので，どの周波数帯の電波の特性なのか確認して学習してください．計算問題では電界強度や伝搬損失を求めますが，計算に用いる理論式は，1章（アンテナの理論）で学習した理論式と同じです．試験問題もアンテナの理論の問題と似ていますので，それらの問題を比較して学習すると理解が深まります．

# 4.1 電波の伝わり方

- 電波の伝搬は周波数帯によって伝搬の伝わり方が異なる
- 受信点の電波のレベルは，受信電界強度または自由空間基本伝送損を用いた受信電力によって求める

## 4.1.1 電波の伝搬様式

電波の伝搬要素は**図 4.1** のように分類することができます．

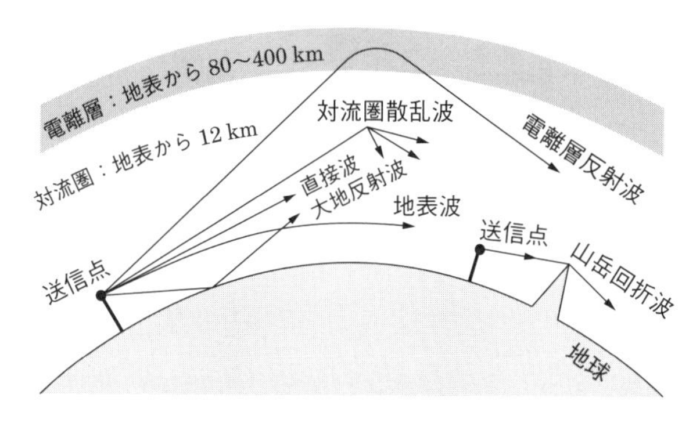


■図 4.1　電波の伝搬要素

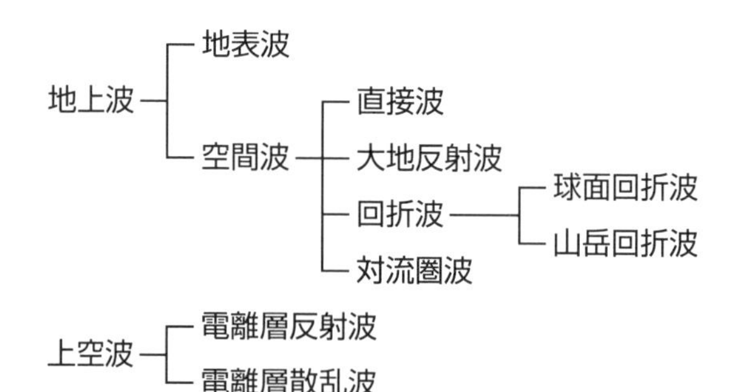


### (1) 地表波

主に MF 帯以下の周波数の電波が伝搬します．地表面に沿って伝わり，地表面の影響を受けます．

MF 帯は 300〔kHz〕～3〔MHz〕

### (2) 空間波

主に VHF 帯以上の周波数の電波が伝搬します．地表付近の空間を伝わります．

① **直接波**：空間を直接伝わります．

② **大地反射波**：大地によって反射されて直接波と共に伝わります．

③ **回折波**：大地の湾曲によって回折します．あるいは山岳などのナイフエッジによって回折します．

④ **対流圏波**：対流圏内の大気の状態による影響を受け，屈折，反射，散乱などを生じます．

**(3) 上空波**

主に HF 帯の周波数の電波が伝搬します．

① **電離層反射波**：電離層で反射されて地上に戻って伝わります．

② **電離層散乱波**：電離層で散乱されて地上に戻って伝わります．

**関連知識　フェージング**

電波の伝搬は伝搬通路における電波伝搬に影響を与える諸要素が影響しますが，それらの影響が時間と共に変化することがあります．受信電界強度が時間的に強弱の変化を生じる現象をフェージングといいます．

## 4.1.2 地表波の伝搬

完全導体平面上において，アンテナ電流 $I$〔A〕，実効高 $h_e$〔m〕の垂直接地アンテナから距離 $d$〔m〕離れた点の電界強度 $E$〔V/m〕は次式で表されます．

$$E = \frac{120\pi I h_e}{\lambda d} \text{〔V/m〕} \qquad (4.1)$$

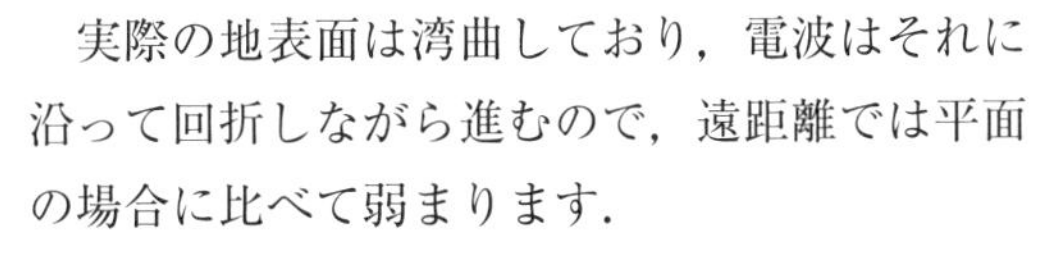

実際の地表面は湾曲しており，電波はそれに沿って回折しながら進むので，遠距離では平面の場合に比べて弱まります．

地表波の電波伝搬は次の特徴があります．

① 主に垂直偏波が伝搬する．

② 低い周波数の電波ほど減衰が少ない．

③ 水平偏波より垂直偏波の方が減衰が少ない．

④ 導電率の大きい海上伝搬の方が陸上伝搬に比べて減衰が少ない．

⑤ 大地の導電率が大きいほどより高い周波数の電波が伝搬する．

## 4.1.3 直接波の伝搬

### (1) 直接波の電界強度

自由空間において，絶対利得 $G_\mathrm{I}$ のアンテナに放射電力 $P$〔W〕を供給したとき，最大放射方向に距離 $d$〔m〕離れた点の電界強度 $E_\mathrm{I}$〔V/m〕は次式で表されます.

$$E_\mathrm{I} = \frac{\sqrt{30 G_\mathrm{I} P}}{d} \text{〔V/m〕} \quad (4.2)$$

相対利得 $G_\mathrm{D}$ のアンテナによる電界強度 $E_\mathrm{D}$〔V/m〕は

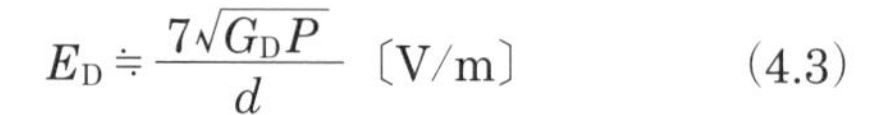

$$E_\mathrm{D} \fallingdotseq \frac{7\sqrt{G_\mathrm{D} P}}{d} \text{〔V/m〕} \quad (4.3)$$

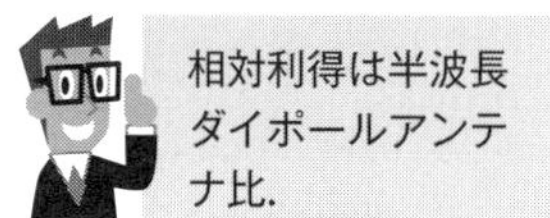


となり，1/4 波長垂直接地アンテナによる電界強度 $E_\mathrm{V}$〔V/m〕は

$$E_\mathrm{V} \fallingdotseq \frac{\sqrt{98P}}{d} \text{〔V/m〕} \quad (4.4)$$

となります.

### (2) 自由空間基本伝送損

宇宙通信などの自由空間の電波伝搬では，自由空間基本伝送損を用いて伝搬通路の損失を求めることができます．電波の波長を $\lambda$〔m〕，伝搬距離を $d$〔m〕とすると，自由空間基本伝送損 $\Gamma_0$〔dB〕は次式で表されます.

$$\Gamma_0 = 10 \log_{10} \left( \frac{4\pi d}{\lambda} \right)^2 \text{〔dB〕} \quad (4.5)$$

**関連知識　宇宙通信**

地球局および人工衛星局のアンテナの絶対利得をそれぞれ，$G_\mathrm{T}$〔dB〕，$G_\mathrm{R}$〔dB〕，それらの給電系の損失をそれぞれ，$L_\mathrm{T}$〔dB〕，$L_\mathrm{R}$〔dB〕，自由空間基本伝送損を $\Gamma_0$〔dB〕とすると，地球局から送信電力 $P_\mathrm{T}$〔dBW〕で送信した電波の人工衛星局における受信機入力電力 $P_\mathrm{R}$〔dBW〕は次式で表されます.

$$P_\mathrm{R} = P_\mathrm{T} + G_\mathrm{T} - L_\mathrm{T} + G_\mathrm{R} - L_\mathrm{R} - \Gamma_0 \text{〔dBW〕} \quad (4.6)$$

**問題 1** ★★★ ➡4.1.3

周波数 7.5〔GHz〕の電波の自由空間基本伝送損が 140〔dB〕となる送受信点間の距離の値として，最も近いものを下の番号から選べ.

1　17.1〔km〕　　2　22.1〔km〕　　3　31.8〔km〕

4　44.2〔km〕　　5　63.6〔km〕

**解説** 周波数 $f = 7.5$〔GHz〕$= 7.5 \times 10^9$〔Hz〕の電波の波長 $\lambda$〔m〕は

$$\lambda \fallingdotseq \frac{3 \times 10^8}{f} = \frac{3 \times 10^8}{7.5 \times 10^9} = 4 \times 10^{-2}\ \text{〔m〕}$$

となります. 自由空間基本伝送損（真数）を $\Gamma_0$，その dB 値を $\Gamma_{dB}$ とすると

$$\Gamma_{dB} = 10 \log_{10} \Gamma_0 = 140\ \text{〔dB〕} \quad \text{より} \quad \Gamma_0 = 10^{14}$$

距離を $d$〔m〕とすると，$\Gamma_0$ は次式で表されます.

$$\Gamma_0 = \left(\frac{4\pi d}{\lambda}\right)^2 = 10^{14}$$

両辺の$\sqrt{}$をとって，$d$ を求めると，$4\pi d/\lambda = 10^7$ より

$$d = \frac{\lambda}{4\pi} \times 10^7 = \frac{0.318 \times 4 \times 10^{-2}}{4} \times 10^7$$

$$= 0.318 \times 10^5\ \text{〔m〕} = \mathbf{31.8\ 〔km〕}$$

$\frac{1}{\pi} \fallingdotseq 0.318 \fallingdotseq 0.32$

答え▶▶▶3

**問題 2** ★★ ➡4.1.3

周波数 10〔GHz〕の電波を用いて地球局から 500〔W〕の出力で，静止衛星の人工衛星局へ送信したとき，絶対利得が 30〔dB〕のアンテナを用いた人工衛星局の受信機入力が −87〔dBW〕であった．このときの地球局のアンテナの絶対利得の値として，最も近いものを下の番号から選べ．ただし，給電系の損失および大気による損失は無視するものとし，静止衛星と地球局との距離を 36 000〔km〕とする．また，1〔W〕= 0〔dBW〕，$\log_{10} 2 = 0.3$ および $\log_{10} 3 = 0.5$ とする．

1　30〔dB〕　2　40〔dB〕　3　50〔dB〕　4　60〔dB〕　5　70〔dB〕

**解説** 周波数 $f = 10$〔GHz〕$= 10 \times 10^9$〔Hz〕の電波の波長 $\lambda$〔m〕は

$$\lambda \fallingdotseq \frac{3 \times 10^8}{f} = \frac{3 \times 10^8}{10 \times 10^9} = 3 \times 10^{-2} \text{〔m〕}$$

となります．距離 $d = 36\,000$〔km〕$= 36 \times 10^6$〔m〕による自由空間基本伝送損 $\Gamma_0$〔dB〕は，次式で表されます．

真数の掛け算は，log の足し算．
真数の割り算は，log の引き算．

$$\Gamma_0 = 10 \log_{10} \left( \frac{4\pi d}{\lambda} \right)^2 = 2 \times 10 \log_{10} \left( \frac{4 \times \pi \times 36 \times 10^6}{3 \times 10^{-2}} \right)$$

$$\fallingdotseq 20 \log_{10} (15 \times 10^9) = 20 \log_{10} \left( \frac{3 \times 10}{2} \times 10^9 \right)$$

$$= 20 \log_{10} 3 + 20 \log_{10} 10 - 20 \log_{10} 2 + 20 \log_{10} 10^9$$

$$= 10 + 20 - 6 + 180 = 204 \text{〔dB〕}$$

送信電力を dBW で表すと，$P_T$〔dBW〕は

$$10 \log_{10} P_T = 10 \log_{10} (5 \times 10^2) = 10 \log_{10} (10 \div 2 \times 10^2)$$

$$= 10 \log_{10} 10^3 - 10 \log_{10} 2 = 30 - 3 = 27 \text{〔dBW〕}$$

地球局および人工衛星局のアンテナの絶対利得を，それぞれ $G_T$〔dB〕，$G_R$〔dB〕，人工衛星局の受信機入力を $P_R$〔dBW〕，地球局の送信機出力電力を $P_T$〔dBW〕とすると，次式が成り立ちます．

$$P_R = P_T + G_T + G_R - \Gamma_0$$

$G_T$ を求めると，次式となります．

$$G_T = P_R - P_T - G_R + \Gamma_0 = -87 - 27 - 30 + 204 = \mathbf{60} \text{〔dB〕}$$

答え▶▶▶4

試験問題では，静止衛星までの距離は計算しやすいように 36 000〔km〕が用いられます．周波数が 20〔GHz〕で計算すると自由空間基本伝送損が 210〔dB〕となるので，この値を覚えると計算ミスが少なくなります．周波数が 10〔GHz〕では，波長が 2 倍になるので自由空間基本伝送損は 1/2 になり，6〔dB〕引いて 204〔dB〕となります．

# 4.2 大地反射波による影響

- 直接波と大地反射波の干渉によって合成電界強度は sin 関数で変化する
- ブルースター角のとき垂直偏波の電波の反射係数が急激に減少する

## 4.2.1 直接波と大地反射波の干渉

VHF 帯以上の周波数が高い電波は地表波の減衰が大きく，また，電離層は突き抜けてしまうので，直接波と大地反射波が干渉して伝搬します．

**図 4.2** のように，送信アンテナ T から受信アンテナ R に到達する電波の電界 $\dot{E}$ は，直接波の電界 $\dot{E}_0$ と大地反射波の電界 $\dot{E}_r$ のベクトル和として，次式で表されます．

$$\dot{E} = \dot{E}_0 + \dot{E}_r \tag{4.7}$$

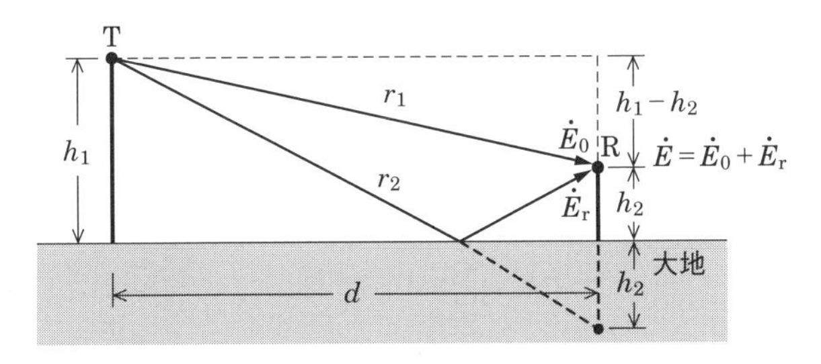


**図 4.2　直接波と大地反射波の合成電界**

図 4.2 の直接波の伝搬通路 $r_1$ と大地反射波の伝搬通路 $r_2$ は

$$r_1 = \sqrt{d^2 + (h_1 - h_2)^2} = d\left\{1 + \left(\frac{h_1 - h_2}{d}\right)^2\right\}^{\frac{1}{2}} \tag{4.8}$$

$$r_2 = \sqrt{d^2 + (h_1 + h_2)^2} = d\left\{1 + \left(\frac{h_1 + h_2}{d}\right)^2\right\}^{\frac{1}{2}} \tag{4.9}$$

となり，$d$ に比較して $h_1$ と $h_2$ がきわめて小さいとすれば，2 項定理より

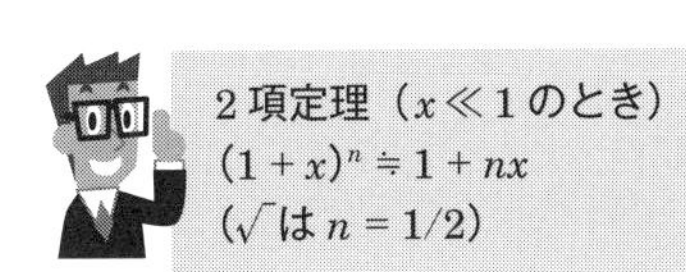


4 章

$$r_1 \doteqdot d\left\{1+\frac{1}{2}\left(\frac{h_1-h_2}{d}\right)^2\right\}$$
$$=d\left\{1+\frac{1}{2}\left(\frac{h_1{}^2}{d^2}-\frac{2h_1h_2}{d^2}+\frac{h_2{}^2}{d^2}\right)\right\} \quad (4.10)$$

$$r_2 \doteqdot d\left\{1+\frac{1}{2}\left(\frac{h_1+h_2}{d}\right)^2\right\}$$
$$=d\left\{1+\frac{1}{2}\left(\frac{h_1{}^2}{d^2}+\frac{2h_1h_2}{d^2}+\frac{h_2{}^2}{d^2}\right)\right\} \quad (4.11)$$

となります．伝搬通路差$l$は，式(4.11)−式(4.10)より次式で表されます．

$$l=r_2-r_1 \doteqdot \frac{2h_1h_2}{d}$$

したがって，伝搬通路差による電波の位相差$\varphi$〔rad〕は

$$\varphi=\beta l=\frac{4\pi h_1h_2}{\lambda d} \text{〔rad〕} \quad (4.12)$$

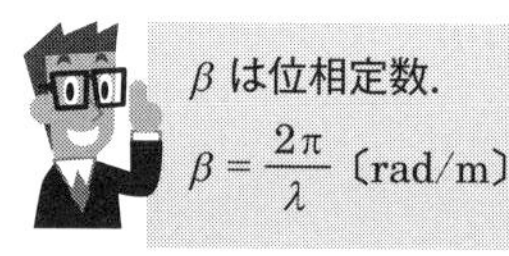


となります．大地が完全反射体とすると，反射係数は−1なので$\dot{E}_0$と$\dot{E}_r$は**図4.3**のように表され，合成電界の大きさ$E$〔V/m〕は次式で表されます．

$$E=2E_0\left|\sin\frac{\varphi}{2}\right|$$
$$=2E_0\left|\sin\frac{2\pi h_1h_2}{\lambda d}\right| \text{〔V/m〕} \quad (4.13)$$

合成電界強度は，アンテナの高さまたは距離が変化すると，正弦的に変化する．最大値は$2E_0$となる．

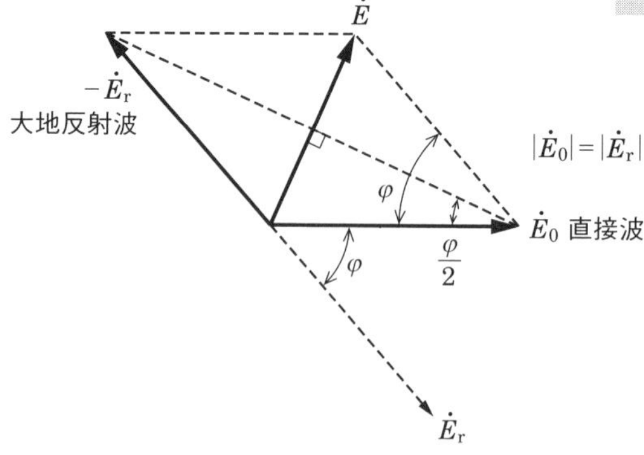


**図4.3　合成電界のベクトル図**

## 4.2.2 送受信点間の距離が十分遠方にあるときの電界強度

送受信点間の距離 $d$ が十分遠方にあるとき，アンテナの高さ $h_1$，$h_2$ に対して，$d \gg h_1$，$d \gg h_2$ の場合は，$\dfrac{2\pi h_1 h_2}{\lambda d} < 0.5$〔rad〕の条件が成り立つので

$$\left| \sin \frac{2\pi h_1 h_2}{\lambda d} \right| \fallingdotseq \frac{2\pi h_1 h_2}{\lambda d}$$

より，式 (4.13) の直接波と大地反射波の合成電界強度 $E$〔V/m〕は次式で表されます．

$$E \fallingdotseq E_0 \frac{4\pi h_1 h_2}{\lambda d} \text{〔V/m〕} \tag{4.14}$$

相対利得 $G_D$ の送信アンテナに放射電力 $P$〔W〕を供給したときは

$$E = \frac{7\sqrt{G_D P}}{d} \times \frac{4\pi h_1 h_2}{\lambda d} \fallingdotseq \frac{88\sqrt{G_D P}\, h_1 h_2}{\lambda d^2} \text{〔V/m〕} \tag{4.15}$$

となります．

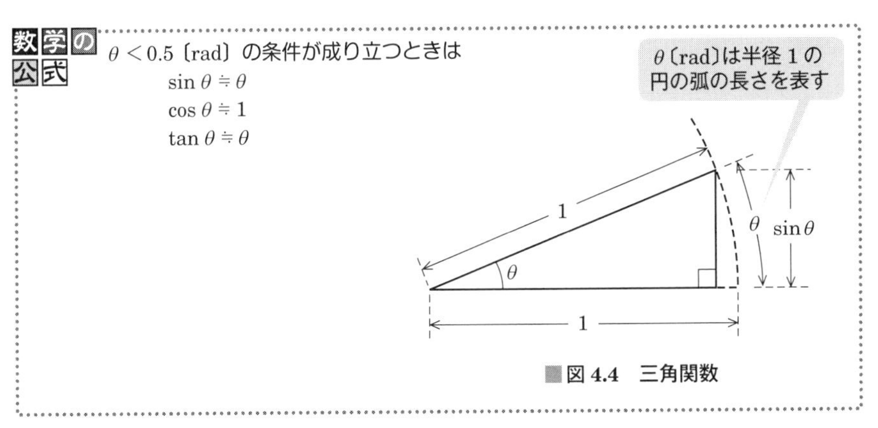


図 4.4 三角関数

## 4.2.3 ブルースター角

大地の反射係数 $\dot{R}$ は次式で表されます．

$$\dot{R}=Re^{-j\varphi} \tag{4.16}$$

式（4.16）は複素量を表し，$\varphi$ は位相角を表します．**図 4.5** のように反射係数は電波の入射角によって変化し，水平偏波の場合は入射角が 90〔°〕のときに $\dot{R}=-1$ すなわち $R=1$，$\varphi=\pi$ となります．入射角が小さくなるに従って $R$ はわずかずつ減少しますが，$\varphi$ はあまり変わりません．

ブルースター角は垂直偏波のときに発生する．

垂直偏波では，入射角が 90〔°〕のときは $\dot{R}=-1$ となりますが，入射角が小さくなると $R$，$\varphi$ とも急激に減少し，ある特定の角度で $R$ は最小値となります．そのときの角度を**ブルースター角**といいます．

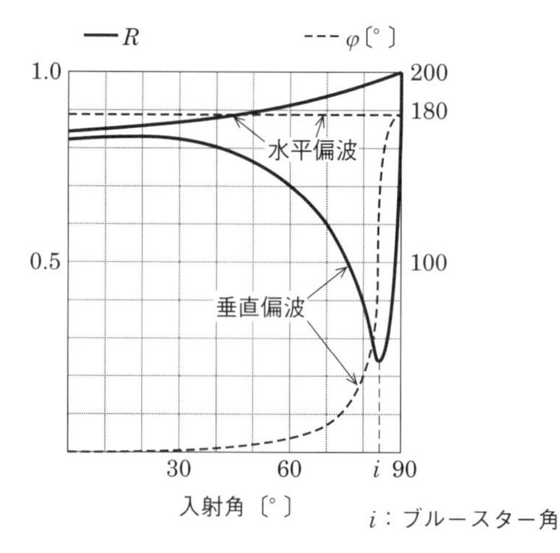


■図 4.5　反射係数と入射角の関係

媒質Ⅰを屈折率が $n_1=1$ の真空とすると，媒質Ⅰから屈折率が $n_2$ の媒質Ⅱに電波が入射するときの入射角を $i$，屈折角を $\varphi$ とすると，スネルの法則より次式が成り立ちます．

$$\frac{n_2}{n_1}=n_2=\frac{\sin i}{\sin\varphi} \tag{4.17}$$

ブルースター角において次式が成り立ちます．

$$n_2 = \tan i = \frac{\sin i}{\cos i} \qquad (4.18)$$

式（4.17）と式（4.18）より

$$\cos i = \sin \varphi$$
$$= \cos\ (90〔°〕- \varphi)$$

よって　$i + \varphi = 90$〔°〕となるので，ブルースター角では入射角と屈折角の和が 90〔°〕になります．

**問題 3** ★★★ ➡ 4.2.1

地上高が 30〔m〕のアンテナから周波数 150〔MHz〕の電波を送信したとき，送信点から 15〔km〕離れた地上高 10〔m〕の受信点における電界強度として，最も近いものを下の番号から選べ．ただし，受信点における自由空間電界強度を 300〔μV/m〕とし，大地は完全導体平面でその反射係数を −1 とする．

1　13〔μV/m〕　2　19〔μV/m〕　3　26〔μV/m〕
4　38〔μV/m〕　5　63〔μV/m〕

**解説**　送受信点間の距離 $d$〔m〕，送信，受信アンテナの高さ $h_1$，$h_2$〔m〕，自由空間電界強度 $E_0$〔V/m〕のとき，電界強度 $E$〔V/m〕は次式で表されます．

$$E = 2E_0 \left| \sin \frac{2\pi h_1 h_2}{\lambda d} \right| \text{〔V/m〕} \qquad ①$$

周波数 $f = 150$〔MHz〕の電波の波長 $\lambda$〔m〕は

$$\lambda \fallingdotseq \frac{300}{f\text{〔MHz〕}} = \frac{300}{150} = 2\text{〔m〕}$$

となります．式①において sin の値を求めると次式で表されます．

$$\sin \frac{2\pi h_1 h_2}{\lambda d} = \sin \frac{2 \times 3.14 \times 30 \times 10}{2 \times 15 \times 10^3} \fallingdotseq \sin (6.3 \times 10^{-2}) \qquad ②$$

$\theta < 0.5$〔rad〕のとき $\sin\theta \fallingdotseq \theta$ なので，式①と式②より電界強度 $E$ は次式で表されます．

$$E = 2E_0 \frac{2\pi h_1 h_2}{\lambda d} = 2 \times 300 \times 10^{-6} \times 6.3 \times 10^{-2}$$
$$= 37.8 \times 10^{-6}\text{〔V/m〕} \fallingdotseq \mathbf{38〔μV/m〕}$$

答え ▶▶▶ 4

**問題 4** ★ ➡ 4.2.2

超短波（VHF）帯の地上波の見通し距離内における電界強度 $|E|$〔V/m〕の近似式として，正しいものを下の番号から選べ．ただし，送信アンテナおよび受信アンテナの高さをそれぞれ $h_1$〔m〕および $h_2$〔m〕，両アンテナ間の距離を $d$〔m〕，放射電力を $P_T$〔W〕，送信アンテナの相対利得を $G$（真数），波長を $\lambda$〔m〕，自由空間電界強度を $E_0$〔V/m〕とすると，$|E|$ は次式で与えられる．また，伝搬路は平面大地でかつ大地の反射係数は $-1$ とし，送受信アンテナは互いに最大放射方向に向けられ，$2\pi h_1 h_2/(\lambda d) < 0.5$〔rad〕とする．なお，アンテナおよび給電回路の損失はないものとする．

$$|E| = 2E_0 \times \left| \sin \frac{2\pi h_1 h_2}{\lambda d} \right| \text{〔V/m〕}$$

1 $|E| \fallingdotseq \dfrac{44GP_T h_1 h_2}{\lambda d}$　　2 $|E| \fallingdotseq \dfrac{88\sqrt{GP_T}\, h_1 h_2}{\lambda d^2}$

3 $|E| \fallingdotseq \dfrac{44\sqrt{GP_T}\, h_1 h_2}{\lambda d^2}$　　4 $|E| \fallingdotseq \dfrac{88GP_T h_1 h_2}{\lambda d}$

5 $|E| \fallingdotseq \dfrac{88GP_T h_1 h_2}{\lambda d^2}$

**解説** 送信電力 $P_T$〔W〕，相対利得 $G$ の送信アンテナから距離 $d$〔m〕離れた点の自由空間電界強度 $E_0$〔V/m〕は次式で表されます．

$$E_0 = \frac{7\sqrt{GP_T}}{d} \text{〔V/m〕} \quad ①$$

$\theta < 0.5$〔rad〕のとき $\sin\theta \fallingdotseq \theta$ なので，問題で与えられた式に式①を代入すると，電界強度 $E$〔V/m〕は

$$E = 2E_0 \frac{2\pi h_1 h_2}{\lambda d} = 2 \times \frac{7\sqrt{GP_T}}{d} \times \frac{2\pi h_1 h_2}{\lambda d}$$

$$\fallingdotseq \frac{2 \times 7 \times 2 \times 3.14 \times \sqrt{GP_T}\, h_1 h_2}{\lambda d^2} \fallingdotseq \boldsymbol{\frac{88\sqrt{GP_T}\, h_1 h_2}{\lambda d^2}} \text{〔V/m〕}$$

となります．

答え▶▶▶2

**問題 5** ★★ ➡4.2.2

地上高50〔m〕の送信アンテナから電波を放射したとき，最大放射方向の15〔km〕離れた，地上高10〔m〕の受信点における電界強度の値として，最も近いものを下の番号から選べ．ただし，送信アンテナに供給する電力を100〔W〕，周波数を150〔MHz〕，送信アンテナの半波長ダイポールアンテナに対する相対利得を6〔dB〕とし，大地は完全導体平面でその反射係数を−1とする．また，アンテナの損失はないものとする．

1　0.2〔mV/m〕　2　0.5〔mV/m〕　3　1.1〔mV/m〕
4　1.5〔mV/m〕　5　2.0〔mV/m〕



**解説** 周波数$f = 150$〔MHz〕の電波の波長$\lambda$〔m〕は

$$\lambda \fallingdotseq \frac{300}{f\text{〔MHz〕}} = \frac{300}{150} = 2\text{〔m〕}$$

となります．送受信点間の距離$d$〔m〕が十分な遠方にあるので，アンテナの高さを$h_1$，$h_2$〔m〕，自由空間電界強度を$E_0$〔V/m〕とすると，直接波と大地反射波の合成電界強度$E$〔V/m〕は次式で表されます．

$$E = E_0 \frac{4\pi h_1 h_2}{\lambda d}\text{〔V/m〕} \qquad ①$$

送信アンテナの相対利得（真数）を$G_D$，その dB 値を$G_{DdB}$とすると

$$G_{DdB} = 10\log_{10} G_D = 6\text{〔dB〕} = 3 + 3\text{〔dB〕}$$

$10\log_{10} 2 \fallingdotseq 3$〔dB〕より

$$G_D \fallingdotseq 2 \times 2 = 4$$

電力比2倍は3〔dB〕，4倍は6〔dB〕を覚えておく．

相対利得$G_D$の送信アンテナに放射電力$P$〔W〕を供給したときの自由空間電界強度$E_0$〔V/m〕は，次式で表されます．

$$E_0 = \frac{7\sqrt{G_D P}}{d}\text{〔V/m〕} \qquad ②$$

〔mV〕の桁になるように計算するが，たいていは仮数部のみで答えが見つかる．

式②を式①に代入して電界強度$E$〔V/m〕を求めると

$$E = \frac{7\sqrt{G_D P}}{d} \times \frac{4\pi h_1 h_2}{\lambda d}$$

$$\fallingdotseq \frac{88\sqrt{G_D P}\ h_1 h_2}{\lambda d^2}$$

$$= \frac{88\sqrt{4 \times 100} \times 50 \times 10}{2 \times (15 \times 10^3)^2}$$

$$= \frac{88 \times 10^4}{45 \times 10^7} \fallingdotseq 2 \times 10^{-3}\text{〔V/m〕} = \mathbf{2\text{〔mV/m〕}}$$

となります.

答え▶▶▶5

**出題傾向** $\log_{10}2 \fallingdotseq 0.3$ と $\log_{10}3 \fallingdotseq 0.48$ の log の数値は覚えておきましょう.
相対利得 $G = 10\log_{10}4 = 10\log_{10}(2\times2) = 10\log_{10}2 + 10\log_{10}2 \fallingdotseq 3+3 = 6$〔dB〕

**問題 6** ★ ➡4.2.3

次の記述は平面大地における電波の反射について述べたものである. [　　]内に入れるべき字句の正しい組合せを下の番号から選べ. なお, 同じ記号の[　　]内には同じ字句が入るものとする.

(1) 平面大地の反射係数は 0〔°〕または 90〔°〕以外の入射角において水平偏波と垂直偏波とではその値が異なり, [ A ]の方の値が大きいが, 入射角が 90〔°〕に近いときにはいずれも 1 に近い値となる.

(2) 垂直偏波では反射係数が最小となる入射角があり, この角度を[ B ]と呼ぶ.

(3) 垂直偏波では[ B ]以下の入射角のとき反射波の位相が[ C ]に対して逆位相であるため, 円偏波を入射すると反射波は逆回りの円偏波となる.

| | A | B | C |
|---|---|---|---|
| 1 | 垂直偏波 | 最小入射角 | 水平偏波 |
| 2 | 垂直偏波 | 最小入射角 | 垂直偏波 |
| 3 | 垂直偏波 | ブルースター角 | 水平偏波 |
| 4 | 水平偏波 | ブルースター角 | 水平偏波 |
| 5 | 水平偏波 | 最小入射角 | 垂直偏波 |

**解説** 水平偏波の電波が大地で反射するとき, 大地と水平な方向の電界は 0 になります. 大地面で入射波と反射波の合成電界が 0 となるのは, 反射波が逆位相のときです. **ブルースター角**（[ B ]の答え）以下の入射角で電波が入射する場合, 反射波の位相が垂直偏波と**水平偏波**（[ C ]の答え）では逆位相になります. 円偏波は垂直偏波成分と水平偏波成分が存在するので, 入射波と反射波において水平偏波成分が逆位相になると反射波は逆回りの円偏波となります.

答え▶▶▶4

➡ 4.2.3

**問題 7** ★★

次の記述は，**図 4.6** に示すように真空中（媒質Ⅰ）から誘電率が $\varepsilon$〔F/m〕の媒質（媒質Ⅱ）との境界に平面波が入射したときの反射について述べたものである．□内に入れるべき字句の正しい組合せを下の番号から選べ．ただし，境界面は，直角座標の $xz$ 面に一致させ，入射面は $xy$ 面に平行で，電界および磁界の関係は図に示すとおりとする．また，媒質Ⅱの透磁率は真空中と同じとし，媒質Ⅰおよび Ⅱの導電率は零とし，屈折率を $n$ とする．

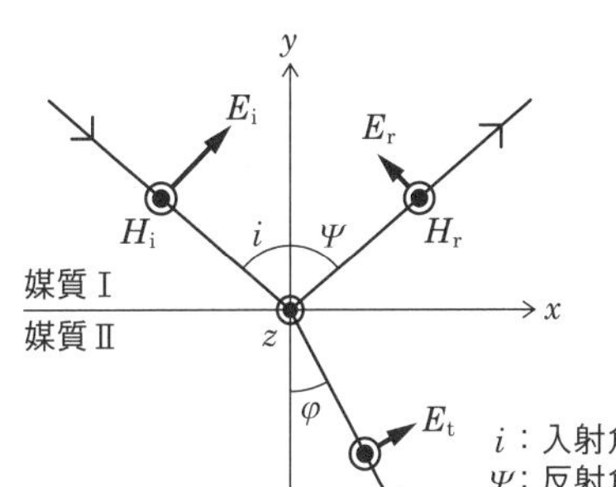


**図 4.6**

(1) 図に示すように電界が入射面に平行である場合の反射係数 $R$ は，次式で表される．

$$R = \frac{E_r}{E_i} = \frac{n^2 \cos i - \sqrt{n^2 - \sin^2 i}}{n^2 \cos i + \sqrt{n^2 - \sin^2 i}}$$

(2) 上式において，$n =$ [A] の時，反射係数 $R$ が零となり，反射波がないことになる．このときの入射角を [B] といい，このときの入射角と屈折角の和は [C]〔°〕である．

| | A | B | C |
|---|---|---|---|
| 1 | $\sin i$ | ブルースター角 | 120 |
| 2 | $\sin i$ | グレージング角 | 90 |
| 3 | $\cos i$ | グレージング角 | 160 |
| 4 | $\tan i$ | グレージング角 | 120 |
| 5 | $\tan i$ | ブルースター角 | 90 |

**解説** 入射面は問題図の $xy$ 平面なので，電界が入射面に平行な垂直偏波の電波が，大地などの媒質の異なる面に入射したときの状態を表しています．空気中を伝搬する電波が大地で反射する場合に，入射角 $i$ が 90〔°〕付近において反射波が最小となる角度があり，その角度をブルースター角といいます．ブルースター角は水平偏波の場合は存在しません．

媒質Ⅰは真空で屈折率が1なので，媒質Ⅱの屈折率を $n$，入射角を $i$，屈折角を $\varphi$ とするとスネルの法則より次式が成り立ちます．

$$n = \frac{\sin i}{\sin \varphi} \quad ①$$

ブルースター角において次式が成り立ちます．

$$n = \tan i = \frac{\sin i}{\cos i} \quad ②$$

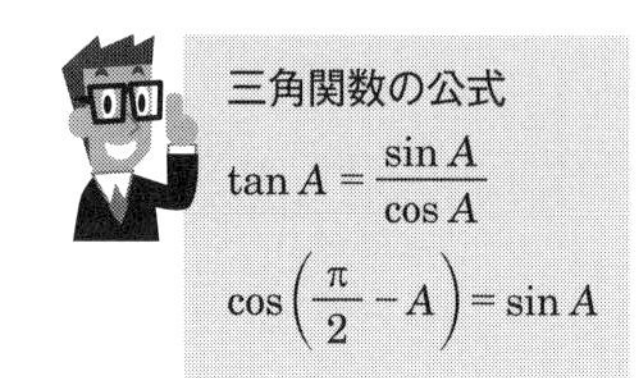


式①と式②より

$$\cos i = \sin \varphi$$
$$= \cos(90〔°〕- \varphi)$$

よって　$i + \varphi =$ **90**〔°〕となります．

C の答え

答え▶▶▶5

# 4.3 地形による電波伝搬の影響

- 山岳回折波の電界強度は直接波と大地反射波による電界と回折係数を用いて求める
- 第1フレネルゾーンは回折波と直接波の伝搬通路差が 1/2 波長以内の回転楕円体

## 4.3.1 山岳回折

電波の伝搬路の途中に山岳などのナイフエッジ状の障害物があると，回折によって障害物で遮られた場所にも電波は伝搬します．送信点Tから受信点Rの伝搬路において，**図 4.7** (a) のように山岳がなく大地の湾曲によって回折して伝搬する球面回折波と比較して，図 4.7 (b) のような山岳によるナイフエッジ回折波の方が伝搬損失が小さく受信電界が大きくなることがあります．このとき，伝搬損失の軽減量を**山岳利得**といいます．

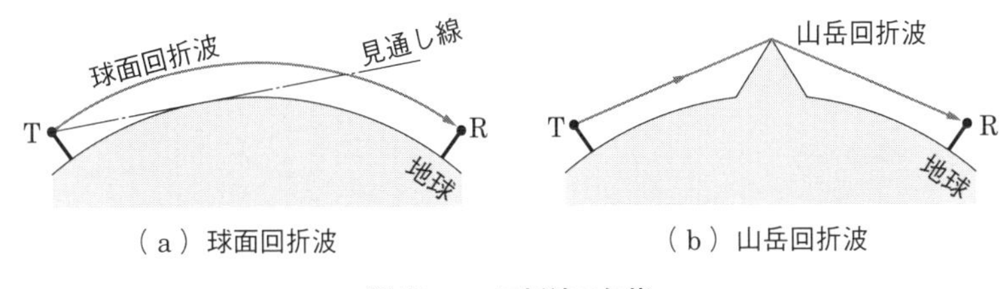


（a）球面回折波　　（b）山岳回折波

■図 4.7　回折波の伝搬

**図 4.8** のような伝搬路上にナイフエッジ状の山岳がある場合において，大地の反射係数を −1，距離が $d$〔m〕の自由空間の電界強度を $E_0$〔V/m〕とすると，受信点Bの電界強度 $E$〔V/m〕は次式で表されます．

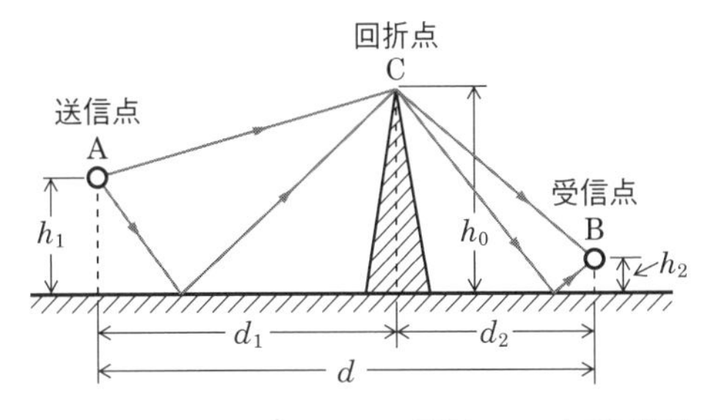


$d$ ：AとB間の地表距離〔m〕
$d_1$：AとC間の地表距離〔m〕
$d_2$：CとB間の地表距離〔m〕
$h_0$：ナイフエッジの高さ〔m〕
$h_1$，$h_2$：送受信アンテナの高さ〔m〕

■図 4.8　山岳回折波の伝搬路

$$E = E_0 \times \left| 2\sin\frac{2\pi h_1 h_0}{\lambda d_1} \right| \times |\dot{S}| \times \left| 2\sin\frac{2\pi h_2 h_0}{\lambda d_2} \right|$$
$$= E_0 \times |A_1| \times |\dot{S}| \times |A_2| \quad (4.19)$$

式 (4.19) において，$A_1$，$A_2$ を通路利得係数，$\dot{S}$ を回折係数といいます．

## 4.3.2 フレネルゾーン

**図 4.9** のように，見通し線より高い受信点では直接波と回折波の合成電界強度 $E$ は干渉によって変化します．この領域を**フレネルゾーン**といいます．

見通し線上の電界強度は $0.5E_0$

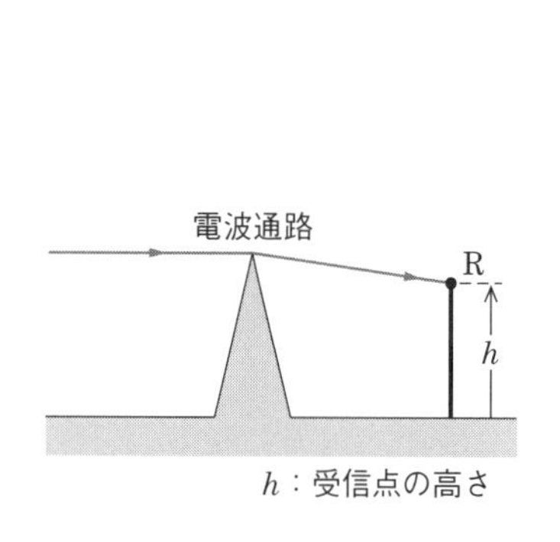


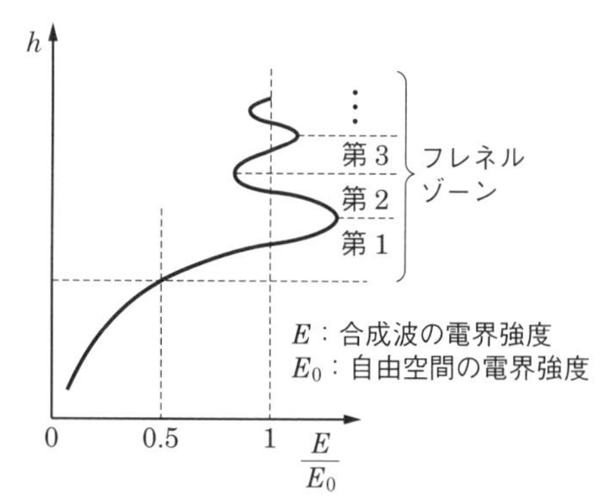


■図 4.9　直接波と回折波の干渉

**図 4.10** のように，送信点 T と受信点 R を直接伝搬する電波の通路 $\overline{\mathrm{TR}}$ と回折により伝搬する電波の通路 $\overline{\mathrm{TPR}}$ の通路差が $\lambda/2$ となる内側の領域を第 1 フレネルゾーンといいます．通路差が $\lambda/2$ の 2 倍，3 倍，…となる内側の領域を第 2，第 3，…フレネルゾーンといいます．

直接波と回折波による干渉波はフェージングの原因になるので，マイクロ波回線を設計するときは，障害物の侵入が少なくとも第 1 フレネルゾーンは避けられるように，空間的な余裕（クリアランス）をとります．

回折波による干渉の発生は，山岳の上部だけでなく建造物の左右の位置にも発生します．マイクロ波の固定無線回線の伝搬路では建造物が第 1 フレネルゾー

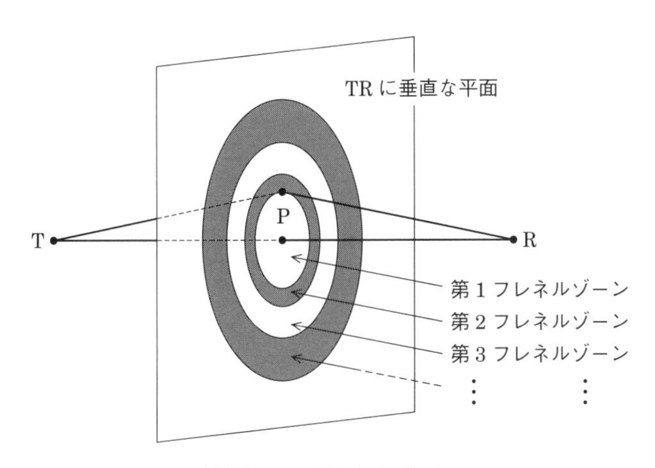


図 4.10 フレネルゾーン



ン内に入らないようにします．

**図 4.11** において，$\overline{\mathrm{TP}}+\overline{\mathrm{PR}}$ の距離と $d$ との通路差が $\lambda/2$ 以内となる第1フレネルゾーンの条件より，その境界では次式が成り立ちます．

$$\overline{\mathrm{TP}}+\overline{\mathrm{PR}}-d=\sqrt{d_1{}^2+r^2}+\sqrt{(d-d_1)^2+r^2}-d=\frac{\lambda}{2} \tag{4.20}$$

ここで，$d\gg r$，$D\gg r$ とすれば，2項定理より次式が得られます．

$$\sqrt{d^2+r^2}=d\left(1+\frac{r^2}{d^2}\right)^{\frac{1}{2}}\fallingdotseq d\left(1+\frac{1}{2}\times\frac{r^2}{d^2}\right)=d+\frac{1}{2}\times\frac{r^2}{d} \tag{4.21}$$

$$\begin{aligned}\sqrt{(D-d)^2+r^2}&=(D-d)\left(1+\frac{r^2}{(D-d)^2}\right)^{\frac{1}{2}}\\&\fallingdotseq(D-d)\left(1+\frac{1}{2}\times\frac{r^2}{(D-d)^2}\right)\\&=D-d+\frac{1}{2}\times\frac{r^2}{D-d}\end{aligned} \tag{4.22}$$

2項定理（$x \ll 1$ のとき）
$(1+x)^n \fallingdotseq 1+nx$
（√は $n=1/2$）

式（4.20）に式（4.21）と式（4.22）を代入すると

$$\begin{aligned}&d+\frac{1}{2}\times\frac{r^2}{d}+(D-d)+\frac{1}{2}\times\frac{r^2}{D-d}-D\\&=\frac{1}{2}\times\frac{r^2}{d}+\frac{1}{2}\times\frac{r^2}{D-d}\end{aligned}$$

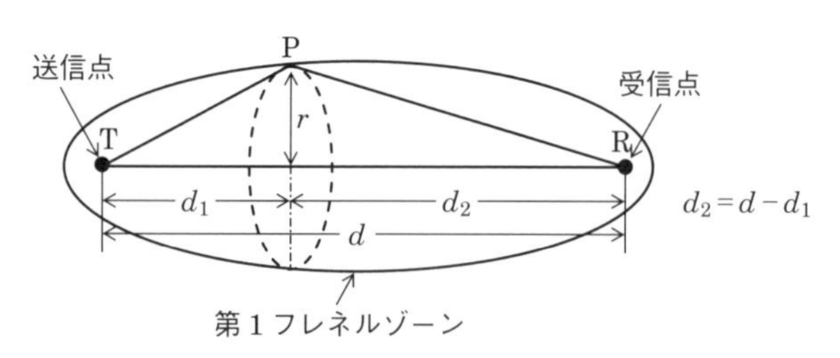


■図 4.11

$$= \frac{r^2}{2}\left(\frac{1}{d} + \frac{1}{D-d}\right) = \frac{r^2}{2}\left(\frac{D}{d(D-d)}\right) = \frac{\lambda}{2}$$

となります．よって，第1フレネルゾーンの半径 $r$〔m〕は次式で表されます．

$$r^2 = \frac{\lambda d(D-d)}{D} = \lambda d\left(1 - \frac{d}{D}\right) \tag{4.23}$$

$$r = \sqrt{\lambda d\left(1 - \frac{d_1}{d}\right)} \tag{4.24}$$

$d - d_1 = d_2$ とすると，次式となります．

$$r = \sqrt{\frac{\lambda d_1 d_2}{d}} \tag{4.25}$$

### Column 電波の波長と音波の波長

人間が耳で聞くことができる周波数の範囲は 16〔Hz〕～ 20〔kHz〕です．温度が 15〔℃〕の音波の速度（約 340〔m〕）から波長に直すと約 21〔m〕～ 1.7〔cm〕となります．これを電波の周波数に当てはめると約 14〔MHz〕～ 17.6〔GHz〕となり，電波の波長によって変化する障害物の影響は音波の性質として経験していることと同じような現象が見られます．

**問題 8** ★★★ ➡ 4.2 ➡ 4.3.1

**図 4.12** に示すように，周波数 100〔MHz〕，送信アンテナの半波長ダイポールアンテナに対する相対利得 10〔dB〕，水平偏波で放射電力 1〔kW〕，送信アンテナの高さ 100〔m〕，受信アンテナの高さ 10〔m〕，送受信点間の距離 90〔km〕で，送信点から 60〔km〕離れた地点に高さ 300〔m〕のナイフエッジがあるときの受信点における電界強度の値として，最も近いものを下の番号から選べ．ただし，回折係数は 0.1 とし，アンテナの損失はないものとする．また，波長を $\lambda$〔m〕とすれば，AC 間と CB 間の通路利得係数 $A_1$ および $A_2$ は次式で表されるものとする．

$$A_1 = 2\sin\frac{2\pi h_1 h_0}{\lambda d_1} \qquad A_2 = 2\sin\frac{2\pi h_2 h_0}{\lambda d_2}$$

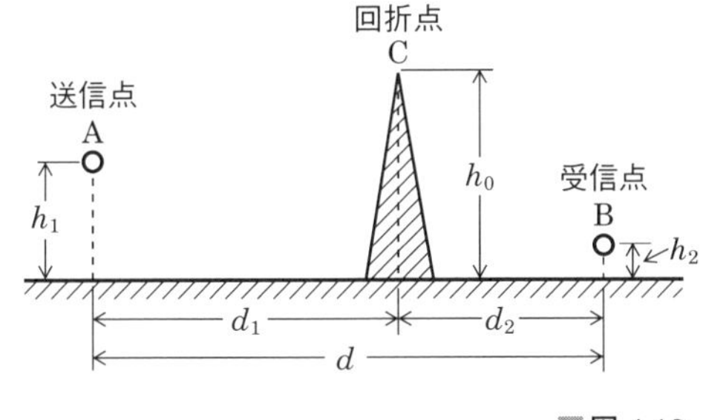


$d$ ：A と B 間の地表距離〔m〕
$d_1$：A と C 間の地表距離〔m〕
$d_2$：C と B 間の地表距離〔m〕
$h_0$：ナイフエッジの高さ〔m〕
$h_1$，$h_2$：送受信アンテナの高さ〔m〕

■図 4.12

1　282〔μV/m〕　　2　312〔μV/m〕　　3　416〔μV/m〕
4　565〔μV/m〕　　5　711〔μV/m〕

**解説**　周波数 $f = 100$〔MHz〕の電波の波長 $\lambda$〔m〕は

$$\lambda \fallingdotseq \frac{300}{f〔\text{MHz}〕} = \frac{300}{100} = 3〔\text{m}〕$$

となります．送信アンテナの相対利得（真数）を $G_D$，その dB 値を $G_{DdB}$ とすると

$$G_{DdB} = 10\log_{10} G_D = 10〔\text{dB}〕$$

となり，$G_D = 10$ となります．

電力比 10 倍は 10〔dB〕を覚えておく．

電力を $P$〔W〕とすると，自由空間電界強度 $E_0$〔V/m〕は次式で表されます．

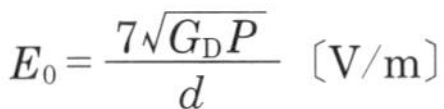

$$E_0 = \frac{7\sqrt{G_D P}}{d}〔\text{V/m}〕$$

回折係数を $S$ とすると，受信電界強度 $E$〔V/m〕は次式で表されます．

$$E = \frac{7\sqrt{G_D P}}{d} \times S \times \left| 2\sin\frac{2\pi h_1 h_0}{\lambda d_1} \right| \times \left| 2\sin\frac{2\pi h_2 h_0}{\lambda d_2} \right|$$

$d_2 = 90 - 60 = 30$〔km〕

$$= \frac{7\sqrt{10\times10^3}}{90\times10^3} \times 0.1 \times \left| 2\sin\frac{2\times\pi\times100\times300}{3\times60\times10^3} \right|$$

$$\times \left| 2\sin\frac{2\times\pi\times10\times300}{3\times30\times10^3} \right|$$

$$= \frac{7}{9}\times10^{-2}\times10^{-1}\times\left| 2\sin\frac{\pi}{3} \right| \times \left| 2\sin\left(\frac{2}{3}\pi\times10^{-1}\right) \right|$$

$$\fallingdotseq \frac{7}{9}\times2\times\frac{\sqrt{3}}{2}\times2\times\frac{2}{3}\times3.14\times10^{-4}$$

$$\fallingdotseq \frac{28\times1.73\times3.14}{27}\times10^{-4}$$

$$\fallingdotseq 5.63\times10^{-4}〔\mathrm{V/m}〕\fallingdotseq \mathbf{565}〔\mathbf{\mu V/m}〕$$

答え▶▶▶ 4

**数学の公式**

$\sin\frac{\pi}{3} = \frac{\sqrt{3}}{2}$

$\sin\theta \fallingdotseq \theta$（$\theta < 0.5$ rad のとき）

$\sqrt{3} \fallingdotseq 1.73$

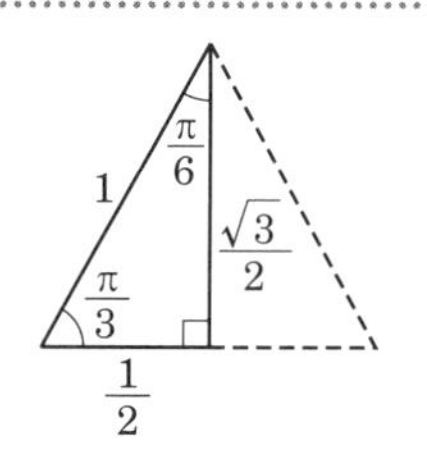

■図 4.13

**問題 9** ★★★ ➡4.2 ➡4.3.1

次の記述は，超短波（VHF）帯の地上伝搬において，伝搬路上に山岳がある場合の電界強度について述べたものである．[　　]内に入れるべき字句を下の番号から選べ．

(1) 図 4.14 において，送信点 A から山頂の点 M を通って受信点 B に到達する通路は，① AMB，② $AP_1MB$，③ $AMP_2B$，④ $AP_1MP_2B$ の 4 通りある．この各通路に対応して，それぞれの[　ア　]を，$\dot{S}_1$，$\dot{S}_2$，$\dot{S}_3$，$\dot{S}_4$ とすれば，受信点 B における電界強度 $\dot{E}$ は，次式で表される．ただし，山岳がない場

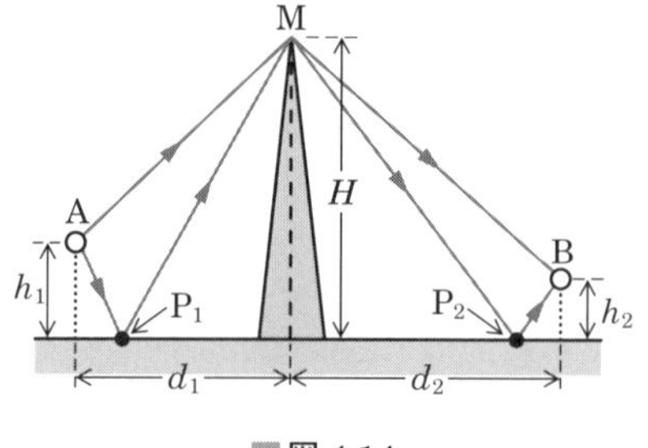

■図 4.14

合の受信点の自由空間電界強度を $\dot{E}_0$〔V/m〕，大地の反射点 $P_1$ および $P_2$ における大地反射係数をそれぞれ $\dot{R}_1$，$\dot{R}_2$ とする．

$\dot{E} = \dot{E}_0 (\dot{S}_1 + \dot{R}_1 \dot{S}_2 + \dot{R}_2 \dot{S}_3 +$ [イ] )〔V/m〕 ……………………… 【1】

(2) 送信点Aから山頂の点Mまでの直接波と大地反射波の位相差を $\varphi_1$〔rad〕および山頂の点Mから受信点Bまでの直接波と大地反射波の位相差を $\varphi_2$〔rad〕とし，$\dot{R}_1 = \dot{R}_2 = -1$，$|\dot{S}| = |\dot{S}_1| = |\dot{S}_2| = |\dot{S}_3| = |\dot{S}_4|$ とすれば，式【1】は，次式で表される．

$\dot{E} = \dot{E}_0 \times |\dot{S}| \times (1 - e^{-j\varphi_1} - e^{-j\varphi_2} +$ [ウ] )〔V/m〕 ……………… 【2】

式【2】を書き換えると次式で表される．

$\dot{E} = \dot{E}_0 \times |\dot{S}| \times (1 - e^{-j\varphi_1})$ ( [エ] )〔V/m〕 ……………………… 【3】

(3) 式【3】を，電波の波長 $\lambda$〔m〕，送受信アンテナ高 $h_1$〔m〕，$h_2$〔m〕，山頂の高さ $H$〔m〕，送受信点から山頂直下までのそれぞれの水平距離 $d_1$〔m〕および $d_2$〔m〕を使って書き直すと，受信電界強度の絶対値 $E$ は，近似的に次式で表される．

$E \fallingdotseq |\dot{E}_0| \times |\dot{S}| \times \left| 2\sin\left(\dfrac{2\pi h_1 H}{\lambda d_1}\right) \right| \times$ [オ] 〔V/m〕

1 回折係数　2 $\dot{R}_1\dot{R}_2\dot{S}_4^2$　3 $e^{-j(\varphi_1+\varphi_2)}$　4 $1+e^{-j\varphi_2}$　5 $\left|2\sin\left(\dfrac{2\pi h_2 H}{\lambda d_2}\right)\right|$

6 散乱係数　7 $\dot{R}_1\dot{R}_2\dot{S}_4$　8 $e^{-j(\varphi_1-\varphi_2)}$　9 $1-e^{-j\varphi_2}$　10 $\left|2\cos\left(\dfrac{2\pi h_2 H}{\lambda d_2}\right)\right|$

**解説** $AP_1MP_2B$ の通路は $\dot{R}_1$, $\dot{S}_4$, $\dot{R}_2$ の順に，電波が反射と回折をして伝搬するので，問題の式【1】は

$$\dot{E} = \dot{E}_0 (\dot{S}_1 + \dot{R}_1 \dot{S}_2 + \dot{R}_2 \dot{S}_3 + \boldsymbol{\dot{R}_1 \dot{R}_2 \dot{S}_4})$$

↑ [イ] の答え

となります．ここで，題意の条件を代入すると

$$\dot{E} = \dot{E}_0 (|\dot{S}_1| - |\dot{S}_2| e^{-j\varphi_1} - |\dot{S}_3| e^{-j\varphi_2} + (-1)(-1)|\dot{S}_4| e^{-j\varphi_1} e^{-j\varphi_2})$$

$$= \dot{E}_0 (|\dot{S}|)(1 - e^{-j\varphi_1} - e^{-j\varphi_2} + \boldsymbol{e^{-j(\varphi_1+\varphi_2)}})$$

↑ [ウ] の答え

$$= \dot{E}_0 (|\dot{S}|)(1 - e^{-j\varphi_1})(\boldsymbol{1 - e^{-j\varphi_2}})$$

↑ [エ] の答え

答え▶▶▶ア－1，イ－7，ウ－3，エ－9，オ－5

**数学の公式**

$e^a e^b = e^{a+b}$

$(a-b)(c-d) = ac - ad - bc + bd$

**問題 10** ★★★ ➡4.3.2

次の記述は，**図 4.15** に示す第1フレネルゾーンについて述べたものである．□内に入れるべき字句の正しい組合せを下の番号から選べ．

(1) 送信点Tから受信点R方向に測った距離 $d$〔m〕の地点における第1フレネルゾーンの回転楕円体の断面の半径 $r$〔m〕は，送受信点間の距離を $D$〔m〕，波長を $\lambda$〔m〕とすれば，次式で与えられる．

$r =$ [ A ]〔m〕

(2) 周波数が 7.5〔GHz〕, $D$ が 15〔km〕であるとき, $d$ が 6〔km〕の地点での $r$ は，約 [ B ]〔m〕である．

| | A | B |
|---|---|---|
| 1 | $\sqrt{\lambda d\left(\dfrac{D}{d}-1\right)}$ | 30 |
| 2 | $\sqrt{\lambda d\left(\dfrac{D}{d}-1\right)}$ | 25 |
| 3 | 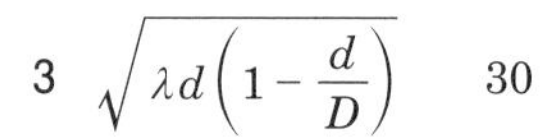 $\sqrt{\lambda d\left(1-\dfrac{d}{D}\right)}$ | 30 |
| 4 | 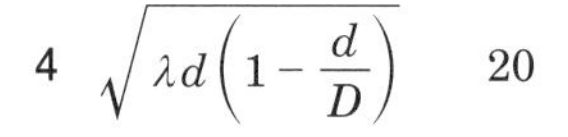 $\sqrt{\lambda d\left(1-\dfrac{d}{D}\right)}$ | 20 |
| 5 | $\sqrt{\lambda d\left(1-\dfrac{d}{D}\right)}$ | 12 |

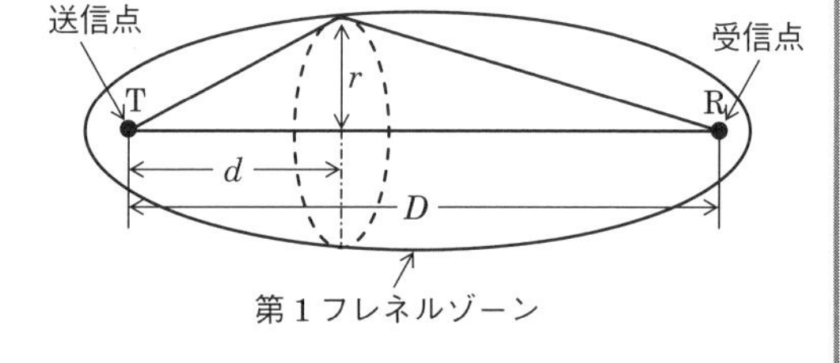


図 4.15

**解説** 第1フレネルゾーンの半径 $r$〔m〕は次式で表されます．

$$r = \sqrt{\boldsymbol{\lambda d\left(1-\frac{d}{D}\right)}}\ \text{〔m〕} \quad \text{◀……… [A] の答え} \qquad ①$$

周波数 $f = 7.5$〔GHz〕$= 7.5 \times 10^9$〔Hz〕の電波の波長 $\lambda$〔m〕は

$$\lambda \fallingdotseq \frac{3 \times 10^8}{f} = \frac{3 \times 10^8}{7.5 \times 10^9} = 4 \times 10^{-2}\ \text{〔m〕}$$

となります．式①に数値を代入すると

$$r=\sqrt{4\times10^{-2}\times6\times10^{3}\left(1-\frac{6\times10^{3}}{15\times10^{3}}\right)}$$
$$=\sqrt{4\times6\times0.6\times10^{-2+3}}=\sqrt{2^2\times6^2}=2\times6=\mathbf{12}\text{〔m〕}$$

B の答え

√をとるために，$x^2$となるように計算する．

答え▶▶▶5

問題 11 ★★★ ➡4.3.2

次の記述は，フレネルゾーンについて述べたものである． 内に入れるべき字句の正しい組合せを下の番号から選べ．

(1) **図 4.16** において，距離 $d$〔m〕離れた送信点 T と受信点 R を結ぶ線分 TR 上の点 O を含み，線分 TR に垂直な平面 S がある．S 上の点 P を通る電波の通路長 (TP＋PR) と A との通路差が $\lambda/2$ の整数倍となる点 P の軌跡は，S 面上で複数の同心円となる．また，S が直線 TR 上を移動したとき，T, R を焦点とし，線分 TR を回転軸とする回転楕円体となる．ただし，TO，OR の距離をそれぞれ $d_1$〔m〕，$d_2$〔m〕，また，波長を $\lambda$〔m〕とする．

(2) 回転楕円体に囲まれた領域をフレネルゾーンといい，最も内側の領域を第 1 フレネルゾーン，以下，第 2，第 3，第 $n$ フレネルゾーンという．第 $n$ フレネルゾーンの円の半径は，約 B 〔m〕となる．

(3) 見通し内で無線回線を設定する場合には自由空間に近い良好な伝搬路を保つ必要があり，一般には，少なくとも障害物が第 1 フレネルゾーンに入らないようにクリアランスを設ける必要がある．

| | A | B |
|---|---|---|
| 1 | $d_1+d_2$ | $\sqrt{\dfrac{d_1d_2}{n\lambda d}}$ |
| 2 | $d_1+d_2$ | $\sqrt{n\lambda\dfrac{d_1d_2}{d}}$ |
| 3 | $d-d_1$ | $\sqrt{\dfrac{2\lambda d_1d_2}{nd}}$ |
| 4 | $d-d_2$ | $\sqrt{n\lambda\dfrac{d_1d_2}{d}}$ |
| 5 | $d-d_2$ | $\sqrt{\dfrac{2\lambda d_1d_2}{nd}}$ |

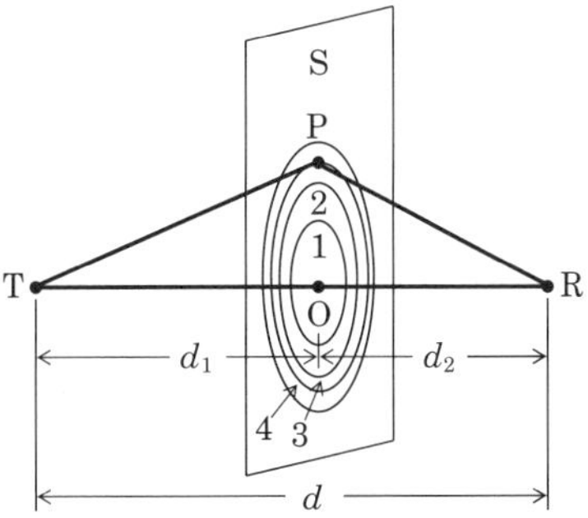

■図 4.16

**解説** 問題図において，OP 間の距離を $r$〔m〕とすると，$\overline{TP}$ と $\overline{PR}$ の通路長の和と $d_1+d_2$ との通路長の差が $n\lambda/2$（$n$ は整数）になる条件から次式が成り立ちます．

$$\overline{TP}+\overline{PR}-(d_1+d_2)=\sqrt{d_1^2+r^2}+\sqrt{d_2^2+r^2}-(d_1+d_2)=\frac{n\lambda}{2} \quad ①$$

ここで，$d_1 \gg r$，$d_2 \gg r$ とすれば，式①の $\sqrt{\ }$ の項に 2 項定理を使うと

$$\sqrt{d_1^2+r^2}=d_1\left(1+\frac{r^2}{d_1^2}\right)^{1/2} \fallingdotseq d_1\left(1+\frac{1}{2}\times\frac{r^2}{d_1^2}\right)=d_1+\frac{1}{2}\times\frac{r^2}{d_1} \quad ②$$

$$\sqrt{d_2^2+r^2}=d_2\left(1+\frac{r^2}{d_2^2}\right)^{1/2} \fallingdotseq d_2\left(1+\frac{1}{2}\times\frac{r^2}{d_2^2}\right)=d_2+\frac{1}{2}\times\frac{r^2}{d_2} \quad ③$$

となります．式①に式②と式③を代入すると次式で表されます．

2 項定理（$x \ll 1$ のとき）
$(1+x)^n \fallingdotseq 1+nx$
（$\sqrt{\ }$ は $n=1/2$）

$$\frac{1}{2}\times\frac{r^2}{d_1}+\frac{1}{2}\times\frac{r^2}{d_2}=\frac{r^2}{2}\left(\frac{1}{d_1}+\frac{1}{d_2}\right)$$

$$=\frac{r^2}{2}\left(\frac{d_1+d_2}{d_1 d_2}\right)=\frac{n\lambda}{2}$$

式の誘導が面倒なので B の式を覚えておいたほうがよい．

よって，第 $n$ フレネルゾーンの半径 $r$〔m〕は次式で表されます．

$$r \fallingdotseq \sqrt{n\lambda\frac{d_1 d_2}{d_1+d_2}}=\sqrt{\boldsymbol{n\lambda\frac{d_1 d_2}{d}}}\ \text{〔m〕}$$

B の答え

答え▶▶▶ 2

**出題傾向** 下線の部分を穴埋めの字句とした問題も出題されています．

# 4.4 電波伝搬の大気による屈折の影響

- 等価半径係数は地球の半径を $k$ 倍にして電波通路を直線で扱う
- 標準大気の地球の等価半径係数 $k = 4/3$

## 4.4.1 対流圏における電波の屈折



地表から 12〔km〕くらいまでの対流圏では，上空にいくにつれて気圧や温度，湿度が次第に低くなっていき，電波伝搬に影響を与えます．電波に対する影響は大気の比誘電率 $\varepsilon_r$ の変化で表すことができます．電波の屈折率 $n$ は $n = \sqrt{\varepsilon_r}$ の関係があり，一般に大気の上層ほど減少するので，電波は**図 4.17** のように，上方に凸に湾曲して伝搬します．湾曲の曲率半径を $R_n$ とすれば

$$\frac{dn}{dh} = -\frac{1}{R_n} \tag{4.26}$$

で表されます．ここで，$dn/dh$ は $n$ の高さに対する変化率です．

標準大気の代表的な値として，地表付近では以下のようになります．

$$n = 1.000315$$

$$\frac{dn}{dh} = -0.039 \times 10^{-6} \tag{4.27}$$

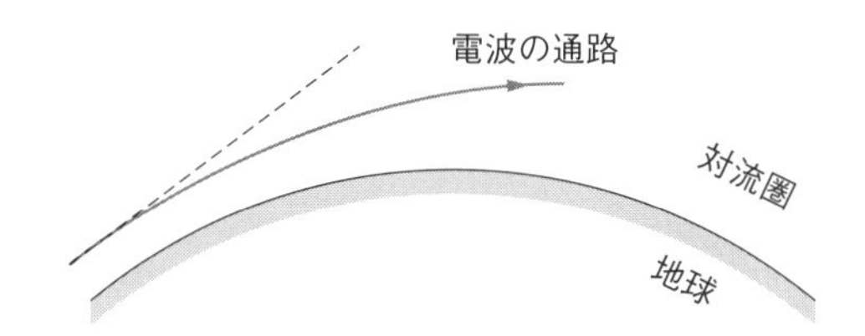


■図 4.17　対流圏における電波の湾曲

大気の屈折率は小数点以下数桁の小さい数です．さらに高さ $h$〔m〕により変化する取り扱いにくい数なので，地球の半径 $R$（≒ 6 370 × $10^3$〔m〕）を使って**修正屈折率** $m = n + (h/R)$ を定義し，取り扱いやすく修正したものを**修正屈折示数**と呼び，$M$ は次式で表されます．

$$M = (m-1) \times 10^6 = \left(n - 1 + \frac{h}{R}\right) \times 10^6 \tag{4.28}$$

標準大気のときの値は $h = 0$，$n = 1.000315$ のとき，$M = 315$ です．

## 4.4.2 地球の等価半径

大気の影響で下向きに湾曲する伝搬特性を取り扱いやすくするため，**図 4.18** のように電波通路を直線として，これに合わせて地球の半径が $k$ 倍になったとするときの係数 $k$ を地球の**等価半径係数**といいます．また，$kR$ を地球の**等価半径**といい，標準大気では，$k = 4/3$ とすることによって，電波通路を直線として取り扱うことができます．

電波通路の曲率が $1/R_n$，地球の曲率が $1/R$ であるのを電波通路の曲率を 0（直線），地球の曲率を $1/kR$ とする．

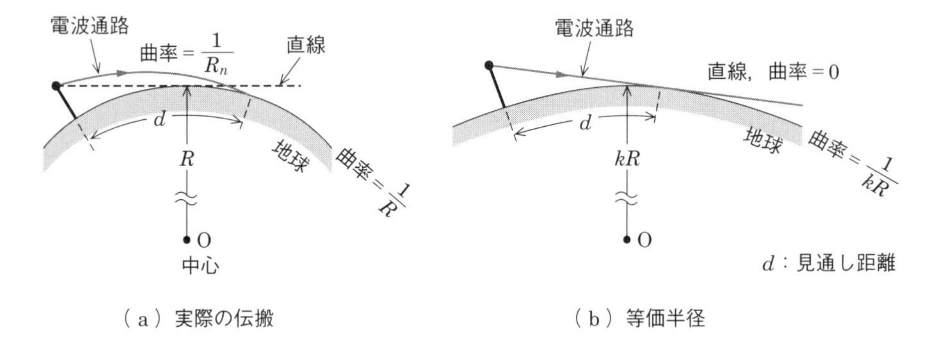


（a）実際の伝搬　　（b）等価半径

■図 4.18　地球の等価半径

## 4.4.3 $M$ 曲線

修正屈折示数は地上からの高さ $h$ によって変化するので，修正屈折示数 $M$ と $h$ の関係をグラフで表したものを **$M$ 曲線**といいます．大気の屈折率が標準大気の場合は，**図 4.19** の標準形に示すように直線となり，その傾斜は $dM/dh = 0.118$（$k = 4/3$ のとき）です．$dM/dh = 0.157$（$k = 1$ のとき）では電波は直進し，$dM/dh = 0$（$k = \infty$ のとき）では電波は地表面に平行に進みます．

修正屈折示数は大気の状態，場所，時間によって変化する．

大気の状態により，$M$ 曲線は図 4.19 のように変化します．$dM/dh < 0$（$k < 0$）

の場合は電波の曲率が大地の曲率を上回ることになります．

このような状態が生じたときに，図のダクトで示すような範囲を**ラジオダクト**といいます．

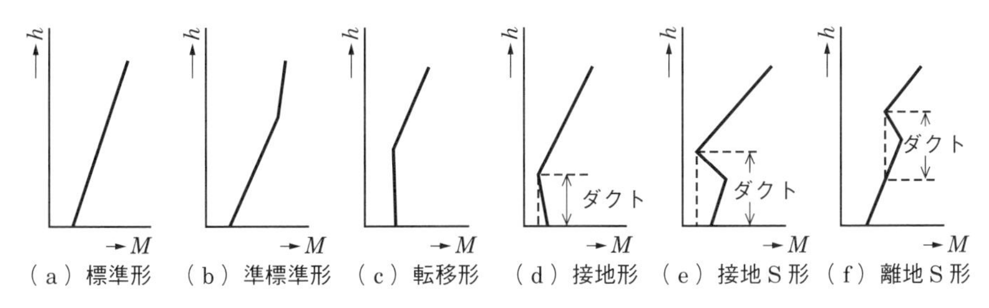


■図 4.19　*M* 曲線



## 4.4.4 ラジオダクト

気象の急変による大気の状態の異常分布によりラジオダクトが発生します．ダクト内に入射した電波は，入射角が適当であればダクト内に閉じこめられた状態で大きな屈折を繰り返しながら，見通し距離以遠にまで伝搬することがあります．

ラジオダクトの発生原因には以下のようなものがあります．

① 移流によるラジオダクト

海岸付近では，夜間は海上の温度が陸上に比べて高いので，陸から海に向かってもぐり込むような陸風が生じると温度の逆転層が発生して，海上にダクトが発生します．逆に，昼間は海上から陸に向かって海風が生じるので，陸上に発生します．

② 沈降によるラジオダクト

高気圧圏内で生じる下降気流によって，乾燥した冷たい空気が蒸発の盛んな海面に近づくと湿度の不連続が生じてダクトが発生します．

③ 前線によるラジオダクト

前線では，寒冷な気団が温暖な気団の下にくさび状にもぐり込んでいるので，温度の逆転層が生じてダクトが発生します．

④ 夜間冷却によるラジオダクト

昼間，太陽熱により温められた陸上の表面は，夜間にその熱を放射によって失って温度が下がるので，温度の逆転層が生じてダクトが発生します．

**問題 12** ★★★ ➡4.4

次の記述は，マイクロ波（SHF）帯の電波の対流圏伝搬について述べたものである．□内に入れるべき字句を下の番号から選べ．なお，同じ記号の□内には，同じ字句が入るものとする．

(1) 標準大気において，大気の屈折率 $n$ は地表からの高さとともに［ア］，標準大気中の電波通路は，送受信点間を結ぶ直線に対して上方に凸にわん曲する．

(2) 実際の大地は球面であるが，これを平面大地上の伝搬として等価的に取り扱うために，$m = n + (h/R)$ で与えられる修正屈折率 $m$ が定義されている．ここで，$h$〔m〕は地表からの高さ，$R$〔m〕は地球の［イ］である．$m$ は 1 に極めて近い値で不便なので，修正屈折示数 $M$ を用いる．$M$ は，$M =$［ウ］$\times 10^6$ で与えられ，標準大気では地表からの高さとともに増加する．

(3) 標準大気の $M$ 曲線は，**図 4.20** に示すように勾配が一定の直線となる．この $M$ 曲線の形を［エ］という．

(4) 大気中に温度などの［オ］層が生ずるとラジオダクトが発生し，電波がラジオダクトの中に閉じ込められて見通し距離より遠方まで伝搬することがある．このときの $M$ 曲線は，**図 4.21** に示すように，高さのある範囲で［エ］とは逆の勾配を持つ部分を生ずる．

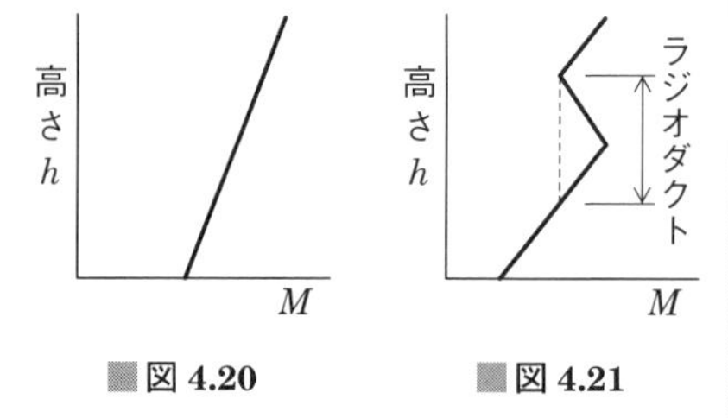


■図 4.20　■図 4.21

| | | | |
|---|---|---|---|
| 1 接地形 | 2 逆転 | 3 減少するから | 4 $(m+1)$ |
| 5 半径 | 6 増加するから | 7 $(m-1)$ | 8 均一 |
| 9 等価半径 | 10 標準形 | | |

**解説** 大気の屈折率 $n$ は小数点以下数桁の 1 に極めて近い値で不便なので，修正屈折示数 $M$ が用いられます．$M$ は次式で表されます．

$$M = (\boldsymbol{m-1}) \times 10^6 = \left(n - 1 + \frac{h}{R}\right) \times 10^6$$

［ウ］の答え

地球の半径 $R$（$\fallingdotseq 6\,370 \times 10^3$〔m〕），標準大気では $h = 0$〔m〕のとき $n = 1.000\,315$ なので，このとき $M = 315$ となります．標準大気の $M$ 曲線は，高さ $h$ の増加とともに勾配が一定の直線となり問題図 4.20 で表されます．この $M$ 曲線の形を標準形といいます．

**答え▶▶▶ア－3，イ－5，ウ－7，エ－10，オ－2**

**出題傾向** 下線の部分を穴埋めの字句とした問題も出題されています．

**問題 13** ★★★ ➡4.4.4

次の記述は，電波の伝わり方について述べたものである．[　　]内に入れるべき字句の正しい組合せを下の番号から選べ．

(1) 地表波は，地表面に沿って伝搬する波で，周波数が低いほど，また，大地の導電率が[ A ]ほど遠くまで伝搬する．

(2) 対流圏散乱波は，対流圏内の[ B ]によって生ずる波で，見通し外遠距離通信に利用することができる．

(3) ラジオダクト波は，対流圏内の気温逆転現象などによって屈折率が[ C ]に変化することによって生ずる波で，あたかも導波管内を伝わる波のように見通し外の遠距離まで伝わる．

| | A | B | C |
|---|---|---|---|
| 1 | 大きい | 酸素量の変動 | 水平方向 |
| 2 | 小さい | 屈折率のゆらぎ | 水平方向 |
| 3 | 小さい | 酸素量の変動 | 高さ方向 |
| 4 | 大きい | 屈折率のゆらぎ | 高さ方向 |
| 5 | 大きい | 屈折率のゆらぎ | 水平方向 |

**解説** 地表波は地表面の湾曲に沿って伝搬する電波で，海上などの大地の導電率が

[ A ]の答え

**大きい**ほど遠くまで伝搬します．大気の屈折率は高さや気象条件によって変化するので

[ B ]の答え　[ C ]の答え

電波の伝搬に影響を与え，大気の**屈折率のゆらぎ**は電波を散乱させます．また，**高さ方向**に直線的に変化する屈折率の変化が逆転するとラジオダクトが発生します．ラジオダクト内に入射した電波はダクト内に閉じ込められた状態で伝搬するので，マイクロ波帯の電波が異常伝搬することがあります．

答え▶▶▶4

**出題傾向** 下線の部分を穴埋めの字句とした問題も出題されています．

# 4.5 見通し距離

- 電波の見通し距離は幾何学的な見通し距離の$\sqrt{k}$倍
- 見通し距離内で直接波と大地反射波の干渉が発生する

## 4.5.1 幾何学的見通し距離

地球は湾曲しているので，**図 4.22** のように地上高 $h_1$〔m〕のアンテナTから送信した電波が直線通路を進んだときの見通し距離 $d_1$〔m〕は次式で表されます．

$$d_1 \fallingdotseq \overline{\mathrm{TP}} = \sqrt{(h_1+R)^2-R^2} = \sqrt{{h_1}^2+2Rh_1}$$

$h_1 \ll R$ なので

$$d_1 \fallingdotseq \sqrt{2Rh_1} \qquad (4.29)$$

と近似することができるので，地球の半径 $R$ を $R=6\,370$〔km〕とすると

$$d_1 = \sqrt{2\times 6\,370\times 10^3\times h_1}$$
$$\fallingdotseq 3.57\times 10^3\sqrt{h_1}\,〔\mathrm{m}〕= 3.57\sqrt{h_1}\,〔\mathrm{km}〕$$

となります．また，Tを送信アンテナ，Rを受信アンテナとすると，送受信点間の見通し距離 $d_0$〔km〕は次式で表されます．

$$d_0 = 3.57(\sqrt{h_1}+\sqrt{h_2})\,〔\mathrm{km}〕 \qquad (4.30)$$

$h$ の単位は〔m〕，
$d$ の単位は〔km〕

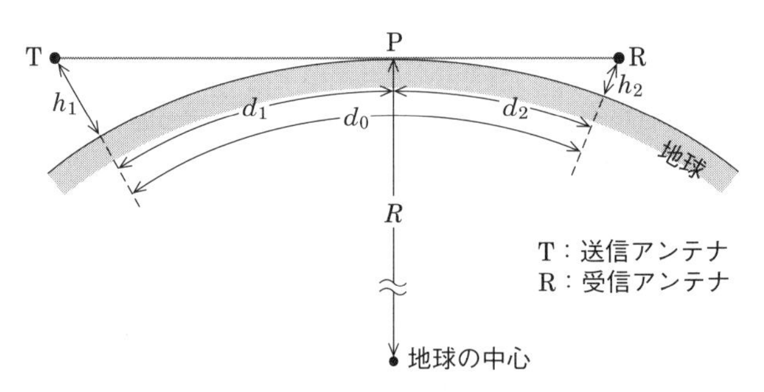


■図 4.22　幾何学的見通し距離

## 4.5.2 電波の見通し距離

大気による電波の屈折の影響を考慮した見通し距離 $d$〔km〕は，標準大気の場合では地球の半径 $R$ が $k$（$=4/3$）倍になったとすると，式（4.29）と式（4.30）の関係から，次式で表すことができます．

$$d \fallingdotseq 3.57\sqrt{k}\,(\sqrt{h_1}+\sqrt{h_2})\ \text{〔km〕}$$
$$\fallingdotseq 4.12\,(\sqrt{h_1}+\sqrt{h_2})\ \text{〔km〕} \qquad (4.31)$$

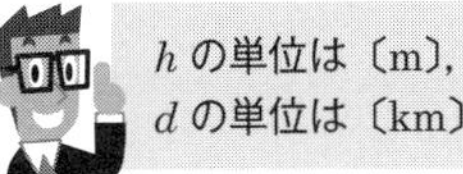


## 4.5.3 見通し距離外の伝搬

高さによる変化を表した図をハイトパターンという．

**図 4.23**（a）のような見通し距離外において，受信アンテナ高 $h_2$〔m〕の高さを変化させたときの受信電界強度の変化を図 4.23（b）に示します．図において，アンテナの高さが最小有効アンテナ高さ $h_0$〔m〕までは電界強度はほぼ一定の値となります．$h_0$ から臨界アンテナ高さ $h_C$〔m〕までの低アンテナ域においては電界強度が直線的に増加し，高アンテナ域に入ると電界強度は指数関数的に上昇します．見通し線を超えて干渉域に入ると直接波と大地反射波との干渉によって，電界強度は極大，極小値を繰り返します．

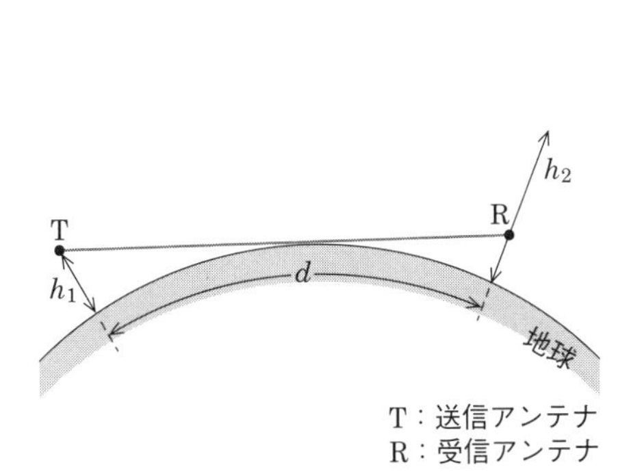


（a）送信アンテナと受信アンテナの高さ

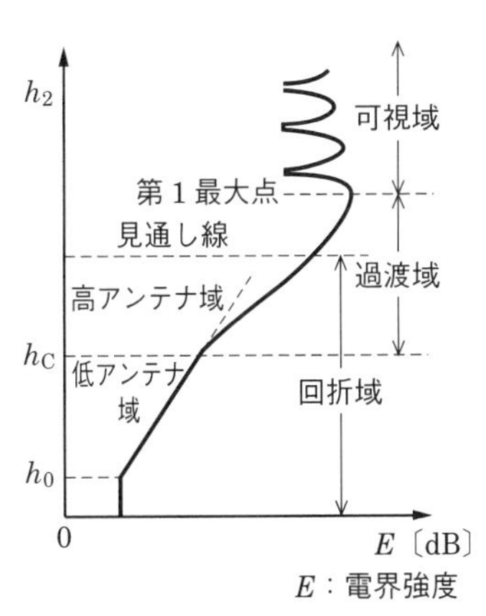


（b）受信電界強度の変化

**図 4.23** 受信アンテナ高と受信電界強度の変化

**図 4.24** は，送受信点間の距離を変化させたときの受信電界強度の変化を表したものです．近距離では直接波と大地反射波の干渉によって電界強度は周期的に変化します．見通し距離よりも遠距離になると球面回折波が伝搬しますが，電界強度は急激に低下します．

干渉域では周波数が高い方が干渉じまが細かい．

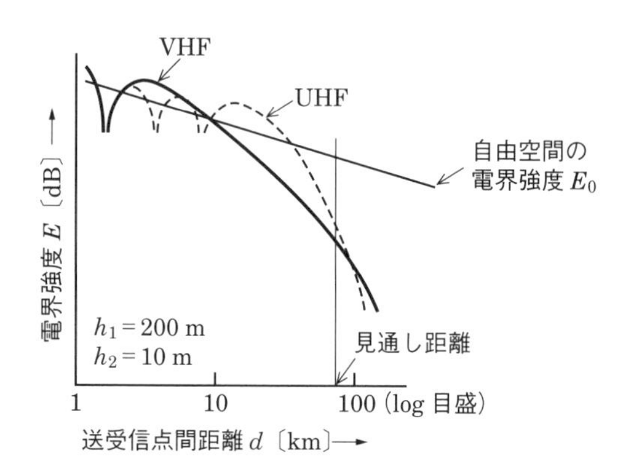


■図 4.24　送受信点間距離と受信電界強度の変化

**関連知識　対流圏散乱波通信**

対流圏波が上層大気で散乱することを積極的に利用し，高電力放射と高利得送受信アンテナを用いることによって，数百〔km〕以上の距離の通信が可能となります．

**問題 14** ★★ ➡ 4.5.1

次の記述は海抜高 $h$〔m〕にある超短波（VHF）アンテナからの電波の見通し距離について述べたものである．□内に入れるべき字句の正しい組合せを下の番号から選べ．ただし，等価地球半径係数を $k$ として，等価地球の半径を $kR$〔m〕と表す．なお，同じ記号の□内には同じ字句が入るものとする．

**図 4.25** に示すように，等価地球の中心を O，アンテナの位置 P から引いた等価地球への接線と等価地球との接点を Q，∠POQ を $\theta$〔rad〕および弧 QS の長さを $d$〔m〕とする．

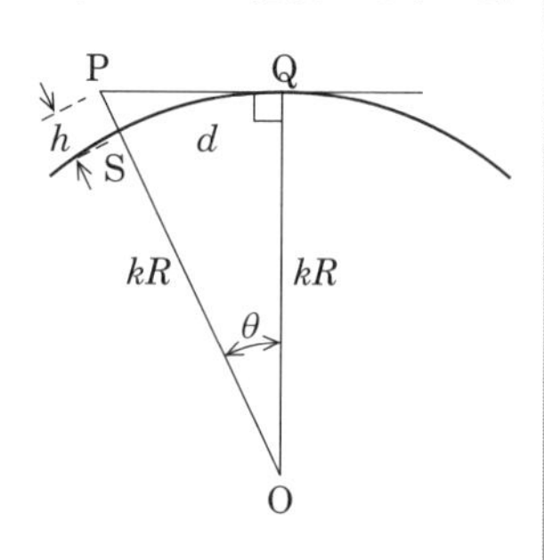


■図 4.25

(1) 直角三角形 POQ において次式が成り立つ．

$$kR = (kR + h) \times \boxed{\text{A}} \quad \cdots\cdots\cdots\cdots\cdots\cdots \text{【1】}$$

式【1】を $kR$ について整理すると次式が成り立つ．

$$h \times \boxed{\text{A}} = kR\left(1 - \boxed{\text{A}}\right)$$

$$= 2kR \times \sin^2\frac{\theta}{2} \quad \cdots\cdots【2】$$

$\theta = \boxed{\text{B}}$〔rad〕であり，$d \ll kR$ とすると次式が成り立つ．

$$\cos\theta \fallingdotseq 1, \qquad \sin\frac{\theta}{2} \fallingdotseq \frac{\theta}{2} \quad \cdots\cdots【3】$$

(2) $\theta$ および式【3】を式【2】に代入すると，$d$ は次式で与えられる．

$d \fallingdotseq \boxed{\text{C}}$〔m〕

| | A | B | C |
|---|---|---|---|
| 1 | $\sin\theta$ | $\dfrac{d}{kR}$ | $\sqrt{2kRh}$ |
| 2 | $\sin\theta$ | $\dfrac{d}{2kR}$ | $\sqrt{\dfrac{kRh}{2}}$ |
| 3 | $\cos\theta$ | $\dfrac{d}{2kR}$ | $\sqrt{2kRh}$ |
| 4 | $\cos\theta$ | $\dfrac{d}{2kR}$ | $\sqrt{\dfrac{kRh}{2}}$ |
| 5 | $\cos\theta$ | $\dfrac{d}{kR}$ | $\sqrt{2kRh}$ |

**解説** 式【1】から式【2】に整理すると，$kR = (kR + h)\,\boldsymbol{\cos\theta} = kR\cos\theta + h\cos\theta$ より

（$\boldsymbol{\cos\theta}$ ← $\boxed{\text{A}}$ の答え）

$$h\cos\theta = kR(1 - \cos\theta) \qquad ①$$

（$\cos^2 x = 1 - \sin^2 x$）

となります．三角関数の公式，$\cos 2x = \cos^2 x - \sin^2 x = 1 - 2\sin^2 x$ より

$$h\cos\theta = kR\left\{1 - \left(1 - 2\sin^2\frac{\theta}{2}\right)\right\} = 2kR\sin^2\frac{\theta}{2} \qquad ②$$

となり，$\theta$〔rad〕は弧と半径の比なので

$$\theta = \boldsymbol{\frac{d}{kR}}\text{〔rad〕}$$

（← $\boxed{\text{B}}$ の答え）

となります．式【3】の条件から式②は $h\cos\theta \fallingdotseq h$，$\sin^2(\theta/2) \fallingdotseq (\theta/2)^2$ なので

$$h = 2kR\left(\frac{\theta}{2}\right)^2 = 2kR\left(\frac{d}{2kR}\right)^2 = \frac{d^2}{2kR}$$

となり，$d$〔m〕は次式となります．

$$d = \boldsymbol{\sqrt{2kRh}}\text{〔m〕}$$

（← $\boxed{\text{C}}$ の答え）

答え▶▶▶5

**問題 15** ★★★ ➡ 4.5.1

球面大地における伝搬において，見通し距離が 32〔km〕であるとき，送信アンテナの高さの値として，最も近いものを下の番号から選べ．ただし，地球の表面は滑らかで，地球の半径を 6 370〔km〕とし，地球の等価半径係数を 4/3 とする．また，$\cos x = 1 - x^2/2$ とする．

1　25〔m〕　2　35〔m〕　3　50〔m〕　4　60〔m〕　5　75〔m〕

**解説** 送信アンテナの高さを $h$〔m〕，地球の等価半径係数を $k$（= 4/3）とすると，見通し距離 $d$〔km〕は次式で表されます．

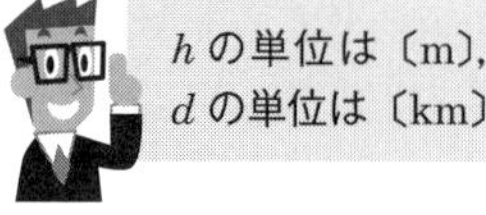


$$d \fallingdotseq 3.57 \times \sqrt{kh}\ \text{〔km〕} \fallingdotseq 4.12 \times \sqrt{h}\ \text{〔km〕}$$

$h$〔m〕を求めると

$$h = \left(\frac{d}{4.12}\right)^2 = \left(\frac{32}{4.12}\right)^2 \fallingdotseq \mathbf{60\ 〔m〕}$$

**別解** 問題 14 の図 4.25 より求めることができる式①に，問題で与えられた式を代入すると

$$h\cos\theta = kR\,(1-\cos\theta) = kR\left\{1-\left(1-\frac{\theta^2}{2}\right)\right\} = kR\,\frac{\theta^2}{2} \quad ①$$

となり，$\cos\theta \fallingdotseq 1$，$\theta = d/kR$ を代入すると

$$h = \frac{kR}{2}\left(\frac{d}{kR}\right)^2 = \frac{d^2}{2kR}$$

となります．ここで数値を代入すると

$$h = \frac{(32\times10^3)^2}{2\times\dfrac{4}{3}\times 6\,370\times10^3} = \frac{3\times32\times32\times10^6}{8\times637\times10^4}$$

$$= \frac{384\times10^2}{637} \fallingdotseq \mathbf{60\ 〔m〕}$$

となります．

答え ▶▶▶ 4

**問題 16** ★ ➡4.2 ➡4.5.3

高さ 300〔m〕の送信アンテナから周波数 200〔MHz〕の電波を放射し，十分遠方で高さ 25〔m〕の受信アンテナで受信するときに，**図 4.26** に示す受信電界強度が極大となる点の送信アンテナからの距離の値 $d_m$〔km〕の値として，最も近いものを下の番号から選べ．ただし，大地は平面とし，大地の反射係数は，−1 とする．

1　5〔km〕
2　10〔km〕
3　15〔km〕
4　20〔km〕
5　25〔km〕

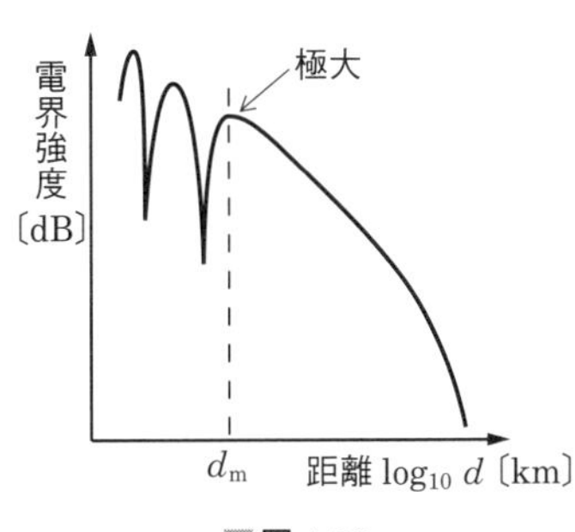


■ **図 4.26**

**解説** 周波数 $f = 200$〔MHz〕の電波の波長 $\lambda$〔m〕は

$$\lambda \fallingdotseq \frac{300}{f\text{〔MHz〕}} = \frac{300}{200} = 1.5\text{〔m〕}$$

となります．送受信点間の距離 $d$〔m〕，送信，受信アンテナの高さ $h_1$，$h_2$〔m〕，自由空間電界強度 $E_0$〔V/m〕のとき，電界強度 $E$〔V/m〕は次式で表されます．

$$E = 2E_0 \,|\sin\theta\,| = 2E_0 \left| \sin\frac{2\pi h_1 h_2}{\lambda d} \right| \text{〔V/m〕} \quad ①$$

式①の $d$ が変化して受信電界強度が極大値 $E = 2E_0$ となるのは，$\sin\theta = 1$ のときです．距離 $d$ が遠方から近づいてきたときに，最初に $\sin\theta = 1$ となるのは，$\theta = \pi/2$〔rad〕のときなので，式①の $\theta = \pi/2$ として，そのときの距離 $d$ を求めると

$$\theta = \frac{2\pi h_1 h_2}{\lambda d}$$

より

$$d = \frac{2\pi h_1 h_2}{\lambda\theta} = \frac{2\pi \times 300 \times 25}{1.5 \times \dfrac{\pi}{2}} = 20\,000\text{〔m〕} = \mathbf{20\text{〔km〕}}$$

となります．

答え ▶▶▶ 4

# 4.6 対流圏伝搬の諸現象

- 大気による減衰は分子による固有の共鳴吸収が起きる周波数がある
- 交差偏波識別度は使用する偏波の成分と交差偏波の成分の比
- フェージングを軽減するためにはダイバーシティを用いる

## 4.6.1 対流圏波の減衰

大気中を伝搬する対流圏波は大気の状態によっては，エネルギーを吸収され，伝搬中に減衰します．雨滴では熱損失と散乱損失が生じ，減衰量はほぼ降雨量に比例し，電波の波長が短いほど増加します．雲や霧では，その粒子が非常に小さいので熱損失が主となります．水蒸気および酸素分子は，電波とそれぞれ電気的・磁気的に相互作用して吸収減衰を生じさせます．特にそれらの固有振動数と一致した周波数の電波では共鳴が生じ，減衰が大きくなります．水蒸気分子では，電波の周波数が 22.5〔GHz〕と 183.3〔GHz〕に，酸素分子では，60〔GHz〕と 118.75〔GHz〕に選択的な共鳴吸収が発生します．

雨滴による減衰はほぼ降雨量に比例し，電波の周波数が 10〔GHz〕以上になると影響が大きくなり波長が短いほど増加しますが，200〔GHz〕以上の周波数では，ほぼ一定になります．

**交差偏波識別度**（XPD：Cross Polarization Discrimination）は，垂直偏波と水平偏波を同じ伝送路で用いるときなどにおいて，偏波共用アンテナの送受信アンテナが直交偏波をどれだけ分離して送受信することができるかについて，使用する偏波の成分と交差偏波の成分の比で表したものです．

電波の伝搬路上に降雨域が存在するとき，雨滴によって交差偏波識別度が劣化します．落下中の雨滴は落下方向につぶれた回転楕円体に近い形状となり，また，風の影響によって傾いた雨滴に電波が入射すると，主軸が入射偏波からずれた楕円偏波に変換されます．このため，送信した偏波に直交した交差偏波成分が発生して，交差偏波識別度が劣化します．直線偏波では，雨滴の傾き角が大きいほど劣化が大きく，伝搬区間が長いほど同一減衰量に対する劣化は小さくなります．また，周波数が高くなると同一減衰量に対する劣化は小さくなります．

## 4.6.2 地上波伝搬にともなう諸現象

受信電界強度が時間的に強弱の変化を生じることがあり，これを**フェージング**といいます．フェージングは原因となる伝搬通路の状態または現象の形態によって次のように分類することができます．

**(1) シンチレーションフェージング**

大気層の変動などで大気の屈折率に変動が起き，多数の伝搬通路が発生すると主伝搬波との干渉でフェージングを生じます．周期が短く減衰量も小さいので，受信電界強度が特に小さいとき以外は，あまり問題となりません．

**(2) $k$ 形フェージング**

大気の屈折率分布が変化すると，伝搬通路の湾曲の度合が変動することによって発生します．

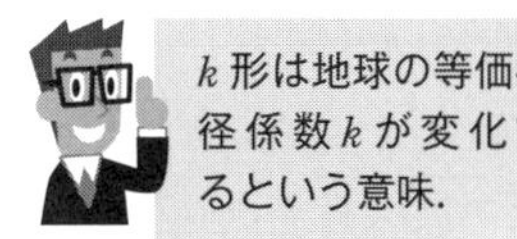


① 干渉性 $k$ 形フェージング

等価半径係数 $k$ が変化すると，直接波と大地反射波の通路差が変化して，合成電界強度が変動しフェージングが生じます．海面反射が伝搬路にあると変化が大きくなります．周期が短く，減衰量はきわめて大きくなります．

② 回折性 $k$ 形フェージング

等価半径係数 $k$ が変化すると，見通し距離や見掛け上の山岳の高さが変化して，回折損が変化することによってフェージングが生じます．周期が長く，変化の幅は比較的大きくなります．

**(3) ダクト形フェージング**

ラジオダクトが発生するとダクト内で複数個の伝搬通路が生じ，互いに干渉してフェージングが生じます．周期は比較的長く，変動幅も比較的大きくなります．

**(4) 散乱形フェージング**

対流圏散乱波を用いた伝搬通路で発生します．小気団群や乱流などによって発生する散乱波は一般に多数の波源となり，多数の通路を持つ散乱波が互いに干渉して発生します．周期が短く，変動幅は大きくなります．

**(5) 同期性フェージング・選択性フェージング**

受信しようとする周波数帯域全体にわたって生じる場合を**同期性フェージング**と呼び，帯域の部分によってフェージングの状態が異なる場合を**選択性フェージング**と呼びます．

## 4.6.3 陸上移動通信の電波伝搬

陸上移動通信は，基地局から陸上移動局への伝搬路が見通しとなることはほとんどなく，反射や回折などによって生じた多数の受信波を受信するので，移動しながら受信すると，そのレベルは激しく変動します．陸上にある基地局から送信された電波は，移動局周辺の建物などにより反射・回折されて伝搬しますが，伝搬路上では定在波が生じているので，定在波中を移動局が移動すると受信波にフェージングが発生します．この変動を瞬時値変動といって受信信号の確率密度分布がレイリー分布となります．このとき発生するフェージングのことを**レイリーフェージング**と呼びます．レイリー分布は，確率変数が連続的な場合の連続型確率分布であり，一般に，周波数が高いほど，また，移動速度が速いほど変動が速いフェージングとなります．

単一周波数で直接波と間接波による2波の干渉モデルでは，直接波と間接波の通路差長を$l$〔m〕，間接波の直接波に対する振幅比を$\gamma$，電波の波長を$\lambda$〔m〕，自由空間電界強度を$E_0$〔V/m〕とすると，干渉波の電界強度$E$〔V/m〕は次式で表されます．

$$E = E_0\sqrt{1+\gamma^2+2\gamma\cos\frac{2\pi l}{\lambda}}\ 〔\mathrm{V/m}〕 \tag{4.32}$$

通路差長$l$の変化により，電界強度$E$は約$\lambda/2$の周期を持つ定在波を伝搬路上に生じます．

瞬時値変動の数十波長程度の区間での中央値を**短区間中央値**といい，基地局からほぼ等距離の区間内の短区間中央値は，対数正規分布則に従い変動し，その中央値を**長区間中央値**といいます．長区間中央値は，基地局から移動局までの距離を$d$〔m〕とすると，一般に$Xd^{-\alpha}$で近似されます．ここで，$X$および$\alpha$は送信電力，周波数，基地局および移動局のアンテナ高，建物高などによって決まる定数です．

移動局にさまざまな方向から反射・回折して到来する多数の電波の到来時間に差があるため，帯域内の各周波数の振幅と位相の変動が一様ではなく，周波数によってフェージングの程度の異なる周波数選択性フェージングを生じます．狭帯域の通信では影響は少ないのですが，広帯域の高速デジタル伝送の場合には，伝送信号に波形ひずみを生じます．このとき，多数の到来波の遅延時間を横軸に，各到来波の受信レベルを縦軸にプロットしたものは**伝搬遅延プロファイル**と呼ばれ，多重波伝搬理論の基本特性の一つです．

## 4.6.4 ダイバーシティ

### (1) スペースダイバーシティ（空間合成法）

二つ以上の受信アンテナを適当な距離を離して設置し，それぞれの受信出力を合成してフェージングを軽減します．

スペースダイバーシティの効果は，二つの受信点間の電界強度の変動の相関性が小さいほど大きい．



### (2) 周波数ダイバーシティ（周波数合成法）

一つの信号をいくつかの周波数の異なる搬送波を用いて送受信し，受信出力を合成してフェージングを軽減します．

### (3) 偏波ダイバーシティ（偏波合成法）

二つの直交する偏波面を持つ受信アンテナを用いて，それぞれの受信出力を合成または切り換えてフェージングを軽減します．

### (4) MIMO（マイモ）

送信側と受信側にそれぞれ複数のアンテナを用いて，それぞれのアンテナ間を伝送路とすることで空間多重伝送するシステムをMIMO（Multiple Input and Multiple Output）といいます．MIMOは，高速デジタル伝送を行う携帯電話などの移動通信や無線LANに使用されています．

送信側と受信側の双方に複数のアンテナを用いることによって，空間多重伝送による伝送容量を増大することができ，空間ダイバーシティにより伝送品質を向上することができます．このとき，偏波面の異なるアンテナを用いることもあります．空間多重された信号は，複数の受信アンテナで受信されるので，チャネル情報を用いて信号処理することによって，信号を分離することができます．

複数のアンテナを近くに配置するので，相互結合による影響を考慮し，アンテナ間の間隔を一定距離以上に離さなければなりません．受信側で信号の受信電力が最大になるように信号処理することによって，送信側と受信側で特定の方向に指向性パターンを作るビームフォーミングを行うことができます．また，送信側でチャネル情報が既知の方式と未知の方式があるので，方式によって機能が異なります．

**問題 17** ★★★ ➡ 4.6.1

次の記述は，SHF 帯および EHF 帯の電波の伝搬について述べたものである．□内に入れるべき字句を下の番号から選べ．

(1) 晴天時の大気ガスによる電波の共鳴吸収は，主に酸素および水蒸気分子によるものであり，100〔GHz〕以下では，[ア]付近に酸素分子の共鳴周波数があり，22〔GHz〕付近に水蒸気分子の共鳴周波数がある．

(2) 霧や細かい雨などのように波長に比べて十分小さい直径の水滴による減衰は，主に吸収によるものであり，周波数が[イ]なると増加する．

(3) 降雨による減衰は，雨滴による吸収と[ウ]で生じ，概ね 10〔GHz〕以上で顕著になり，ほぼ 200〔GHz〕までは周波数が高いほど，降雨強度が大きいほど，減衰量が大きくなる．

(4) 降雨による交差偏波識別度の劣化は，形状が[エ]雨滴に進入する電波の減衰および位相回転の大きさが偏波の方向によって異なることが原因で生ずる．

(5) 二つの通信回線のアンテナビームが交差している領域に[オ]があると，それによる散乱のために通信回線に干渉を起こすことがある．

1　40〔GHz〕　2　高く　3　散乱　4　球状の　5　霧の粒子
6　60〔GHz〕　7　低く　8　回折　9　扁平な　10　雨滴

**解説** (3) 降雨による減衰は雨滴による吸収と**散乱**が生じます．雨滴に比較すると電波の波長は長いので，回折は発生しません．

SHF 帯は 3 ～ 30〔GHz〕，EHF 帯は 30 ～ 300〔GHz〕の周波数帯のこと．

**答え▶▶▶ア－6，イ－2，ウ－3，エ－9，オ－10**

**出題傾向** 下線の部分を穴埋めの字句とした問題も出題されています．また，正誤式の問題としても出題されています．

**問題 18** ★★ ➡ 4.6.1

次の記述は，SHF 帯や EHF 帯の地上系固定通信において，降雨時に生ずる交差偏波について述べたものである．このうち誤っているものを下の番号から選べ．ただし，使用する偏波は直線偏波とする．

1　一つの周波数で，互いに直交する二つの偏波を用いて異なる信号を伝送すれば，周波数の利用効率が 2 倍になるが，降雨時には交差偏波が発生しやすい．

2　落下中の雨滴は，雨滴内外の圧力や表面張力の影響を受け，落下方向につぶれた形に変形するが，その変形の度合いは，雨滴が大きいほど大きい．
3　風のある降雨時には，上下方向に扁平な回転楕円体に近い形に変形した雨滴が水平方向より傾き，その長軸方向の電界成分の減衰が短軸方向の電界成分の減衰よりも小さくなるために交差偏波が発生する．
4　受信信号の主偏波の電界強度を $E_p$〔V/m〕，交差偏波の電界強度を $E_c$〔V/m〕とすると，通常，交差偏波識別度は，$20\log_{10}(E_p/E_c)$〔dB〕と表される．
5　交差偏波識別度は，降雨が強いほど，また，雨滴の傾きが大きいほど劣化する．

**解説**　誤っている選択肢は次のようになります．

3　風のある降雨時には，上下方向に扁平な回転楕円体に近い形に変形した雨滴が水平方向より傾き，その長軸方向の電界成分の減衰が短軸方向の電界成分の減衰よりも**大きく**なるために交差偏波が発生する．

答え▶▶▶3

4章

**問題 19**　★★　➡4.6.2

次の記述は対流圏伝搬におけるフェージングについて述べたものである．［　　］内に入れるべき字句の正しい組合せを下の番号から選べ．ただし，等価地球半径係数を $k$ とする．

(1) シンチレーションフェージングは［ A ］の不規則な変動により生じる．
(2) 干渉性 $k$ 形フェージングは直接波と［ B ］の干渉が $k$ の変動に伴い変化するために生じる．
(3) 回折性 $k$ 形フェージングは電波通路と大地とのクリアランスが十分でないとき，$k$ の変化に伴い大地による回折損が変動することにより生じる．$k$ が小さくなると回折損が［ C ］なる．

| | A | B | C |
|---|---|---|---|
| 1 | 太陽フレア | 大地反射波 | 小さく |
| 2 | 太陽フレア | 散乱波 | 大きく |
| 3 | 大気の屈折率 | 散乱波 | 小さく |
| 4 | 大気の屈折率 | 散乱波 | 大きく |
| 5 | 大気の屈折率 | 大地反射波 | 大きく |

**解説**　等価半径係数が小さくなると，電波の湾曲が小さくなって見通せる距離が小さくなるので，回折損が**大きく**なります．

↑………［ C ］の答え

答え▶▶▶5

下線の部分を穴埋めの字句とした問題も出題されています.

**問題 20** ★★ ➡4.6.2

次の記述は,等価地球半径係数 $k$ に起因する $k$ 形フェージングについて述べたものである.このうち誤っているものを下の番号から選べ.

1 $k$ 形フェージングは,$k$ が時間的に変化し,伝搬波に対する大地(海面)の影響が変化することによって生ずる.

2 回折 $k$ 形フェージングは,電波通路と大地(海面)のクリアランスが不十分で,かつ,$k$ が小さくなったとき,大地(海面)の回折損を受けて生ずる.

3 回折 $k$ 形フェージングの周期は,干渉 $k$ 形フェージングの周期に比べて長い.

4 干渉 $k$ 形フェージングは,$k$ の変動により直接波と大地(海面)反射波の干渉状態が変化することによって生ずる.

5 干渉 $k$ 形フェージングによる電界強度の変化は,反射点が大地であるときの方が海面であるときより大きい.

**解説** 誤っている選択肢は次のようになります.

5 干渉 $k$ 形フェージングによる電界強度の変化は,反射点が大地であるときの方が海面であるときより**小さい**.

**答え▶▶▶5**

**問題 21** ★ ➡4.6.3

次の記述は,ダイバーシティ方式について述べたものである.このうち正しいものを1,誤っているものを2として解答せよ.

ア スペース(空間)ダイバーシティには,受信ダイバーシティと送信ダイバーシティがある.

イ スペース(空間)ダイバーシティの効果は,異なる受信点間の電界強度変動の相関が大きいほど大きい.

ウ 偏波ダイバーシティは,主にダクト性フェージングの影響を軽減するのに有効である.

エ 偏波ダイバーシティの効果は,同じ受信点に直交する偏波面を持つ二つのアンテナを設置して,それらの出力を合成するか,あるいは,出力の大きな方のアンテナに切り替えることによって得られる.

オ　周波数ダイバーシティは，周波数が異なると，フェージングの状態が異なることを利用した方式である．

**解説**　誤っている選択肢は次のようになります．

イ　スペース（空間）ダイバーシティの効果は，異なる受信点における電界強度の変動の相関が**小さい**ほど大きい．

ウ　偏波ダイバーシティは，主に**偏波性フェージング**の影響を軽減するのに有効である．

**答え▶▶▶ア－1，イ－2，ウ－2，エ－1，オ－1**

**問題 22** ★★★　➡4.6.3

次の記述は，陸上の移動体通信の電波伝搬特性について述べたものである．□内に入れるべき字句の正しい組合せを下の番号から選べ．

(1) 基地局から送信された電波は，陸上移動局周辺の建物などにより反射，回折され，定在波などを生じ，この定在波中を移動局が移動すると，受信波にフェージングが発生する．この変動を瞬時値変動といい，レイリー分布則に従う．一般に，周波数が高いほど，また移動速度が［A］ほど変動が速いフェージングとなる．

(2) 瞬時値変動の数十波長程度の区間での中央値を短区間中央値といい，基地局からほぼ等距離の区間内の短区間中央値は，［B］に従い変動し，その中央値を長区間中央値という．長区間中央値は，移動局の基地局からの距離を $d$ とおくと，一般に $Xd^{-\alpha}$ で近似される．ここで，$X$ および $\alpha$ は，送信電力，周波数，基地局および移動局のアンテナ高，建物高等によって決まる．

(3) 一般に，移動局に到来する多数の電波の到来時間に差があるため，帯域内の各周波数の振幅と位相の変動が一様ではなく，［C］フェージングを生ずる．［D］伝送の場合には，その影響はほとんどないが，一般に，高速デジタル伝送の場合には，伝送信号に波形ひずみを生ずることになる．多数の到来波の遅延時間を横軸に，各到来波の受信レベルを縦軸にプロットしたものは伝搬遅延プロファイルと呼ばれ，多重波伝搬理論の基本特性の一つである．

| | A | B | C | D |
|---|---|---|---|---|
| 1 | 遅い | 指数分布則 | 周波数選択性 | 広帯域 |
| 2 | 遅い | 対数正規分布則 | 跳躍 | 狭帯域 |
| 3 | 遅い | 指数分布則 | 跳躍 | 広帯域 |
| 4 | 速い | 指数分布則 | 周波数選択性 | 広帯域 |
| 5 | 速い | 対数正規分布則 | 周波数選択性 | 狭帯域 |

**解説** 受信信号の確率密度分布がレイリー分布となるフェージングのことをレイリーフェージングと呼びます．一般に，周波数が高い（波長が短い）ほど，移動速度が**速い**ほど変動が速いフェージングとなります．　▲…… A の答え

レイリー分布は，確率変数が連続的な場合の連続型確率分布．

**周波数選択性**フェージングは周波数によりフェージングの状態が異なるので，**狭帯域**伝送の場合には，その影響はほとんどありません．高速デジタル伝送の場合は伝送帯域が広帯域なので，帯域内のフェージングが波形ひずみとなって伝送特性に影響します．

▲…… C の答え　D の答え ……▲

答え▶▶▶5

**出題傾向** 下線の部分を穴埋めの字句とした問題も出題されています．

**問題 23** ★★★　➡4.6.4

次の記述は，無線 LAN や携帯電話などで用いられる MIMO（Multiple Input Multiple Output）について述べたものである．このうち誤っているものを下の番号から選べ．

1 MIMO では，送信側と受信側の双方に複数のアンテナを用いることによって，空間多重伝送による伝送容量の増大，ダイバーシティによる伝送品質の向上を図ることができる．

2 空間多重された信号は，複数の受信アンテナで受信後，チャネル情報を用い，信号処理により分離することができる．

3 MIMO では，水平偏波は用いることができない．

4 複数のアンテナを近くに配置するときは，相互結合による影響を考慮する．

5 MIMO には，ビームフォーミング（ビーム形成）を用いる方式と用いない方式がある．

**解説** 誤っている選択肢は次のようになります．

3 MIMO では，水平偏波を**用いることができる．**

MIMO では複数のアンテナを用います．それぞれのアンテナは空間的に離れて配置されますが，偏波面の異なるアンテナを組み合わせて用いることもできます．

答え▶▶▶3

# 4.7 電離層の状態

- プラズマ周波数は電子密度が大きいほど高い
- 電離層の電波の屈折率は 1 より小さく，周波数が高いほど大きい
- 電離層中の群速度は自由空間速度より遅く，位相速度は自由空間速度より速い

## 4.7.1 電離層

地球上層の大気分子が太陽からの紫外線や帯電微粒子などによって，自由電子と陽イオンとに電離した領域が地上から約 50～数千〔km〕の高さに存在します．この領域を**電離圏**といいます．**図 4.27** のように，電離圏中には地上から約 50～400〔km〕の高さに，電波の伝搬に影響を与える D，E，F の各層が形成されます．これらの層を**電離層**といいます．

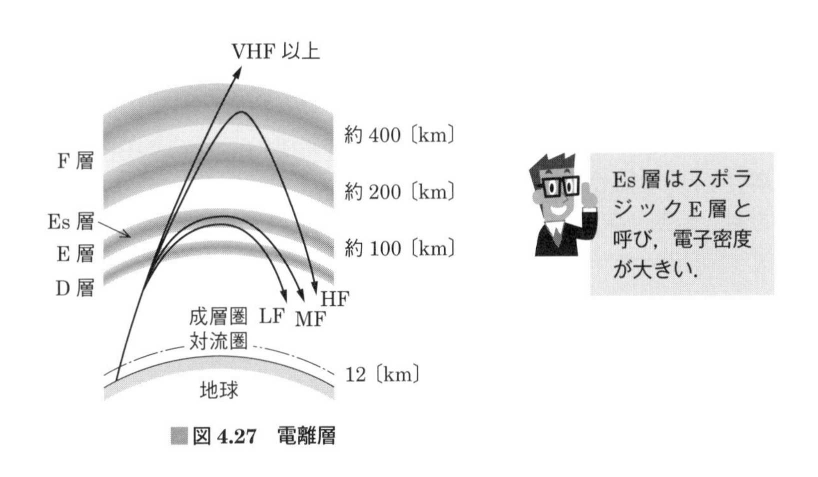


図 4.27　電離層

電離層の中へ電波が入射すると減衰をしながら屈折しますが，電離層の電子密度と電波の周波数によっては反射して地上に戻ります．LF 帯や MF 帯では，一般に比較的電子密度の小さい下層の電離層でも反射が生じます．HF 帯では，電子密度の大きい上層の電離層でなければ反射が生じません．また，VHF 帯以上の周波数では電離層を突き抜けます．

## 4.7.2 臨界周波数

**図 4.28** のように，地上から幅の狭いパルスで変調した電波を垂直に上空に向けて発射し電離層反射波を観測するとき，電波の周波数を徐々に上げていくと各層において電波が突き抜ける限界の周波数がありますが，その最低の周波数を**臨界周波数**といいます．パルスの往復時間から電離層の高さを測定することができますが，電子密度の増加に従って電離層内の電波の速度が遅くなるために計算によって求めた見掛けの高さ $h$〔m〕よりも低い高さの真の高さ $h_0$〔m〕で電波が反射されます．

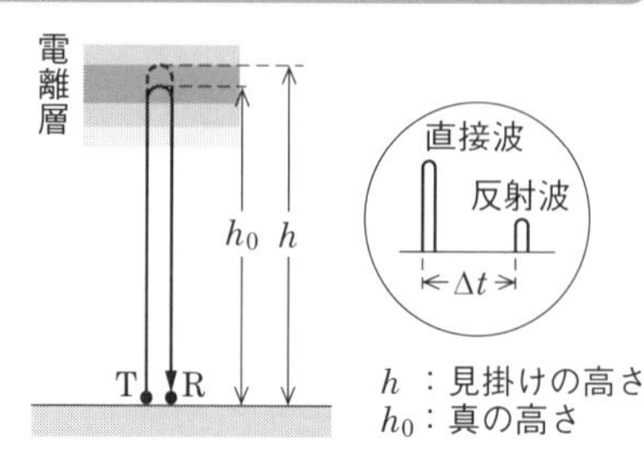


■図 4.28　電離層反射波の観測

## 4.7.3 電離層中の電波の屈折率

**図 4.29** に電離層中の電波の屈折のようすを示します．ここで，電子の電荷を $e$（$=1.602\times10^{-19}$〔C〕），質量を $m$（$=9.109\times10^{-31}$〔kg〕），電離層の電子密度を $N$〔個 /m$^3$〕，電波の周波数を $f$〔Hz〕，角周波数を $\omega$（$=2\pi f$〔rad/s〕），電離層の比誘電率を $\varepsilon_r$，真空の誘電率を $\varepsilon_0$（$=8.854\times10^{-12}$〔F/m〕）とすると，電離層内の電波の屈折率 $n$ は次式で表されます．

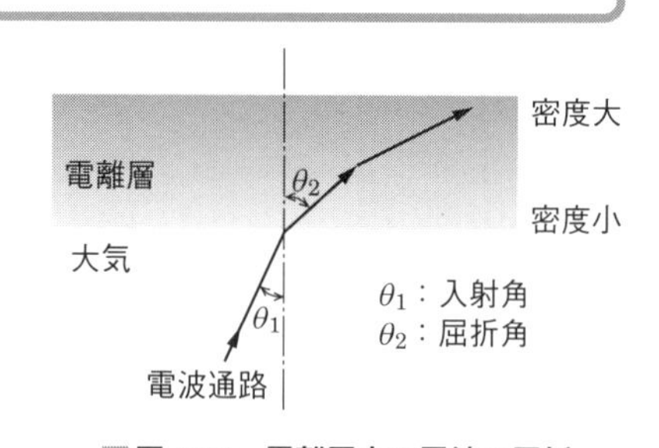


■図 4.29　電離層中の電波の屈折

$$n=\sqrt{\varepsilon_r}=\sqrt{1-\frac{e^2N}{\varepsilon_0 m\omega^2}}$$

$$\fallingdotseq\sqrt{1-\frac{80.6N}{f^2}}\quad\left(=\frac{\sin\theta_1}{\sin\theta_2}\right)\tag{4.33}$$

ここで

$$n=\sqrt{1-\frac{f_N{}^2}{f^2}} \qquad (4.34)$$

と表したときの $f_N{}^2=80.6N \fallingdotseq 81N$ より $f_N \fallingdotseq 9\sqrt{N}$ を電子の**プラズマ周波数**と呼びます.

$f$ が一定ならば電子密度 $N$ が大きいほど $\varepsilon_{\mathrm{r}}$ は1より小さくなり，したがって，$n$ も1より小さくなるので $\theta_1$ に比較して $\theta_2$ が大きくなります．また，各層の電子密度は電離層の高さと共に増加するので，入射波は次第に屈折しながら湾曲していきます.

$80.6N=f^2$ のとき，つまり

$$N=\frac{1}{80.6}f^2=1.24\times10^{-2}f^2 \quad \text{または} \quad f \fallingdotseq 9\sqrt{N} \qquad (4.35)$$

のとき，式 (4.33) において $n=0$ となります．このときの電子密度の点が湾曲の頂点であり，電波の反射点であることを意味します．したがって，式 (4.35) の $N$ をある層の最大密度 $N_{\max}$ としたときの周波数 $f$ は，その層の臨界周波数 $f_{\mathrm{c}}$ を示すことになります.

電波のエネルギーが伝搬する速度を**群速度** $v_{\mathrm{g}}$〔m/s〕と呼び，電離層内の電界のパターンが進む速度を**位相速度** $v_{\mathrm{p}}$〔m/s〕といいます．自由空間の速度を $c$〔m/s〕とすると，それぞれ次式で表されます.

$$v_{\mathrm{g}}=c\sqrt{1-\frac{f_N{}^2}{f^2}} \text{〔m/s〕} \qquad (4.36)$$

自由空間の速度 $c \fallingdotseq 3\times10^8$〔m〕と比較して $v_{\mathrm{g}}<c<v_{\mathrm{p}}$

$$v_{\mathrm{p}}=\frac{c}{\sqrt{1-\dfrac{f_N{}^2}{f^2}}} \text{〔m/s〕} \qquad (4.37)$$

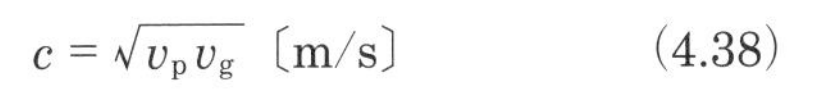

$$c=\sqrt{v_{\mathrm{p}}v_{\mathrm{g}}} \text{〔m/s〕} \qquad (4.38)$$

**問題 24** ★★★ ➡ 4.7.3

臨界周波数が 7.2〔MHz〕のとき，電離層の最大電子密度の値として，最も近いものを下の番号から選べ．ただし，電離層の電子密度が $N$〔個/m$^3$〕のとき，周波数 $f$〔Hz〕の電波に対する屈折率 $n$ は次式で表されるものとする．

$$n = \sqrt{1 - \frac{81N}{f^2}}$$

1　$2.1 \times 10^{10}$〔個/m$^3$〕　2　$3.3 \times 10^{11}$〔個/m$^3$〕　3　$6.4 \times 10^{11}$〔個/m$^3$〕

4　$8.1 \times 10^{11}$〔個/m$^3$〕　5　$3.3 \times 10^{12}$〔個/m$^3$〕

**解説**　臨界周波数 $f_c$〔Hz〕は電離層に垂直に入射した電波が反射する最高周波数です．問題で与えられた式において，電波に対する屈折率 $n = 0$ としたときに，最大電子密度 $N_{max}$ の高さで電波が反射するので

$$0 = \sqrt{1 - \frac{81N_{max}}{f_c^2}}$$

の関係が成り立ち，$81N_{max}/f_c^2 = 1$ となります．ここで $N_{max}$〔個/m$^3$〕を求めると

$$N_{max} = \frac{f_c^2}{81} = \frac{(7.2 \times 10^6)^2}{81}$$

$$= \frac{51.84}{81} \times 10^{12} = 0.64 \times 10^{12} = \mathbf{6.4 \times 10^{11}}\text{〔個/m}^3\text{〕}$$

となります．

答え ▶▶▶ 3

**出題傾向**　臨界周波数 $f_c$ を求める問題も出題されています．$n$ を求める式が問題に与えられないこともあるので，式を覚えた方がよいでしょう．

**問題 25** ★★ ➡4.2.3 ➡4.7.3

次の記述は，電離層における電波の反射機構について述べたものである．[　　] 内に入れるべき字句の正しい組合せを下の番号から選べ．

(1) 電離層の電子密度 $N$ の分布は，高さと共に徐々に増加し，ある高さで最大となり，それ以上の高さでは徐々に減少している．$N$ が零のとき，電波の屈折率 $n$ はほぼ1であり，$N$ が最大のとき，$n$ は [ A ] となる．

(2) $N$ が高さと共に徐々に増加している電離層内の $N$ が異なる隣接した二つの水平な層を考え，地上からの電波が層の境界へ入射するとき，下の層の屈折率を $n_i$，上の層の屈折率を $n_r$，入射角を $i$，屈折角を $r$ とすれば，$n_r$ は，$n_r = n_i \times$ [ B ] で表される．

(3) このときの $r$ は $i$ より [ C ] ので，$N$ が十分大きいとき，電離層に入射した電波は，高さと共に徐々に下に向かって曲げられ，やがて地上に戻ってくることになる．

| | A | B | C |
|---|---|---|---|
| 1 | 最大 | $\sin r/\sin i$ | 大きい |
| 2 | 最大 | $\cos i/\cos r$ | 小さい |
| 3 | 最大 | $\sin i/\sin r$ | 大きい |
| 4 | 最小 | $\sin i/\sin r$ | 大きい |
| 5 | 最小 | $\sin r/\sin i$ | 小さい |

**解説** 下層の入射角 $i$，屈折率 $n_i$，上層の屈折角 $r$，屈折率 $n_r$ の関係はスネルの法則より

$$\frac{n_r}{n_i} = \frac{\sin i}{\sin r}$$

よって

$$n_r = n_i \frac{\sin i}{\sin r}$$ ◀……… [ B ] の答え

となります．電離層内ではある高さまで $n_r$ が小さくなるので，屈折角 $r$ は大きくなります．よって，電波は高さと共に下に向かって曲げられます．

答え▶▶▶ 4

# 4.8 電離層による電波の反射と減衰

- 電離層に斜めに電波が入射して反射する周波数は臨界周波数よりも高くなる
- 電波が電離層を通過するときに受ける減衰は第 1 種減衰，反射するときに受ける減衰は第 2 種減衰

## 4.8.1 正割法則

電離層の臨界周波数を $f_c$〔MHz〕とすると，**図 4.30** のように，同じ見掛けの高さ $h$ で反射する斜め入射の周波数 $f$〔MHz〕は臨界周波数よりも高くなり，次式で表されます．

$$f = f_c \sec\theta \text{〔MHz〕} \tag{4.39}$$

式 (4.39) を**正割法則**（セカント法則）と呼び，送受信点間の距離を $d$〔m〕，入射角を $\theta$〔rad〕とすると

$$f = f_c \sec\left(\tan^{-1}\frac{d}{2h}\right) \text{〔MHz〕} \tag{4.40}$$

または

$$f = f_c \sec\theta = f_c \frac{\sqrt{h^2 + \left(\dfrac{d}{2}\right)^2}}{h} = f_c\sqrt{1 + \left(\frac{d}{2h}\right)^2} \text{〔MHz〕} \tag{4.41}$$

となります．

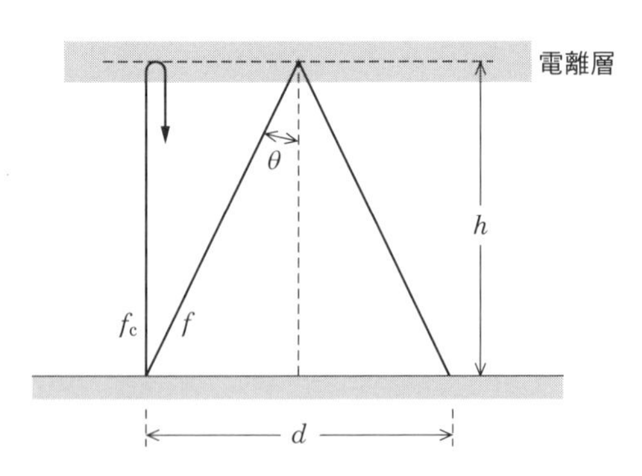


■図 4.30　斜め入射の電離層反射

電波が電離層を通過するときに受ける減衰を**第1種減衰**といい，反射するときに受ける減衰を**第2種減衰**といいます．

反射するときは高い周波数ほど電離層の中まで進入するので，減衰が大きくなる．

F層反射の電波はE層で第1種減衰を受けますが，電子密度が大きいほど，周波数が低いほど，減衰量は大きくなります．F層における第2種減衰は周波数が高いほど減衰量が大きくなります．

## 4.8.2 電離層内の電子の旋回運動



電離層内で電波を受けて運動している電子に地球磁界の作用が加わると，運動しようとする向きと地球磁界の向きの両者に直角な向きに電磁力が発生し，電子の運動は旋回運動となります．

地球磁界内で電子を自由に運動させたときに生じる旋回運動の周波数を**ジャイロ周波数**といい，緯度によって異なりますが1〔MHz〕程度の周波数となります．

地球磁界の磁束密度を $B$〔T〕，電子の電荷を $e$（$\fallingdotseq 1.6\times10^{-19}$〔C〕），電子の質量を $m$（$\fallingdotseq 9.1\times10^{-31}$〔kg〕）とすると，ジャイロ周波数 $f_{\mathrm{H}}$〔Hz〕は次式で表されます．

$$f_{\mathrm{H}}=\frac{eB}{2\pi m}\fallingdotseq\frac{1.6\times10^{-19}\times B}{2\times3.14\times9.1\times10^{-31}}\fallingdotseq2.8\times10^{10}\times B\text{〔Hz〕}\qquad(4.42)$$

**問題 26** ★★★ ➡ 4.8.1

送受信点間の距離が800〔km〕のF層1回反射伝搬において，半波長ダイポールアンテナから放射電力100〔W〕で送信したとき，受信点での電界強度の大きさの値として，最も近いものを下の番号から選べ．ただし，F層の高さは300〔km〕であり，第1種減衰はなく，第2種減衰は7〔dB〕とし，電離層および大地は水平な平面で，半波長ダイポールアンテナは大地などの影響を受けないものとする．また，電界強度は1〔μV/m〕を0〔dBμV/m〕，$\log_{10}7=0.85$ とする．

1　74〔dBμV/m〕　2　60〔dBμV/m〕　3　50〔dBμV/m〕
4　37〔dBμV/m〕　5　30〔dBμV/m〕

**解説** 半波長ダイポールから放射された電波が自由空間を伝搬するときの送信電力を $P$〔W〕，送受信点間の距離を $d$〔m〕とすると，電界強度 $E_0$〔V/m〕は次式で表されます．

$$E_0 = \frac{7\sqrt{P}}{d}\ \text{〔V/m〕}$$

電波がF層で反射して受信点に到達する伝搬距離は**図 4.31** より，$d = 1\,000$〔km〕となるので，電離層の減衰を考慮しないときの受信点における，1〔μV/m〕を 0〔dB〕とした電界強度 $E_{0\,\text{dB}}$〔dBμV/m〕は次式で表されます．

$$\begin{aligned}
E_{0\,\text{dB}} &= 20\log_{10}\left(\frac{7\sqrt{P}}{d}\times 10^6\right)\\
&= 20\log_{10}\left(\frac{7\sqrt{100}}{1\,000\times 10^3}\times 10^6\right)\\
&= 20\log_{10}(7\times 10)\\
&= 20\log_{10}7 + 20\log_{10}10\\
&= 20\times 0.85 + 20\\
&= 17 + 20 = 37\ \text{〔dBμV/m〕}
\end{aligned}$$

電界強度の真数の単位は〔V/m〕
1〔μV/m〕= 0〔dB〕なので，$10^6$ を掛ける．

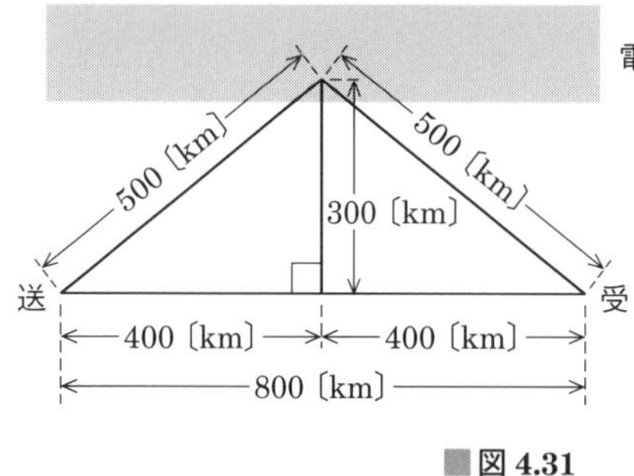


$\sqrt{300^2 + 400^2} = 500$〔km〕

$d = 2\times 500$
$= 1\,000$〔km〕

3，4，5の数値を覚える．

■図 4.31

第2種減衰を $\Gamma$〔dB〕とすると，受信点の電界強度 $E$〔dBμV/m〕は

$$E = E_0 - \Gamma = 37 - 7 = \mathbf{30\ 〔dBμV/m〕}$$

となります．

答え▶▶▶5

# 4.9 電離層波の伝搬

- 電離層は季節変化や日変化が大きく，受信点でフェージングが発生する
- 電離層の異常にはデリンジャ現象と磁気嵐に伴う電離層嵐がある

## 4.9.1 各層の特徴

電離層の電子密度は太陽の影響を受けて変化し，日変化および季節変化が認められます．各層ともに季節変化や日変化をしますが，各層には次のような特徴があります．



**(1) D 層**

高さ：約 50～90〔km〕

LF 帯は 30～300〔kHz〕の周波数帯.

電子密度：最小.

日変化：昼間発生し，夜間に消滅します.

季節変化：夏によく発生し，冬は少ない.

電波伝搬：LF 帯に対する反射層として作用しますが，一般には減衰層として働きます.

**(2) E 層**

高さ：約 90～160〔km〕

MF 帯は 300〔kHz〕～3〔MHz〕の周波数帯.
HF 帯は 3～30〔MHz〕の周波数帯.

電子密度：D 層より大きい.

日変化：正午に最大で夜間もわずかに電離成分が残ります.

季節変化：夏は冬より電子密度が大きい.

電波伝搬：昼間は MF 帯が層内で減衰し，HF 帯以上は突き抜けるときに減衰します．夜は LF 帯，MF 帯をよく反射します.

**(3) Es 層（スポラジック E 層）**

高さ：約 100～110〔km〕

VF 帯は 30～300〔MHz〕の周波数帯.

電子密度：F 層より大きくなることがあります.

日変化：中緯度で日中によく発生し，日により変動が著しい.

季節変化：6～8 月によく発生します.

電波伝搬：100〔MHz〕までの VHF 帯の電波を反射して異常伝搬が発生します.

**(4) F層**

高さ：約 180～200〔km〕の $F_1$ 層と，約 200～400〔km〕の $F_2$ 層に分かれます．

電子密度：最大．

日変化：日中の電子密度が大きく，夜は $F_1$ 層と $F_2$ 層が一体になります．

季節変化：夏は冬より電子密度が大きく，冬は $F_2$ 層のみになります．

電波伝搬：MF 帯は $F_1$ 層で，HF 帯は $F_1$ 層，$F_2$ 層で反射します．

## 4.9.2 MUF・LUF・FOT

ある送受信点間において，F 層で反射可能な最高周波数を**最高使用可能周波数**（MUF：Maximum Usable Frequency）といいます．MUF を $f_M$〔MHz〕とし，送信点における F 層の臨界周波数を $f_c$〔MHz〕，電離層への入射角を $\theta$ とすれば，次式の関係があります．

$$f_M = f_c \sec\theta \text{〔MHz〕} \tag{4.35}$$

MUF の 85〔%〕の周波数を**最適使用周波数**（FOT：Frequency of Optimum Traffic）といい，実際の通信に使用する周波数とします．また，HF 帯で使用可能な最低の周波数を**最低使用可能周波数**（LUF：Lowest Usable Frequency）といいます．

## 4.9.3 フェージング

電離層伝搬にともなって発生するフェージングは，その原因となる伝搬路の状態または現象の形態によって，次のように分類することができます．

**(1) 干渉性フェージング**

同一送信源から放射された電波で通路を異にするものが受信点で互いに干渉して発生します．MF 帯においては電離層反射波と地表波の干渉によって発生する**近距離フェージング**，HF 帯においては 2 以上の通路を通った電離層反射波が干渉する**遠距離フェージング**があります．

**(2) 偏波性フェージング**

電離層で反射するとき，電離層の変動の影響で反射波の偏波面が時間的に変化するために発生するフェージングです．

**(3) 吸収性フェージング**

電離層における電波のエネルギーの吸収が電子密度の変化により時間的に変化するために発生します．

**(4) 跳躍性（スキップ）フェージング**

跳躍距離付近で電離層の電子密度の変化から上空波が突き抜けたり，反射したりするために発生します．

**(5) 同期性フェージング・選択性フェージング**

受信しようとする周波数帯域全体にわたって生じる場合を**同期性フェージング**と呼び，帯域の部分によってフェージングの状態が異なる場合を**選択性フェージング**と呼びます．



## 4.9.4 衛星通信の電波伝搬

人工衛星と地球局間の衛星通信においては，伝搬路中の電離層および大気の影響を受けます．

**(1) 電離層による影響**

電離層による減衰は，100〔MHz〕以上の周波数帯ではほとんど無視できます．電波が電離層を通過する際，電波の振幅や位相などに短い周期の不規則な変動を生じることがあり，これを**電離層シンチレーション**といいます．電離層の乱れにより発生し，受信点の緯度，時刻，季節，太陽活動などに依存します．また，ファラデー回転により偏波面が回転するため，直接偏波を用いる衛星通信に影響を与えますが，10〔GHz〕以上ではほとんど影響がありません．

磁界が加わっているフェライトや電離気体中を電波が通過すると，偏波面が回転する現象をファラデー回転という．

**(2) 大気による影響**

晴天時（水滴を含まない大気の場合）には，衛星の仰角が低いほど大気による減衰は大きくなります．晴天時における衛星からの電波の到来方向は，大気の屈折率の影響を受けて，仰角が低くなるほど真の方向より高い方向にずれます．晴天時における電波の減衰は，主に酸素や水蒸気などの気体分子の吸収によるものです．雲による減衰量は雲の種類によって異なり，巻層雲のように氷塊の集団でできた雲ではほとんど減衰を生じません．

大気の屈折率は常時変動しているので，電波の到来方向もそれに応じて変動し，シンチレーションの原因となります．降雨減衰量は，比較的弱い雨の場合に限って，仰角の余割（cosec）にほぼ比例します．

**(3) 移動体衛星通信**

陸上移動体衛星通信では，トンネルなどの遮へい，樹木による減衰，建造物などの反射などによるフェージングの影響があります．

海事衛星通信では，船舶に搭載する小型アンテナが海面反射波をメインビームで受信することがあるため，フェージングの影響が大きくなります．

航空衛星通信では，航空機の飛行高度が高くなると海面反射波の影響が小さくなるので，フェージングの影響が小さくなります．

## 4.9.5 異常伝搬

**(1) デリンジャ現象**

HF帯の通信において，10分～1時間程度の間受信電界強度が急に低下し，受信困難か受信不可能になることがあります．これを**急始電離層じょう乱**（SID）または**デリンジャ現象**といいます．太陽の局所的爆発（太陽フレア）が原因となって発生します．太陽に照射された地球半面の太陽高度の高い地域に起こり，発生や回復は急激で突発的です．太陽から突発的に放射される紫外線やX線などの電磁波によりE層もしくはD層の異常電離が起こると，電離層の電子密度が増大して，電波の減衰が大きくなり通信不能な状態となります．発生時期は太陽の自転周期の27日間に関係します．

**(2) 電離層嵐**

太陽からの帯電微粒子が大量に放出されて地球に向かうと，一種の空間電流が発生して地磁気の影響で北極または南極上空に集められて，この電流が異常磁界を発生します．このため地磁気が乱された状態となり，この現象を**磁気嵐**といいます．この影響でF層の電子密度が低下して，HF帯の通信が不安定となります．これを**電離層嵐**と呼びます．この状態は太陽爆発の観測から12～18時間程度の

時間遅れを伴って発生し，昼夜を問わず徐々に現れ，1日～数日間続き回復も長びきます．特に極地近くで多く，徐々に低緯度地方にも広がります．

**問題 27** ★★★ ➡4.9

次の記述は，中波（MF）帯および短波（HF）帯の電波の伝搬について述べたものである．このうち誤っているものを下の番号から選べ．

1 MF帯のE層反射波は，日中はほとんど使えないが，夜間はD層の消滅により数千キロメートル伝搬することがある．

2 MF帯の地表波の伝搬損は，垂直偏波の場合の方が水平偏波の場合より大きい．

3 MF帯の地表波は，伝搬路が陸上の場合よりも海上の場合の方が遠方まで伝搬する．

4 HF帯では，電離層の臨界周波数などの影響を受け，その伝搬特性は時間帯や周波数などによって大きく変化する．

5 HF帯では，MF帯に比べて，電離層嵐（磁気嵐）やデリンジャー現象などの異常現象の影響を受けやすい．

**解説** 誤っている選択肢は次のようになります．

2 MF帯の地表波の伝搬損は，**水平偏波**の場合の方が**垂直偏波**の場合より大きい．

中波（MF）帯は300〔kHz〕～3〔MHz〕の周波数帯
短波（HF）帯は3～30〔MHz〕の周波数帯．

答え▶▶▶2

**問題 28** ★★★ ➡4.9.4

次の記述は，地上と衛星間の電波伝搬における対流圏および電離圏の影響について述べたものである．このうち正しいものを1，誤っているものを2として解答せよ．

ア　大気の屈折率は，常時変動しているので電波の到来方向もそれに応じて変動し，シンチレーションの原因となる．

イ　大気による減衰は，晴天時の水滴を含まない大気の場合には衛星の仰角が低いほど小さくなる．

ウ　電離圏による減衰は，超短波（VHF）帯の高い方の周波数以上ではほとんど無視できる．

エ　電波が電離圏を通過する際，その振幅，位相などに短周期の不規則な変動を生ずる場合があり，これを電離圏シンチレーションという．

オ　電離圏の屈折率は，周波数が低くなると1に近づく．

**解説**　誤っている選択肢は次のようになります．

イ　大気による減衰は，晴天時の水滴を含まない大気の場合には衛星の仰角が低いほど**大きく**なる．

オ　電離圏の屈折率は，周波数が**高く**なると1に近づく．

仰角が低いほど大気層を通過する距離が長くなる．
超短波（VHF）帯は300〔MHz〕～3〔GHz〕の周波数帯．

**答え▶▶▶ア－1，イ－2，ウ－1，エ－1，オ－2**

**問題 29** ★★ ➡4.9.4

次の記述は，通常用いられている周波数における衛星通信の伝搬変動について述べたものである．このうち誤っているものを下の番号から選べ．

1　固定衛星通信の対流圏におけるシンチレーションは，低仰角の場合は変動幅が大きく，また，その周期は電離圏シンチレーションの周期に比べると長い．

2　4〔GHz〕帯および6〔GHz〕帯の固定衛星通信において，直線偏波で直交偏波共用通信を行う場合，電離圏でのファラデー回転による偏波の回転が原因で，両偏波間に許容限度以上の干渉を生じさせるおそれがある．

3　海事衛星通信において，船舶に搭載する小型アンテナでは，ビーム幅が狭くなり，直接波の他に海面反射波をメインビームで受信することがあるため，フェージングの影響が小さい．

4　航空衛星通信において，航空機の飛行高度が高くなるにつれて海面反射波が球面拡散で小さくなり，フェージングの深さも小さくなる.
5　陸上移動体衛星通信における伝搬変動の原因には，ビルディングやトンネルなどによる遮へい，樹木による減衰およびビルディングの反射などによるフェージングなどがある.

**解説** 誤っている選択肢は次のようになります.

3　海事衛星通信において，船舶に搭載する小型アンテナでは，ビーム幅が**広く**なり，直接波の他に海面反射波をメインビームで受信することがあるため，フェージングの影響が**大きい**.

答え▶▶▶3



**問題 30** ★ ➡4.9.4

次の記述は，衛星―地上間通信における電離層の影響について述べたものである. [　] 内に入れるべき字句の正しい組合せを下の番号から選べ.

(1) 電波が電離層を通過する際，その振幅，位相などに [ A ] の不規則な変動を生ずる場合があり，これを電離層シンチレーションといい，その発生は受信点の [ B ] と時刻などに依存する.
(2) 電波が電離層を通過する際，その偏波面が回転するファラデー回転（効果）により，[ C ] を用いる衛星通信に影響を与えることがある.

| | A | B | C |
|---|---|---|---|
| 1 | 長周期 | 経度 | 円偏波 |
| 2 | 長周期 | 経度 | 直線偏波 |
| 3 | 長周期 | 緯度 | 円偏波 |
| 4 | 短周期 | 緯度 | 直線偏波 |
| 5 | 短周期 | 経度 | 円偏波 |

**解説** ファラデー回転は，磁界が加わっているフェライトや電離気体中を電波が通過すると偏波面が回転する現象です．電波が電離層を通過する際にファラデー効果による偏波面が回転する影響を受けます．ファラデー回転は電離層が電波の位相に影響を与えることで発生します．電波が電離層を通過するときに，正常波と位相速度の異なる異常波によって偏波面が回転する効果となって現れます．この影響は**直線偏波**の場合に問題となります.

▲…… [ C ] の答え

答え▶▶▶4

# 4.10 雑　音

- 自然雑音は雷による空電雑音が大きい
- 熱雑音は温度によって発生する

## 4.10.1 雑音の分類

### (1) 発生原因による雑音の分類

受信機に外部から到来する外来雑音を発生原因によって分類すると，次のようになります．

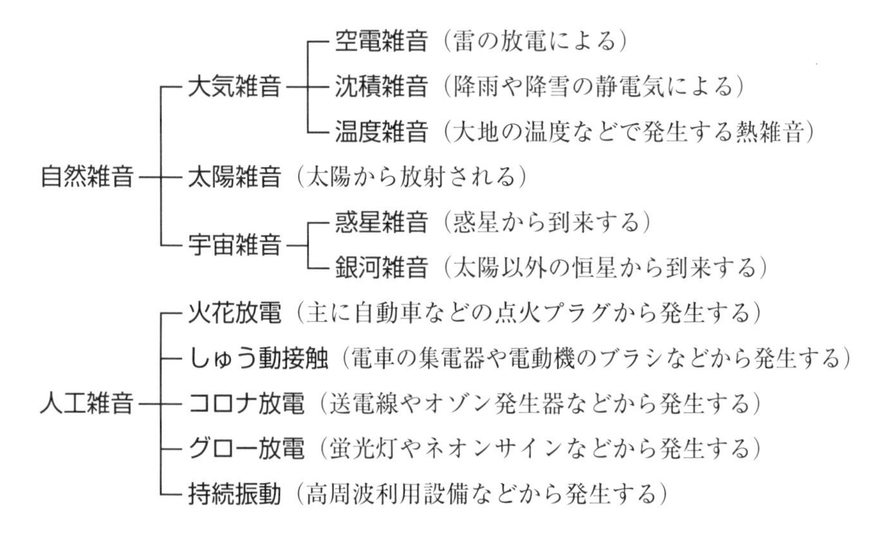


### (2) 波形による雑音の分類

不規則性雑音
- 連続性雑音（温度雑音などの雑音波の中に振幅の極端に大きなものがないもの）
- 衝撃性雑音（空電雑音などで不規則に発生するもの）

周期性雑音（人工雑音などで特定の周期性を持ったもの）

HF 以下の自然雑音の主な原因となる空電は雷の放電から発生した幅の狭いパルス状の電波で，受信機には雑音となって受信され妨害を与えます．

**空電雑音**は雑音の状態によって，次のように分類されます．

① **クリック**：受信機の雑音出力が鋭い音となるもので，近距離に発生した雷に起因します．雑音が連続的ではないので，妨害の程度は大きくありません．

② **グラインダ**：受信機の雑音出力が連絡音となるもので，妨害が大きく，遠距離で発生したものが，電離層伝搬によって連続して受信されます．

空電の影響は低い周波数のMFとLF帯では大きな雑音が発生します．空電の発生は地理的には赤道付近の熱帯地方に著しく，高緯度より低緯度，海上より陸上が多く発生し，季節的には冬より夏，1日中では午前中より午後にかけて多く発生します．

## 4.10.2 熱雑音



### (1) 熱雑音電力

抵抗体内の電子の不規則な熱振動によって発生する雑音のことを**熱雑音**といいます．ボルツマン定数を $k$（$=1.38\times10^{-23}$〔J/K〕)，絶対温度を $T$〔K〕，帯域幅を $B$〔Hz〕とすると，$R$〔Ω〕の抵抗体から発生する熱雑音電圧の実効値 $E_N$〔V〕は次式で表されます．

$$E_N=\sqrt{4kTBR}\ \text{〔V〕} \qquad (4.43)$$

このとき，抵抗体から供給される最大雑音電力を**有能雑音電力** $N$〔W〕と呼び，次式で表されます．

$$N=kTB\ \text{〔W〕} \qquad (4.44)$$

### (2) 雑音指数

増幅器や伝送路の内部雑音によって，信号が劣化する割合を表したものを**雑音指数**といいます．入力信号電力を $S_I$〔W〕，入力雑音電力を $N_I$〔W〕，出力信号電力を $S_O$〔W〕，出力雑音電力を $N_O$〔W〕とすると，雑音指数 $F$ は次式で表されます．

$$F=\frac{S_I/N_I}{S_O/N_O} \qquad (4.45)$$

増幅器の利得を $G=S_O/S_I$ とすると，熱雑音による入力雑音電力は $N_I=kTB$ で表されるので，雑音指数 $F$ は次式で表されます．

$$F=\frac{S_I}{S_O}\times\frac{N_O}{N_I}=\frac{N_O}{GkTB} \qquad (4.46)$$

**問題 31** ★★★ ➡4.10

次の記述は電波雑音について述べたものである．このうち誤っているものを下の番号から選べ．

1 空電雑音のレベルは熱帯地域では一般に雷が多く発生するので終日高いが，中緯度域では遠雷による空電雑音が主体となるので，日中はD層による吸収を受けて低く，夜間はD層の消失に伴い高くなる．

2 空電雑音は雷放電によって発生する衝撃性雑音であり，遠距離の無数の地点で発生する個々の衝撃性雑音電波が対流圏伝搬によって到来し，これらの雑音が重なりあって連続性雑音となる．

3 電離圏雑音には，超長波（VLF）帯で発生する連続性の雑音や継続時間の短い散発性の雑音などがある．

4 太陽以外の恒星から発生する雑音を宇宙雑音といい，銀河の中心方向から到来する雑音が強い．

5 静止衛星からの電波を受信する際，春分および秋分の前後数日間，地球局の受信アンテナの主ビームが太陽に向くときがあり，このときの強い太陽雑音により受信機出力の信号対雑音比（$S/N$）が低下したりすることがある．

**解説** 2 空電雑音は雷放電によって発生する衝撃性雑音であり，遠距離の無数の地点で発生する個々の衝撃性雑音電波が**電離層伝搬**によって到来し，これらの雑音が重なりあって連続性雑音となります．

空電雑音は主に短波（HF）帯以下の周波数で発生し，電離層伝搬の影響を受ける．
超長波（VLF）帯は 3～30〔kHz〕の周波数帯．
短波（HF）帯は 3～30〔MHz〕の周波数帯．

答え▶▶▶2

# 5章

# 測　　　　　定

この章から 5問 出題

【合格へのワンポイントアドバイス】

測定の分野の問題は，１章（アンテナの理論）と３章（給電線と整合回路）の分野の内容に関する測定方法についての問題が多く出題されています．計算問題については計算式を誘導する途中の式が穴あきになっている問題が多いので，式を誘導する過程を正確に覚えてください．

# 5.1 給電線の測定

- 給電線上の定在波比から受端のインピーダンスを求めることができる
- 給電線上の定在波比から反射損やアンテナの動作利得を求めることができる

## 5.1.1 給電線の特性インピーダンスの測定

### (1) 電圧定在波比を測定する方法

**図 5.1** のように，特性インピーダンス $Z_0$〔Ω〕の無損失給電線の受端に既知抵抗 $R$〔Ω〕を接続すると，電圧反射係数 $\Gamma$ は次式で表されます．

$$\Gamma = \frac{R - Z_0}{R + Z_0} \tag{5.1}$$

このとき，電圧定在波比 $S$ は次式で表されます．

$$S = \frac{1 + |\Gamma|}{1 - |\Gamma|} = \frac{1 + \left| \dfrac{R - Z_0}{R + Z_0} \right|}{1 - \left| \dfrac{R - Z_0}{R + Z_0} \right|} \tag{5.2}$$

$R < Z_0$ のときは $S = Z_0/R$ より

$$Z_0 = SR \text{〔Ω〕} \tag{5.3}$$

$R > Z_0$ のときは $S = R/Z_0$ より

$$Z_0 = \frac{R}{S} \text{〔Ω〕} \tag{5.4}$$

となります．したがって，給電線上の電圧定在波比 $S$ を測定することにより，特

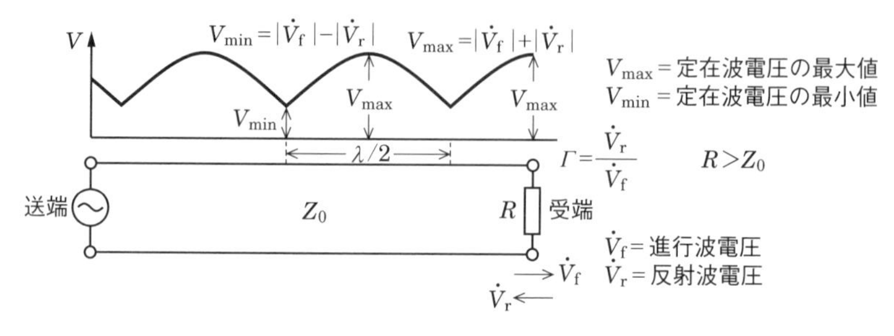


■図 5.1　給電線上の定在波電圧

性インピーダンス $Z_0$ は式（5.3）または式（5.4）を用いて求めることができます．

**Column 特性インピーダンスとは**

給電線の特性インピーダンスは，給電線で高周波を伝送するときの電圧（電界）と電流（磁界）の比です．その値は高周波（電磁波）が伝搬する空間の状態によって決まります．テスタの直流抵抗レンジでは測定することができません．

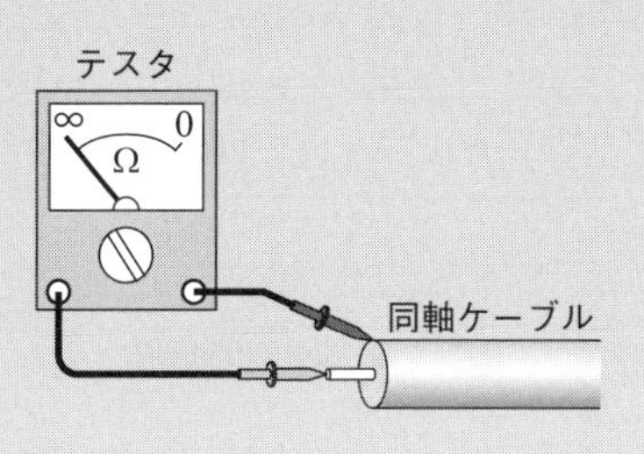




**関連知識 方向性結合器による測定**

同軸線路の反射係数などの測定には方向性結合器が用いられます．方向性結合器は図 **5.2** のように主同軸線路に副同軸線路を疎に結合させたものです．導波管で構成されたものもあります．

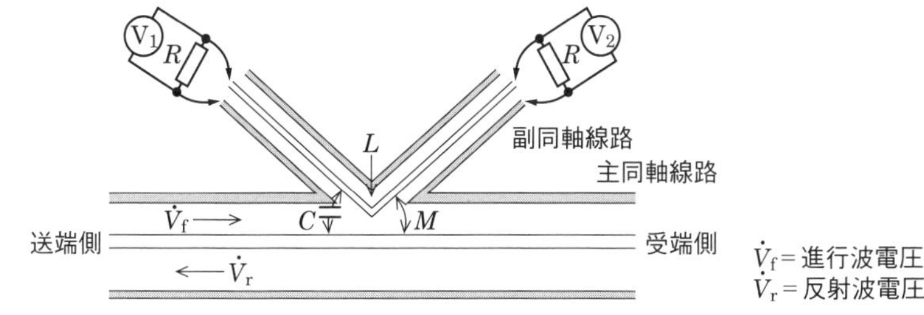


■図 **5.2** 方向性結合器による測定

主同軸線路と副同軸線路間は，静電容量 $C$ と相互インダクタンス $M$ によって結合され，電圧計 $V_1$ には進行波電圧 $\dot{V}_f$ に比例した出力が，$V_2$ には反射波電圧 $\dot{V}_r$ に比例した出力が表れます．

### (2) 線路の一端を開放および短絡する方法

長さ $l$〔m〕の無損失給電線の終端を短絡したときの入力端のインピーダンスの測定値が $Z_S$〔Ω〕，次に終端を開放したときの入力端のインピーダンスの測定

値が $Z_F$〔Ω〕のとき，給電線の特性インピーダンス $Z_0$〔Ω〕は次式で求めることができます．

$$Z_0 = \sqrt{Z_S Z_F}\ 〔\Omega〕 \tag{5.5}$$

**図 5.3** のように受端を短絡した線路の受端から距離 $l$〔m〕の点から負荷を見たインピーダンス $\dot{Z}_S$〔Ω〕は，次式で表されます．

$$\dot{Z}_S = jZ_0 \tan \beta l\ 〔\Omega〕 \tag{5.6}$$

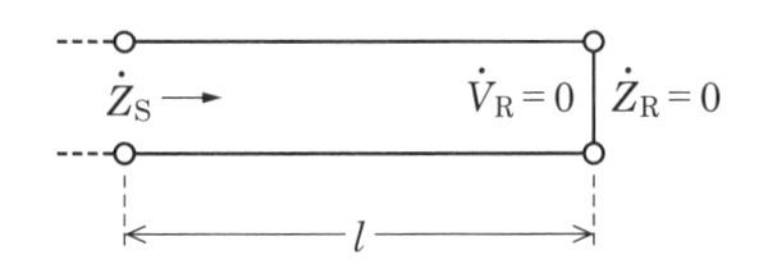


■図 5.3　受端短絡線路

**図 5.4** のように受端を開放した線路の受端から距離 $l$〔m〕の点から負荷を見たインピーダンス $\dot{Z}_F$〔Ω〕は，次式で表されます．

$$\dot{Z}_F = \frac{Z_0}{j \tan \beta l} = -jZ_0 \cot \beta l\ 〔\Omega〕 \tag{5.7}$$

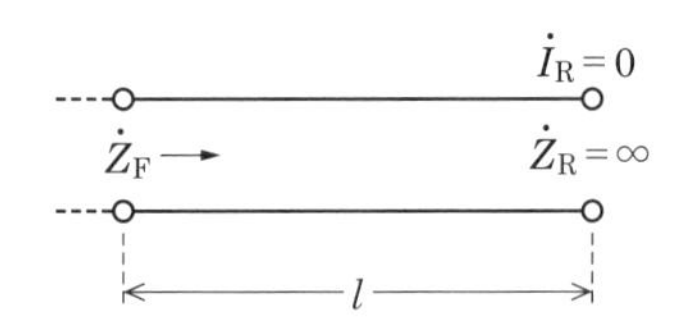


■図 5.4　受端開放短絡線路

式（5.6）×式（5.7）より，次式となります．

$$\dot{Z}_S \dot{Z}_F = Z_0^2 \tag{5.8}$$

それぞれの絶対値をとって $Z_0$ を求めると

$$Z_0 = \sqrt{Z_S Z_F}\ 〔\Omega〕 \tag{5.9}$$

となります．

## 5.1.2　受端のインピーダンスの測定

給電線の受端にアンテナなどのインピーダンスを接続したときに，給電線上の電圧分布や電圧定在波比などを測定することにより，受端のインピーダンスを求めることができます．

**(1) 受端が抵抗負荷の場合**

特性インピーダンスが $Z_0$〔Ω〕の無損失給電線の受端に抵抗 $R$〔Ω〕の負荷が接続されているとき，給電線の電圧定在波比を測定し，測定した電圧定在波比を $S$ とすると，受端の抵抗 $R$ は次式によって求めることができます．

$$R = SZ_0 \text{〔Ω〕} \quad (R > Z_0 \text{のとき}) \tag{5.10}$$

または

$$R = \frac{Z_0}{S} \text{〔Ω〕} \quad (R < Z_0 \text{のとき}) \tag{5.11}$$

**(2) 受端がインピーダンス負荷の場合**

特性インピーダンスが $Z_0$ の無損失給電線の受端にインピーダンス $\dot{Z}_L$〔Ω〕の負荷が接続されているとき，受端から距離 $l$〔m〕の点から受端側を見たインピーダンス $\dot{Z}$〔Ω〕は線路の位相定数を $\beta$ とすると次式で表されます．

$$\dot{Z} = Z_0 \frac{\dot{Z}_L + jZ_0 \tan\beta l}{Z_0 + j\dot{Z}_L \tan\beta l} \text{〔Ω〕} \tag{5.12}$$

給電線上の電圧分布を測定したところ，電圧定在波比が $S$ で給電点から電圧定在波が最小となる最初の位置までの距離が $l_{min}$ のとき，この点は電圧が最小で電流が最大となるので，アンテナを見たインピーダンス $\dot{Z}$〔Ω〕は純抵抗 $Z$ となり次式で与えられます．

$$Z = \frac{Z_0}{S} \text{〔Ω〕} \tag{5.13}$$

式 (5.12) に式 (5.13) を代入すると

$$\frac{Z_0}{S} = Z_0 \frac{\dot{Z}_L + jZ_0 \tan\beta l_{min}}{Z_0 + j\dot{Z}_L \tan\beta l_{min}} \tag{5.14}$$

となります．したがって，式 (5.14) を $\dot{Z}_L$ について解くと

$$\dot{Z}_L = Z_0 \frac{1 - jS \tan\beta l_{min}}{S - j \tan\beta l_{min}} \text{〔Ω〕} \tag{5.15}$$

となり，式 (5.15) を用いて受端のインピーダンス $\dot{Z}_L$ を求めることができます．

## 5.1.3 負荷に供給される電力の測定

### (1) 給電線上の電圧分布から求める方法

特性インピーダンス $Z_0$〔Ω〕の給電線の受端に負荷抵抗 $R$〔Ω〕が接続されているとき，給電線上の電圧の最大値 $V_{max}$〔V〕および電圧の最小値 $V_{min}$〔V〕を測定すれば，負荷に供給される電力 $P$〔W〕は次式によって求めることができます．

$$P = \frac{V_{max} V_{min}}{Z_0} \text{〔W〕} \tag{5.16}$$

### (2) 電圧定在波比から求める方法

特性インピーダンス $Z_0$ の給電線の受端に負荷抵抗 $R$ が接続されているとき，給電線の電圧定在波比を測定し，そのときの電圧定在波比を $S$，送端の進行波電力を $P_f$〔W〕とすると，負荷に供給される電力 $P$ は次式によって求めることができます．

$$P = \frac{4S}{(1+S)^2} P_f \text{〔W〕} \tag{5.17}$$

このとき，反射損 $M$ は負荷が整合しているときに負荷に供給される電力と整合していないときに供給される電力の比なので，次式で求めることができます．

$$M = \frac{P_f}{P} = \frac{(1+S)^2}{4S} \tag{5.18}$$

アンテナの利得 $G$（真数）がわかっているとき電圧定在波比 $S$ を測定すれば，そのアンテナの動作利得 $G_W$ は次式によって求めることができます．

$$G_W = \frac{G}{M} = \frac{4SG}{(1+S)^2} \tag{5.19}$$

**関連知識 負荷に供給される電力**

給電線上の進行波電圧の大きさを $V_f$〔V〕，反射波電圧の大きさを $V_r$〔V〕とすれば，給電線上の電圧の最大値 $V_{max}$〔V〕および最小値 $V_{min}$〔V〕は次式で表されます．

$$V_{max} = V_f + V_r$$
$$V_{min} = V_f - V_r$$

負荷に供給される電力 $P$〔W〕は次式で表されます．

$$P = \frac{V_f^2}{Z_0} - \frac{V_r^2}{Z_0} = \frac{V_f^2 - V_r^2}{Z_0} = \frac{(V_f + V_r)(V_f - V_r)}{Z_0} = \frac{V_{max} V_{min}}{Z_0} \text{〔W〕} \tag{5.20}$$

また，電圧反射係数を $\Gamma$，送端の進行波電力を $P_f$〔W〕とすると

$$P = \frac{V_f^2}{Z_0}(1 - |\Gamma|^2) = P_f(1 - |\Gamma|^2) = P_f\left\{1 - \left(\frac{S-1}{S+1}\right)^2\right\} = \frac{4S}{(1+S)^2} P_f \text{〔W〕} \tag{5.21}$$

となります．

**問題 1** ★★ ➡ 5.1.1

長さ $l$〔m〕の無損失給電線の終端を開放および短絡して入力端から見たインピーダンスを測定したところ，それぞれ $-j125$〔Ω〕および $+j20$〔Ω〕であった．この給電線の特性インピーダンスの値として，正しいものを下の番号から選べ．

1　20〔Ω〕　　2　35〔Ω〕　　3　50〔Ω〕　　4　60〔Ω〕　　5　75〔Ω〕

**解説** 特性インピーダンス $Z_0$〔Ω〕，長さ $l$〔m〕の終端開放線路を入力端から見たインピーダンス $\dot{Z}_F$〔Ω〕は，次式で表されます．

$$\dot{Z}_F = -jZ_0 \cot \beta l = -jZ_0 \frac{1}{\tan \beta l} \quad ①$$

終端短絡線路を入力端から見たインピーダンス $\dot{Z}_S$〔Ω〕は，次式で表されます．

$$\dot{Z}_S = jZ_0 \tan \beta l \quad ②$$

式①×②より

$$\dot{Z}_F \times \dot{Z}_S = -jZ_0 \frac{1}{\tan \beta l} \times jZ_0 \tan \beta l = Z_0^2$$

$$Z_0^2 = -j125 \times j20 = 5^2 \times 5 \times 5 \times 2^2 = (5 \times 5 \times 2)^2$$

よって　$Z_0 = 5 \times 5 \times 2 =$ **50〔Ω〕**

$j^2 = -1$
2乗の式となるように計算を工夫する．

答え ▶▶▶ 3

**問題 2** ★★ ➡5.1.1

次の記述は無損失給電線上の定在波の測定により，アンテナの給電点インピーダンスを求める過程について述べたものである．［　　］内に入れるべき字句を下の番号から選べ．ただし，給電線の特性インピーダンスを $Z_0$〔Ω〕とする．

(1) 給電点から $l$〔m〕だけ離れた給電線上の点の電圧 $\dot{V}$ および電流 $\dot{I}$ は，給電点の電圧を $\dot{V}_L$〔V〕，電流を $\dot{I}_L$〔A〕，位相定数を $\beta$〔rad/m〕とすれば次式で表される．

$$\dot{V}=\dot{V}_L\cos\beta l+jZ_0\dot{I}_L\sin\beta l\ \text{〔V〕} \quad【1】$$

$$\dot{I}=\dot{I}_L\cos\beta l+j(\dot{V}_L/Z_0)\sin\beta l\ \text{〔A〕} \quad【2】$$

したがって，給電点インピーダンスを $\dot{Z}_L$〔Ω〕とすると，給電点から $l$〔m〕だけ離れた給電線上の点のインピーダンス $\dot{Z}$ は式【1】と式【2】から次式で表される．

$$\dot{Z}=\dot{V}/\dot{I}=\boxed{\text{ア}}\ \text{〔Ω〕} \quad【3】$$

(2) 電圧定在波の最小値を $V_{min}$，電流定在波の最大値を $I_{max}$，入射波電圧を $\dot{V}_f$〔V〕，反射波電圧を $\dot{V}_r$〔V〕および反射係数を $\Gamma$ とすれば，$V_{min}$ と $I_{max}$ は次式で表される．

$$V_{min}=\boxed{\text{イ}}\ \text{〔V〕} \quad【4】$$

$$I_{max}=\boxed{\text{ウ}}\ \text{〔A〕} \quad【5】$$

(3) 給電点からの電圧定在波の最小点までの距離 $l_{min}$ の点は電流定在波の最大になる点でもあるから，この点のインピーダンス $Z_{min}$ は，$Z_0$ と $|\Gamma|$ を用いて次式で表される．

$$Z_{min}=(\boxed{\text{エ}})\times Z_0=Z_0/S\ \text{〔Ω〕} \quad【6】$$

ここで，$S$ は電圧定在波比である．

(4) 式【3】の $l$ に $l_{min}$ を代入した式と式【6】が等しくなるので，$\dot{Z}_L$ は次式で表される．

$$\dot{Z}_L=\boxed{\text{オ}}\ \text{〔Ω〕}$$

上式から，$S$ と $l_{min}$ がわかれば，$\dot{Z}_L$ を求めることができる．

1 $Z_0\left(\dfrac{Z_0+j\dot{Z}_L\tan\beta l}{\dot{Z}_L+jZ_0\tan\beta l}\right)$　　2 $|\dot{V}_f|(1-|\Gamma|)$

3 $\dfrac{|\dot{V}_f|(1+|\Gamma|)}{Z_0}$　　4 $\dfrac{1+|\Gamma|}{1-|\Gamma|}$

5 $Z_0\left(\dfrac{1-jS\tan\beta l_{min}}{S-j\tan\beta l_{min}}\right)$　　6 $Z_0\left(\dfrac{\dot{Z}_L+jZ_0\tan\beta l}{Z_0+j\dot{Z}_L\tan\beta l}\right)$

7 $|\dot{V}_f|(1+|\Gamma|)$　　8 $\dfrac{|\dot{V}_f|(1-|\Gamma|)}{Z_0}$

| | |
|---|---|
| 9 $\dfrac{1-\lvert\Gamma\rvert}{1+\lvert\Gamma\rvert}$ | 10 $Z_0\left(\dfrac{S-j\tan\beta l_{min}}{1-jS\tan\beta l_{min}}\right)$ |

**解説** 問題の式【1】÷式【2】より

$$\dot{Z}=\frac{\dot{V}}{\dot{I}}=Z_0\frac{\dot{V}_L\cos\beta l+jZ_0\dot{I}_L\sin\beta l}{\dot{I}_L Z_0\cos\beta l+j\dot{V}_L\sin\beta l}$$

分母と分子を $\dot{I}_L$ で割る. $\dot{Z}_L=\dfrac{\dot{V}_L}{\dot{I}_L}$

$$=Z_0\frac{\dot{Z}_L\cos\beta l+jZ_0\sin\beta l}{Z_0\cos\beta l+j\dot{Z}_L\sin\beta l}$$

分母と分子を $\cos\beta l$ で割る. $\tan\beta l=\dfrac{\sin\beta l}{\cos\beta l}$

$$=\boldsymbol{Z_0\left(\frac{\dot{Z}_L+jZ_0\tan\beta l}{Z_0+j\dot{Z}_L\tan\beta l}\right)}\ [\Omega] \quad ①$$

ア の答え

となります. 定在波電圧の最小値は進行波電圧の絶対値と反射波電圧の絶対値の差なので

$$V_{min}=\lvert\dot{V}_f\rvert-\lvert\dot{V}_r\rvert=\lvert\dot{V}_f\rvert\left(1-\frac{\lvert\dot{V}_r\rvert}{\lvert\dot{V}_f\rvert}\right)$$

$$=\boldsymbol{\lvert\dot{V}_f\rvert(1-\lvert\Gamma\rvert)}\ [\mathrm{V}] \quad ②$$

イ の答え

となります. 定在波電流の最大値は進行波電流の絶対値と反射波電流の絶対値の和なので

$$I_{max}=\lvert\dot{I}_f\rvert+\lvert\dot{I}_r\rvert$$

$$=\frac{\lvert\dot{V}_f\rvert}{Z_0}+\frac{\lvert\dot{V}_r\rvert}{Z_0}=\frac{\boldsymbol{\lvert\dot{V}_f\rvert(1+\lvert\Gamma\rvert)}}{Z_0}\ [\mathrm{A}] \quad ③$$

ウ の答え

となります. $Z_{min}$ は式②÷式③より

エ の答え

$$Z_{min}=\frac{V_{min}}{I_{max}}=\boldsymbol{\frac{1-\lvert\Gamma\rvert}{1+\lvert\Gamma\rvert}}\,Z_0=\frac{Z_0}{S}\ [\Omega] \quad ④$$

となり, 式①の $l=l_{min}$ として式④を代入すると

$$\frac{Z_0}{S}=Z_0\left(\frac{\dot{Z}_L+jZ_0\tan\beta l_{min}}{Z_0+j\dot{Z}_L\tan\beta l_{min}}\right)$$

$$Z_0+j\dot{Z}_L\tan\beta l_{min}=S\dot{Z}_L+jSZ_0\tan\beta l_{min}$$

$$Z_0(1-jS\tan\beta l_{min})=\dot{Z}_L(S-j\tan\beta l_{min})$$

より, $\dot{Z}_L$ は次式で表されます.

$$\dot{Z}_L=\boldsymbol{Z_0\left(\frac{1-jS\tan\beta l_{min}}{S-j\tan\beta l_{min}}\right)}\ [\Omega]$$

オ の答え

答え▶▶▶ア－6, イ－2, ウ－3, エ－9, オ－5

**問題 3** ★★★ ➡5.1.3

次の記述は，**図 5.5** に示すようにアンテナに接続された給電線上の電圧定在波比（VSWR）を測定することにより，アンテナの動作利得を求める過程について述べたものである．［　　］内に入れるべき字句を下の番号から選べ．ただし，アンテナの利得を $G$（真数），入力インピーダンスを $Z_L$〔Ω〕とする．また，信号源と給電線は整合がとれているものとし，給電線は無損失とする．

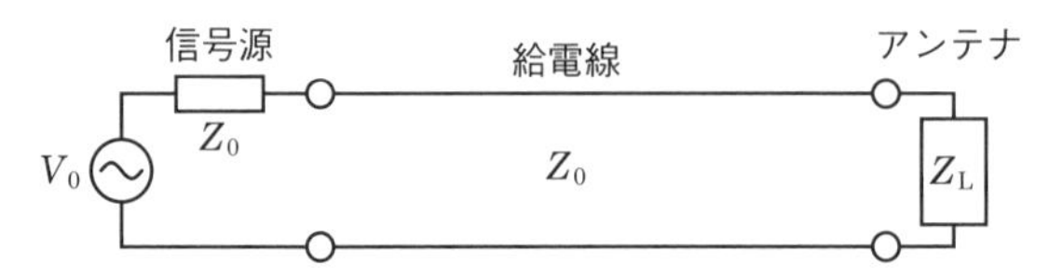


$V_0$：信号源の起電力
$Z_0$：信号源の内部インピーダンスおよび給電線の特性インピーダンス

**図 5.5**

(1) 給電線上の任意の点から信号源側を見たインピーダンスは常に $Z_0$〔Ω〕である．アンテナ側を見たインピーダンスが最大値 $Z_{max}$〔Ω〕となる点では，アンテナに伝送される電力 $P_T$ は，次式で表される．

$P_T$ = ［ア］〔W〕……………………………………【1】

(2) VSWR を $S$ とすると，$Z_{max}$ = ［イ］であるから，式【1】は，$S$，$V_0$ および $Z_0$ で表すと次式となる．

$P_T$ = ［ウ］〔W〕……………………………………【2】

アンテナと給電線が整合しているときの $P_T$ を $P_0$ とすれば，式【2】から $P_0$ は，次式で表される．

$P_0$ = ［エ］〔W〕……………………………………【3】

(3) アンテナと給電線が整合していないために生ずる反射損 $M$ は，式【2】と【3】から次式となる．

$M = P_0/P_T$ = ［オ］……………………………………【4】

(4) アンテナの動作利得 $G_w$（真数）の定義と式【4】から，$G_w$ は次式で与えられる．

$$G_w = \frac{4SG}{(1+S)^2}$$

したがって，VSWR を測定することにより，$G_w$ を求めることができる．

1 $\left(\dfrac{V_0}{2Z_0}\right)^2 Z_{max}$　2 $SZ_0$　3 $\dfrac{S^2V_0^2}{Z_0(1+S^2)^2}$

4 $\dfrac{V_0^2}{4Z_0}$　5 $\dfrac{(1+S^2)^2}{4S^2}$　6 $\left(\dfrac{V_0}{Z_0+Z_{max}}\right)^2 Z_{max}$

7 $S^2Z_0$　8 $\dfrac{SV_0^2}{Z_0(1+S)^2}$　9 $\dfrac{V_0^2}{2Z_0}$

10 $\dfrac{(1+S)^2}{4S}$

**解説** $Z_{max}=SZ_0$ なので問題の式【1】より

$$P_T=\frac{V_0^2}{(Z_0+SZ_0)^2}SZ_0=\boldsymbol{\frac{SV_0^2}{Z_0(1+S)^2}}\ \text{〔W〕} \quad ①$$

ウ の答え

となり，整合がとれているときは $S=1$ なので，式①より

$$P_0=\frac{V_0^2}{Z_0(1+1)^2}=\boldsymbol{\frac{V_0^2}{4Z_0}}\ \text{〔W〕} \quad ②$$

エ の答え

となります．$M=P_0/P_T$ は式②÷式①より

$$M=\frac{V_0^2}{4Z_0}\times\frac{Z_0(1+S)^2}{SV_0^2}=\boldsymbol{\frac{(1+S)^2}{4S}} \quad ③$$

オ の答え

となり，アンテナの動作利得 $G_W$ は給電線の整合状態を含めた利得なので

$$G_W=\frac{G}{M}=\frac{4SG}{(1+S)^2}$$

となります．

答え▶▶▶ア－6，イ－2，ウ－8，エ－4，オ－10

**出題傾向** 下線の部分を穴埋めの字句とした問題も出題されています．

5章

**問題 4** ★★★ ➡5.1.3

アンテナ利得が 20（真数）のアンテナを無損失の給電線に接続して測定した電圧定在波比（VSWR）の値が 2.5 であった．このアンテナの動作利得（真数）の値として，最も近いものを下の番号から選べ．

1　16.3　　2　17.9　　3　18.8　　4　19.9　　5　21.3

**解説** 整合がとれているときのアンテナ利得を $G$ とすると，動作利得 $G_W$ は次式で表されます．

$$G_W = \frac{4S}{(1+S)^2}\,G$$

$$= \frac{4\times 2.5}{(1+2.5)^2}\times 20 \fallingdotseq 0.816\times 20 \fallingdotseq \mathbf{16.3}$$

不整合によって動作利得は下がるので，答えは20より小さい値．

答え▶▶▶1

$S = 3$ の値も出題されます．このときの反射係数の絶対値 $|\Gamma|$ は 0.5 です．進行波電圧を 1 とすると，0.5 の電圧が反射して戻ります．このとき電力は $0.5^2 = 0.25$ の電力が反射して戻ります．アンテナ利得を 1 とすると動作利得は 0.25 下がって 0.75 となります．

# 5.2 アンテナ利得の測定

- アンテナ利得は同一電界強度を得るための基準アンテナと被測定アンテナの入力電力比で求める
- マイクロ波アンテナの測定では反射板と定在波比によってアンテナ利得を測定することができる

## 5.2.1 送信アンテナ利得の測定

送受信アンテナ間の距離が短いと誘導電磁界の影響を受ける．

被測定アンテナと基準アンテナを同一の位置に設置し，整合をとって不整合損失がない状態とします．**図 5.6** のように電界強度測定器を十分に離して配置し，最大放射方向を向けた被測定アンテナと基準アンテナを交互に切り換えて，同一の電界強度を得るのに必要な供給電力を測定します．このとき，被測定アンテナの供給電力を $P_x$〔W〕，基準アンテナの供給電力を $P_S$〔W〕とすると，被測定アンテナの利得 $G$ は次式で与えられます．

$$G = \frac{P_S}{P_x} \tag{5.22}$$

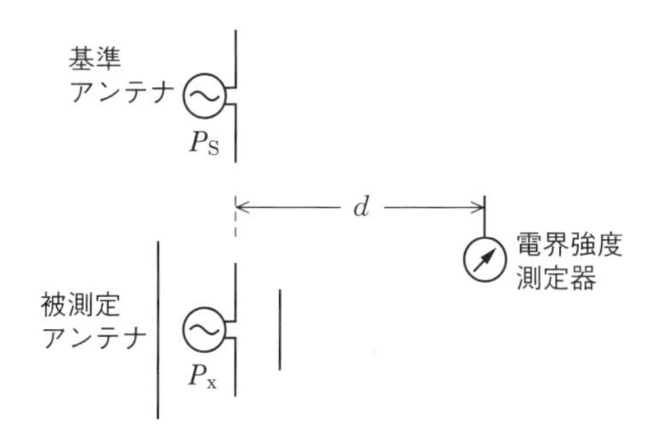


■図 5.6　送信アンテナ利得の測定

基準アンテナは半波長ダイポールアンテナまたはホーンアンテナが用いられる．

VHF 帯以下のアンテナの測定では，地面の反射による干渉の影響をなくすように注意しなければなりません．そのため，両アンテナを十分高い位置に設置します．送受信点間に反射波防止板（金網）を設ける，受信アンテナのハイトパターンを測定し，反射波の影響を取り除いた値を用いるなどの対策が必要となります．

## 5.2.2 マイクロ波のアンテナの測定

### (1) 受信アンテナ利得の測定

**図 5.7** のようなマイクロ波における受信アンテナの測定において，送信電力を $P_T$〔W〕，アンテナの絶対利得を $G_T$ とすると，受信点の電力束密度 $W_0$〔W/m$^2$〕は

$$W_0=\frac{P_T G_T}{4\pi d^2}\ \text{〔W/m}^2\text{〕} \tag{5.23}$$

となります．ここで基準アンテナの絶対利得を $G_S$，実効面積を $A_S$〔m$^2$〕，等方向性アンテナの実効面積を $A_I$〔m$^2$〕，電波の波長を $\lambda$〔m〕とすると，受信電力 $P_S$〔W〕は次式で表されます．

アンテナの可逆定理より，アンテナを送信に用いたときの利得と受信に用いたときの利得は等しい．

$$P_S=A_S W_0=A_I G_S W_0=\frac{\lambda^2}{4\pi}G_S\frac{P_T G_T}{4\pi d^2}$$

$$=\left(\frac{\lambda}{4\pi d}\right)^2 G_T G_S P_T\ \text{〔W〕} \tag{5.24}$$

同様にして，被測定アンテナの受信電力 $P_x$〔W〕は

$$P_x=\left(\frac{\lambda}{4\pi d}\right)^2 G_T G_x P_T\ \text{〔W〕} \tag{5.25}$$

となります．したがって，式 (5.25) ÷ 式 (5.24) より被測定受信アンテナの利得 $G_x$ は次式で表されます．

$$G_x=\frac{P_x}{P_S}G_S \tag{5.26}$$

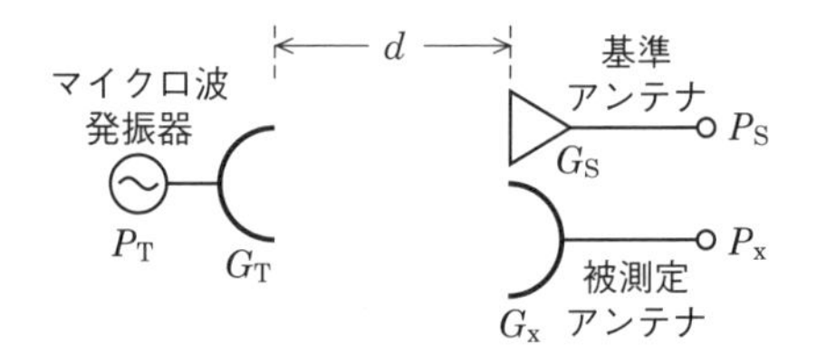


■図 5.7　マイクロ波のアンテナの測定

### (2) 自由空間基本伝送損から求める方法

図 5.7 の測定方法において，自由空間基本伝送損 $\Gamma_0$ は次式で表されます．

$$\Gamma_0 = \left(\frac{4\pi d}{\lambda}\right)^2 \tag{5.27}$$

$\Gamma_0$ を計算により求めれば，送信電力およびアンテナの絶対利得を $P_T$，$G_T$ とすると，受信アンテナの利得 $G_x$ は次式で表されます．

$$G_x = \frac{P_x}{G_T P_T}\,\Gamma_0 \tag{5.28}$$

### (3) 反射板を用いる方法

**図 5.8** のように，絶対利得 $G_x$ の被測定アンテナから近い距離 $d$〔m〕の位置に金属反射板を置き，被測定アンテナから反射板に向けて電波を放射します．このとき，電圧定在波比 $S$ を定在波測定器で測定すれば，求める利得 $G_x$ は次式で与えられます．

$$G_x = \frac{8\pi d}{\lambda} \times \frac{S-1}{S+1} \tag{5.29}$$

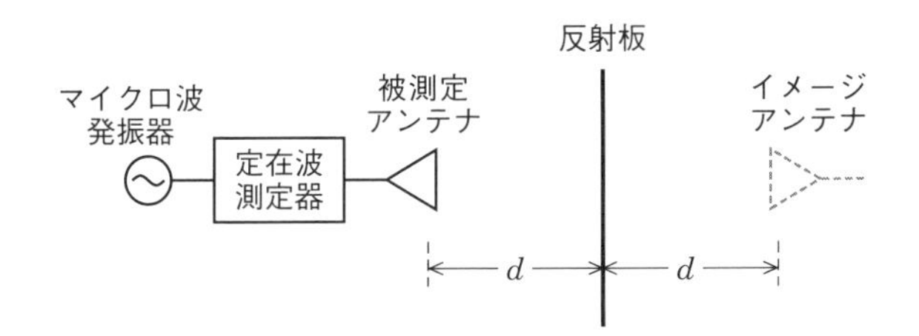


■図 5.8 反射板を用いた利得の測定

図 5.8 の測定系において，被測定アンテナから放射電力 $P_T$〔W〕で反射板に向けて放射したとき，反射板によって反射されて被測定アンテナに戻って来る反射電力 $P_R$〔W〕は，反射板と対称的な位置のイメージアンテナで受信される電力と同じ値として求めることができます．イメージアンテナの位置における電力束密度 $W$〔W/m$^2$〕は，距離が $2d$〔m〕なので次式で表されます．

$$W = \frac{G_x}{4\pi(2d)^2} P_T = \frac{G_x}{16\pi d^2} P_T \ \text{〔W/m}^2\text{〕} \tag{5.30}$$

被測定アンテナの実効面積を $A_e$〔m$^2$〕とすると，反射板から反射されて被測

定アンテナで受信される電力 $P_R$〔W〕は

$$P_R = A_e W = \frac{\lambda^2 G_x}{4\pi} \times \frac{G_x}{16\pi d^2} P_T = \left(\frac{G_x \lambda}{8\pi d}\right)^2 P_T \text{〔W〕} \quad (5.31)$$

となります．ここで，反射係数を $\Gamma$，電圧定在波比を $S$ とすると

$$\frac{P_R}{P_T} = |\Gamma|^2 = \left(\frac{S-1}{S+1}\right)^2 \quad (5.32)$$

となり，式 (5.31)，式 (5.32) からアンテナ利得 $G_x$ を求めると

$$G_x = \frac{8\pi d}{\lambda}\sqrt{\frac{P_R}{P_T}} = \frac{8\pi d}{\lambda} \times \frac{S-1}{S+1} \quad (5.33)$$

となります．

**問題 5** ★★★ ➡ 5.2.2

次の記述は，マイクロ波アンテナの利得の測定法について述べたものである．[　　　]内に入れるべき字句の正しい組合せを下の番号から選べ．ただし，波長を $\lambda$〔m〕とする．

(1) 利得がそれぞれ $G_1$（真数）および $G_2$（真数）の二つのアンテナを距離 $d$〔m〕離して偏波面を揃えて対向させ，一方のアンテナから電力 $P_T$〔W〕を放射し，他方のアンテナで受信した電力を $P_R$〔W〕とすれば，$P_R/P_T$ は，次式で表される．

$P_R/P_T = ($ [ A ] $)^2 G_1 G_2$ ………………………………………… 【1】

上式において，一方のアンテナの利得が既知であれば，他方のアンテナの利得を求めることができる．

(2) 二つのアンテナの利得が同じとき，式【1】からそれぞれのアンテナの利得は，次式により求められる．

$G_1 = G_2 =$ [ B ]

(3) アンテナが一つのときは，[ C ] を利用すれば，この方法を適用することができる．

| | A | B | C |
|---|---|---|---|
| 1 | $\frac{\lambda}{4\pi d}$ | $\frac{4\pi d}{\lambda}\sqrt{\frac{P_R}{P_T}}$ | 反射板 |
| 2 | $\frac{\lambda}{4\pi d}$ | $\frac{4\pi d}{\lambda}\sqrt{\frac{P_T}{P_R}}$ | 反射板 |
| 3 | $\frac{\lambda}{2\pi d}$ | $\frac{2\pi d}{\lambda}\sqrt{\frac{P_T}{P_R}}$ | 回転板 |
| 4 | $\frac{\lambda}{2\pi d}$ | $\frac{2\pi d}{\lambda}\sqrt{\frac{P_R}{P_T}}$ | 反射板 |
| 5 | $\frac{\lambda}{2\pi d}$ | $\frac{\pi d}{\lambda}\sqrt{\frac{P_R}{P_T}}$ | 回転板 |

**解説** 等方性アンテナの実効面積 $A_I$〔m²〕は次式で表されます.

$$A_I = \frac{\lambda^2}{4\pi} \text{〔m}^2\text{〕} \quad ①$$

送信および受信アンテナの絶対利得を $G_1$, $G_2$ とすると, $G_2$ のアンテナの実効面積 $A_e$〔m²〕は次式で表されます.

$$A_e = A_I G_2 = \frac{\lambda^2 G_2}{4\pi} \text{〔m}^2\text{〕} \quad ②$$

受信点の電力束密度 $p$〔W/m²〕は次式で表されます.

$$p = \frac{P_T G_1}{4\pi d^2} \text{〔W/m}^2\text{〕} \quad ③$$

$4\pi d^2$ は半径 $d$ の球の表面積

受信電力 $P_R$〔W〕は次式で表されます.

$$P_R = A_e p = \frac{\lambda^2 G_2}{4\pi} \times \frac{P_T G_1}{4\pi d^2} = \left(\frac{\lambda}{4\pi d}\right)^2 G_1 G_2 P_T$$

よって

$$\frac{P_R}{P_T} = \left(\frac{\boldsymbol{\lambda}}{\boldsymbol{4\pi d}}\right)^2 G_1 G_2 \quad ④$$

A の答え

となります. $G_1 = G_2 = G$ とすると, 式④は

$$P_R = \left(\frac{\lambda}{4\pi d}\right)^2 G^2 P_T \quad ⑤$$

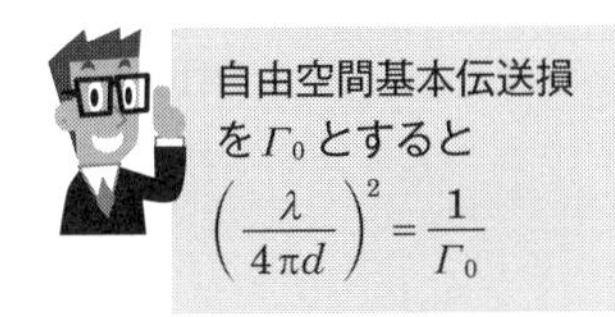


となるので, $G$ を求めると次式で表されます.

$$G = \frac{\boldsymbol{4\pi d}}{\boldsymbol{\lambda}} \sqrt{\frac{\boldsymbol{P_R}}{\boldsymbol{P_T}}}$$

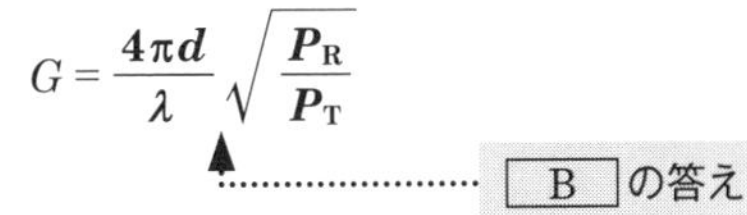


**答え▶▶▶ 1**

**問題 6** ★★ ➡ 5.2.2

次の記述は, 反射板を用いるアンテナ利得の測定法について述べたものである. □ 内に入れるべき字句の正しい組合せを下の番号から選べ. なお, 同じ記号の □ 内には, 同じ字句が入るものとする.

アンテナが 1 基のみの場合は, **図 5.9** に示す構成により以下のようにアンテナ利得を測定することができる. ただし, 波長を $\lambda$〔m〕, 被測定アンテナの開口径を $D$〔m〕, 絶対利得を $G$ (真数), アンテナと垂直に立てられた反射板との距離を $d$〔m〕とし, $d$ は, 測定誤差が問題とならない適切な距離とする.

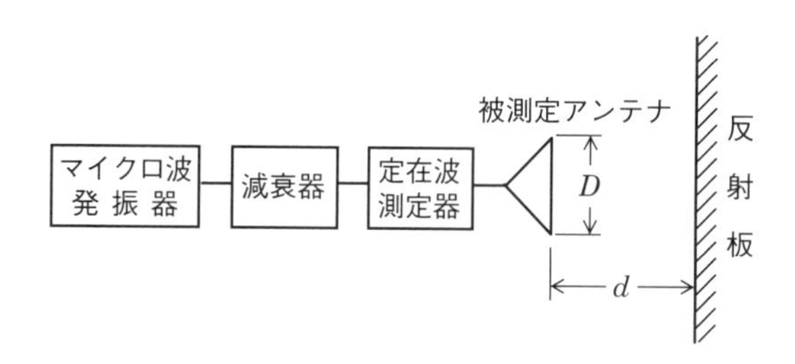


■図 5.9

(1) アンテナから送信電力 $P_T$〔W〕の電波を送信し，反射して戻ってきた電波を同じアンテナで受信したときの受信電力 $P_R$〔W〕は，次式で与えられる．

$$P_R = \boxed{\text{A}} \times \frac{P_T G}{16\pi d^2} \quad \cdots\cdots【1】$$

(2) アンテナには定在波測定器が接続されているものとし，反射波を受信したときの電圧定在波比を $S$ とすれば，$S$ と $P_T$ および $P_R$ との間には，次の関係がある．

$$\frac{P_R}{P_T} = \left(\boxed{\text{B}}\right)^2 \quad \cdots\cdots【2】$$

(3) 式【1】および【2】より絶対利得 $G$ は，次式によって求められる．

$$G = \boxed{\text{C}} \times \boxed{\text{B}}$$

| | A | B | C |
|---|---|---|---|
| 1 | $\frac{G\lambda^2}{8\pi}$ | $\frac{S+1}{S-1}$ | $\frac{16\pi d}{\lambda}$ |
| 2 | $\frac{G\lambda^2}{8\pi}$ | $\frac{S-1}{S+1}$ | $\frac{16\pi d}{\lambda}$ |
| 3 | $\frac{G\lambda^2}{4\pi}$ | $\frac{S-1}{S+1}$ | $\frac{16\pi d}{\lambda}$ |
| 4 | $\frac{G\lambda^2}{4\pi}$ | $\frac{S+1}{S-1}$ | $\frac{8\pi d}{\lambda}$ |
| 5 | $\frac{G\lambda^2}{4\pi}$ | $\frac{S-1}{S+1}$ | $\frac{8\pi d}{\lambda}$ |

**解説** 放射電力 $P_t$〔W〕の電波が反射板によって反射されて，被測定アンテナ方向に戻って来たときの電力束密度 $p$〔W/m²〕は，距離が $2d$〔m〕なので次式で表されます．

$$p = \frac{P_t G}{4\pi(2d)^2} = \frac{P_t G}{16\pi d^2} \text{〔W/m}^2\text{〕} \quad ①$$

被測定アンテナの実効面積 $A_e$〔m²〕は，次式で表されます．

$$A_e = \frac{G\lambda^2}{4\pi} \text{〔m}^2\text{〕} \quad ②$$

受信電力 $P_R$〔W〕は，次式で表されます．

$$P_R = A_e p = \boldsymbol{\frac{G\lambda^2}{4\pi}} \times \frac{P_t G}{16\pi d^2} \text{〔W〕} \quad ③$$

A の答え

ここで，反射係数を $\Gamma$，電圧定在波比を $S$ とすると，次式となります．

$$\frac{P_R}{P_T} = |\Gamma|^2 = \left(\boldsymbol{\frac{S-1}{S+1}}\right)^2 \quad ④$$

B の答え

式③と式④からアンテナ利得 $G$ を求めると，次式となります．

$$\frac{P_R}{P_T} = \frac{G^2\lambda^2}{4\times(4\pi d)^2} = \left(\frac{S-1}{S+1}\right)^2 \quad ⑤$$

よって　$G = \boldsymbol{\frac{8\pi d}{\lambda}} \times \frac{S-1}{S+1}$　となります．

C の答え

答え▶▶▶5

5章

**出題傾向**　下線の部分を穴埋めの字句とした問題も出題されています．

**問題 7** ★★★　➡5.2.2

次の記述は利得の基準として用いられるマイクロ波標準アンテナの利得の校正法について述べたものである．□内に入れるべき字句の正しい組合せを下の番号から選べ．ただし，送信電力を $P_T$〔W〕，受信電力を $P_R$〔W〕および波長を $\lambda$〔m〕とし，アンテナおよび給電回路の損失はないものとする．なお，同じ記号の□内には同じ字句が入るものとする．

(1) 標準アンテナが1個のみのときは，**図5.10**に示すように，アンテナから距離 $d$〔m〕離して正対させた反射板を用いて利得を測定することができる．利得 $G_0$ は，反射板のアンテナのある側と反対側に影像アンテナを考えれば，次式により求められる．

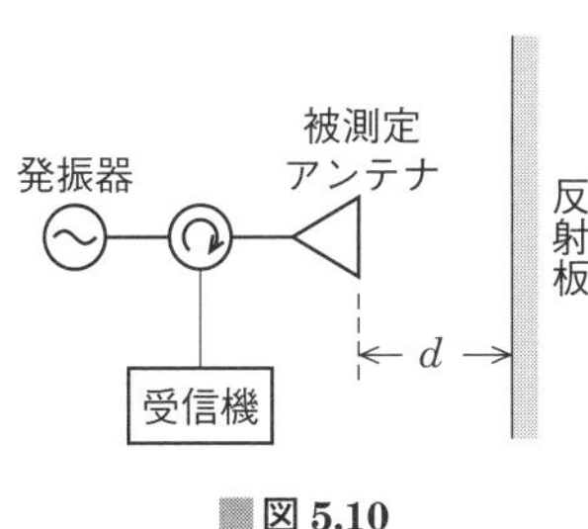

**図5.10**

$$G_0 = \boxed{\text{A}} \times \sqrt{\frac{P_R}{P_T}}$$

(2) 同じ標準アンテナが2個あるときは，一方を送信アンテナ，他方を受信アンテナとし，それぞれの偏波面を合わせ，最大指向方向を互いに対向させて利得を測定する．利得 $G_1$ は，測定距離を $d$〔m〕とすれば，次式により求められる．

$$G_1 = \boxed{\text{B}} \times \sqrt{\frac{P_R}{P_T}}$$

(3) 標準アンテナが3個あるときは，アンテナ2個ずつの三通りの組合せで (2) と同様に利得を測定する．測定距離を一定値 $d$〔m〕とし，アンテナX，YおよびZの利得をそれぞれ $G_X$，$G_Y$ および $G_Z$ とすれば，以下の連立方程式が得られる．この連立方程式を解くことにより，各アンテナの利得が求められる．ただし，アンテナX，YおよびZの送信電力を $P_{TX}$〔W〕，$P_{TY}$〔W〕および $P_{TZ}$〔W〕，受信電力を $P_{RX}$〔W〕，$P_{RY}$〔W〕および $P_{RZ}$〔W〕とする．

アンテナXで送信，アンテナYで受信：

$$G_X G_Y = (\boxed{\text{B}})^2 \times \frac{P_{RY}}{P_{TX}} \quad \cdots\cdots【1】$$

アンテナYで送信，アンテナZで受信：

$$G_Y G_Z = (\boxed{\text{B}})^2 \times \frac{P_{RZ}}{P_{TY}} \quad \cdots\cdots【2】$$

アンテナZで送信，アンテナXで受信：

$$G_Z G_X = (\boxed{\text{B}})^2 \times \frac{P_{RX}}{P_{TZ}} \quad \cdots\cdots【3】$$

$G_X$ を式【1】，【2】，【3】より解くと次式が得られる．

$$G_X = \frac{4\pi d}{\lambda}\sqrt{\left(\frac{P_{RY}}{P_{TX}}\right) \times \left(\boxed{\text{C}}\right) \times \left(\frac{P_{RX}}{P_{TZ}}\right)}$$

| | A | B | C |
|---|---|---|---|
| 1 | $\frac{8\pi d}{\lambda}$ | $\frac{8\pi d}{\lambda}$ | $\frac{P_{RZ}}{P_{TY}}$ |
| 2 | $\frac{8\pi d}{\lambda}$ | $\frac{4\pi d}{\lambda}$ | $\frac{P_{TY}}{P_{RZ}}$ |
| 3 | $\frac{4\pi d}{\lambda}$ | $\frac{4\pi d}{\lambda}$ | $\frac{P_{RZ}}{P_{TY}}$ |
| 4 | $\frac{4\pi d}{\lambda}$ | $\frac{4\pi d}{\lambda}$ | $\frac{P_{TY}}{P_{RZ}}$ |
| 5 | $\frac{4\pi d}{\lambda}$ | $\frac{8\pi d}{\lambda}$ | $\frac{P_{RZ}}{P_{TY}}$ |

**解説** 標準アンテナが1個のみのときは送信アンテナと受信アンテナが同じなので，図5.10のように伝搬距離は $2d$〔m〕となります．自由空間基本伝送損を $\Gamma_0$ とすると，受信電力 $P_R$〔W〕は次式で表されます．

$$P_R = \frac{G_0{}^2 P_T}{\Gamma_0} = \left(\frac{\lambda}{4\pi \times 2d}\right)^2 G_0{}^2 P_T \text{〔W〕} \quad ①$$

式①よりアンテナ利得 $G_0$ を求めると，次式で表されます．

$$G_0 = \boldsymbol{\frac{8\pi d}{\lambda}} \sqrt{\frac{P_R}{P_T}} \quad ②$$

A の答え

標準アンテナが2個あるときは，伝搬距離は $d$〔m〕となるので，式①と式②の $2d = d$ とすれば，アンテナ利得 $G_1$ は次式で表されます．

$$G_1 = \boldsymbol{\frac{4\pi d}{\lambda}} \sqrt{\frac{P_R}{P_T}} \quad ③$$

B の答え

問題の式【1】×式【3】より

$$G_X{}^2 G_Y G_Z = \left(\frac{4\pi d}{\lambda}\right)^4 \times \frac{P_{RY}}{P_{TX}} \times \frac{P_{RX}}{P_{TZ}} \quad ④$$

式④の $G_Y G_Z$ に問題の式【2】を代入すると

$$G_X{}^2 \times \left(\frac{4\pi d}{\lambda}\right)^2 \times \frac{P_{RZ}}{P_{TY}} = \left(\frac{4\pi d}{\lambda}\right)^4 \times \frac{P_{RY}}{P_{TX}} \times \frac{P_{RX}}{P_{TZ}} \quad ⑤$$

よって

$$G_X = \frac{4\pi d}{\lambda} \sqrt{\frac{P_{RY}}{P_{TX}} \times \boldsymbol{\frac{P_{TY}}{P_{RZ}}} \times \frac{P_{RX}}{P_{TZ}}}$$

C の答え

答え▶▶▶2

$G_Y$ や $G_Z$ を求める問題も出題されています．

5章

# 5.3 指向性の測定

- アンテナ指向性の測定はオープンサイトか電波暗室で測定する
- 近傍界測定法ではアンテナ近くで測定したデータを数値計算により遠方界の特性を求める

## 5.3.1 振幅指向性の測定

**図 5.11** のように，高周波発振器を接続した被測定アンテナの測定すべき面が水平になるように設置し，アンテナの垂直軸を中心に回転させます．測定用受信アンテナと電界強度測定器により，指向方向 $\theta$ を関数とする受信電界強度を測定して指向特性を求めます．測定用受信アンテナは周囲の反射物からの反射波を避けるため，できるだけ鋭い指向性を持つアンテナを使用します．大地反射波が測定に影響する場合は，反射波が発生する場所に反射防止板を設けるなどの方法をとります．

被測定アンテナを受信アンテナにして測定することもできる．

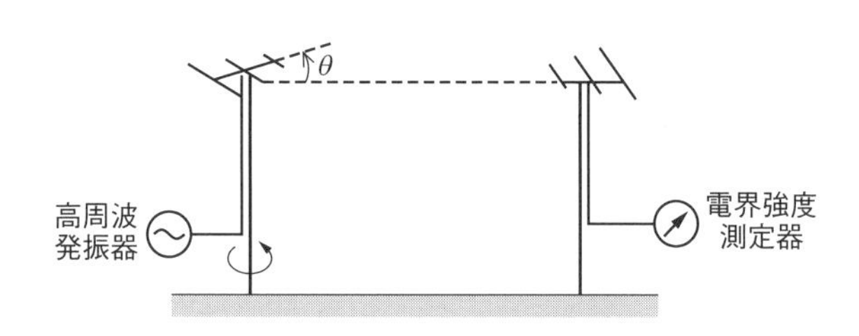


■図 5.11　振幅指向性の測定

## 5.3.2 位相指向性の測定

**図 5.12** のように固定された距離にある送信アンテナから電波を放射し，基準アンテナの受信電界と被測定アンテナの受信電界をハイブリッド回路に導き，移相器の位相量を調整しながら比較します．このとき位相差の変化量から被測定アンテナの回転角の関数として位相指向性を求めることができます．

また，送信アンテナと受信アンテナを給電線により直接ネットワークアナライザに導き，アンテナ間の位相を測定することにより位相指向性を求めることもできます．

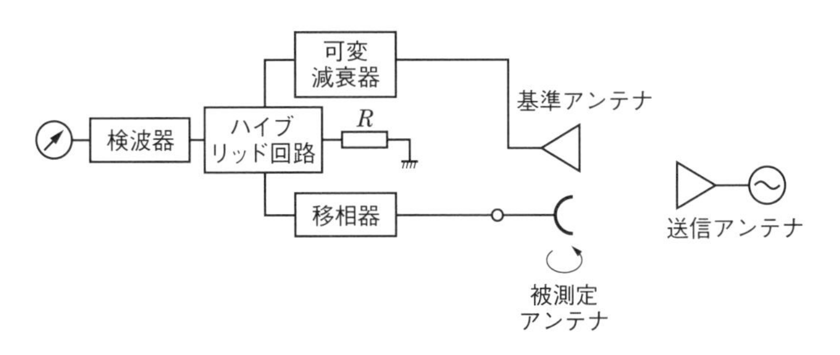


■図 5.12　位相指向性の測定

マイクロ波帯で用いられる焦点を持つ開口面アンテナの設計には位相指向性が用いられます．



## 5.3.3 プローブ走査法

電波暗室内に大型アンテナを設置し，被測定アンテナの近くに配置されたプローブを走査して放射特性を測定する方法を**プローブ走査法**といいます．測定される値は近傍界なので，得られた測定値から数値計算により遠方界の特性を求めることができます．プローブ走査法は**図 5.13** に示すように，次の走査方法があります．

### (1) 平面走査法

被測定アンテナを回転させないでプローブを上下左右方向に走査して測定します．この走査法は，ペンシルビームアンテナや回転のできないアンテナ測定に適しています．

ペンシルビームアンテナは水平方向および垂直方向に鋭い指向性を持つアンテナ．

### (2) 円筒面走査法

被測定アンテナを大地に垂直な軸を中心に水平面で回転させ，プローブを上下方向に走査して測定します．この走査法は，測定範囲が平面走査法よりも広いので，ファンビームアンテナなどのアンテナ測定に適しています．

ファンビーム（扇形）アンテナは水平または垂直のどちらかの方向に鋭い指向性を持つアンテナ．

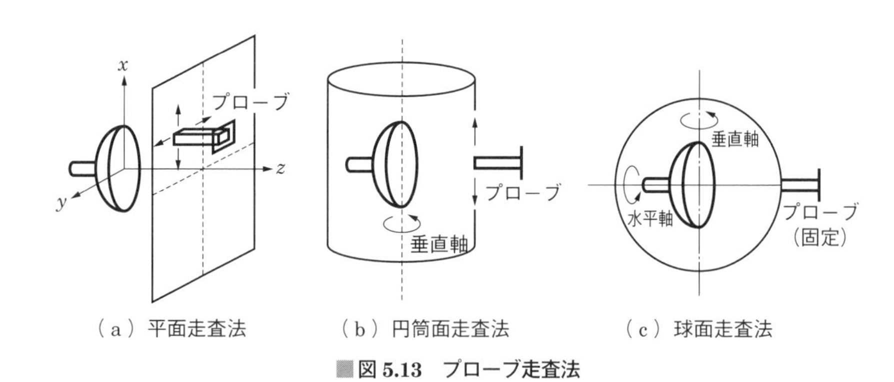


（a）平面走査法　（b）円筒面走査法　（c）球面走査法

■図 5.13　プローブ走査法

**(3) 球面走査法**

被測定アンテナを大地に垂直な軸を中心に水平面と水平軸を中心に垂直面で回転させ，プローブを固定して測定します．全方向の指向性を測定することができますが，近傍界から遠方界の変換は他の測定方法に比較して難しいです．

**(4) 近傍界測定システム**

電波暗室などでアンテナの近傍電磁界を測定して，高速フーリエ変換などの計算により遠方界領域の特性を得るシステムです．アンテナから放射される電磁界の領域はアンテナからの距離によって次のように分類することができます．

① **リアクティブ近傍界領域**

アンテナにきわめて接近した距離（$R \leqq \lambda/2\pi$）で，誘導電磁界成分が強い領域です．距離が離れると距離の 2 乗に反比例して誘導電磁界成分が減少します．

リアクティブ近傍界はコイルのリアクタンスと同様な結合で発生する誘導電磁界のこと．

② **放射近傍界領域**

放射電磁界成分が優勢な領域ですが，放射エネルギーの角度に対する分布が距離によって変化する領域です．アンテナの近傍界測定システムではこの領域が使用されます．アンテナの直径を $D$〔m〕とすると距離 $R$〔m〕が

$$\frac{\lambda}{2\pi} \leqq R \leqq \frac{2D^2}{\lambda}$$

の範囲にある領域です．アンテナの放射特性は放射遠方界によって定義されているので，近傍界測定システムによって得られたデータを使用して，数値計算によって放射遠方界における特性を求めます．

**問題 8** ★★★ ➡5.3.3

次の記述は，アンテナの近傍界を測定するプローブの走査法について述べたものである．[　　]内に入れるべき字句の正しい組合せを下の番号から選べ．

**図 5.14** に示すように電波暗室で被測定アンテナの近くに半波長ダイポールアンテナやホーンアンテナなどで構成されたプローブを置き，それを走査して近傍界の特性を測定し，得られた測定値から数値計算により遠方界の特性を求める．このための走査法には，平面走査法，円筒面走査法および球面走査法がある．

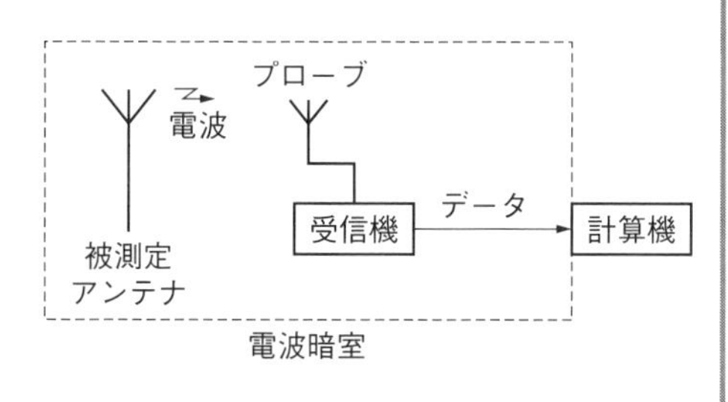


**図 5.14**

(1) 平面走査法では，被測定アンテナを回転させないでプローブを上下左右方向に走査して測定する．この走査法は，[ A ]アンテナなどのアンテナの測定に適している．

(2) 円筒面走査法では，(1) と同様のプローブを用い，被測定アンテナを大地に[ B ]な軸を中心に回転させ，プローブを上下方向に走査して測定する．この走査法は，[ C ]アンテナなどのアンテナの測定に適している．

| | A | B | C |
|---|---|---|---|
| 1 | ファンビーム | 水平 | ペンシルビーム |
| 2 | ファンビーム | 垂直 | ペンシルビーム |
| 3 | ファンビーム | 水平 | 無指向性 |
| 4 | ペンシルビーム | 垂直 | ファンビーム |
| 5 | ペンシルビーム | 水平 | ファンビーム |

**解説** 平面走査法は平面上でプローブを上下左右方向に移動させます．この走査法は水平面および垂直面内に鋭い指向性を持つ**ペンシルビーム**アンテナの測定に適しています．

（[ A ]の答え）

円筒走査法は被測定アンテナを水平面で回転させプローブを上下に移動させることで円筒形に走査させることができます．この走査法は指向性の測定できる範囲が平面走査法よりも広がるので，広い指向性を持つ**ファンビーム**アンテナの測定に適しています．

（[ C ]の答え）

答え▶▶▶ 4

**出題傾向** 下線の部分を穴埋めの字句とした問題も出題されています.

**問題 9** ★★★ ➡5.3.3

次の記述は開口面アンテナの測定における放射電磁界の領域について述べたものである. [　　]内に入れるべき字句の正しい組合せを下の番号から選べ. なお, 同じ記号の[　　]内には同じ字句が入るものとする.

(1) アンテナにごく接近した[ A ]領域では静電界や誘導電磁界が優勢であるが, アンテナからの距離が離れるにつれてこれらの電磁界成分よりも放射電磁界成分が大きくなってくる.

(2) 放射電磁界成分が優勢な領域を放射界領域といい, 放射近傍界領域と放射遠方界領域の二つの領域に分けられる. 二つの領域のうち放射[ B ]領域は放射エネルギーの角度に対する分布がアンテナからの距離によって変化する領域で, この領域において, アンテナの[ B ]の測定が行われる.

(3) アンテナの放射特性は[ C ]によって定義されているので, [ B ]の測定で得られたデータを用いて計算により[ C ]の特性を間接的に求める.

| | A | B | C |
|---|---|---|---|
| 1 | リアクティブ近傍界 | 近傍界 | 放射遠方界 |
| 2 | リアクティブ近傍界 | 遠方界 | 誘導電磁界 |
| 3 | リアクティブ近傍界 | 近傍界 | 誘導電磁界 |
| 4 | フレネル | 近傍界 | 放射遠方界 |
| 5 | フレネル | 遠方界 | 誘導電磁界 |

**解説** アンテナにごく接近した領域が**リアクティブ近傍界**領域です. 放射近傍界領域であるフレネル領域はアンテナの放射角度に対する電界強度が, 距離が変化すると振動的に変化します. 放射遠方界領域であるフラウンホーファ領域はアンテナからの放射角度に対する電界パターンが距離によってほとんど変化しない領域です.

[ A ]の答え

**答え▶▶▶ 1**

# 5.4 測定環境

- 電波暗室は室内の電波反射をなくして自由空間と同等の空間とする
- 電波吸収体は損失の大きな誘電体材料と磁性体材料が用いられる
- 小型アンテナの放射効率の測定はウィーラーキャップ法が用いられる

## 5.4.1 電波暗室

電磁遮へいされた室内の内壁に電波吸収体を用いて，電波の反射をなくして電波的に自由空間と同等の空間を屋内で実現した測定サイトを**電波暗室**または**電波無響室**と呼びます．天候に影響されず安定した環境の室内で指向性などの測定をすることができます．また，外部からの干渉を受けず，外部に電波を放射しないで測定することができます．電波暗室の広さは使用できる最低周波数によって決まるので，比較的小型のアンテナの測定に用いられています．

5章

## 5.4.2 電波吸収体

### (1) 誘電体材料

**誘電体材料**には黒鉛粉末を紙やテフロンシートなどの誘電体の表面に塗布したもの，あるいは発泡スチロールや発泡ポリウレタンなどの誘電体に黒鉛粉末を混入したものが用いられます．平板状の誘電体に電波が入射すると，空間と電波吸収体の誘電率が異なるため反射が生じます．反射の影響をなくすために表面をテーパ状にしたり，種々の誘電率の異なる材料を層状に重ねて整合をとると共に広帯域の周波数特性を持たせています．

### (2) 磁性体材料

**磁性体材料**には焼結フェライトや焼結フェライトを粉末にしてゴムに混入させたゴムフェライトが用いられます．平板状の磁性体材料で構成された電波吸収体に平面波が入射すると電波吸収体の厚さで決まる特定の周波数で反射係数が0になる特性を利用します．その周波数帯で電波吸収体として用いられるので，誘電体材料の電波吸収体に比較して，使用する周波数帯域は狭く，より低い周波数で用いられます．

**関連知識　電磁遮へい**

電波暗室には室内や外で発生する電磁波の影響を遮断するために電磁遮へい（シールド）が用いられています．遮へい材は銅やアルミニウムなどの金属板や金属網が用いられますが，網を用いる場合は網目の大きさを使用電波の最も短い波長に比較して十分小さくしなければなりません．金属板に電磁波が入射すると金属の表面に高周波のうず電流が流れ，電流によって発生する誘導磁界が逆方向の電流を発生することによって電磁波の影響が遮断されます．

## 5.4.3 模型によるアンテナの測定

大きなアンテナや航空機や船舶などに取り付けるアンテナの特性は電波暗室内で模型を用いて測定することができます．模型の縮尺率を $p$，使用周波数を $f$〔Hz〕とすると，測定周波数 $f_\mathrm{m}$〔Hz〕は次式で表される周波数が用いられます．

$$f_\mathrm{m} = \frac{f}{p} \ \text{〔Hz〕} \tag{5.34}$$

$p < 1$ なので測定周波数は使用周波数より高い．

測定する空間の誘電率や透磁率は模型の縮尺率に影響しませんが，アンテナ材料の導電率はアンテナの放射効率が変化するので模型の縮尺率に影響します．

## 5.4.4 小型アンテナの放射効率の測定

**図 5.15** にウィーラー・キャップ法による構成を示します．地板の上に配置した小型の試験用アンテナに適当な形および大きさの金属の箱をかぶせて隙間がないように密閉します．次に試験アンテナの入力インピーダンスの実数部を測定します．この値はアンテナからの放射がないので，アンテナの損失抵抗 $R_\mathrm{L}$〔Ω〕とみなすことができます．

金属箱はアンテナの電流分布を乱さないような形および大きさとする．

次に金属の箱を取り除いて，同様に，試験アンテナの入力インピーダンスの実数部 $R_\mathrm{i}$〔Ω〕を測定します．この値はアンテナの損失抵抗 $R_\mathrm{L}$ と放射抵抗 $R_\mathrm{R}$ の和 $R_\mathrm{L} + R_\mathrm{R}$ なので，放射効率 $\eta$ は次式によって求めることができます．

$$\eta = \frac{R_R}{R_R + R_L} = \frac{R_R}{R_i} = \frac{R_i - R_L}{R_i} = 1 - \frac{R_L}{R_i} \qquad (5.35)$$

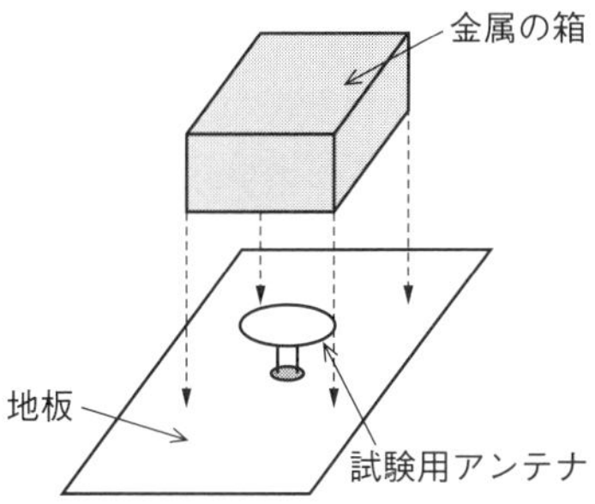

金属の箱
地板
試験用アンテナ

■図 5.15　ウィーラー・キャップ法

## 5.4.5 ネットワークアナライザ

ネットワークアナライザはアンテナや給電線または電子回路のインピーダンスと減衰量を測定することができる装置です．測定量を絶対値で測定するスカラネットワークアナライザとベクトル量で測定することができるベクトルネットワークアナライザがあります．測定量は 4 端子回路網の $S$ パラメータとして表されます．

### (1) スカラネットワークアナライザ

**図 5.16** に示すスカラネットワークアナライザは，$S$ パラメータの振幅のみを測定し，これにより伝送利得（損失）や反射減衰量，SWR

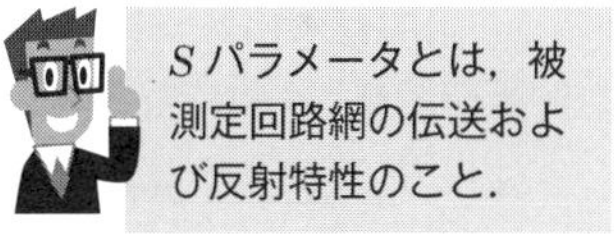

$S$ パラメータとは，被測定回路網の伝送および反射特性のこと．

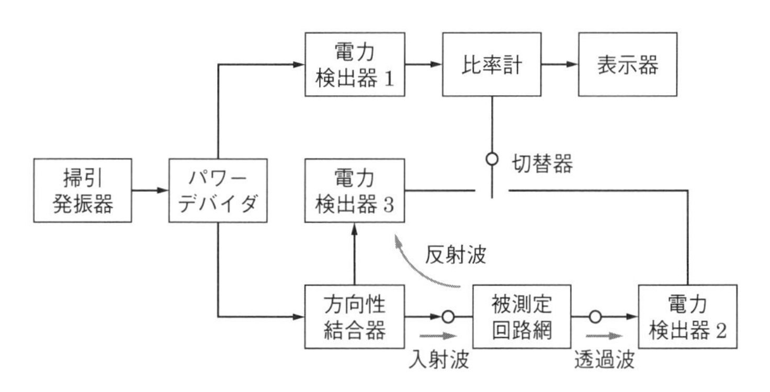


■図 5.16　スカラネットワークアナライザの構成

などの測定を行うことができます．

掃引発振器の出力はパワーデバイダで分岐され，電力検出器1で入射波電力として測定され比率計に送られます．被測定回路に送られた電力のうち，回路を通過する透過波電力は電力検出器2で測定され，反射波電力は方向性結合器で分岐され電力検出器3で測定されます．これらを自動的に切り替えて比率計に送り，表示器の画面に表示します．

### (2) ベクトルネットワークアナライザ

回路網の入力信号，反射信号および伝送信号の振幅と位相をそれぞれ測定し，$S$パラメータを求める装置です．二つの測定端子には，それぞれのポートの入射波，反射波，透過波を測定するために方向性結合器を設けて，それらの値の絶対値と位相差を測定することができます．測定する回路網の入力信号として，通常，正弦波が用いられています．

ネットワークアナライザの入力端子は不平衡なので，平衡形のアンテナや給電線の測定においては，バランを用いて変換しなければならない．

**問題 10** ★ ➡5.4.2

次の記述は，電界や磁界などの遮へい（シールド）について述べたものである．□内に入れるべき字句を下の番号から選べ．

(1) 静電遮へいは，静電界を遮へいすることであり，導体によって完全に囲まれた領域内に電荷がなければ，その領域内には［ア］が存在しないことを用いている．

(2) 磁気遮へいは，主として静磁界を遮へいすることであり，［イ］の大きな材料の中を磁力線が集中して通り，その材料で囲まれた領域内では，外部からの磁界の影響が小さくなることを用いている．

(3) 電磁遮へいは，主として高周波の電磁波を遮へいすることであり，電磁波により遮へい材料に流れる［ウ］が遮へいの作用をする．遮へい材は，銅や［エ］などの板や網などであり，網の場合には，網目の大きさによっては，網がアンテナの働きをするので，その大きさを波長に比べて十分［オ］しなければならない．

| | | | | |
|---|---|---|---|---|
| 1　電界 | 2　透磁率 | 3　変位電流 | 4　アルミニウム | 5　大きく |
| 6　磁界 | 7　透過率 | 8　高周波電流 | 9　テフロン | 10　小さく |

**解説** アルミニウムは銅と同じ導体です．テフロンは電波に対する影響が小さいフッ素樹脂の絶縁体なので，開口面アンテナの風や雪よけカバー（レードーム）などに用いられます．

静電遮へいや磁気遮へいは静電気や静磁気（磁石）から遮へいすること．

**答え▶▶▶ア－1，イ－2，ウ－8，エ－4，オ－10**

**問題 11** ★★ ➡5.4.2

次の記述は電波暗室で用いられる電波吸収体の特性について述べたものである．［　　］内に入れるべき字句の正しい組合せを下の番号から選べ．

(1) 静電材料による電波吸収体は，誘電材料に主に黒鉛粉末の損失材料を混入したり，表面に塗布したものである．混入する黒鉛の量によって吸収材料の誘電率が変わるので，自由空間との［ A ］のために，**図 5.17** に示すように表面をテーパ形状にしたり，**図 5.18** に示すように種々の誘電率の材料を層状に重ねて［ B ］特性にしたりしている．層状の電波吸収体の設計にあたっては，反射係数をできるだけ小さくするように，材料，使用周波数，誘電率などを考慮して各層の厚さを決めている．

(2) 磁性材料による電波吸収体には，焼結フェライトや焼結フェライトを粉末にしてゴムなどと混合させたものがある．その使用周波数は，通常，誘電材料による電波吸収体の使用周波数より［ C ］．

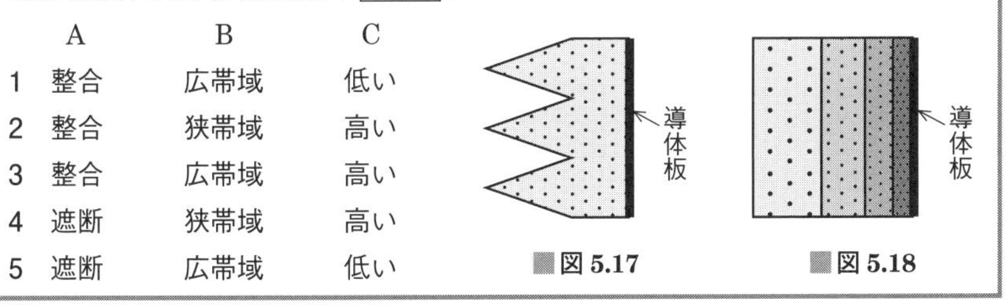


| | A | B | C |
|---|---|---|---|
| 1 | 整合 | 広帯域 | 低い |
| 2 | 整合 | 狭帯域 | 高い |
| 3 | 整合 | 広帯域 | 高い |
| 4 | 遮断 | 狭帯域 | 高い |
| 5 | 遮断 | 広帯域 | 低い |

■図 5.17　■図 5.18

**解説** 磁性材料の電波吸収体に平面波が入射すると電波吸収体の厚さで決まる特定の周波数で反射係数が0になります．その周波数帯で電波吸収体として用いられるので，周波数帯域は狭く，使用周波数は誘電体材料による電波吸収体の周波数よりも**低く**なります．

［ C ］の答え

**答え▶▶▶ 1**

**問題 12** ★★★ ➡5.4.3

次の記述は，模型を用いて行う室内でのアンテナの測定について述べたものである．このうち誤っているものを下の番号から選べ．

1　短波（HF）帯のアンテナのような大きいアンテナや航空機，船舶，鉄塔などの大きな建造物に取り付けられるアンテナを縮尺した模型を用いて測定を行う．

2　模型の縮尺率は，アンテナ材料の導電率に依存する．

3　模型の縮尺率は，測定する空間の誘電率および透磁率に依存しない．

4　測定は，通常，電波暗室で行われる．

5　実際のアンテナの使用周波数を $f$〔Hz〕，模型の縮尺率を $p$（$p<1$）とすると，測定周波数 $f_m$〔Hz〕は，$f_m=f/(1+p)$ と表せる．

**解説** 誤っている選択肢は次のようになります．

5　実際のアンテナの使用周波数を $f$〔Hz〕，模型の縮尺率を $p$（$p<1$）とすると，測定周波数 $f_m$〔Hz〕は，$\boldsymbol{f_m=f/p}$〔Hz〕と表せる．

短波（HF）帯は 3～30〔MHz〕の周波数帯．波長は 100～10〔m〕なのでアンテナは大きくなる．

答え ▶▶▶ 5

**出題傾向** 穴埋め式の問題も出題されています．

**問題 13** ★★★ ➡ 5.4.4

次の記述は，**図 5.19** に示す Wheeler cap（ウィーラー・キャップ）法による小形アンテナの放射効率の測定について述べたものである．［　　］内に入れるべき字句を下の番号から選べ．ただし，金属の箱および地板の大きさおよび材質は，測定条件を満たしており，アンテナの位置は，箱の中央部に置いて測定するものとする．なお，同じ記号の［　　］内には，同じ字句が入るものとする．

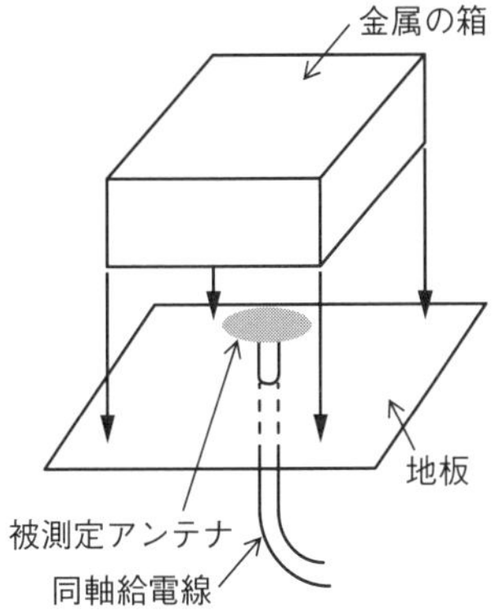

■図 5.19

(1) 入力インピーダンスから放射効率を求める方法

地板の上に置いた被測定アンテナに，アンテナ電流の分布を乱さないよう適当な形および大きさの金属の箱をかぶせて隙間がないように密閉し，被測定アンテナの入力インピーダンスの［ア］を測定する．このときの値は，アンテナの放射抵抗が無視できるので損失抵抗 $R_L$〔Ω〕とみなすことができる．

次に，箱を取り除いて，同様に，入力インピーダンスの［ア］を測定する．このときの値は，被測定アンテナの放射抵抗を $R_r$〔Ω〕とすると［イ］〔Ω〕となる．

金属の箱をかぶせないときの入力インピーダンスの［ア］の測定値を $R_{in}$〔Ω〕，かぶせたときの入力インピーダンスの［ア］の測定値を $R'_{in}$〔Ω〕とすると，放射効率 $\eta$ は，$\eta=$［ウ］で求められる．

ただし，金属の箱の有無にかかわらず，アンテナ電流を一定とし，被測定アンテナは直列共振形とする．また，給電線の損失はないものとする．

(2) 電圧反射係数から放射効率を求める方法

金属の箱をかぶせないときの送信機の出力電力を $P_o$〔W〕，被測定アンテナの入力端子からの反射電力を $P_{ref}$〔W〕，(1) と同じように被測定アンテナに金属の箱をかぶせたときの送信機の出力電力を $P'_o$〔W〕，被測定アンテナの入力端子からの反射電力を $P'_{ref}$〔W〕とすると，放射効率 $\eta$ は，次式で求められる．ただし，送信機と被測定アンテナ間の給電線の損失はないものとする．

$$\eta=\frac{P_o-P_{ref}-(P'_o-P'_{ref})}{P_o-P_{ref}} \quad \cdots\cdots【1】$$

$P_o=P'_o$ のとき，$\eta$ は，式【1】より次式のようになる．

$$\eta = \frac{\boxed{\text{エ}}}{\underset{\sim\sim\sim\sim\sim\sim\sim\sim}{1-(P_{ref}/P_o)}} \cdots\cdots\cdots\cdots\cdots\cdots\cdots\cdots 【2】$$

金属の箱をかぶせないときの電圧反射係数を $|\Gamma|$，かぶせたときの電圧反射係数を $|\Gamma'|$ とすると，$\eta$ は，式【2】より，$\eta =$ $\boxed{\text{オ}}$ となり電圧反射係数から求められる．ただし，$|\Gamma'| \geqq |\Gamma|$ が成り立つ範囲で求められる．

1　虚数部　　2　$R_r - R_L$　　3　$1-(R'_{in}/R_{in})$　　4　$(P'_{ref}/P'_o)-(P_{ref}/P_o)$

5　$\dfrac{|\Gamma'|-|\Gamma|}{1-|\Gamma|}$　　6　実数部　　7　$R_r + R_L$　　8　$1-(R_{in}/R'_{in})$

9　$(P_{ref}/P_o)-(P'_{ref}/P'_o)$　　10　$\dfrac{|\Gamma'|^2-|\Gamma|^2}{1-|\Gamma|^2}$

**解説**　(1) 入力インピーダンスから放射効率を求める方法

放射効率 $\eta$ を求めると，$R'_{in} = R_L$ なので

$$\eta = \frac{R_r}{R_{in}} = \frac{R_r}{R_r + R_L} = \frac{R_r + R_L - R_L}{R_r + R_L}$$

$$= \frac{R_{in} - R'_{in}}{R_{in}} = \mathbf{1 - \frac{R'_{in}}{R_{in}}} \leftarrow \boxed{\text{ウ}}\text{の答え}$$

となります．

(2) 電圧反射係数から放射効率を求める方法

$P_o = P'_o$ の条件より，問題の式【1】は次のようになります．

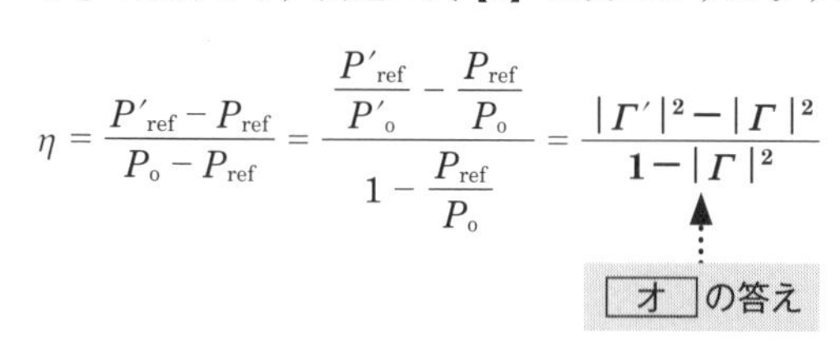

$$\eta = \frac{P'_{ref} - P_{ref}}{P_o - P_{ref}} = \frac{\dfrac{P'_{ref}}{P'_o} - \dfrac{P_{ref}}{P_o}}{1 - \dfrac{P_{ref}}{P_o}} = \mathbf{\frac{|\Gamma'|^2 - |\Gamma|^2}{1 - |\Gamma|^2}}$$

$\uparrow$ $\boxed{\text{オ}}$ の答え

答え▶▶▶アー6，イー7，ウー3，エー4，オー10

**出題傾向**　下線の部分を穴埋めの字句とした問題も出題されています．

**問題 14** ★★★ ➡5.4.5

次の記述は，平衡給電のアンテナの入力インピーダンス測定法について述べたものである．［　　］内に入れるべき字句の正しい組合せを下の番号から選べ．

(1) 一般にネットワークアナライザは不平衡系であり，ネットワークアナライザで［ A ］アンテナのような平衡給電のアンテナのインピーダンスを測定する場合，付属の不平衡ケーブルを直接接続するとアンテナ上で電流の不平衡が生じ，測定ケーブルに漏洩電流が流れて誤差を生ずる．このためバランを用いて対応しているが，バランの周波数特性により適用範囲が限定されたり，その効果を定量的に把握するのが難しいので，バランを測定周波数帯毎に変えて繰り返し測定する必要がある．

(2) バランを用いないで測定する場合は，測定するアンテナを地板の上に構成すればよい．**図 5.20** に示す給電点で対称な構造をもつ方形ループアンテナの場合は，**図 5.21** に示すように，図 5.20 の方形ループアンテナの縦方向の長さ $l$〔m〕の上半分（$l/2$）を地板の上に設置すれば，地板の［ B ］効果を利用して測定できる．この状態で測定したインピーダンスは，自由空間に方形ループアンテナがある場合の測定値の［ C ］倍になる．ただし，地板の半径 $r$〔m〕を測定するアンテナの大きさの少なくとも 2 波長以上にする．

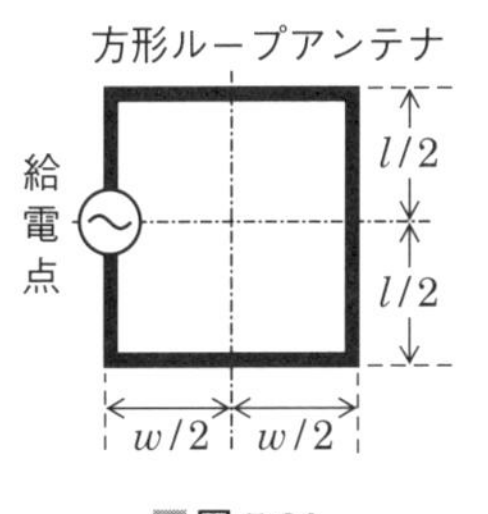


■図 5.20

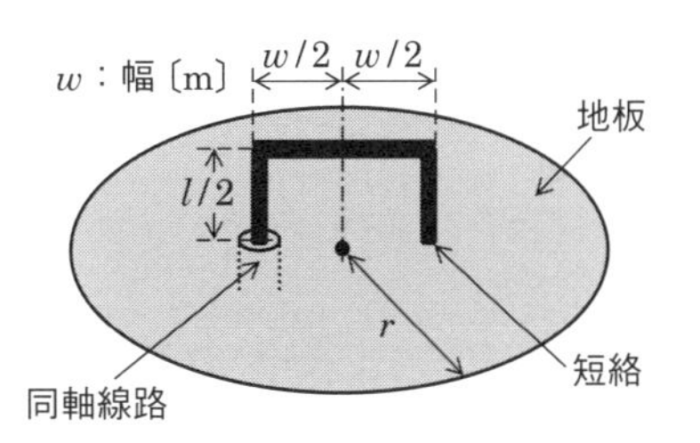


■図 5.21

| | A | B | C |
|---|---|---|---|
| 1 | 半波長ダイポール | イメージ（影像） | 2 |
| 2 | 半波長ダイポール | 回折 | 2 |
| 3 | 半波長ダイポール | イメージ（影像） | 1/2 |
| 4 | J 形 | イメージ（影像） | 1/4 |
| 5 | J 形 | 回折 | 1/2 |

答え▶▶▶ 3

# 5.5 アンテナ測定上の誤差

- アンテナを流れる電流によって放射電界，誘導電界，静電界が発生し測定誤差となることがある
- 開口面アンテナは開口面の直径に対して十分な遠方で測定を行う

## 5.5.1 誘導電界の影響

微小ダイポールのアンテナ軸から $\theta$〔rad〕の方向に距離 $d$〔m〕離れた点において，$\theta$ 方向の電界 $E_\theta$〔V/m〕は，アンテナの長さを $l$〔m〕，電流を $Ie^{j\omega t}$〔A〕，位相定数を $\beta$ とすると次式で表されます．

$$E_\theta = j\frac{60\pi l}{\lambda} Ie^{j(\omega t-\beta d)}\left\{\frac{1}{d}+\frac{1}{j\beta d^2}+\frac{1}{(j\beta)^2 d^3}\right\}\sin\theta \tag{5.36}$$

式（5.36）の距離 $d$ に反比例する項が放射電界，距離の 2 乗に反比例する項が誘導電界，距離の 3 乗に反比例する項が静電界を表します．放射電界，誘導電界，静電界の値が等しくなる距離 $d_0$〔m〕は次式で表されます．

$$d_0 = \frac{1}{\beta} = \frac{\lambda}{2\pi}\ \text{〔m〕} \tag{5.37}$$

距離が遠方の点では放射電界のみと考えることができますが，$d_0$ 以内の距離で測定を行うと，電界強度の測定値に誘導電界の影響が生じて測定値に誤差を生じます．

## 5.5.2 開口面アンテナの最小測定距離

**図 5.22** のように，アンテナの中心から測定点までの距離を $d_0$〔m〕，開口面アンテナの直径を $D$〔m〕，アンテナの縁の点 P から測定点までの距離を $d$〔m〕とすると，$d_0$ との距離の差 $\Delta d$〔m〕は次式で表されます．

$$\Delta d = d - d_0 = \sqrt{d_0{}^2 + \left(\frac{D}{2}\right)^2} - d_0$$

$$\fallingdotseq d_0\left\{1+\frac{1}{2}\times\left(\frac{D}{2d_0}\right)^2\right\} - d_0 = \frac{D^2}{8d_0}\ \text{〔m〕} \tag{5.38}$$

> 2 項定理（$x \ll 1$ のとき）
> $(1+x)^n \fallingdotseq 1 + nx$
> （$\sqrt{\ }$ は $n = 1/2$）

$\Delta d$ によって生じる位相差を $\Delta\theta$〔rad〕とすると

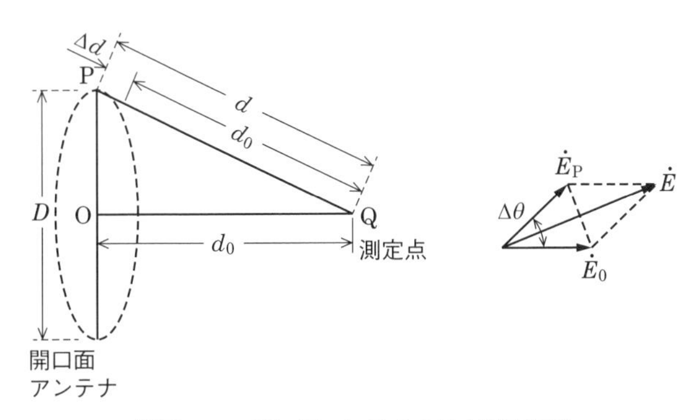


■図 5.22 開口面アンテナの最小測定距離



$$\Delta\theta = \frac{2\pi}{\lambda}\Delta d = \frac{\pi D^2}{4\lambda d_0} \text{〔rad〕} \quad (5.39)$$

となり，通路 $d_0$ と $d$ による電界をそれぞれ $E_0$, $E_P$ とすると，合成電界 $E$〔V/m〕はそれらのベクトル和となり，$E_0 \fallingdotseq E_P$ とすれば次式で表されます．

$$E = 2E_0 \cos\frac{\Delta\theta}{2} \text{〔V/m〕} \quad (5.40)$$

$\Delta\theta = 0$ のときの電界強度は $2E_0$ なので，測定誤差 $\delta$〔%〕は

$$\delta = \left(1 - \frac{E}{2E_0}\right)\times 100 = \left(1 - \cos\frac{\Delta\theta}{2}\right)\times 100 \text{〔%〕} \quad (5.41)$$

となります．ここで $\Delta\theta = \pi/8$ とすると $\delta = 2$〔%〕となり，誤差として許容できるため，最小測定距離 $d_{min}$〔m〕は式（5.39）に $\Delta\theta = \pi/8$，$d_0 = d_{min}$ を代入して求めると

$$d_{min} = \frac{8}{\pi}\times\frac{\pi D^2}{4\lambda} = \frac{2D^2}{\lambda} \text{〔m〕} \quad (5.42)$$

となります．アンテナ利得の測定において，アンテナの開口面の直径 $D$〔m〕が波長 $\lambda$〔m〕に比べて大きいとき，測定誤差を小さくするためには測定距離を最小測定距離 $d_{min}$〔m〕以上にとらなければなりません．

## 5.5.3 マイクロ波アンテナ測定上の注意点

① マイクロ波発振器と送信アンテナ，受信機と受信アンテナとの整合を完全にとる．

② アンテナの方向調整を行い，主放射方向で測定する．

③ 送信アンテナと受信アンテナとの距離を十分に大きくとる（反射板を用いる方法を除く）．

④ 両アンテナ間には遮へい物がないようにする．また，近くに反射物がないようにすると共に，ハイトパターンを測定し地面反射の影響がないアンテナ高とする．

⑤ 測定する電波の波長が短いときは降雨による影響を避ける．

開口面アンテナの測定誤差を小さくするには，送信アンテナの開口径を $D_1$〔m〕，受信アンテナの開口径を $D_2$〔m〕，使用電波の波長を $\lambda$〔m〕とすると，送受信アンテナ間の距離 $d$〔m〕は次式の関係を満足するような遠方にとります．

$$d \geqq \frac{2(D_1+D_2)^2}{\lambda} \text{〔m〕} \tag{5.43}$$

## 5.5.4 マイクロ波アンテナの利得測定上の注意点

利得の測定においては，次の注意点があります．

① 角錐ホーンアンテナは，その寸法から利得を求めることができるので，標準アンテナとして使用される．

② 3 基のアンテナを使用した場合は，これらのアンテナの利得が未知であってもそれぞれの利得を求めることができる．

③ 屋外で測定することが困難な場合や精度の高い測定を必要とする場合には，電波暗室内における近傍界の測定と計算により利得を求めることができる．

④ 円偏波アンテナの利得の測定をする場合には，一般に円偏波によって測定するが，直線偏波アンテナをビーム軸のまわりに回転させて測定することもできる．

**問題 15** ★★★ ➡ 5.5.2

次の記述は，アンテナ利得などの測定において，送信または受信アンテナの一方の開口の大きさが波長に比べて大きいときの測定距離について述べたものである．□内に入れるべき字句を下の番号から選べ．ただし，任意の角度を $\alpha$ とすれば，$\cos^2(\alpha/2) = (1+\cos\alpha)/2$ である．なお，同じ記号の□内には，同じ字句が入るものとする．

(1) **図 5.23** に示すように，アンテナ間の測定距離を $L$〔m〕，寸法が大きい方の円形開口面アンテナ 1 の直径を $D$〔m〕，その縁 P から小さい方のアンテナ 2 までの距離を $L'$〔m〕とすれば，$L$ と $L'$ の距離の差 $\Delta L$ は，次式で表される．

ただし，$L > D$ とし，アンテナ 2 の大きさは無視できるものとする．

$$D_{\mathrm{L}} = L' - L = \boxed{\text{ア}} - L$$

$$\fallingdotseq L\left\{1 + \frac{1}{2}\left(\frac{D}{2L}\right)^2\right\} - L = \frac{D^2}{8L}\ \text{〔m〕} \quad \text{【1】}$$

波長を $\lambda$〔m〕とすれば，$\Delta L$ による電波の位相差 $\Delta\theta$ は，次式となる．

$$\Delta\theta = \boxed{\text{イ}}\ \text{〔rad〕} \quad \text{【2】}$$

(2) アンテナ 1 の中心からの電波の電界強度 $\dot{E}_0$〔V/m〕とその縁からの電波の電界強度 $\dot{E}_0'$〔V/m〕は，アンテナ 2 の点において，その大きさが等しく位相のみが異なるものとし，その大きさをいずれも $E_0$〔V/m〕とすれば，$\dot{E}_0$ と $\dot{E}_0'$ との間に位相差がないときの受信点での合成電界強度の大きさ $E$〔V/m〕は，□ウ〔V/m〕である．また，位相差が $\Delta\theta$ のときの合成電界強度 $\dot{E}'$ の大きさ $E'$ は，**図 5.24** のベクトル図から，次式で表される．

$$E' = \boxed{\text{エ}} = \boxed{\text{ウ}} \times \cos\left(\frac{\Delta\theta}{2}\right)\ \text{〔V/m〕} \quad \text{【3】}$$

したがって，次式が得られる．

$$\frac{E'}{E} = \cos\left(\frac{\Delta\theta}{2}\right) \quad \text{【4】}$$

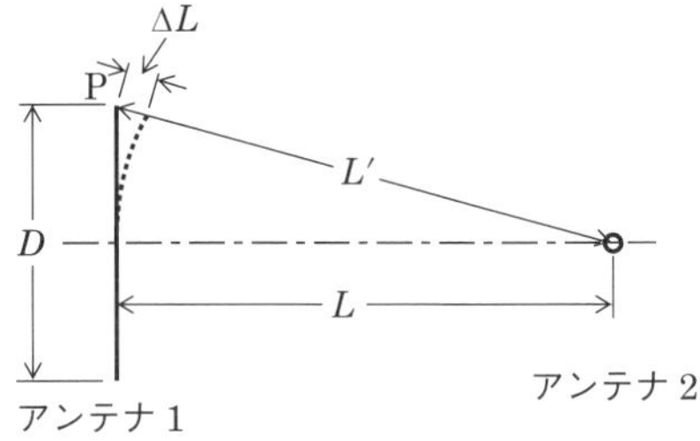

■図 5.23

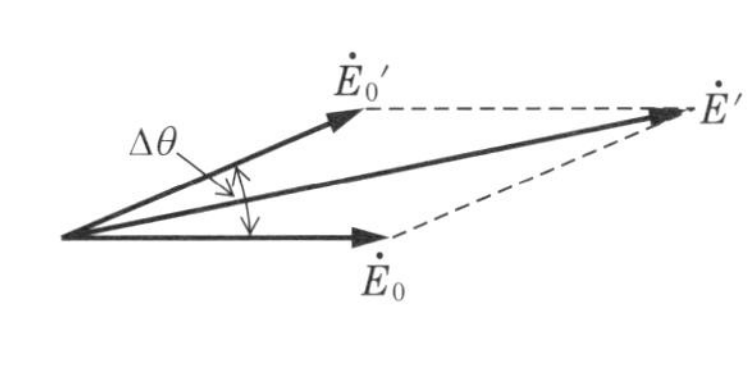


■図 5.24

(3) 式【4】へ $\Delta\theta = \pi/8$〔rad〕を代入すると，$E'/E \fallingdotseq 0.98$ となり，誤差は約 2〔%〕となる．したがって，誤差が約 2〔%〕以下となる最小の測定距離 $L_{min}$ は，式【2】から次式となる．

$L_{min} =$ ［ オ ］〔m〕

1 $\sqrt{L^2 + \left(\dfrac{D}{2}\right)^2}$　　2 $\dfrac{\pi D^2}{4\lambda L}$　　3 $2E_0$　　4 $\sqrt{2}\,E_0\sqrt{1-\cos\Delta\theta}$

5 $\dfrac{2D^2}{\lambda}$　　6 $\sqrt{L^2+D^2}$　　7 $\dfrac{\pi D^2}{8\lambda L}$　　8 $\sqrt{2}\,E_0$

9 $\sqrt{2}\,E_0\sqrt{1+\cos\Delta\theta}$　　10 $\dfrac{D^2}{\lambda}$

**解説** (1) 問題の式【1】は

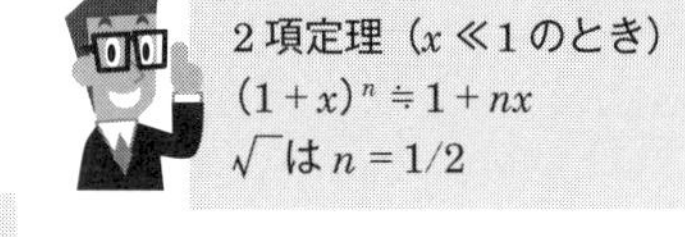


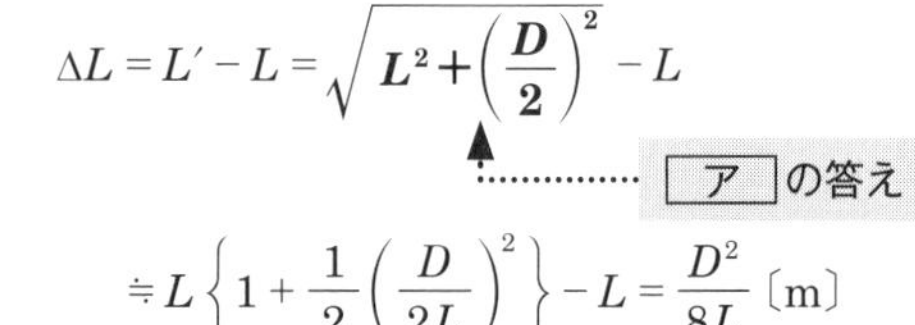

$$\Delta L = L' - L = \sqrt{\boldsymbol{L^2 + \left(\frac{D}{2}\right)^2}} - L$$

［ ア ］の答え

$$\fallingdotseq L\left\{1 + \frac{1}{2}\left(\frac{D}{2L}\right)^2\right\} - L = \frac{D^2}{8L} \text{〔m〕}$$

となるので，位相定数を $\beta = 2\pi/\lambda$ とすると，$\Delta L$ によって生じる位相差 $\Delta\theta$〔rad〕は次式で表されます．

$$\Delta\theta = \beta\Delta L = \frac{2\pi}{\lambda}\Delta L = \boldsymbol{\frac{\pi D^2}{4\lambda L}} \text{〔rad〕}$$

［ イ ］の答え

(2) 問題の図 5.24 より，$E_0 = E_0'$ の条件より $E'$ を求めると，次式で表されます．

$$E' = 2E_0\cos\left(\frac{\Delta\theta}{2}\right) \text{〔V/m〕}$$

問題で与えられた三角関数の公式より，次式のようになります．

$$E' = 2E_0\frac{\sqrt{1+\cos\Delta\theta}}{\sqrt{2}} = \boldsymbol{\sqrt{2}\,E_0\sqrt{1+\cos\Delta\theta}} \text{〔V/m〕}$$

［ エ ］の答え

(3) 問題の式【2】に $\Delta\theta = \pi/8$ を代入すると

$$\frac{\pi}{8} = \frac{\pi D^2}{4\lambda L} \quad \text{よって} \quad L = \boldsymbol{\frac{2D^2}{\lambda}} \text{〔m〕}$$

［ オ ］の答え

となるので，$L$ が最小の測定距離 $L_{min}$ を表します．

答え▶▶▶ア－1，イ－2，ウ－3，エ－9，オ－5

**問題 16** ★★★ ➡5.5.2

次の記述は，自由空間において開口面の直径が波長に比べて十分大きなアンテナの利得を測定する場合に考慮しなければならない送受信アンテナ間の最小距離について述べたものである．□内に入れるべき字句の正しい組合せを下の番号から選べ．

(1) **図 5.25** に示すように，アンテナ 1 およびアンテナ 2 を距離 $R_1$〔m〕離して対向させたとき，アンテナ 1 の開口面上の任意の点とアンテナ 2 の開口面上の任意の点の間の距離が一定でないため，両アンテナ開口面上の任意の点の間を伝搬する電波の相互間に位相差が生じ，測定誤差の原因となる．

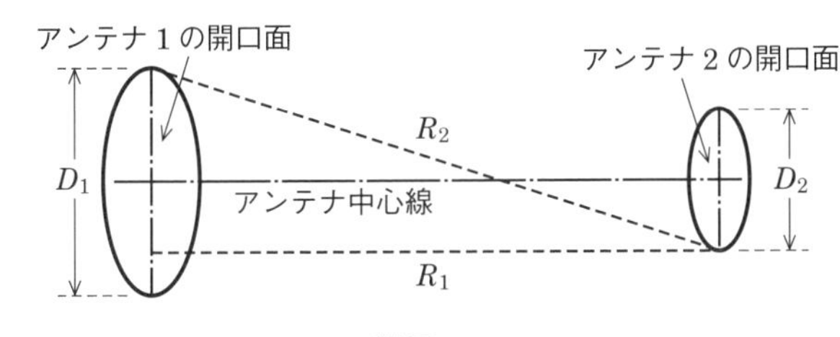


■図 5.25

(2) 最大の誤差は，両アンテナの開口面上の 2 点間の最長距離 $R_2$〔m〕と最短距離 $R_1$〔m〕との差によって決まり，その差 $\Delta R$ は，次式によって表される．ただし，アンテナ 1 およびアンテナ 2 の開口面の直径をそれぞれ $D_1$〔m〕および $D_2$〔m〕とし，$D_1 + D_2 \ll R_1$ とする．

$$\Delta R = R_2 - R_1$$

$$= \sqrt{R_1{}^2 + \left(\frac{D_1}{2} + \frac{D_2}{2}\right)^2} - R_1$$

$$\fallingdotseq \boxed{\text{A}} \text{〔m〕}$$

(3) 通路差による測定利得の誤差を 2〔%〕以内にするには，波長を $\lambda$〔m〕とすれば，通路差 $\Delta R$ が $\boxed{\text{B}}$ 以下であればよいことが知られているので，両アンテナ間の最小距離 $R_{min}$ は，次式で表される．

$$R_{min} = \boxed{\text{C}} \text{〔m〕}$$

| | A | B | C |
|---|---|---|---|
| 1 | $\dfrac{(D_1+D_2)^2}{4R_1}$ | $\dfrac{\lambda}{16}$ | $\dfrac{2(D_1+D_2)^2}{\lambda}$ |
| 2 | $\dfrac{(D_1+D_2)^2}{4R_1}$ | $\dfrac{\lambda}{4}$ | $\dfrac{(D_1+D_2)^2}{2\lambda}$ |
| 3 | $\dfrac{(D_1+D_2)^2}{8R_1}$ | $\dfrac{\lambda}{16}$ | $\dfrac{(D_1+D_2)^2}{2\lambda}$ |
| 4 | $\dfrac{(D_1+D_2)^2}{8R_1}$ | $\dfrac{\lambda}{16}$ | $\dfrac{2(D_1+D_2)^2}{\lambda}$ |
| 5 | $\dfrac{(D_1+D_2)^2}{8R_1}$ | $\dfrac{\lambda}{4}$ | $\dfrac{(D_1+D_2)^2}{4\lambda}$ |

**解説** 距離差 $\Delta R$〔m〕は次式で表されます．

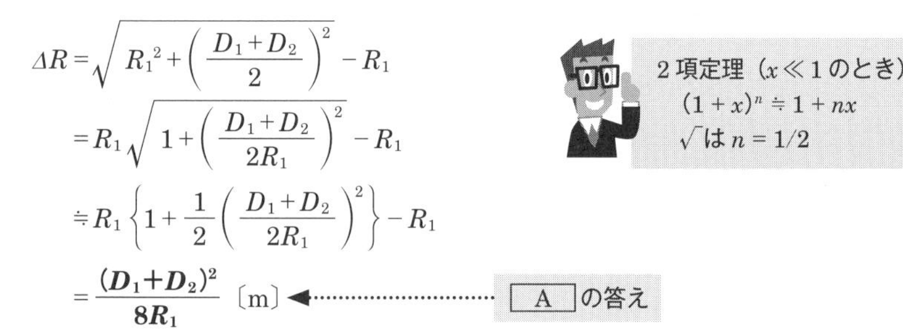


$$\Delta R=\sqrt{R_1{}^2+\left(\frac{D_1+D_2}{2}\right)^2}-R_1$$

$$=R_1\sqrt{1+\left(\frac{D_1+D_2}{2R_1}\right)^2}-R_1$$

$$\doteqdot R_1\left\{1+\frac{1}{2}\left(\frac{D_1+D_2}{2R_1}\right)^2\right\}-R_1$$

$$=\frac{\boldsymbol{(D_1+D_2)^2}}{\boldsymbol{8R_1}}\ \text{〔m〕}$$

答え▶▶▶4

**問題 17** ★ ➡5.5.3

次の記述は，アンテナの測定をするときに考慮すべき事項について述べたものである．［　　］内に入れるべき字句の正しい組合せを下の番号から選べ．

(1) 被測定アンテナを，送信アンテナとして使用した場合と受信アンテナとして使用した場合のアンテナ利得および指向性は，アンテナの［ A ］から等しい．

(2) 送受信アンテナ間の距離が短すぎるとアンテナ利得や指向性の測定値に誤差が生ずる．測定誤差を小さくするため，送信アンテナからの電波が受信アンテナの近傍で［ B ］とみなせるように送受信アンテナ間の距離を大きくとる必要がある．

(3) 屋外で測定する場合，周囲の建造物や樹木からの反射波による誤差が発生することがあるので，［ C ］で実施する．

| | A | B | C |
|---|---|---|---|
| 1 | 非可逆性 | 球面波 | ボアサイト |
| 2 | 非可逆性 | 平面波 | オープンサイト |
| 3 | 可逆性 | 平面波 | オープンサイト |
| 4 | 可逆性 | 球面波 | ボアサイト |
| 5 | 可逆性 | 球面波 | オープンサイト |

**解説** オープンサイトは周囲に電波を反射する物体のない屋外の試験場のことです．ボアサイトはアンテナビームの最大方向などの軸のことをいいます．

**答え▶▶▶3**

**問題 18 ★★** ➡5.5.4

次の記述は，アンテナの利得の測定について述べたものである．[　　]内に入れるべき字句の正しい組合せを下の番号から選べ．

(1) 三つのアンテナを用いる場合，これらのアンテナの利得が未知であるとき，それぞれの利得を求めることが[ A ]．

(2) 寸法から利得を求めることができる[ B ]は，標準アンテナとして多く用いられる．

(3) 円偏波アンテナの測定をする場合，測定アンテナとして直線偏波のアンテナを用いることが[ C ]．

| | A | B | C |
|---|---|---|---|
| 1 | できる | ブラウンアンテナ | できない |
| 2 | できる | ロンビックアンテナ | できない |
| 3 | できる | 角錐ホーンアンテナ | できる |
| 4 | できない | ロンビックアンテナ | できる |
| 5 | できない | 角錐ホーンアンテナ | できる |

**解説** 角錐ホーンアンテナの長辺の長さを $a$〔m〕，短辺の長さを $b$〔m〕，開口効率の理論値を $\eta = 0.8$ とすると，角錐ホーンアンテナの絶対利得 $G_{\mathrm{I}}$ は

$$G_{\mathrm{I}} = \frac{4\pi ab}{\lambda^2}\eta$$

の式で表されるので，寸法から利得を求めることができます．

**答え▶▶▶3**

**問題 19** ★★ ➡5.5.4

次の記述は，アンテナ利得の測定について述べたものである．このうち誤っているものを下の番号から選べ．

1　3基のアンテナを使用した場合は，これらのアンテナの利得が未知であってもそれぞれの利得を求めることができる．

2　角錐ホーンアンテナは，その寸法から利得を求めることができるので，標準アンテナとして使用される．

3　屋外で測定することが困難な場合や精度の高い測定を必要とする場合には，電波暗室内における近傍界の測定と計算により利得を求めることができる．

4　開口面アンテナの利得を測定する場合の送受信アンテナの離すべき最小距離は，開口面の大きさと関係し，使用波長に関係しない．

5　円偏波アンテナの利得の測定をする場合には，一般に円偏波によって測定するが，直線偏波アンテナをビーム軸のまわりに回転させて測定することもできる．

**解説**　誤っている選択肢は次のようになります．

4　開口面アンテナの利得を測定する場合の送受信アンテナの離すべき最小距離は，**開口面の大きさと使用波長によって異なる．**

**答え▶▶▶4**

**問題 20** ★★ ➡5.5.4

次の記述は，マイクロ波アンテナの測定について述べたものである．このうち正しいものを1，誤っているものを2として解答せよ．

ア　アンテナの測定項目には，入力インピーダンス，利得，指向性，偏波などがある．

イ　三つのアンテナを用いる場合，これらのアンテナの利得が未知であると，それぞれの利得を求めることはできない．

ウ　円偏波アンテナの測定をする場合には，円偏波の電波を送信して測定することができるほか，直線偏波のアンテナを送信アンテナに用い，そのビーム軸のまわりに回転させながら測定することもできる．

エ　開口面アンテナの指向性を測定する場合の送受信アンテナの離すべき最小距離は，開口面の大きさと関係し，使用波長に関係しない．

オ　角錐ホーンアンテナは，その寸法から利得を求めることができるので，利得測定の標準アンテナとして使用される．

**解説** 誤っている選択肢は次のようになります．

イ　三つのアンテナを用いる場合，これらのアンテナの利得が**未知であっても，それぞれの利得を求めることができる．**

エ　開口面アンテナの指向性を測定する場合の送受信アンテナの離すべき最小距離は，**開口面の大きさと使用波長によって異なる．**

**答え▶▶▶ア－1，イ－2，ウ－1，エ－2，オ－1**

# 5.6 電波伝搬路の測定

- 電界強度は電界強度測定器によって測定する
- ハイトパターンは受信アンテナの高さを変化させて電界強度の変化を測定する
- ハイトパターンの測定値から大地の反射係数を求めることができる

## 5.6.1 電界強度の測定

電界強度は実効高がわかっているアンテナに誘起される被測定電波の起電力から求めることができます．単位は〔μV/m〕または1〔μV〕を0〔dB〕としたdB値が，あるいは1〔mV/m〕を0〔dB〕としたdB値が用いられます．**図5.26**に電界強度測定器の構成を示します．測定用アンテナには，HF帯以下ではループアンテナが，VHF帯以上では半波長ダイポールアンテナが用いられます．

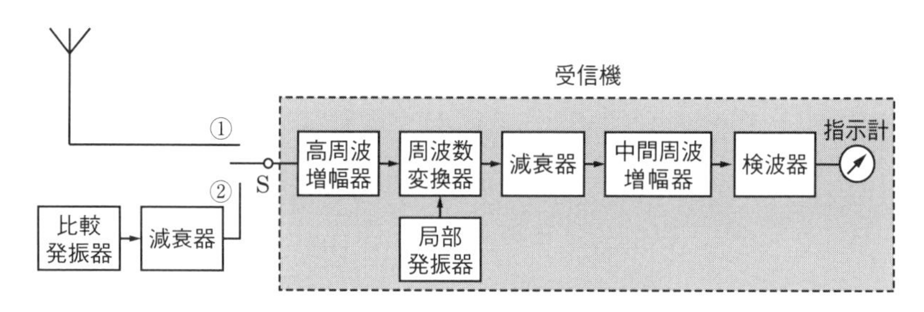


**図5.26　電界強度測定器の構成**

スイッチSを①のアンテナ側に入れ受信機を調整して同調をとりながらアンテナを最高感度の方向に向けます．次に，受信機の減衰器を調整して，出力計が適当な指示$V_M$〔dB〕となるようにします．このときの減衰器の読みを$D_1$〔dB〕，アンテナの実効高を$H$〔dB〕，受信機の利得を$G$〔dB〕，被測定電界強度を$E$〔dB〕とすると，次式の関係があります．

$$V_M = E + H + G - D_1 \tag{5.44}$$

ここで，実効高は1〔m〕を基準としたdB値，発振器出力および電界強度は1〔μV〕（1〔μV/m〕）または1〔mV〕（1〔mV/m〕）を基準としたdB値で表されます．

次に，Sを②側に入れ比較発振器を動作させて，その発振周波数を被測定電界の周波数に合わせます．比較発振器の出力および減衰器を適当に調整して，出力

計の指示が前と同じ値 $V_{\mathrm{M}}$〔dB〕となるように調整します．このとき比較発振器の出力を $V_{\mathrm{S}}$〔dB〕，減衰器の減衰量を $D_2$〔dB〕とすれば，次式が成り立ちます．

$$V_{\mathrm{M}} = V_{\mathrm{S}} + G - D_2 \tag{5.45}$$

式（5.44）= 式（5.45）より，電界強度 $E$〔dB〕は次式によって求めることができます．

$$E + H + G - D_1 = V_{\mathrm{S}} + G - D_2$$

$$E = V_{\mathrm{S}} - H + (D_1 - D_2)\ \text{〔dB〕} \tag{5.46}$$

dB の計算は，和か差で求める．

## 5.6.2 ハイトパターンの測定

**図 5.27**（a）のように送信アンテナの高さを $h_1$〔m〕，受信アンテナの高さを $h_2$〔m〕とした大地反射波の影響がある測定系において，受信アンテナの高さを変化させて受信電界強度 $E$〔V/m〕を測定すると，図 5.27（b）のような周期的に変化する特性を測定することができます．使用電波の波長を $\lambda$〔m〕，直接波の電界強度を $E_0$〔V/m〕とすると，大地の反射係数の大きさが $\gamma = 1$ のときの受信電界強度 $E$ は次式で表されます．

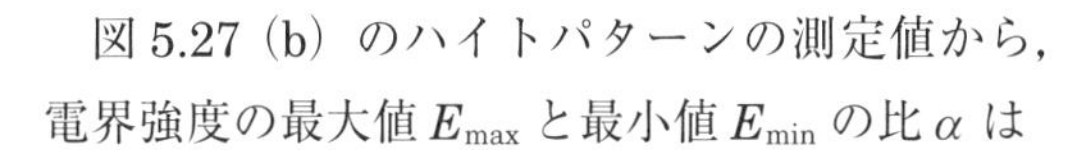

$$E = 2E_0 \left| \sin \frac{2\pi h_1 h_2}{\lambda d} \right|\ \text{〔V/m〕} \tag{5.47}$$

受信アンテナの高さが変化したときの電界強度の変化の特性をハイトパターンという．

図 5.27（b）のハイトパターンの測定値から，電界強度の最大値 $E_{\max}$ と最小値 $E_{\min}$ の比 $\alpha$ は

$$\alpha = \frac{E_{\max}}{E_{\min}} \tag{5.48}$$

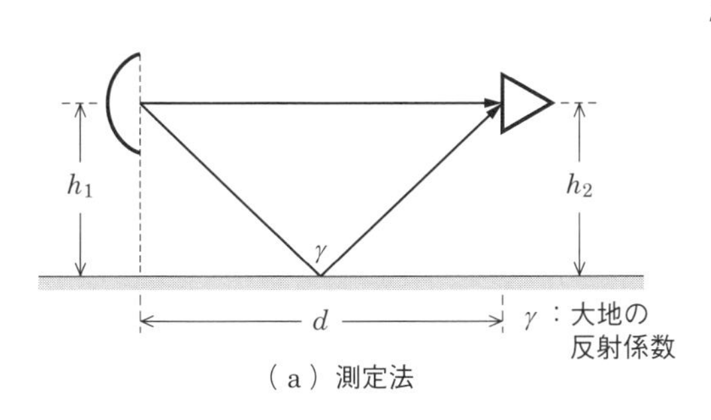


（a）測定法

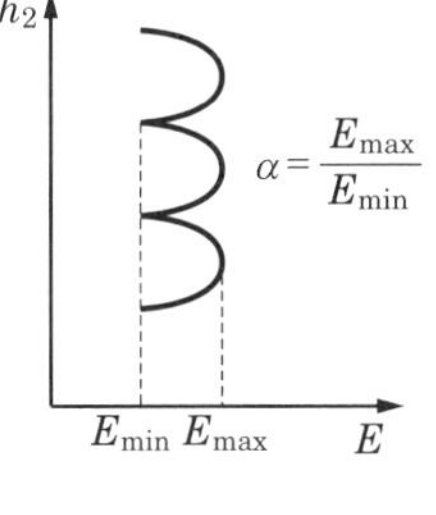


（b）測定値

■図 5.27　ハイトパターンの測定

となり，式 (5.48) より，大地の反射係数の大きさ $\gamma$ は次式によって求めることができます．

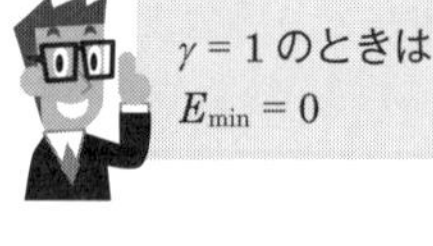


$$\gamma = \frac{\alpha - 1}{\alpha + 1} \qquad (5.49)$$

また，自由空間電界強度 $E_0$〔V/m〕は次式で表されます．

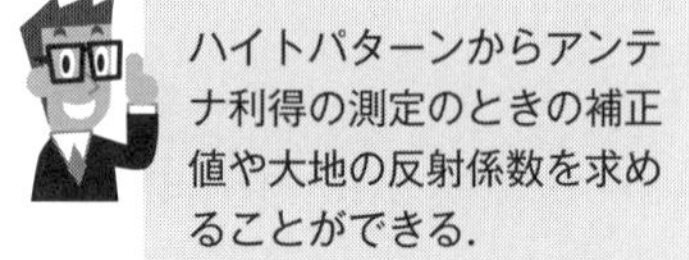


$$E_0 = \frac{E_{\max}}{1 + \gamma} \text{〔V/m〕} \qquad (5.50)$$

マイクロ波アンテナの利得を測定する際，平面大地での反射波の影響を少なくするには次の対策があります．

① 反射点の近傍に大地に垂直な金属板の反射防止板を設けて，大地反射波の影響を小さくして測定誤差を軽減する．

② 被測定アンテナと対向させる基準アンテナは，いずれもできるだけ高い位置に設置して大地反射波の影響を小さくする．

③ ハイトパターンを測定して，大地の反射係数 $\gamma$ を求めて，式 (5.50) の計算により反射波の影響を軽減する．

## 5.6.3 送受信点間の見通し試験

マイクロ波固定無線通信回線を設置する場合は，地図上からルート案を作成した後に現地調査が行われます．そのとき，送受信点間の見通し試験の方法として，ミラーテストが行われます．ミラーテストは，日中，鏡によって太陽光線を反射させて相手側へ送ります．光を受ける側では，光の方向を角度測定器のトランシットにより測量し，水平および垂直角度を求めて見通しを確認します．夜間に太陽光線を利用することが困難な場合は，電灯などの光源を用いた照明テストが行われます．また，伝搬路の途中に障害物があって見通しが困難な場合には，気球を用いて測量するバルーンテストが行われます．

**問題 21** ★★ ➡5.6.2

次の記述は，ハイトパターンの測定について述べたものである．[　　] 内に入れるべき字句の正しい組合せを下の番号から選べ．ただし，波長を $\lambda$〔m〕とし，大地は完全導体平面でその反射係数を $-1$ とする．

(1) 超短波（VHF）の電波伝搬において，送信アンテナの地上高，送信周波数，送信電力および送受信点間距離を一定にしておいて，受信アンテナの高さを上下に移動させて電界強度を測定すると，直接波と大地反射波との干渉により，**図 5.28** に示すようなハイトパターンが得られる．

(2) 直接波と大地反射波との通路差 $\Delta l$ は，送信および受信アンテナの高さをそれぞれ $h_1$〔m〕，$h_2$〔m〕および送受信点間の距離を $d$〔m〕とし，$d \gg (h_1 + h_2)$ とすると，次式で表される．

$\Delta l \fallingdotseq$ [ A ]〔m〕

受信電界強度 $|E|$〔V/m〕は，自由空間電界強度を $E_0$〔V/m〕とすると，次式で表される．

$|E| \fallingdotseq 2E_0 \times |$ [ B ] $|$〔V/m〕

(3) ハイトパターンの受信電界強度 $|E|$〔V/m〕が極大になる受信アンテナの高さ $h_{m2}$ と $h_{m1}$ との差 $\Delta h$ は，[ C ]〔m〕である．

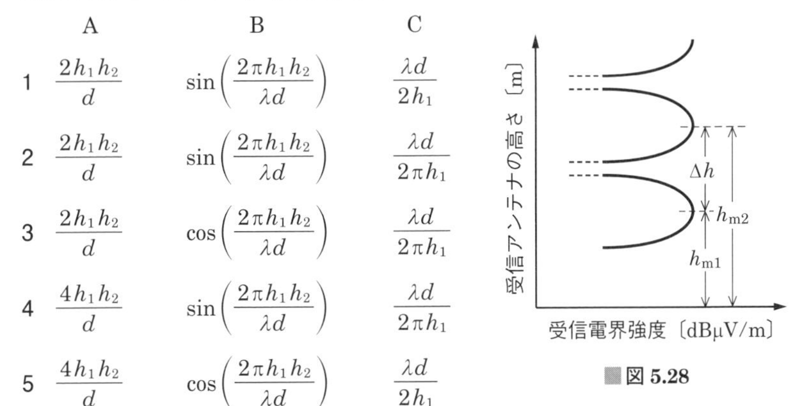

| | A | B | C |
|---|---|---|---|
| 1 | $\dfrac{2h_1h_2}{d}$ | $\sin\left(\dfrac{2\pi h_1h_2}{\lambda d}\right)$ | $\dfrac{\lambda d}{2h_1}$ |
| 2 | $\dfrac{2h_1h_2}{d}$ | $\sin\left(\dfrac{2\pi h_1h_2}{\lambda d}\right)$ | $\dfrac{\lambda d}{2\pi h_1}$ |
| 3 | $\dfrac{2h_1h_2}{d}$ | $\cos\left(\dfrac{2\pi h_1h_2}{\lambda d}\right)$ | $\dfrac{\lambda d}{2\pi h_1}$ |
| 4 | $\dfrac{4h_1h_2}{d}$ | $\sin\left(\dfrac{2\pi h_1h_2}{\lambda d}\right)$ | $\dfrac{\lambda d}{2\pi h_1}$ |
| 5 | $\dfrac{4h_1h_2}{d}$ | $\cos\left(\dfrac{2\pi h_1h_2}{\lambda d}\right)$ | $\dfrac{\lambda d}{2h_1}$ |



■図 5.28

**解説** 図 5.29 のように，直接波の伝搬通路 $r_1$〔m〕と大地反射波の伝搬通路 $r_2$〔m〕は次式で表されます．

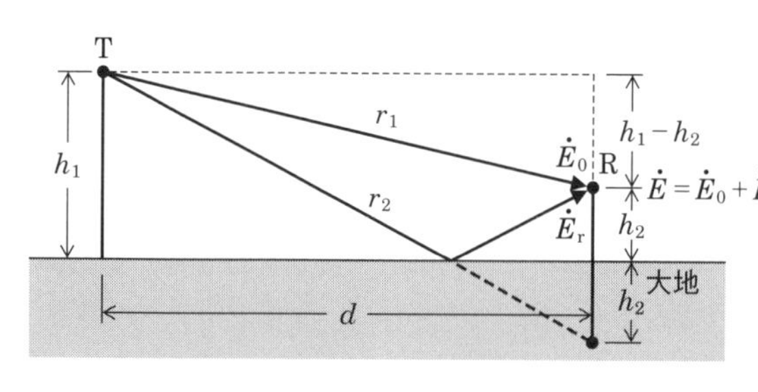


■図 5.29

$$r_1=\sqrt{d^2+(h_1-h_2)^2}$$
$$=d\left\{1+\left(\frac{h_1-h_2}{d}\right)^2\right\}^{\frac{1}{2}}\text{〔m〕} \quad ①$$

超短波（VHF）帯は30～300〔MHz〕の周波数帯のこと．

$$r_2=\sqrt{d^2+(h_1+h_2)^2}$$
$$=d\left\{1+\left(\frac{h_1+h_2}{d}\right)^2\right\}^{\frac{1}{2}}\text{〔m〕} \quad ②$$

$d\gg(h_1+h_2)$ とすれば，式①と式②は2項定理より次式のようになります．

2項定理（$x\ll1$ のとき）
$(1+x)^n\fallingdotseq1+nx$
$\sqrt{\ }$ は $n=1/2$

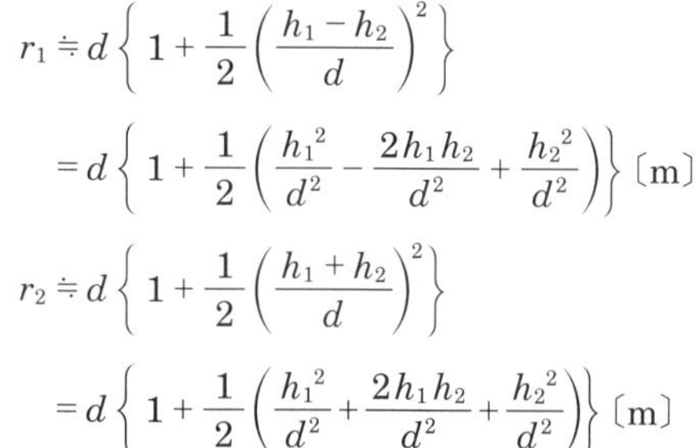

$$r_1\fallingdotseq d\left\{1+\frac{1}{2}\left(\frac{h_1-h_2}{d}\right)^2\right\}$$
$$=d\left\{1+\frac{1}{2}\left(\frac{h_1^2}{d^2}-\frac{2h_1h_2}{d^2}+\frac{h_2^2}{d^2}\right)\right\}\text{〔m〕} \quad ③$$
$$r_2\fallingdotseq d\left\{1+\frac{1}{2}\left(\frac{h_1+h_2}{d}\right)^2\right\}$$
$$=d\left\{1+\frac{1}{2}\left(\frac{h_1^2}{d^2}+\frac{2h_1h_2}{d^2}+\frac{h_2^2}{d^2}\right)\right\}\text{〔m〕} \quad ④$$

伝搬通路差 $\Delta l$ は，式④－式③によって求められるので，次式で表されます．

$$\Delta l=r_2-r_1\fallingdotseq\boldsymbol{\frac{2h_1h_2}{d}}\text{〔m〕}$$

［A］の答え

自由空間の電界強度を $E_0$〔V/m〕，大地の反射係数を－1とすると，直接波と大地反射波による受信電界強度 $E$〔V/m〕は次式で表されます．

$$E \fallingdotseq 2E_0 \left| \sin \frac{\boldsymbol{2\pi h_1 h_2}}{\boldsymbol{\lambda d}} \right|$$

B の答え

$$= 2E_0 |\sin\theta| \;〔\mathrm{V/m}〕 \quad ⑤$$

$\left|\sin\dfrac{\pi}{2}\right| = 1$, $\left|\sin\left(\dfrac{\pi}{2}+\pi\right)\right| = 1$, $\left|\sin\left(\dfrac{\pi}{2}+2\pi\right)\right| = 1$, …

式⑤の $\theta = \pi/2$〔rad〕のときに sin は最大値 1 となります．最大値は π〔rad〕ごとに繰り返されるので，受信アンテナの高さ $h_2$ を変化させて受信電界強度が極大となる高さ $h_{m1}$〔m〕と $h_{m2}$〔m〕の差を $\Delta h$〔m〕とすると，次式が成り立ちます．

$$\frac{2\pi h_1 h_{m2}}{\lambda d} - \frac{2\pi h_1 h_{m1}}{\lambda d} = \frac{2\pi h_1}{\lambda d}(h_{m2} - h_{m1}) = \frac{2\pi h_1}{\lambda d}\Delta h = \pi$$

よって　$\Delta h = \dfrac{\boldsymbol{\lambda d}}{\boldsymbol{2h_1}}$〔m〕 となります．

C の答え

答え ▶▶▶ 1

**問題 22** ★ ➡ 5.6.2

次の記述は，マイクロ波アンテナの利得を測定するときに，平面大地での反射波の影響を少なくする一般的な対策について述べたものである．[　　] 内に入れるべき字句の正しい組合せを下の番号から選べ．

(1) 反射点の近傍に大地に [ A ] な金属板の反射防止板を設けて測定誤差を軽減する．
(2) 被測定アンテナと対向させる基準アンテナは，いずれもできるだけ [ B ] 位置に設置する．
(3) ハイトパターンを測定して，大地の [ C ] を求めて，計算により反射波の影響を軽減する．

| | A | B | C |
|---|---|---|---|
| 1 | 水平 | 低い | 導電率 |
| 2 | 水平 | 高い | 反射係数 |
| 3 | 垂直 | 低い | 導電率 |
| 4 | 垂直 | 低い | 反射係数 |
| 5 | 垂直 | 高い | 反射係数 |

答え ▶▶▶ 5

# 5.7 雑音温度の測定

- 雑音を温度によるものとして等価的に雑音温度で表すことができる
- 雑音温度の測定は $Y$ 係数法とラジオメータ法がある

## 5.7.1 雑音温度

**図 5.30** のようなアンテナ系と受信機の受信システムにおいて，アンテナ系の等価雑音温度を $T_A$〔K〕，受信機の雑音指数を $F$，等価雑音帯域幅を $B$〔Hz〕，ボルツマン定数を $k$（≒ $1.38 \times 10^{-23}$〔J/K〕），周囲温度を $T_0$〔K〕とすると，受信機の出力雑音電力 $N_O$〔W〕は次式で表されます．

$$N_O = GkT_AB + GkT_0B(F-1)$$

$$= GkT_AB + GkT_RB \text{〔W〕} \quad (5.51)$$

周囲温度によって熱雑音 $N_0 = kT_0B$〔W〕が発生する．

式（5.51）において

$$T_R = (F-1)T_0 \text{〔K〕} \quad (5.52)$$

とおくと，$T_R$〔K〕は受信機で発生する雑音を等価的な温度に置き換えたものなので，受信機の**雑音温度**といいます．

アンテナ系の雑音温度 $T_A$ と受信機の雑音温度 $T_R$ の和 $T_S$〔K〕は受信システム全体の雑音温度を表すので，**システム雑音温度**と呼び次式で表されます．

$$T_S = T_A + T_R \text{〔K〕} \quad (5.53)$$

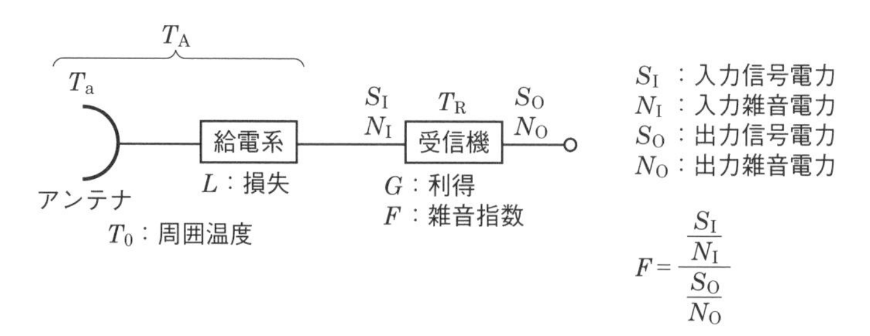


■図 5.30　アンテナ系と受信機の受信システム

アンテナ単独の雑音温度をアンテナ雑音温度 $T_a$〔K〕，給電系の損失を $L$，周囲温度を $T_0$〔K〕としたとき，アンテナ系の雑音温度 $T_A$〔K〕は次式で表されます．

損失は（入力）/（出力）なので利得の逆数．

$$L = \frac{1}{G}$$

$$T_A = \frac{T_a}{L} + \left(1 - \frac{1}{L}\right) T_0 \ \text{〔K〕} \tag{5.54}$$

**関連知識　絶対温度**

摂氏温度を $t$〔℃〕とすると絶対温度 $T$〔K〕は次式で表されます．

$$T = t + 273.15 \ \text{〔K〕} \tag{5.55}$$



## 5.7.2 雑音温度の測定法

### (1) $Y$ 係数法

**図 5.31** の測定系において，導波管スイッチを①側に入れて，標準雑音源を動作させないときは，室温の雑音温度 $T_0$〔K〕に比例した熱雑音電力が受信機に入り，受信機の等価入力雑音温度 $T_R$〔K〕に比例した熱雑音電力 $N_R$〔W〕が加わって，受信機の出力雑音電力 $N_0$〔W〕として測定されます．次に，標準雑音源を動作させると，標準雑音源の雑音温度 $T_N$〔K〕に比例した熱雑音電力が受信機に入り，$N_R$ と合成されて，受信機の出力雑音電力 $N_N$〔W〕として測定されます．$N_0$ と $N_N$ の比 $Y_1$ は次式で表されます．

$$Y_1 = \frac{N_0}{N_N} = \frac{T_0 + T_R}{T_N + T_R} \tag{5.56}$$

式 (5.56) から受信機の等価入力雑音温度 $T_R$〔K〕を求めると

$$T_R = \frac{T_0 - Y_1 T_N}{Y_1 - 1} \ \text{〔K〕} \tag{5.57}$$

となります．

導波管スイッチを①側に入れて標準雑音源を動作させたときの受信機の出力雑

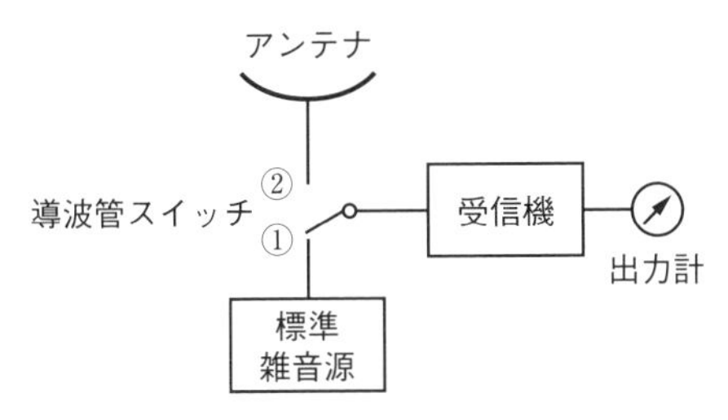


**図 5.31　$Y$ 係数法を用いた測定**

音電力 $N_N$〔W〕と導波管スイッチを②側に入れたときの受信機の出力雑音電力 $N_A$〔W〕との比は，アンテナ系の雑音温度を $T_A$〔K〕とすれば式（5.56）と同様にして次式で表されます．

$$Y_2 = \frac{N_N}{N_A} = \frac{T_N + T_R}{T_A + T_R} \tag{5.58}$$

式（5.58）からアンテナ系の雑音温度 $T_A$〔K〕を求めると

$$T_A = \frac{T_N + T_R}{Y_2} - T_R \text{〔K〕} \tag{5.59}$$

となります．

### (2) ラジオメータ法

アンテナ系と受信機とを電気的に分割することができるラジオメータを用いて，アンテナ雑音と標準雑音源とを適当な周波数で電気的に切り換えるものを**ラジオメータ法**といいます．切り換えられた信号波は増幅されて検波するとアンテナ雑音温度と標準雑音温度の差に比例した電圧を取り出すことができます．

**関連知識　標準雑音源**

アルゴンガスなどを挿入した放電管，ノイズダイオード，加熱無反射終端，冷却無反射終端などが用いられます．

**問題 23　★★★**　➡5.7.1

次の記述は実効長が既知のアンテナを接続した受信機において，所要の信号対雑音比 $S/N$（真数）を確保して受信することができる最小受信電界強度を受信機の雑音指数から求める過程について述べたものである．□内に入れるべき字句の正しい組合せを下の番号から選べ．ただし，受信機の等価雑音帯域幅を $B$〔Hz〕とし，アンテナの放射抵抗を $R_R$〔Ω〕，実効長を $l_e$〔m〕，最小受信電界強度を $E_{min}$〔V/m〕および受信機の入力インピーダンスを $R_I$〔Ω〕とすれば，等価回路は**図 5.32** のように示されるものとする．また，アンテナの損失はなく，アンテナ，給電線および受信機はそれぞれ整合しているものとし，外来雑音は無視するものとする．

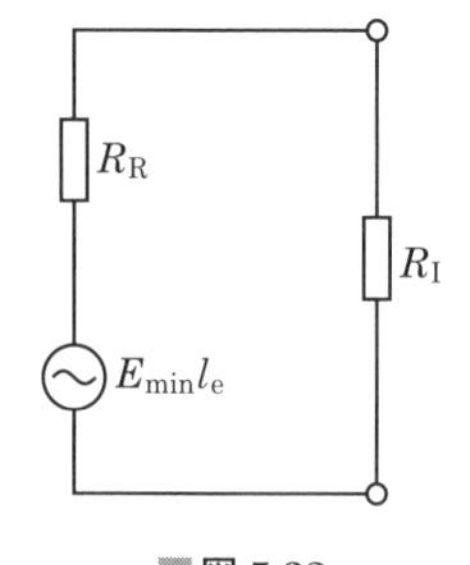


**図 5.32**

(1) 受信機の入力端の有能雑音電力 $N_I$ は，ボルツマン定数を $k$〔J/K〕，絶対温度を $T$〔K〕とすれば次式で表される．

$N_I = kTB$〔W〕 …………………………………………………… 【1】

アンテナからの有能信号電力 $S_I$ は次式で表される.

$S_I =$ [ A ]〔W〕 …………………………………………………… 【2】

(2) 受信機の出力端における $S/N$ は，受信機の雑音指数 $F$（真数）と式【1】を用いて表すことができるので，$S_I$ は次式のようになる.

$S_I =$ [ B ]〔W〕 …………………………………………………… 【3】

(3) 式【2】と【3】から，$E_{min}$ は次式で表されるので，$F$ を測定することにより受信可能な最小受信電界強度が求められる.

$E_{min} =$ [ C ]〔V/m〕

| | A | B | C |
|---|---|---|---|
| 1 | $(E_{min} l_e)^2 \dfrac{1}{4R_R}$ | $\dfrac{kTB}{F}(S/N)$ | $l_e\sqrt{\dfrac{4kTBR_R(S/N)}{F}}$ |
| 2 | $(E_{min} l_e)^2 \dfrac{1}{4R_R}$ | $FkTB(S/N)$ | $\dfrac{1}{l_e}\sqrt{4FkTBR_R(S/N)}$ |
| 3 | $(E_{min} l_e)^2 \dfrac{1}{4R_R}$ | $\dfrac{kTB}{F(S/N)}$ | $l_e\sqrt{\dfrac{4kTBR_R}{F(S/N)}}$ |
| 4 | $(E_{min} l_e)^2 \dfrac{1}{R_R}$ | $\dfrac{kTB}{F(S/N)}$ | $l_e\sqrt{\dfrac{4kTBR_R}{F(S/N)}}$ |
| 5 | $(E_{min} l_e)^2 \dfrac{1}{R_R}$ | $FkTB(S/N)$ | $\dfrac{1}{l_e}\sqrt{4FkTBR_R(S/N)}$ |

**解説** 有能信号電力 $S_I$〔W〕は整合がとれているときの受信機供給電力なので，アンテナの放射抵抗 $R_R$〔Ω〕と受信機の入力インピーダンス $R_I$〔Ω〕が等しくなり，受信機入力端の電圧はアンテナに発生する電圧の 1/2 となるので，次式が成り立ちます.

$$S_I = \left(\frac{E_{min} l_e}{2}\right)^2 \frac{1}{R_R}$$

$$= \boldsymbol{(E_{min} l_e)^2 \frac{1}{4R_R}} \quad \text{①}$$

◀……… [ A ] の答え

電力 $P$〔W〕は $P = \dfrac{V^2}{R}$

雑音指数 $F$ は次式で表されます.

$$F = \frac{S_I/N_I}{S/N} \quad \text{②}$$

式②より $S_I$ を求めると

$$S_I = FN_I(S/N)$$

$$= \boldsymbol{FkTB(S/N)} \quad \text{③}$$

◀……… [ B ] の答え

となり，式①＝式③より $E_{min}$ を求めると

$$(E_{\min} l_e)^2 \frac{1}{4R_R} = FkTB\,(S/N)$$

$$E_{\min} = \frac{1}{l_e}\sqrt{4FkTBR_R\,(S/N)}$$ ◀……… C の答え

となります．

答え▶▶▶2

**問題 24** ★ ➡5.7.2

次の記述は**図 5.33** に示す構成例を用いるアンテナ雑音温度の測定方法について述べたものである．［　　］内に入れるべき字句の正しい組合せを下の番号から選べ．なお，同じ記号の［　　］内には同じ字句が入るものとする．

(1) 低雑音アンテナの雑音温度を測定するときは，標準雑音源として液体ヘリウムなどで冷却した［A］を使う．

(2) 最初にスイッチ SW を 1 にして，減衰器の減衰量の値を $L_1$ $(L_1 > 1)$ にしたとき，試験アンテナの雑音温度を $T_A$〔K〕，周囲温度を $T_0$〔K〕とすると，そのときの検出器の指示値 $T_{out}$〔K〕は次式で表される．

$$T_{out} = \frac{T_A}{L_1} + \boxed{\text{B}}\ \text{〔K〕}$$

(3) 次に SW を 2 にして，検出器の指示値が (2) の場合と同じ大きさになるように減衰器を調整する．そのときの減衰量の値を $L_2$ $(L_2 > 1)$ とし，標準雑音源を $T_B$〔K〕，周囲温度を $T_0$〔K〕とすると，$T_{out}$〔K〕は次式で表される．

$$T_{out} = \frac{T_B}{L_2} + \boxed{\text{C}}\ \text{〔K〕}$$

したがって，$\dfrac{T_A}{L_1} + \boxed{\text{B}} = \dfrac{T_B}{L_2} + \boxed{\text{C}}$

これより，$T_A$ は次式によって求められる．

$$T_A = T_0 + \boxed{\text{D}}\ \text{〔K〕}$$

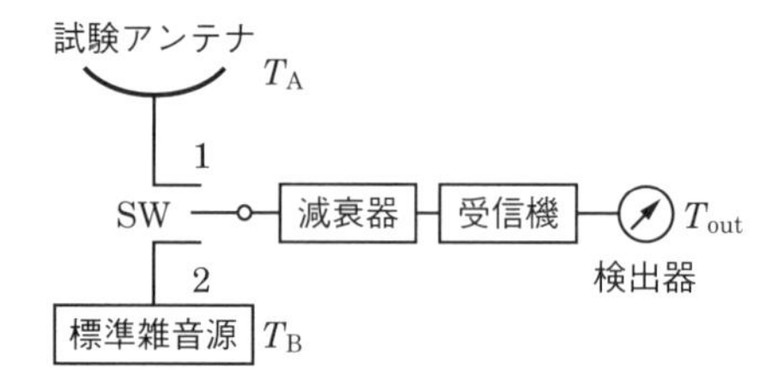


■図 5.33

| | A | B | C | D |
|---|---|---|---|---|
| 1 | 電磁ホーン | $\left(1-\dfrac{T_0}{L_1}\right)$ | $\left(1-\dfrac{1}{L_2}\right)T_0$ | $\dfrac{L_1}{L_2}(T_B+T_0)$ |
| 2 | 電磁ホーン | $\left(1-\dfrac{1}{L_1}\right)T_0$ | $\left(1-\dfrac{T_0}{L_2}\right)$ | $\dfrac{L_2}{L_1}(T_B-T_0)$ |
| 3 | 終端抵抗 | $\left(1-\dfrac{1}{L_1}\right)T_0$ | $\left(1-\dfrac{1}{L_2}\right)T_0$ | $\dfrac{L_1}{L_2}(T_B-T_0)$ |
| 4 | 終端抵抗 | $\left(1-\dfrac{1}{L_1}\right)T_0$ | $\left(1-\dfrac{T_0}{L_2}\right)$ | $\dfrac{L_1}{L_2}(T_B-T_0)$ |
| 5 | 終端抵抗 | $\left(1-\dfrac{T_0}{L_1}\right)$ | $\left(1-\dfrac{1}{L_2}\right)T_0$ | $\dfrac{L_1}{L_2}(T_B+T_0)$ |

**解説** 図5.33において，スイッチSWを1にしたときの減衰器の減衰量を$L_1$，試験アンテナ単体の雑音温度を$T_A$〔K〕，周囲温度を$T_0$〔K〕とすると，アンテナ入力に換算した等価雑音温度$T_e$〔K〕は次式で表されます．

$$T_e = T_A + (L_1 - 1)\,T_0\ \text{〔K〕}$$

検出器の指示値$T_{out}$〔K〕は$L_1$の減衰を受けるので次式で表されます．

$$T_{out} = \frac{T_e}{L_1} = \frac{T_A}{L_1} + \left(\boldsymbol{1-\frac{1}{L_1}}\right)\boldsymbol{T_0}\ \text{〔K〕} \quad ①$$

B の答え

スイッチSWを2としたときの減衰器の減衰量を$L_2$，標準雑音源の雑音温度を$T_B$〔K〕とすると，検出器の指示値$T_{out}$〔K〕は次式で表されます．

$$T_{out} = \frac{T_B}{L_2} + \left(1-\frac{1}{L_2}\right)T_0\ \text{〔K〕} \quad ②$$

式①＝式②より

$$\frac{T_A}{L_1} + \left(1-\frac{1}{L_1}\right)T_0 = \frac{T_B}{L_2} + \left(\boldsymbol{1-\frac{1}{L_2}}\right)\boldsymbol{T_0}\ \text{〔K〕}$$

$$\frac{T_A - T_0}{L_1} = \frac{T_B - T_0}{L_2}$$

C の答え

となり，$T_A$は次式のように表すことができます．

$$T_A = T_0 + \boldsymbol{\frac{L_1}{L_2}(T_B - T_0)}\ \text{〔K〕}$$

D の答え

答え▶▶▶3

**問題 25** ★★★ ➡5.7.2

次の記述は，**図 5.34** に示す構成により，アンテナ系雑音温度を測定する方法（Y係数法）について述べたものである． ［　　］内に入れるべき字句の正しい組合せを下の番号から選べ．ただし，アンテナ系雑音温度を $T_A$〔K〕，受信機の等価入力雑音温度を $T_R$〔K〕，標準雑音源を動作させないときの標準雑音源の雑音温度を $T_0$〔K〕，標準雑音源を動作させたときの標準雑音源の雑音温度を $T_N$〔K〕とし，$T_0$ および $T_N$ の値は既知とする．

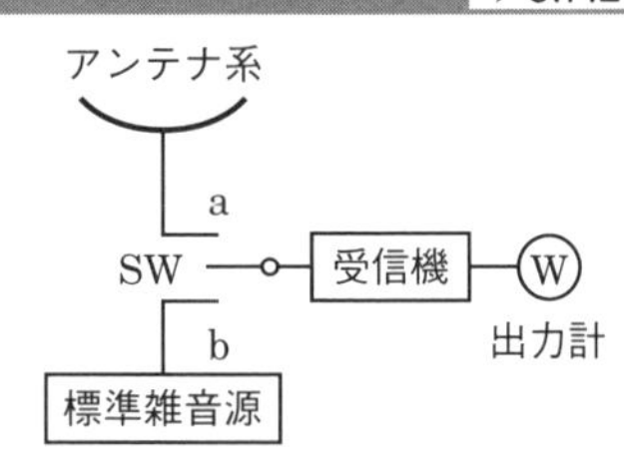


■図 5.34

(1) スイッチ SW を b 側に入れ，標準雑音源を動作させないとき，$T_0$〔K〕の雑音が受信機に入る．このときの出力計の読みを $N_0$〔W〕とする．

SW を b 側に入れたまま，標準雑音源を動作させたとき，$T_N$〔K〕の雑音が受信機に入るので，このときの出力計の読みを $N_N$〔W〕とすると，$N_0$ と $N_N$ の比 $Y_1$ は，次式で表される．

$$Y_1 = \frac{N_0}{N_N} = \boxed{\text{A}} \quad \cdots\cdots【1】$$

式【1】より，次式のように $T_R$ が求まる．

$$T_R = \boxed{\text{B}} \quad \cdots\cdots【2】$$

(2) 次に，SW を a 側に入れたときの出力計の読みを $N_A$〔W〕とすると，$N_N$ と $N_A$ の比 $Y_2$ は次式で表される．

$$Y_2 = \frac{N_N}{N_A} = \frac{T_N + T_R}{T_A + T_R} \quad \cdots\cdots【3】$$

(3) 式【3】より，$T_A$ は，次式で表される．

$$T_A = \boxed{\text{C}} \quad \cdots\cdots【4】$$

式【4】に式【2】の $T_R$ を代入すれば，$T_A$ を求めることができる．

| | A | B | C |
|---|---|---|---|
| 1 | $\frac{T_0 + T_R}{T_N + T_R}$ | $\frac{T_0 - Y_1 T_N}{Y_1 + 1}$ | $\frac{T_N - T_R}{Y_2} + T_R$ |
| 2 | $\frac{T_0 + T_R}{T_N + T_R}$ | $\frac{T_0 - Y_1 T_N}{Y_1 - 1}$ | $\frac{T_N + T_R}{Y_2} - T_R$ |
| 3 | $\frac{T_0 + T_R}{T_N + T_R}$ | $\frac{T_0 - Y_1 T_N}{Y_1 - 1}$ | $\frac{T_N - T_R}{Y_2} - T_R$ |

| | | | |
|---|---|---|---|
| 4 | $\dfrac{T_0 - T_R}{T_N - T_R}$ | $\dfrac{T_0 - Y_1 T_N}{Y_1 - 1}$ | $\dfrac{T_N + T_R}{Y_2} - T_R$ |
| 5 | $\dfrac{T_0 - T_R}{T_N - T_R}$ | $\dfrac{T_0 - Y_1 T_N}{Y_1 + 1}$ | $\dfrac{T_N - T_R}{Y_2} + T_R$ |

**解説** 雑音温度を $T$〔K〕，帯域幅を $B$〔H〕，ボルツマン定数を $k$〔J/K〕とすると，雑音電力 $N$〔W〕は，$N = kTB$ で表され，雑音電力は雑音温度に比例します．

$N_0 = T_0 + T_R$，$N_N = T_N + T_R$ となるので，問題の式【1】は

$$Y_1 = \frac{N_0}{N_N} = \frac{\boldsymbol{T_0 + T_R}}{\boldsymbol{T_N + T_R}} \quad ①$$

（A の答え）

$$Y_1 (T_N + T_R) = T_0 + T_R$$

$$Y_1 T_R - T_R = T_0 - Y_1 T_N$$

となります．よって　$T_R = \dfrac{\boldsymbol{T_0 - Y_1 T_N}}{\boldsymbol{Y_1 - 1}}$ ◀ B の答え

$Y_2$ は式①と同様に表されるので

$$Y_2 = \frac{T_N + T_R}{T_A + T_R}$$

$$Y_2 (T_A + T_R) = T_N + T_R$$

$$Y_2 T_A = T_N + T_R - Y_2 T_R$$

よって　$T_A = \dfrac{\boldsymbol{T_N + T_R}}{\boldsymbol{Y_2}} - \boldsymbol{T_R}$ ◀ C の答え

答え▶▶▶ 2

**出題傾向** 下線の部分を穴埋めの字句とした問題も出題されています．

# 索引

## タ　行

## ナ　行



## ハ　行

▶ マ　行 ◀



▶ ヤ　行 ◀



▶ ラ　行・ワ　行 ◀

## 英数字

〈著者略歴〉

吉川忠久（よしかわ　ただひさ）

学　歴　東京理科大学物理学科卒業

職　歴　郵政省関東電気通信監理局
日本工学院八王子専門学校
中央大学理工学部兼任講師
明星大学理工学部非常勤講師



第一級陸上無線技術士試験
やさしく学ぶ　無線工学B（改訂3版）

---

2013年11月25日　第1版第1刷発行
2017年11月25日　改訂2版第1刷発行
2022年 5 月10日　改訂3版第1刷発行
2023年11月10日　改訂3版第3刷発行

著　者　吉川忠久
発行者　村上和夫
発行所　株式会社 オーム社
郵便番号　101-8460
東京都千代田区神田錦町3-1
電話　03(3233)0641(代表)
URL https://www.ohmsha.co.jp/



組版　新生社　　印刷・製本　平河工業社
ISBN978-4-274-22851-3　Printed in Japan